趣味微项目，轻松学 Python

[美] 肯·尤内-克拉克(Ken Youens-Clark)　著

杨　欣　韩轶男　于妙妙　译

清華大学出版社

北　京

北京市版权局著作权合同登记号 图字：01-2021-6710

Ken Youens-Clark
Tiny Python Projects: Learn Coding and Testing with Puzzles and Games
EISBN: 978-1-61729-751-9

图书在版编目(CIP)数据

趣味微项目，轻松学Python / (美)肯 • 尤内-克拉克(Ken Youens-Clark) 著；杨欣，韩铁男，于妙妙译. —北京：清华大学出版社，2022.9
书名原文：Tiny Python Projects
ISBN 978-7-302-61734-1

Ⅰ. ①趣… Ⅱ. ①肯… ②杨… ③韩… ④于… Ⅲ. ①软件工具—程序设计 Ⅳ. ①TP311.561

中国版本图书馆 CIP 数据核字(2022)第 157354 号

责任编辑：王　军
装帧设计：孔祥峰
责任校对：马遥遥
责任印制：刘海龙

出版发行：清华大学出版社
网　　址：http://www.tup.com.cn，http://www.wqbook.com
地　　址：北京清华大学学研大厦 A 座　　邮　　编：100084
社 总 机：010-83470000　　邮　　购：010-62786544
投稿与读者服务：010-62776969，c-service@tup.tsinghua.edu.cn
质 量 反 馈：010-62772015，zhiliang@tup.tsinghua.edu.cn
印 装 者：小森印刷霸州有限公司
经　　销：全国新华书店
开　　本：170mm×240mm　　印　　张：24　　字　　数：613 千字
版　　次：2022 年 11 月第 1 版　　印　　次：2022 年 11 月第 1 次印刷
定　　价：98.00 元

产品编号：090087-01

前　　言

为什么使用 Python

Python 是一种优秀的通用编程语言，可以通过 Python 编写程序来给朋友发送秘密消息或者下国际象棋。Python 模块可以帮助你处理复杂的科学数据，探索机器学习算法，以及生成可供发表的图形。许多大学的计算机科学课程已经将入门语言从 C 和 Java 等语言转向 Python 语言，因为 Python 是一种相对易学的语言。可以使用 Python 学习计算机科学中既基础又强大的概念。在介绍正则表达式和高阶函数这一类的概念时，鼓励你进一步深入学习它们。

我为什么撰写本书

多年来，我经常帮助人们学习编程，我一直觉得这件事很有意义。本书的结构源于我在课堂上的经验，我认为正式的规范和测试有助于学习如何把一个程序分解成多个待解决的小问题，从而构建整个程序。

当我学习一门新语言时，我发现，最大的入门障碍是，一门语言中的很多小概念通常没有被置于任何实际的语境之内。大多数编程语言教程都会以输出“Hello, World!”开头(本书也不例外)，当然这很简单，但是随后，我通常要努力编写一个完整的程序，它将通过实际参数做一些实际的事情。本书将演示许多做实际事情的程序范例，希望你可以修改这些程序，创建更多供自己使用的程序。

最重要的是，我认为需要做练习。就像那个老笑话：“通往卡内基音乐厅的路在哪里？答案是：练习，练习，再练习。”这些编码的挑战性不是很强，你很可能在几小时或几天内就可以完成一个任务。本书的内容比我在一个学期的大学课堂上讲的内容要充实，所以我想整本书会花你几个月的时间。我希望你能解决这些问题，接着思考这些问题，然后再回来看看是否能以不同的方式解决它们，比如使用更高级的技巧，或者让程序运行得更快。

致 谢

这是我的第一本书，有必要记录一下曾在本书写作过程中帮助过我的诸位。这一切都始于我与 Manning 的采购编辑 Mike Stephens 的一次通话，他欣然采纳了这样一本书的想法：通过编写简单的游戏和谜题来学习如何制作严肃的、经过测试验证的软件。这最终促成了我与出版商 Marjan Bace 的电话联系，Marjan Bace 热衷于使用测试驱动开发的思想来激励读者积极编写程序。

我的第一位开发编辑 Susanna Kline 帮我把本书的前几章打理出让人有真正想读的冲动。我的第二位开发编辑 Elesha Hyde 在本书几个月的写作、编辑和审阅中提供了耐心和周到的指导。感谢我的技术编辑 Scott Chaussee、Al Scherer 和 Mathijs Affourtit 仔细检查了我所有的代码和文本，以防出现错误。感谢 Manning 的 MEAP 团队的努力，特别要感谢 Mehmed Pasic 制作 PDF 文件，并给予我使用 AsciiDoc 的技术指导。还要感谢我的项目编辑 Deirdre Hiam、排版编辑 Andy Carroll、校对 Katie Tennant，以及审阅编辑 Aleksandar Dragosavljević。也感谢 LiveBook 版的读者和许多提供宝贵反馈的技术评论家：Amanda Debler、Conor Redmond、Drew Leon、Joaquin Beltran、José Apablaza、Kimberly Winston-Jackson、Maciej Jurkowski、Mafinar Khan、Manuel Ricardo Gonzalez Cova、Marcel van den Brink、Marcin Sęk、Mathijs Affourtit、Paul R. Hendrik、Shayn Cornwell、Víctor M. Pérez。

我特别要感谢创建开源软件的无数仁人志士，这是一切的基础。对于维护 Python 语言、模块和文档的人们，和无数在互联网上回答问题的技术人士，我感谢你们所做的一切。

当然，如果没有家人的爱和支持，就不会有我的这本书。尤其是我的妻子 Lori Kindler，她 27 年来源源不断地给予我不计回报的爱和支持。我们的三个孩子给我带来了相当多的挑战和欢乐，我希望我能让他们感到骄傲。他们经常不得不假装对自己知道但并不关心的话题感兴趣，而且对于我花在写作本书上的大量时间，他们表现出了莫大的耐心。

关 于 本 书

本书受众

在你读完本书并编写了所有程序之后，希望你会成为主动创建文档化的、能够通过测试检验并可复现的程序的狂热者。

我认为，我的理想读者是那些一直在努力学习如何编写优质代码，但不确定如何提升的人。也许你一直在使用 Python 或其他具有类似语法的语言，如 Java(Script)或 Perl。也许你刚刚接触过一些非常不同的东西，比如 Haskell 或 Scheme，你想知道如何将你的想法翻译成 Python。也许你编写 Python 已经有一段时间了，正在寻找具有丰富结构的有趣挑战来帮助你确定是否正在朝着正确的方向前进。

这是一本教你如何用 Python 编写结构良好的、文档化的、可测试代码的书籍。本书介绍了来自行业的最佳实践，如测试驱动开发(test driven development)，即先编写程序的测试，再编写程序本身！我将演示如何阅读文档和 Python 的增强建议(PEP)，以及如何编写其他 Python 程序员能够立即识别和理解的惯用代码。

对于绝对的初学者来说，这本书可能并不理想。书中没有涵盖 Python 语言的先备知识，因为我考虑的是学习过其他编程语言的人。如果从未用任何语言编写过程序，那么当你熟悉变量、循环和函数等概念后，回过头来阅读本书会更适合。

本书的组织结构：路线图

本书的每章都以前面的章节内容为基础，所以建议你从头开始，按顺序阅读本书。

- 每个程序都使用命令行参数，因此我们从讨论如何使用 argparse 入手。每个程序都经过测试，因此你必须学习如何安装和使用 pytest。引言和第 1 章将引导你入门并开始学习。
- 第 2~4 章，讨论 Python 的基本结构，如字符串、列表和字典。
- 第 5、6 章，介绍如何把文件作为输入和输出，以及文件如何与“标准输入”和“标准输出”(STDIN/STDOUT)相关。
- 第 7、8 章，开始组合概念，从而编写更复杂的程序。
- 第 9、10 章，介绍 random 模块以及如何控制和测试随机事件。
- 第 11~13 章，你将了解更多关于将代码划分为多个函数以及如何为它们编写和运行测试的内容。
- 第 14~18 章，将探讨一些更深入的主题，比如以找到文本模式为目标的高阶函数和正则表达式。

- 第 19~22 章，将编写更复杂的、“真实世界”的程序，它将把你所有的技能结合在一起，同时推进你对 Python 语言与测试的知识的学习。

关于代码

书中演示的每个程序和测试都可以通过扫描封底二维码获取。

软件/硬件要求

所有程序都是用 Python 3.8 版本编写和测试的，但 Python 3.6 版本也适用于几乎所有程序。还需要几个附加模块，比如用于运行测试的 pytest。书中有关于如何使用 pip 模块来安装这些模块的说明。

作 者 小 传

我叫 Ken Youens-Clark，是亚利桑那大学的高级科学程序员。我职业生涯的大部分时间都在生物信息学领域工作，利用计算机科学的理念研究生物数据。

1990 年，我在北得克萨斯州大学开始了爵士乐专业本科学位，主修爵士鼓。我换了几次专业，最终于 1995 年获得了英语文学学士学位。我对我的职业没有真正的规划，但我喜欢计算机。

1995 年左右，我大学毕业后的第一份工作是利用数据库和 HTML 建立公司的邮件列表和第一个网站。我完全被迷住了！之后，我学会了 Windows 3.1 上的 Visual Basic，在接下来的几年里，我在几家公司用多种语言编程，直到 2001 年在冷泉港实验室的一个生物信息学小组稳定下来。这个小组由 Lincoln Stein 领导，他是一位 Perl 书籍和模块方面的著名作者，以及开源软件、数据和科学的早期倡导者。2014 年，我搬到亚利桑那州图森(Tucson)市，在亚利桑那大学工作，并于 2019 年完成了生物系统工程硕士学位。

当我不写代码时，我喜欢演奏音乐、骑自行车、烹饪、阅读，以及同我的妻子和孩子在一起。

关于封面插图

本书封面人物的说明文字是"Femme Turc allant par les rues"，意思是"穿过街道的土耳其女人"。这幅图取自 Jacques Grasset de Saint-Sauveur(1757—1810)所著的不同国家服饰作品集，书名为 *Costumes de Différents Pays*(《来自不同国家的服装》)，于 1788 年在法国出版。书中的每幅图都是经手工精细绘制和上色的。Grasset de Saint-Sauveur 的丰富多样的服装收藏品生动地提醒我们，仅在 200 年前，世界各城镇和各地区在文化上是多么不同。人们彼此隔绝，说着不同的方言和语言。无论在街上或乡下，仅凭他们的衣着，就能很容易辨别出他们住在哪里，从事什么职业或处于什么地位。

从那以后，人们的着装方式发生了变化，而一度如此丰富的地域差异也逐渐消失了。现在很难区分不同大陆的居民，更不用说区分不同城镇、地区或国家的居民了。也许我们已经用文化多样性换取了更多样化的个人生活——当然，是换取了更多样化和快节奏的科技生活。

在一个很难区分不同计算机书籍的时代，Manning 用基于两个世纪前地区生活丰富多样性的书籍封面来表示计算机行业的创新和创想，Grasset de Saint-Sauveur 的图画为这种多样性赋予了生命。

入门：引言与安装指南

本书介绍如何编写以命令行模式运行的 Python 程序。即使你以前从未使用过命令行，也不要担心！像 PyCharm(见图 0.1)或微软 VS Code 这样的编程工具可以帮助你编写和运行这些程序。为照顾编程或 Python 语言方面的新手，我将尽量涵盖所有需要了解的内容。但是，如果你从未听说过像变量和函数这样的术语，那么最好先阅读一本更基础的书。

本部分将讨论：

- 为什么要学习编写命令行程序；
- 编写代码的工具和环境；
- 如何测试软件，以及为什么要测试软件。

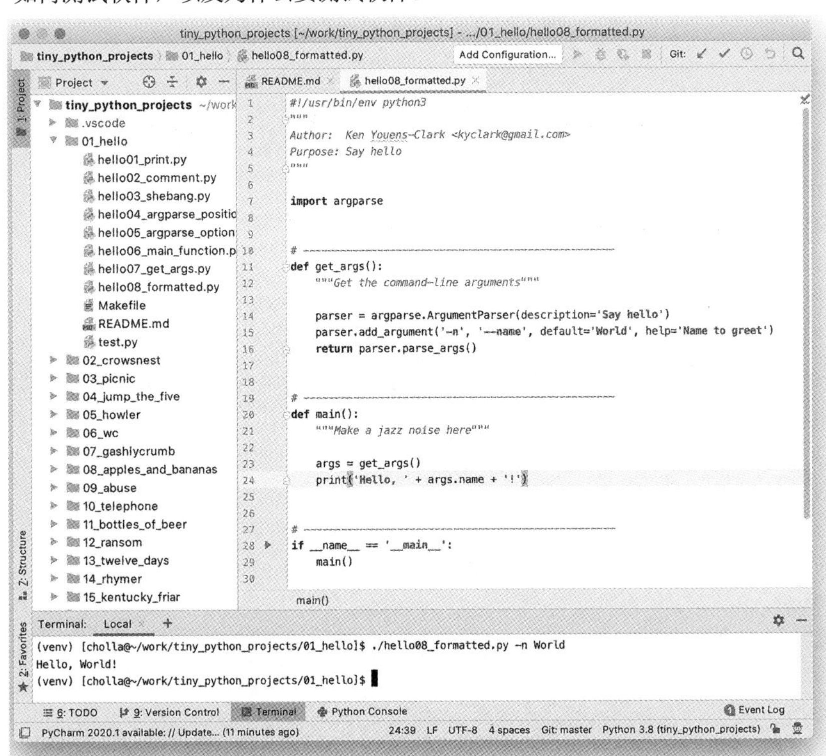

图 0.1　使用 PyCharm 工具编辑和运行本章中的 Hello.py 程序

0.1 编写命令行程序

为什么要编写命令行程序呢？一个原因是，它们把程序拆解到最基本的要素。我们不打算写像交互式 3D 游戏这样的复杂程序，那需要很多其他软件配合才能运行。本书中的所有程序都将使用最基本的输入并且只产生文本输出。我们将聚焦于学习 Python 语言的核心以及如何编写和测试程序。

聚焦于命令行程序的另一个原因是，我想向你演示如何编写能在任何安装了 Python 的计算机上运行的程序。我现在正在我的 Mac 笔记本计算机上写作本书，但是所有这些程序都可以在我工作中用到的任何一台 Linux 系统上或者朋友的 Windows 系统上运行。这些程序中的任何一个都可以在装有相同版本的 Python 的随便一台计算机上运行，这一点是相当酷的。

不过，演示如何编写命令行程序的最主要原因是，我想向你演示如何测试程序以确保它们能正常运行。虽然在程序中犯错不会导致任何安全事故，但我仍然希望确保我的代码尽量完美。

测试程序意味着什么？如果我的程序打算把两个数字相加，我需要输入很多对数字来运行它，并检查它是否打印出正确的总和。我也可能输入一个数字和一个单词，来确保它不会试图把“3”和“海马”相加，而是提示用户应该输入两个数字。测试让我更加确信代码的正确性，所以我希望你也能够意识到，测试有助于更深刻地理解编程。

本书中的练习故意设置得足够“傻瓜”以激起你的兴趣，但是它们都包含了解决各种现实问题的经验。几乎每一个程序都需要接收输入数据(不论来自用户还是来自文件)并产生输出(有时是屏幕上的文本，有时是新的文件)。这些技能将通过编写程序获得。

在每章我都将描述希望你编写的程序，以及用来检查它是否正常运行的测试。然后，我将向你展示一个解决方案，并讨论它的工作原理。随着问题越来越难，你可能需要自己编写测试来探索和验证你的代码，我将就此推荐一些方法。

阅读完本书后，你应该能够：

- 编写并运行命令行 Python 程序；
- 处理程序的实参；
- 为程序和函数编写并运行测试；
- 使用 Python 数据结构，如字符串、列表和字典；
- 让程序读写文本文件；
- 使用正则表达式在文本中查找模式；
- 使用和控制随机性，从而得到随机的结果。

“密码是个字谜。也是个游戏，和其他任何游戏一样的游戏。”

——阿兰·图灵

阿兰•图灵最著称的成就也许是破解二战期间纳粹用来加密消息的“恩尼格玛”(Engima)密码。据信，由于盟军能阅读敌人的消息，使得战争缩短了数年，拯救了数百万人的生命。《模仿游戏》是一部有趣的电影，它展示了图灵如何在报纸上发布字谜，来找人帮助他破译传说中不可破译的密码。

可以通过编写一些有趣的程序来学到大量知识，这些程序包括生成随机的嘲讽话，产生《圣诞节的十二天》的歌曲，或开发井字棋游戏。本书中的一些程序甚至涉及密码学，比如在第4章中把所有数字编码到一段文本中，或者在第18章中通过对代表字母的数字进行求和，来为这些字母组成的单词创建签名。希望你会感受到这些程序既有趣又富有挑战性。

每个练习中的编程技巧并不是 Python 所特有的。几乎每种语言都有变量、循环、函数、字符串、列表和字典，以及对程序进行参数化和测试的办法。在用 Python 编写解决方案之后，鼓励你再用另外一种语言编写解决方案，并比较不同语言的哪些部分使编程更容易或更困难。如果用其他语言编写的程序支持与 Python 相同的命令行选项，甚至可以使用本书包含的测试去验证那些程序。

0.2 测试驱动的开发

Kent Beck 在其 2002 年的著作 *Test-driven development* 中将测试驱动开发描述为一种创建更可靠程序的方法。其基本思想是，在编写代码之前就应编写测试。这种测试定义了程序“正确地”运行究竟意味着什么。首先，编写并运行测试来发现代码的错误。然后，编写程序代码，让它通过每个测试。接下来，运行所有测试，并确保不会在修复新测试时破坏之前已经通过的测试。当通过了所有测试，至少可以在一定程度上确保所编写的代码符合某种规范。

本书为每个要求你编写的程序都配备了相应的测试，这些测试将让你知道代码何时在正常运行。在每个练习中，第一个测试将检查程序是否存在，第二个测试将检查该程序是否会在请求帮助时打印帮助消息，然后，程序将依据各种输入和选项运行。

我已经为本书中的程序写了大约 250 个测试，而你还一个程序都没写过，因此你会遇到很多失败的测试。没关系！事实上，这真的是件好事，因为当你通过了所有测试，你就会知道你的程序是正确的。你将学会仔细阅读失败的测试来找出需要修改的地方。然后，你就可以修正程序再做一次测试。你可能会再一次经历失败，在这种情况下需要重复这个过程，直到最后所有的测试都通过，至此你才大功告成。

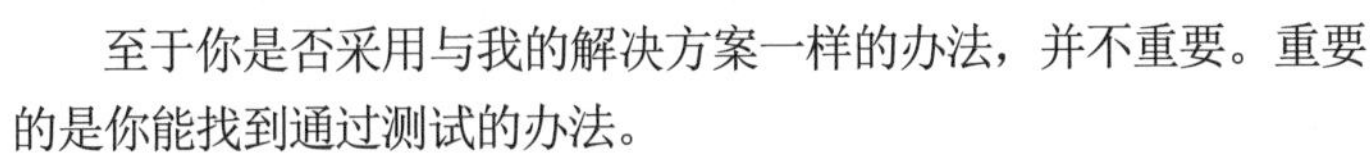

至于你是否采用与我的解决方案一样的办法，并不重要。重要的是你能找到通过测试的办法。

0.3 设置开发环境

如果想在你的计算机上编写本书中的程序，需要 Python 3.6 或更新的版本。很可能现在它已经安装在你的计算机里了。

要想执行 python3 命令，你还需要某个工具——它就是我们常说的命令行。如果使用的是 Windows 系统的计算机，需要安装 Windows 下的 Linux 子系统(WSL)。在 Mac 上，默认的 Terminal 应用程序就足够了。还可以使用像 VS Code(见图 0.2)或 PyCharm 这样的工具，它们拥有内建的终端程序。

我用 Python 3.8 编写并测试了本书中的程序，但是这些程序应该与 Python 3.6 或更新版本兼容。

Python 2 已于 2019 年底寿终正寝，将不再被使用。要查看你安装的 Python 是什么版本，只需打开一个终端窗口，输入 python3 --version。如果响应是 command "python3" not found(找不到“python3”命令)之类的提示，则意味着需要安装 Python。可以从 Python 官网下载最新版本。

如果使用的是没有 Python 的计算机，并且无法安装 Python，那么可以使用 Repl.it 网站来完成本书中的每个练习。

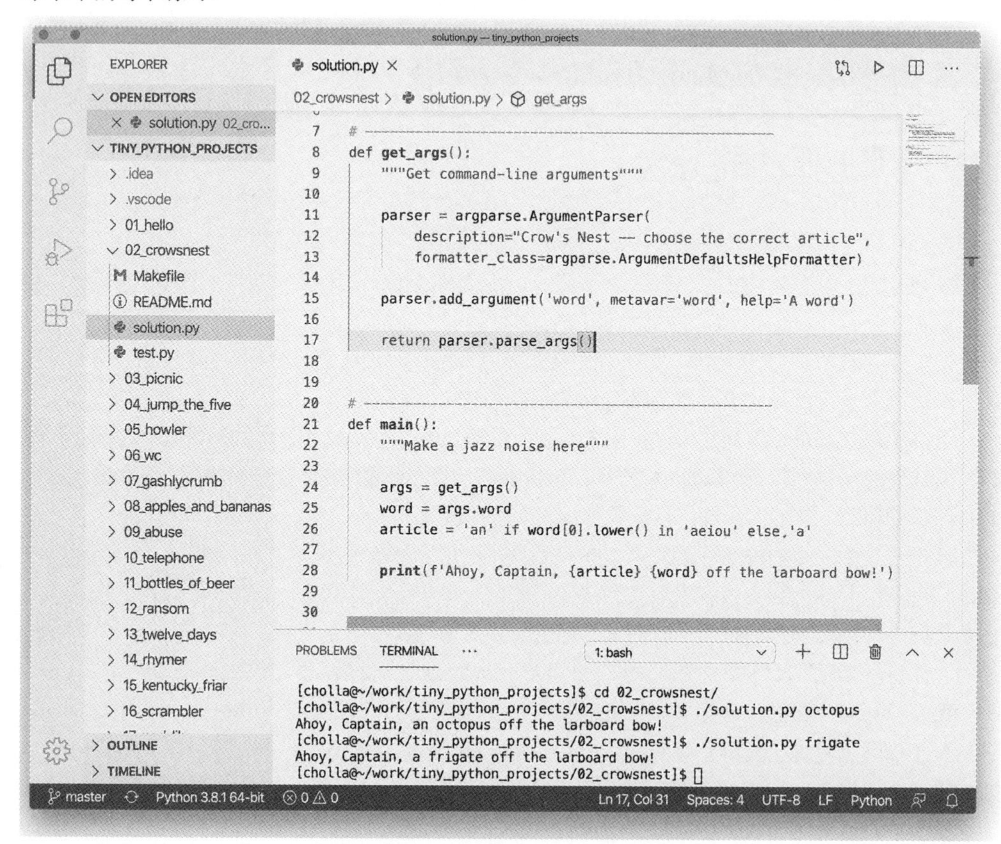

图 0.2　像 VS Code 这样的集成开发环境(IDE)，包含一个用于编写代码的文本编辑器窗口和一个用于运行程序的终端(右下角窗口)以及许多其他工具

0.4　代码示例

在本书中，将使用等宽字体表示命令和代码。当文本开头有一个美元符号($)时，意味着可以在命令行中输入文本。例如，有一个称为 cat(concatenate 的缩写)的程序，它将把文件的内容打印到屏幕上。下面的代码演示了如何运行 inputs 目录中的 spiders.txt 程序文件，并将内容打印出来：

```
$ cat inputs/spiders.txt
Don't worry, spiders,
I keep house
casually.
```

如果要运行该命令，请不要复制前导符$，只需要复制后面的文本。否则，你可能会收到类似“$: command not found.”(命令未找到)的报错。

Python 有一个非常优秀的工具，名为 IDLE，它可以用 Python 语言直接交互。可以用 idle3 命令启动它。启动后将打开一个新窗口，并显示类似>>>的提示符(见图 0.3)。

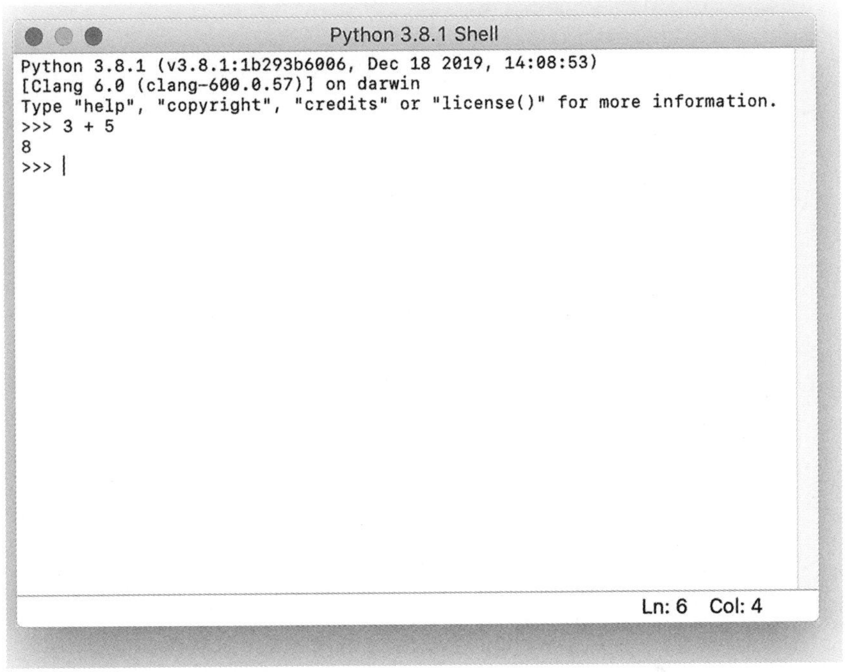

```
Python 3.8.1 Shell
Python 3.8.1 (v3.8.1:1b293b6006, Dec 18 2019, 14:08:53)
[Clang 6.0 (clang-600.0.57)] on darwin
Type "help", "copyright", "credits" or "license()" for more information.
>>> 3 + 5
8
>>> |
Ln: 6   Col: 4
```

图 0.3 IDLE 应用程序允许用 Python 语言直接交互。每当你按下 Enter 键，输入的语句将被求解，结果显示在窗口中

可以在这里输入 Python 语句，它们将被立即运算和打印。例如，输入 3+5 并按 Enter 键，你将看到 8：

```
>>> 3 + 5
8
```

这种界面被称为 REPL(发音类似“repple”，与“pebble”押韵)，因为它是读取-计算-打印-循环(Read-Evaluate-Print-Loop)的首字母缩写。在命令行环境中输入 python3(参见图 0.4)，可以得到类似的工具。

IPython 程序是另一个“交互式 Python”REPL，它在 IDLE 和 python3 的基础上做了很多增强。图 0.5 演示了它在我的计算机上的样子。

我还建议你考虑使用 Jupyter Notebooks，因为它允许你以交互方式运行代码，还有一个额外的好处是，可以把所写的 Notebook 另存为文件，并与其他人共享你的所有代码。

```
Python
[cholla@~]$ python3
Python 3.8.1 (v3.8.1:1b293b6006, Dec 18 2019, 14:08:53)
[Clang 6.0 (clang-600.0.57)] on darwin
Type "help", "copyright", "credits" or "license" for more information.
>>> 3 + 5
8
>>>
```

图 0.4　在终端中输入命令 python3，将得到一个类似于 IDLE 界面的 REPL

```
IPython: Users/kyclark
[cholla@~]$ ipython
Python 3.8.1 (v3.8.1:1b293b6006, Dec 18 2019, 14:08:53)
Type 'copyright', 'credits' or 'license' for more information
IPython 7.12.0 -- An enhanced Interactive Python. Type '?' for help.

In [1]: 3 + 5
Out[1]: 8

In [2]:
```

图 0.5　IPython 应用程序是另一种 REPL 界面，可以借助它用 Python 语言尝试你的想法

无论使用哪种 REPL 界面，都可以输入类似 x = 10 这样的 Python 语句，并按 Enter 键，从而把 10 赋值给变量 x：

```
>>> x = 10
```

与命令行提示符$一样，不要复制前导符>>>，否则 Python 将报语法错误：

```
>>> >>> x = 10
File "<stdin>", line 1
>>> x = 10
^
SyntaxError: invalid syntax
```

IPython REPL 有一个神奇的%paste 模式，可以删除前导的>>>提示符，这样可以复制并粘贴所有代码示例：

```
In [1]: >>> x = 10

In [2]: x
Out[2]: 10
```

无论选择哪种方式与 Python 交互，都建议你亲自手动输入本书中的所有代码，因为这会建立肌肉记忆并迫使你按照 Python 语言的语法进行交互。

0.5 获取代码

所有测试和解决方案都可以通过扫描本书封底的二维码获取。可以使用 Git 程序(可能需要进行安装)通过以下命令把代码复制到你的计算机：

```
$ git clone https://github.com/kyclark/tiny_python_projects
```

现在，你的计算机上应该有了一个名为 tiny_python_projects 的新目录。

你可能更喜欢把代码副本复制到自己的资料库中，从而可以跟踪所做的更改并与他人共享解决方案。这被称为“分叉”(forking)，因为你脱离了我的代码，并把自己的程序添加到资料库中。如果打算使用 Repl.it 编写练习，建议把我的资料库分叉到你的账户，这样就可以配置 Repl.it，让它与 GitHub 资料库进行交互。

要进行分叉，请执行以下操作：

(1) 在 GitHub.com 上创建一个账户。

(2) 打开 https://github.com/kyclark/tiny_python_projects。

(3) 单击 Fork 按钮(见图 0.6)，在你的账户中创建该资料库的副本。

现在，你的资料库中已拥有我所有代码的副本。可以使用 Git 把该代码复制到你的计算机。注意，请务必将“YOUR_GITHUB_ID”替换为你的实际 GitHub ID：

```
$ git clone https://github.com/YOUR_GITHUB_ID/tiny_python_projects
```

在你得到副本之后，我可能仍会更新资料库。如果想获得这些更新，则需要配置 Git，把我的资料库设置为“上游”资源。为此，在把资料库复制到你的计算机之后，需要进入 tiny_python_projects 目录：

```
$ cd tiny_python_projects
```

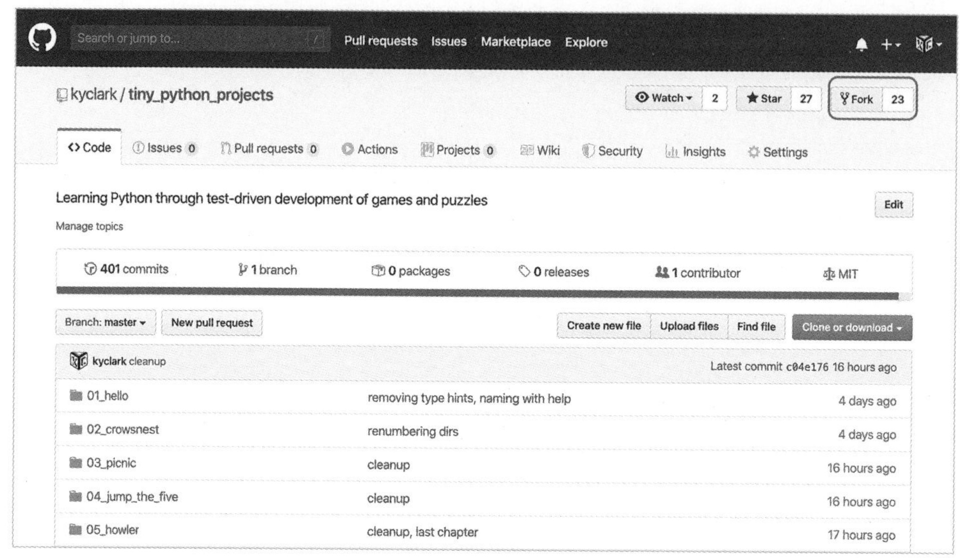

图 0.6 单击 GitHub 资料库上的 Fork 按钮，在你的账户中创建该资料库的副本

然后执行以下命令：

```
$ git remote add upstream https://github.com/kyclark/tiny_python_projects.git
```

每当想依据我的资料库更新你的资料库时，就可以执行以下命令：

```
$ git pull upstream master
```

0.6 安装模块

我建议使用一些工具，它们可能尚未安装在你的系统上。可以使用 pip 模块以如下方式安装它们：

```
$ python3 -m pip install black flake8 ipython mypy pylint pytest yapf
```

资料库的顶层目录还包含了 requirements.txt 文件，可以使用它安装所有模块和工具，安装命令如下：

```
$ python3 -m pip install -r requirements.txt
```

举个例子，如果想在 Repl.it 上编写练习，则需要运行这条命令来设置环境，因为这些模块尚未被安装。

0.7 代码格式化工具

大多数 IDE 和文本编辑器会提供一些工具，用于对代码进行格式化，使你更容易阅读代码和发现问题。 另外，Python 社区创建了一个代码编写标准，使其他 Python 程序员可以轻松地理解代码。PEP 8(Python Enhancement Proposal，Python 增强建议)文档可在 Python 官方网站中查看，其中介绍了格式化代码的最佳实践，而大多数编辑器会自动应用格式化。例如，Repl.it 界面具有自动格式化按钮(见图 0.7)，VS Code 具有 Format Document(格式化文档)命令，而 PyCharm 具有 Reformat Code(重新格式化代码)命令。

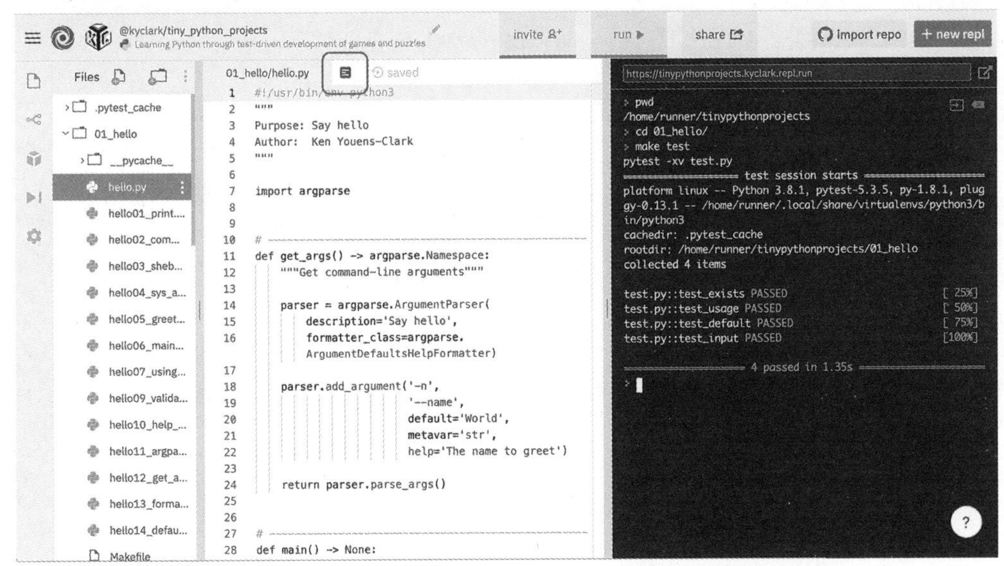

图 0.7 Repl.it 工具有一个自动格式化按钮，可以根据社区标准重新格式化代码。该界面还包括一个用于运行和测试程序的命令行

还有一些与编辑器集成在一起的命令行工具。我使用 YAPF(Yet Another Python Formatter)格式化了本书中的所有程序，还可以选择另一个流行的格式化工具，名为 Black。无论使用什么工具，都鼓励你经常使用它。例如，我可以告诉 YAPF 运行以下命令，对第 1 章中所要编写的 hello.py 程序进行格式化。请注意，-i 告诉 YAPF 对代码进行“就地”(in place)格式化，将使原始文件被新格式化后的代码覆盖。

```
$ yapf -i hello.py
```

0.8 代码检查器

代码检查器(code linter)是一种工具，用于报告代码中的问题，例如声明了变量但从未使用。我喜欢的两种此类工具是 Pylint 和 Flake8，它们都可以在代码中找到 Python 解释器本身不会报告的错误。

本书最后一章将介绍如何在代码中纳入类型提示(type hints)，Mypy 能够根据这些类型提示发现代码中的问题，例如本应使用数字类型时使用了文本类型。

0.9 如何开始编写新程序

我认为，在起步阶段使用标准模板编写代码要容易得多，所以我写了一个名为 new.py 的程序，它包含每个程序都需要用到的样板代码，用来帮助你创建新的 Python 程序。它位于 bin 目录中，因此，如果位于代码资料库的顶层目录中，可以像下面这样运行它：

```
$ bin/new.py
usage: new.py [-h] [-s] [-n NAME] [-e EMAIL] [-p PURPOSE] [-f] program
new.py: error: the following arguments are required: program
```

在这里可以看到，new.py 要求提供所要创建的“程序”的名称。针对每章编写的程序都必须与该程序对应的 test.py 文件位于同一目录中。

例如，可以使用 new.py 启动第 2 章中位于 02_crowsnest 目录中的 crowsnest.py 程序：

```
$ bin/new.py 02_crowsnest/crowsnest.py
Done, see new script "02_crowsnest/crowsnest.py."
```

如果现在打开该文件，将看到该文件已经为你写了很多代码，关于这点稍后会解释。现在，只需要意识到所生成的 crowsnest.py 程序可以像这样运行：

```
$ 02_crowsnest/crowsnest.py
usage: crowsnest.py [-h] [-a str] [-i int] [-f FILE] [-o] str
crowsnest.py: error: the following arguments are required: str
```

稍后，你将学习如何修改该程序，以完成测试的操作。

运行 new.py 的另一个办法是，把 template.py 文件从模板目录复制到目标目录，并赋予需要编写的程序的名称。可以像这样创建 crowsnest.py 程序文件：

```
$ cp template/template.py 02_crowsnest/crowsnest.py
```

要想启动程序，并非必须使用 new.py 或复制 template.py 文件。提供这些是为了节省时间，并为程序提供初始结构，也欢迎你按照自己喜欢的方式编写程序。

0.10 为什么不用 Notebooks

许多人都熟悉 Jupyter Notebooks，因为它们能够把 Python 代码以及文本和图像集成到一个文档中，使其他人能像运行普通程序一样执行它。我确实很喜欢 Notebooks，尤其是用它交互式地探索数据，但是我发现它们难以在教学中使用，原因如下：

- Notebook 以 JavaScript 对象简谱(JavaScript Object Notation，JSON)形式存储，而不是作为行导向文本(line-oriented text)存储。这使得难以在 Notebook 之间进行比较以找出差异。
- 代码、文本和图像可以按独立单元格混杂在一起。这些单元格可以按任何顺序交互运行，这可能会导致程序在逻辑上存在非常不易察觉的问题。本书中的程序每次都将从上到下完整运行，这使它们更容易理解。

- Notebook 无法在运行时接收不同的值。也就是说，如果使用一个输入文件测试某程序，然后想换成另一个文件，你不得不改变该程序本身。你将学习如何把文件作为实参(argument)传递给程序，使你能在改变输入文件时无须改变代码。
- 很难对 Notebook 或它们包含的函数自动运行测试。我们将使用 pytest 模块基于不同的输入值反复运行我们的程序，并验证这些程序是否产生了正确的输出。

0.11 本书的主题范畴

本书的目的是介绍 Python 语言内置特性的实用性。书中的练习将推动你去实际操作字符串、列表、字典和文件。我们将花费几章去重点介绍正则表达式，所有练习(除了最后一个练习)都需要你接受并验证不同类型和数量的命令行实参。

每个作者在主题上都有侧重，我也不例外。我之所以选择这些主题，是因为它们反映了我在二十多年来的工作中最重要的思想。例如，我花费了大量时间从无数 Excel 电子表格和 XML 文件中解析混乱的数据。占用了我大部分工作时间的基因组研究就是主要以高效解析文本文件为基础的，并且我的大量 Web 开发工作就是根据文本如何编码以及传入传出 Web 浏览器的理解来进行。出于这个原因，你会发现许多练习都涉及处理文本和文件，这将挑战你去思考如何将输入转换为输出。如果完成了所有练习，相信你会成为一名更高阶的程序员，能够理解在多种语言中通用的基本思想。

0.12 为什么不进行面向对象的编程

你将注意到，本书所缺少的一个主题是用 Python 编写面向对象的代码。如果不熟悉面向对象编程(OOP)，则可以跳过本节。

我认为 OOP 是一个进阶主题，已经超出了本书的范畴。我更希望专注于如何编写小型函数及其测试。小型函数会让代码更透明，因为它们是短小的，仅仅使用显式传递的值作为实参，并且拥有足够的测试，可以使你完全了解它们在友好和不友好条件下的结果表现。

Python 语言与生俱来就是面向对象的。程序中使用的几乎所有东西，从字符串、列表到字典，实际上都是对象，因此你将得到许多使用对象的实践经验。但我认为没有必要创建对象来解决任何我提出的问题。实际上，尽管我曾经花费多年时间编写面向对象的代码，最近几年我都没有用这种风格写过。我倾向于从纯函数式编程的世界汲取灵感，希望到本书结尾时能说服你，通过函数的组合可以完成任何你想做的事。

尽管我个人避免使用 OOP，但还是建议你学习一下。编程世界发生过几次影响深远的范式转移(paradigm shifts)，从面向过程到面向对象，现在是面向功能编程。可以找到几十本关于一般性的 OOP 以及专门用 Python 进行对象编程的书。这是一个深刻而有趣的主题，我鼓励你试着编写面向对象的解决方案，并与我的解决方案进行比较。

0.13 行话注解

在编程书中，你经常会看到示例中使用了“foobar”一词。这个词没有实际含义，但可能来自军事用语中的首字母缩写词“FUBAR”(Fouled Up Beyond All Recognition，无法处置的事)。 如果我在示例中使用了“foobar”，则表明我不想谈论任何特定事物，只是想给出一连串字符。如果我需要条目的列表，通常第一个条目将是“foo”，下一个条目将是“bar”。随后，习惯上使用“baz”和“quux”，也是因为它们完全没有含义。不要纠结于“foobar”，它只是为后面更有趣的内容设置的一个占位符。

程序员还喜欢把代码中的错误称为 bug，这来自发明晶体管之前的计算机时代。早期的机器使用真空管，机器产生的热量会吸引真正的虫子(bug)，如飞蛾等，并可能会导致短路。操作者(运行机器的人)必须寻遍机器设备来找到并清除虫子，因此产生了术语“to debug”。

目　　录

第 *1* 章 如何编写和测试 Python 程序

在开始练习之前，我想讨论一下如何编写和测试程序。

具体来说，我们需要：

- 写一个能打印“Hello,World!”的 Python 程序；
- 使用 argparse 解析命令行参数；
- 使用 Pytest 运行代码测试；
- 了解$PATH；
- 使用像 YAPF 和 Black 这样的工具来格式化代码；
- 使用像 Flake 8 和 Pylint 这样的工具发现代码中的问题；
- 使用 new.py 创建新程序。

1.1 创建你的第一个程序

不管学习哪种编程语言，编写的第一个程序通常都是“Hello, World!”，本书也不例外。我们要写的程序将向一个实参传递的名字发出问候。它也将在我们请求帮助时打印一条帮助消息，我们将用测试来确保它能正确完成所有任务。

在 01_hello 目录中，你将看到我们要写的 hello 程序的几个版本。还有一个称为 test.py 的程序，我们用它测试 hello 程序。

首先，在该目录中创建一个称为 hello.py 的文本文件。如果在 VS Code 或 PyCharm 中工作，那么可以使用 File | Open 将 01_hello 目录作为项目(project)打开。这两个工具都有类似 File | New 的菜单选项，允许你在该目录中创建新文件。非常重要的一点是，应在 01_hello 目录内部创建 hello.py 文件，这样 test.py 程序才能找到它。

在创建了一个新文件后，添加下面这行代码：

```
print('Hello, World!')
```

下面可以运行新程序了！在 VS Code 或 PyCharm 或其他终端中打开一个终端窗口，浏览 hello.py 程序所在的目录。要想运行它，可以使用命令 python3 hello.py——这会使 Python 3 版本执行 hello.py 文件中的命令。你应该看到如下显示：

```
$ python3 hello.py
Hello, World!
```

图 1.1 展示了它在 Repl.it 界面中的样子。

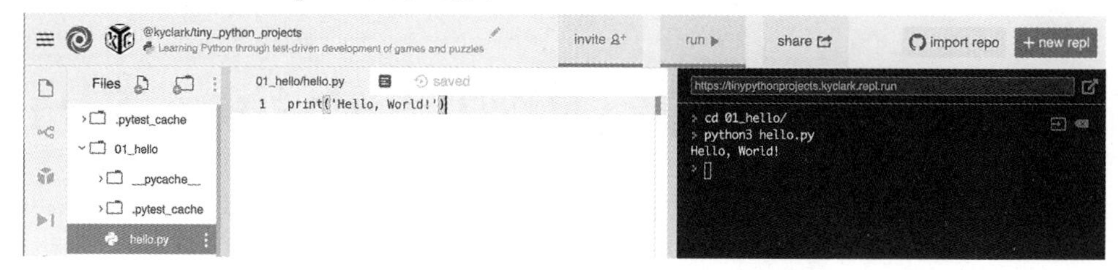

图 1.1　使用 Repl.it 编写并运行我们的第一个程序

如果这是你的第一个 Python 程序，恭喜你成功了！

1.2　注释行

在 Python 中，#字符及其右边的任何内容都会被 Python 忽略。这对于向代码添加注释，或者在测试和调试代码时暂时禁用代码行非常有用。将程序文档化是一个不错的主意，这可以标示程序的目的，或者标示作者的姓名和电子邮件地址，或者两者兼而有之。可以为程序使用这样一个注释：

```
# Purpose: Say hello
print('Hello, World!')
```

如果再次运行这个程序，应该会看到与以前相同的输出，因为“Purpose”行被忽略了。请注意，#左边的任何文本都会被执行，因此可以在行尾添加注释。

1.3　测试程序

我希望传授的最基本的技能是如何测试程序。我已经在 01_hello 目录中写了 test.py 程序，可以用它测试新的 hello.py 程序。

使用 pytest 执行所有命令，它会告诉我们通过了多少测试。命令中包含-v 选项，它告诉 pytest 要创建“详细”(verbose)输出。如果这样运行该程序，你应该会看到输出的最初几行如下所示。在这几行之后将有更多行，向你显示关于未通过的测试的更多信息。

注意：如果得到报错“pytest:command not found”(命令未找到)，则表示需要安装 pytest 模块。请参阅本书“入门：引言与安装指南”中的“安装模块”一节。

第二个测试尝试通过 python3 hello.py 命令来运行该程序，然后检查该程序是否打印了“Hello, World!”。如果漏掉了哪怕仅仅一个字符，比如忘记了一个逗号，该测试也会指出错误，所以要仔细编写！

第一个测试总是检查预期的文件是否存在。这里的测试是在寻找 hello.py。

```
$ pytest -v test.py
============================ test session starts ==============================
...
collected 5 items

test.py::test_exists PASSED                                              [ 20%]
test.py::test_runnable PASSED                                            [ 40%]
test.py::test_executable FAILED                                          [ 60%]
test.py::test_usage FAILED                                               [ 80%]
test.py::test_input FAILED                                               [100%]

=================================== FAILURES ===================================
```

第四个测试向该程序请求帮助，但并没有得到任何回应。我们将添加打印“使用说明”(usage)语句的能力，它描述了程序的使用方法。

第三个测试检查该程序是否“可执行”。这个测试失败了，所以接下来我们将讨论如何通过这个测试。

最后一个测试检查该程序能否向作为实参传递给该程序的名字发出问候。因为我们的程序尚未接收实参，所以还需要添加实参。

这些测试是按顺序编写的，希望能帮助你以更有逻辑性的方式编写程序。如果你的程序未能通过其中一个测试，就不必继续运行后续的测试。建议你在运行这些测试时总是带着下列标志位：-x 用于在第一个失败的测试处停止运行，-v 用于打印详细输出。可以将这些标志位进行组合，类似-xv 或-vx。以下是我们的测试使用这些选项后的样子：

```
$ pytest -xv test.py
============================ test session starts ==============================
...
collected 5 items
test.py::test_exists PASSED                                              [ 20%]
test.py::test_runnable PASSED                                            [ 40%]
test.py::test_executable FAILED                                          [ 60%]

=================================== FAILURES ===================================
_______________________________ test_executable ________________________________

    def test_executable():
    """Says 'Hello, World!' by default"""

        out = getoutput({prg})
>       assert out.strip()== 'Hello, World!'
```

这个测试失败了。因为运行 pytest 时使用了-x 选项，所以不会再运行后面的测试。

这一行开头的尖括号(>)显示了后续错误的来源。

```
E     AssertionError: assert '/bin/sh: ./h...ission denied' == 'Hello, World!
E       - /bin/sh: ./hello.py: Permission denied
E       + Hello, World!


test.py:30: AssertionError
!!!!!!!!!!!!!!!!!!!!!!!!!! stopping after 1 failures !!!!!!!!!!!!!!!!!!!!!!!!!!!
======================= 1 failed, 2 passed in 0.09s ==========================
```

字符(-)显示了该命令的实际输出是“Permission denied”。

加号(+)显示了该测试应该得到“Hello，World!”

这一行开头的“E”显示了这是一个你应该阅读的“Error”。AssertionError 表示，该 test.py 程序正在尝试执行命令./hello.py，来查看它是否会生成文本“Hello, World!”

我们来谈谈如何修复这个错误。

1.4 添加#!(释伴)行

至此，你已经了解到，Python 程序存在于你要求 python3 执行的纯文本文件中。许多其他编程语言，如 Ruby 和 Perl，也以同样的方式工作——我们把 Ruby 或 Perl 命令输入文本文件，并使用正确的语言运行它。通常会在这类程序中放置一个特殊的注释行，来表明需要使用哪种语言执行文件中的命令。

这个注释行以#!开头，该符号的昵称是“释伴”(shebang，发音为“shuh-bang”——我一直认为“#”对应于其中的“shuh”，“!”对应于其中的“bang”)。像忽略其他注释行一样，Python 也会忽略释伴行，但是操作系统(如 macOS 或 Windows)将利用释伴行来决定选择哪种程序去运行该文件的剩余部分。

以下是你应该添加的释伴行：

```
#! /usr/bin/env python3
```

env 程序会告诉你有关“环境”的信息。当在我的计算机上运行 env 时，我会看到许多输出行，如 USER=kyclark 和 HOME=/Users/kyclark。这些值可以作为变量$USER 和$HOME 被访问：

```
$ echo $USER
kyclark
$ echo $HOME
/user/kyclark
```

如果在你的计算机上运行 env，会看到你的登录名和主目录。当然，它们会与我的值不同，但是你和我都有这两个值。

可以使用 env 命令来查找和运行程序。如果输入 env python3，那么会运行一个 python3 程序(如果能找到的话)。以下是在我的计算机上显示的输出：

```
$ env python3
Python 3.8.1 (v3.8.1:1b293b6006, Dec 18 2019, 14:08:53)
[Clang 6.0 (clang-600.0.57)] on darwin
Type "help", "copyright", "credits" or "license" for more information.
>>>
```

env 程序在环境中寻找 python3。如果没有安装 Python，则找不到，但也有可能已经多次安装了 Python。可以使用 which 命令来查看它找到的是哪个 python3。

```
$which python3
/Library/framework/Python. framework/Versions/3.8/bin/python3
```

如果我在 Repl.it 上运行这个命令，可以看到 python3 存在于另一个位置。它在你的计算机上存在于哪里呢？

```
$which python3
/home/runner/.local/share/virtualenvs/python 3/bin/python3
```

正如我的$USER 名与你的$USER 名不同，我的 python3 也可能与你的 python3 不同。如果 env 命令能够找到一个 python3，它将执行该 python3。如前文所述，如果单独运行 python3，它将打开一个 REPL。

如果把我的 python3 路径放在该释伴行里，如下所示：

```
#! /Library/framework/Python.framework/Versions/3.8/bin/python3
```

那么，对于一台在其他位置安装了 python3 的计算机，我的程序会无法运行。我也怀疑我的程序能否在你的计算机上运行。因此，应该总是使用 env 程序来查找它所在的机器上特有的 python3。

现在你的程序应该如下所示：

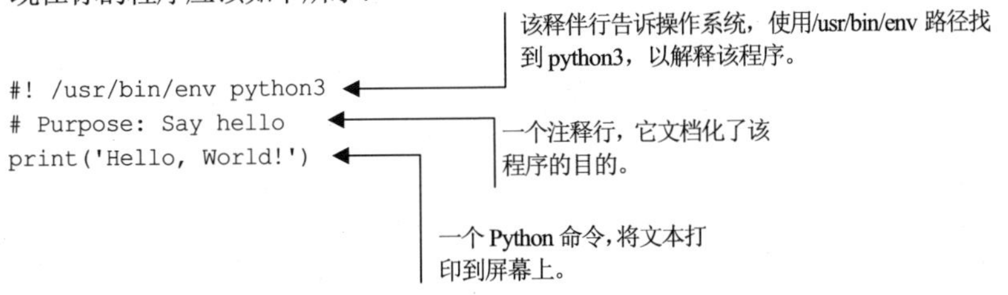
该释伴行告诉操作系统，使用/usr/bin/env 路径找到 python3，以解释该程序。
#! /usr/bin/env python3
# Purpose: Say hello
print('Hello, World!')
一个注释行，它文档化了该程序的目的。
一个 Python 命令，将文本打印到屏幕上。

1.5　可执行的程序

至此，我们已经明确地告诉 python3 运行我们的程序，但由于添加了释伴行，因此可以直接执行该程序并让操作系统推断出它应该使用 python3。这样做的好处是，可以把该程序复制到其他程序所在的目录中，并从计算机的任何位置执行它。

打开
关闭

做这件事的第一步是使用命令 chmod(change mode，改变模式)让程序“可执行”。请把这个命令理解成“打开”程序，运行该命令，可以使 hello.py 成为可执行程序：

```
$ chmod +x hello.py
```

+x 将给该文件添加“可执行”属性。

现在，可以运行该程序，如下所示：

```
$ ./hello.py
Hello, World!
```

./表示当前目录，当与该程序位于同一目录中时，要想运行一个程序，必须这样写。

1.6 理解$PATH

设置释伴行让你的程序可执行的最大原因之一是，可以像安装其他程序和命令一样安装 Python 程序。在上文中，我们使用了 which 命令来查找 python3 在 Repl.it 实例上的位置：

```
$which python3
/home/runner/.local/share/virtualenvs/python3/bin/python3
```

env 程序是如何找到它的？Windows、macOS 和 Linux 都有一个$PATH 变量，它是一个目录列表，操作系统会在其中查找程序。例如，下面是我的 Repl.it 实例的$PATH：

```
> echo $PATH
/home/runner/.local/share/virtualenvs/python3/bin:/usr/local/bin:\
/usr/local/sbin:/usr/local/bin:/usr/sbin:/usr/bin:/sbin:/bin
```

目录之间用冒号(:)分隔。注意，python3 所在的目录是$PATH 中的第一个目录。它是一个相当长的字符串，所以我用\字符将它断开以便于阅读。如果把 hello.py 程序复制到$PATH 中列出的任何一个目录中，那么可以在不需要前导./的情况下执行像 hello.py 这样的程序，而且也不必与该程序位于同一目录中。

可以像这样理解$PATH：如果在家里找不到钥匙，想找到钥匙的话，你会从查看左上角的厨柜开始，检查每个橱柜，接着检查存放银器和厨房小工具的所有抽屉，然后再看你的浴室和卧室壁橱吗？还是你会从你通常放钥匙的地方开始找，比如前门旁边的钥匙钩，接着继续寻找你最喜欢的夹克、钱包或背包的口袋，然后再去沙发垫下面找找呢？

$PATH 变量告诉你的计算机，只在这些有可能找到可执行程序的目录下查找。唯一的替代方法是，让操作系统搜索每个目录，而这可能需要几分钟甚至几小时！可以在$PATH 变量中控制目录的名称及其相对次序，使操作系统找到需要的程序。

常见的做法是把程序安装到/usr/local/bin 中，因此可以尝试使用 cp 命令把程序复制到该位置。遗憾的是，在 Repl.it 中我没有权限这样做：

```
> cp 01_hello/hello.py /usr/local/bin
cp: cannot create regular file '/usr/local/bin/hello.py': Permission denied
```

但我可以在自己的笔记本计算机上这样做：

```
$ cp hello.py /usr/local/bin/
```

我可以验证该程序是否被找到：

```
$ which hello.py
/usr/local/bin/hello.py
```

现在可以在我的计算机的任何目录下执行该程序：

```
$ hello.py
Hello, World!
```

更改$PATH

你常常会发现，你当前操作的计算机不允许你在$PATH 中安装程序，比如 Repl.it。一个替代方法是，更改你的$PATH，使它包含一个可以放置程序的目录。例如，我经常在我的主目录中创建一个 bin 目录，主目录通常可以用波浪号(~)表示。

在大多数计算机上，~/bin 意味着“我的主目录中的 bin 目录”。常见的还有$HOME/bin，其中$HOME 是你的主目录的名称。下面是我如何在 Repl.it 机器上创建这个目录，复制一个程序到这个目录，然后把它添加到我的$PATH：

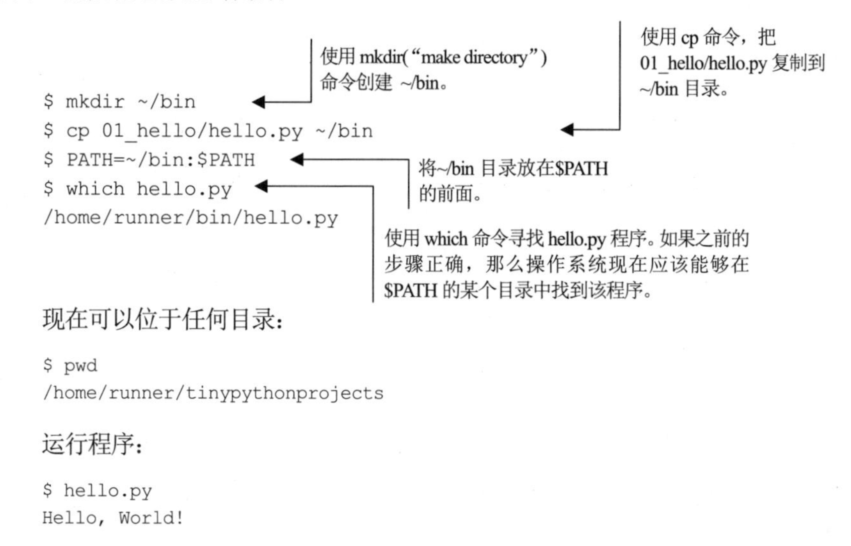

现在可以位于任何目录：

```
$ pwd
/home/runner/tinypythonprojects
```

运行程序：

```
$ hello.py
Hello, World!
```

尽管释伴行和可执行程序所涉及的内容看起来很多，但好处是，你创建的 Python 程序可以安装到你的或其他任何人的计算机上，并像其他任何程序一样运行。

1.7　添加参数和帮助

在全书中，我将使用线图(string diagrams)对我们将编写的程序的输入和输出进行可视化。如果现在为程序创建一个线图(如图 1.2 所示)，则会看到该程序无须输入，并且输出总是“Hello,World!”

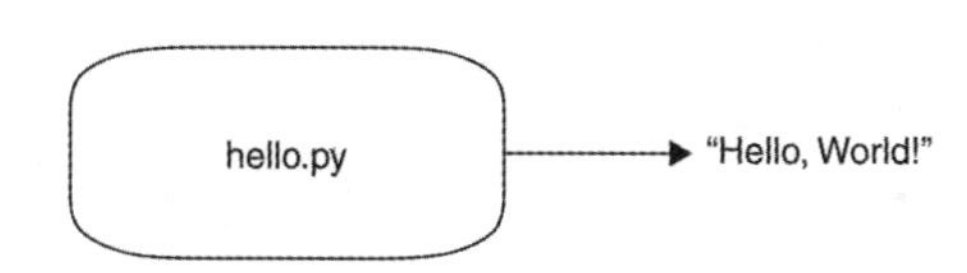

图 1.2　一个线图，代表我们的 hello.py 程序，它不接收任何输入，并且总是生成相同的输出

我们的程序总是说“Hello,World!”可真没劲，如果它能对别的东西，比如宇宙(Universe)说声“Hello”就好了。可以通过改变代码来实现这一点，比如：

```
print('Hello, Universe')
```

但这意味着，每次我们想让程序问候一个不同的名字，都必须改变代码。最好可以不必改变程序本身就能改变程序的结果。

为了实现这一点，可以先找到程序需要改变的部分(比如要问候的名字)，把这个值作为参数提供给我们的程序。也就是说，希望我们的程序像这样运行：

```
$ ./hello.py Terra
Hello, Terra!
```

使用我们程序的人如何知道要这么做？提供帮助消息是我们程序的责任！大多数命令行程序都会响应像-h 和--help 这样的实参，以提供关于如何使用该程序的信息。我们的程序需要打印这样的内容：

```
$ . /hello.py -h
Usage: hello.py [-h] name

Say hello

positional arguments:

   name       Name to greet

optional arguments:
  -h, --help  show this help message and exit
```

注意，name 被称作位置实参。

为此，可以使用 argparse 模块。模块是可以引入程序的代码文件。我们还可以为了与他人共享代码而创建模块。在 Python 中可以使用成百上千个模块，这也是这种语言激动人心的原因之一。

argparse 模块将“parse”(解析)传递给程序的“arguments”(实参)。要使用它，请按如下方式修改你的程序。建议你自己输入一遍，不要复制粘贴。

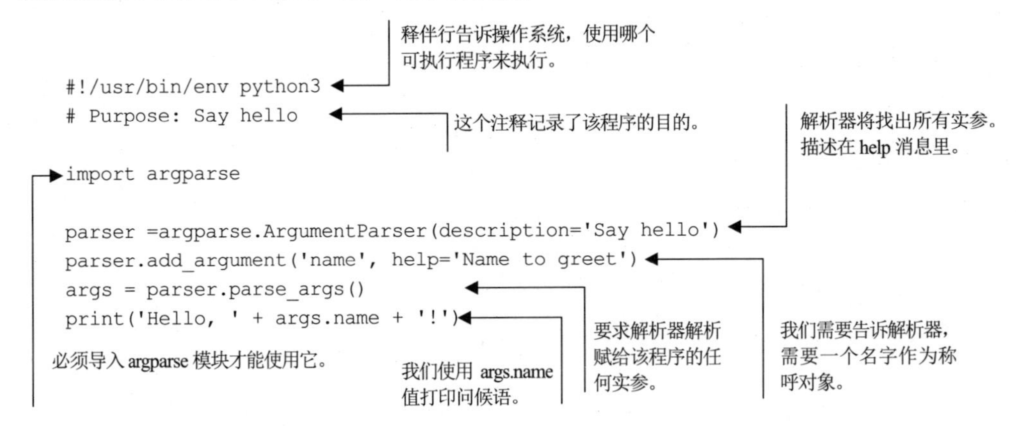

图 1.3 展示了我们的程序现在的线图。

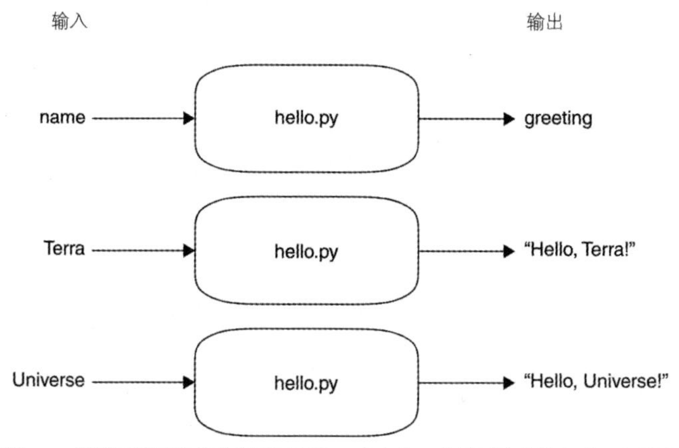

图 1.3　线图展示了我们的程序可以取一个实参，并基于这个值生成一条消息

现在，当你尝试像以前一样运行该程序时，它会触发一个错误和一个“usage”使用说明(请注意，“usage”是输出的第一个单词)：

```
$ ./hello.py
usage: hello.py [-h] name
hello.py: error: the following arguments are required: name
```

我们不带实参运行该程序，但是该程序现在需要一个实参(一个“name”)。

因为该程序没有得到预期的实参，所以它停止了，并打印一个“usage”使用说明，让用户知道如何正确地调用该程序。

该错误消息告诉用户，他们没有提供必需的名为“name”的参数。

我们已经更改了该程序，因此它需要一个 name 实参，否则不会运行。这样真的很酷！让我们和“name”打招呼：

```
$ ./hello.py Universe
Hello, Universe!
```

尝试带着-h 和--help 实参运行该程序，并确认你看到了帮助消息。

该程序现在运行正常，并且有很好的文档记录，这都是因为我们使用 argparse 添加了这几行。这是一个很大的进步。

1.8　可选实参

假设我们希望像以前一样运行该程序，不带实参，让它打印“Hello,World!”。可以把该实参的名称改为--name，从而让 name 成为可选的：

```
#!/usr/bin/env python3
# Purpose: Say hello

import argparse

parser = argparse.ArgumentParser(description='Say hello')
```

```
parser.add_argument('-n', '--name', metavar='name',
                    default='World', help='Name to greet')
args = parser.parse_args()
print('Hello, ' + args.name + '!')
```

这个程序唯一的变化是，添加了-n和--name作为“短”选项名称和“长”选项名称。我们还指出了一个默认值。“metavar”(元变量)将出现在使用说明中，用来描述该实参。

现在，可以像以前一样运行它：

```
$ ./hello.py
Hello, World!
```

或者使用--name 选项：

```
$ ./hello.py --name Terra
Hello, Terra!
```

我们的帮助消息也已经改变：

```
$ ./hello.py -h
usage: hello.py [-h] [-n NAME]

Say hello

optional arguments:
  -h, --help           show this help message and exit
  -n name, --name name  Name to greet
```

该实参现在是可选的，不再是位置参数。通常同时提供短名称和长名称，以便输入选项。“name”的 metavar 值出现在这里，以描述该值应该是什么。

图 1.4 是一个描述我们程序的线图。

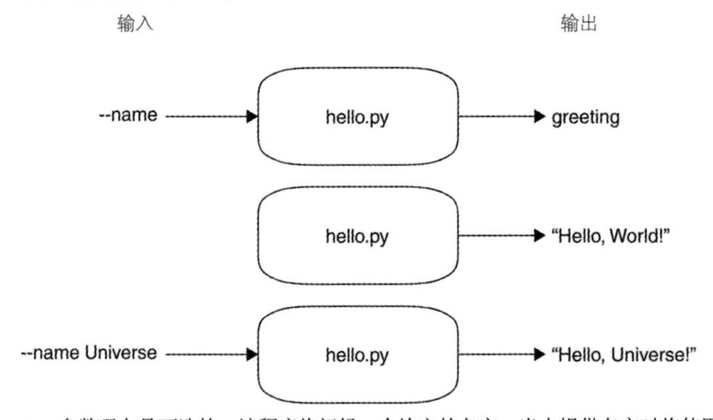

图 1.4 name 参数现在是可选的。该程序将问候一个给定的名字，当未提供名字时将使用默认值

我们的程序现在真的很灵活，在不带实参运行时使用默认值，也允许我们对其他东西说“嗨”。记住，以破折号开头的参数是可选的，因此可以省略，并且它们可能有默认值；不以破折号开头的参数是位置参数，通常是必需的，因此它们没有默认值。表 1.1 为两种命令行参数的示例与说明。

表 1.1　两种命令行参数

类型	示例	必需	默认
位置参数	name	是	否
可选参数	-n (短), --name (长)	否	是

1.9　运行测试

再次运行测试，看看结果如何：

```
$ make test
pytest -xv test.py
============================ test session starts ==============================
...
collected 5 items

test.py::test_exists PASSED                                              [ 20%]
test.py::test_runnable PASSED                                            [ 40%]
test.py::test_executable PASSED                                          [ 60%]
test.py::test_usage PASSED                                               [ 80%]
test.py::test_input PASSED                                               [100%]

============================= 5 passed in 0.38s ===============================
```

哇，我们通过了所有的测试！事实上，每当看到我的程序通过所有测试时，我都会很兴奋，即使编写测试的人就是我。之前，我们是在用法测试和输入测试时失败的。添加 argparse 代码修复了这两个问题，它允许我们在程序运行时接收实参，还创建了关于如何运行程序的文档。

1.10　添加 main()函数

现在，我们的程序运行得很好，但是还没有达到社区标准和预期。例如，计算机程序——不仅仅是用 Python 编写的程序——通常从一个名为 main()的地方开始。大多数 Python 程序都定义了一个名为 main()的函数，习惯用法是在代码的末尾调用 main()函数，如下所示：

```
#!/usr/bin/env python3
# Purpose: Say hello

import argparse

def main():
    parser = argparse.ArgumentParser(description='Say hello')
    parser.add_argument('-n', '--name', metavar='name',
                        default='World', help='Name to greet')
    args = parser.parse_args()
```

def 定义了一个名为 main()的函数，空括号表示此函数不接收任何参数。

```
        print('Hello, ' + args.name + '!')

if __name__ == '__main__':
    main()
```

Python 中的每个程序或模块都有一个可以通过变量__name__访问的名称。当程序执行时，__name__被设置为"__main__"。[1]

如果为真，则调用 main()函数。

随着程序越来越长，我们将开始创建更多函数。Python 程序员实现这一点的方式各不相同，但在本书中，将创建并执行 main()函数以保持一致，总是把程序的主体放在 main()函数中作为开始。

1.11　添加 get_args()函数

出于个人喜好，我总是喜欢把所有的 argparse 代码放在一个单独的地方，并称之为 get_args()。获取实参和验证实参在我心中是同一类概念，所以它们是自成一体的。对于某些程序，这个函数可能会相当长。

我喜欢把 get_args()作为第一个函数，这样读源代码时能马上看到。我通常把 main()放在它后面。当然，欢迎按照自己喜欢的方式构建你的程序。

以下是程序现在的样子：

```
#!/usr/bin/env python3
# Purpose: Say hello

import argparse

def get_args():
    parser = argparse.ArgumentParser(description='Say hello')
    parser.add_argument('-n', '--name', metavar='name',
                        default='World', help='Name to greet')
    return parser.parse_args()

def main():
    args = get_args()
    print('Hello, ' + args.name + '!')

if __name__ == '__main__':
    main()
```

get_args()函数用于获取实参。现在所有的 argparse 代码都在这里。

调用 return 来把实参的解析结果发送回 main()函数。

调用 get_args()函数来获取已解析的实参。如果实参有问题，或者用户请求帮助，那么该程序永远不会运行到达这一步，因为 argparse 使它退出。如果我们的程序确实到达了这一步，那么输入值必然已经是妥当的。

main()函数现在短多了。

该程序的运行方式没有任何改变。我们只是组织了代码，把想法分组——处理 argparse 的代码现在都位于 get_args()函数中，其他代码都位于 main()中。为了确认程序，去运行全套测试集吧！

1　更多关于 main()函数的信息，请参考 Python 文档：https://docs.python.org/3/library/__main__.html。

检查风格和错误

我们的程序现在运行得很好。可以使用像 Flake8 和 Pylint 这样的工具来检查程序是否有问题。这些工具被称为代码检查器，它们的任务是为改进程序提供建议。如果尚未安装它们，现在可以使用 pip 模块进行安装：

```
$ python3 -m pip install flake8 pylint
```

Flake8 程序希望在各个函数 def 定义之间放两个空行：

```
$ flake8 hello.py
hello.py:6:1: E302 expected 2 blank lines, found 1
hello.py:12:1: E302 expected 2 blank lines, found 1
hello.py:16:1: E305 expected 2 blank lines after class or function definition,
      found 1
```

Pylint 说这些函数缺少文档(“docstrings”)：

```
$ pylint hello.py
************* Module hello
hello.py:1:0: C0114: Missing module docstring (missing-module-docstring)
hello.py:6:0: C0116: Missing function or method docstring (missing-functiondocstring)
hello.py:12:0: C0116: Missing function or method docstring (missing-functiondocstring)

-------------------------------------------------------------------
Your code has been rated at 7.00/10 (previous run: -10.00/10, +17.00)
```

docstring(文档字符串)紧跟在函数的 def 之后出现。一个函数往往有若干行文档，所以程序员常常会使用 Python 的三重引号(这里的引号指单引号或双引号)来创建多行字符串。下面的代码是添加文档字符串后该程序的样子。我用 YAPF 来格式化程序和解决间距问题，但也欢迎使用 Black 或者任何你喜欢的工具。

```
#!/usr/bin/env python3
"""
Author: Ken Youens-Clark <kyclark@gmail.com>
Purpose: Say hello
"""

import argparse
# --------------------------------------------------
def get_args():
    """Get the command-line arguments"""

    parser = argparse.ArgumentParser(description='Say hello')
    parser.add_argument('-n', '--
    name', default='World', help='Name to greet')
    return parser.parse_args()
```

针对整个程序的三重引号多行文档字符串。通常的做法是在释伴行之后紧接着写一个长的文档字符串，以记录该函数的总体目的。我喜欢至少在文档字符串中包含我的姓名、电子邮件地址和脚本的用途，以便将来使用该程序的人知道程序作者，如果有问题如何与我联系，以及该程序的用途。

一条长的水平“线”注释，帮助我找到函数。如果不喜欢它们，可以忽略。

针对 get_args()函数的文档字符串。即使只有单行注释，我也喜欢使用三重引号，因为它们可以帮助我更好地查看文档字符串。

```
# --------------------------------------------------
def main():
    """Make a jazz noise here"""

    args = get_args()
    print('Hello, ' + args.name + '!')

# --------------------------------------------------
if __name__ == '__main__':
    main()
```

main()函数只是标记程序开始的地方，因此在文档字符串中没有太多要说的。我认为把“Make a jazz noise here”放上去很(至少有一点)有趣，但也可以放你喜欢的任何文字。

要了解如何在命令行上使用 YAPF 或 Black，请带着 -h 或--help 标志位运行它们并阅读相应文档。如果使用的是像 VS Code 或者 PyCharm 这样的 IDE，或者使用了 Repl.it 接口，则可以使用一些命令重新格式化代码。

1.12 测试 hello.py

我们已经对该程序做了许多改变，现在，确定它仍然能正常运行吗？让我们再做一次测试。

毫不夸张地说，这是一件你会做上百次的事情，所以我创建了一个快捷方式，你可能会喜欢使用它。在每个目录中，你都会找到一个名为 Makefile 的文件，它看起来像这样：

```
$ cat Makefile
.PHONY: test

test:
   pytest -xv test.py
```

如果你的计算机上已经安装了 make 程序，那么可以在 01_hello 目录下运行 make test。make 程序将在你当前的工作目录中查找 Makefile，然后查找一个名为“test”的配置文件。在这个文件里，make 程序会找到用来运行“test”的命令 pytest -xv test.py，并运行该命令。

```
$ make test
pytest -xv test.py
============================ test session starts ==============================
...
collected 5 items

test.py::test_exists PASSED                                              [ 20%]
test.py::test_runnable PASSED                                            [ 40%]
test.py::test_executable PASSED                                          [ 60%]
test.py::test_usage PASSED                                               [ 80%]
test.py::test_input PASSED                                               [100%]

============================= 5 passed in 0.75s ===============================
```

如果没有安装过 make，你可能需要安装它并了解 Makefiles 如何用于执行复杂的命令集。如果不想安装和使用 make，可以自己运行 pytest -xv test.py，也能完成同样的任务。

重点是，我们能够使用测试来验证程序仍能正确地做它应该做的事情。在写程序时，你可能想尝试不同的解决方案。测试让你能够自由地重写程序(也称为“重构代码”)并知道它仍然正常运行。

1.13　用 new.py 开始新程序

argparse 模块是一个标准模块，它一般随同 Python 一起安装。之所以被广泛使用，是因为它可以节省解析和验证程序实参的大量时间。本书的每个程序都将使用 argparse。你将了解如何使用它把文本转换为数字，如何使用它验证和打开文件等。既然有这么多选项，我便创建了一个名为 new.py 的 Python 程序，它将帮助你开始编写使用 argparse 的新 Python 程序。

我已经把这个 new.py 程序放入 GitHub 资料库的 bin 目录。建议使用它开始编写每个新程序。例如，可以使用 new.py 创建 hello.py 的新版本。请前往资料库的顶层目录，并运行以下命令：

```
$ bin/new.py 01_hello/hello.py
"01_hello/hello.py" exists. Overwrite? [yN] n
Will not overwrite. Bye!
```

new.py 程序不会覆盖现有文件(除非你告诉它这样做)，因此在使用它时不必担心擦除先前的劳动成果。尝试使用它创建一个不同名称的程序：

```
$ bin/new.py 01_hello/hello2.py
Done, see new script "01_hello/hello2.py."
```

现在尝试执行该程序：

```
$ 01_hello/hello2.py
usage: hello2.py [-h] [-a str] [-i int] [-f FILE] [-o] str
hello2.py: error: the following arguments are required: str
```

让我们看看新程序的源代码：

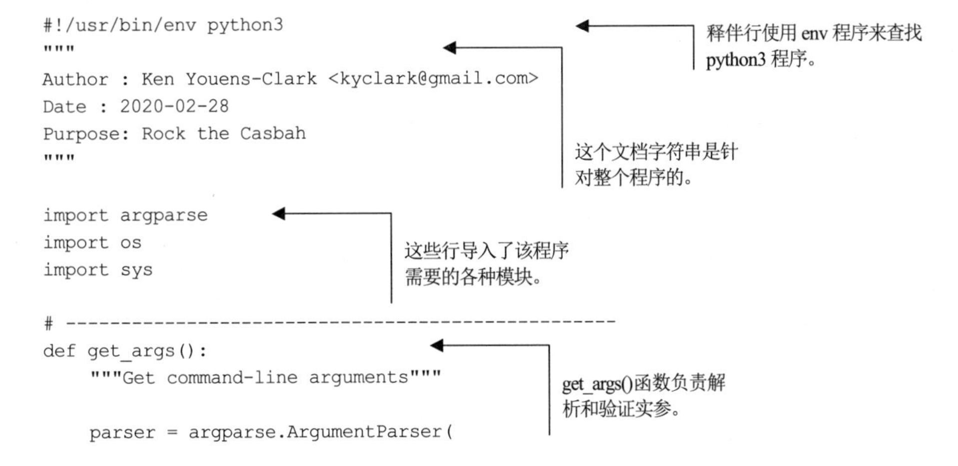

释伴行使用 env 程序来查找 python3 程序。
这个文档字符串是针对整个程序的。
这些行导入了该程序需要的各种模块。
get_args()函数负责解析和验证实参。

```
#!/usr/bin/env python3
"""
Author : Ken Youens-Clark <kyclark@gmail.com>
Date : 2020-02-28
Purpose: Rock the Casbah
"""

import argparse
import os
import sys

# --------------------------------------------------
def get_args():
    """Get command-line arguments"""

    parser = argparse.ArgumentParser(
```

```
        description='Rock the Casbah',
        formatter_class=argparse.ArgumentDefaultsHelpFormatter)

    parser.add_argument('positional',
                        metavar='str',
                        help='A positional argument')

    parser.add_argument('-a',
                        '--arg',
                        help='A named string argument',
                        metavar='str',
                        type=str,
                        default='')

    parser.add_argument('-i',
                        '--int',
                        help='A named integer argument',
                        metavar='int',
                        type=int,
                        default=0)

    parser.add_argument('-f',
                        '--file',
                        help='A readable file',
                        metavar='FILE',
                        type=argparse.FileType('r'),
                        default=None)

    parser.add_argument('-o',
                        '--on',
                        help='A boolean flag',
                        action='store_true')

    return parser.parse_args()

# --------------------------------------------------
def main():
    """Make a jazz noise here"""

    args = get_args()
    str_arg = args.arg
    int_arg = args.int
    file_arg = args.file
    flag_arg = args.on
    pos_arg = args.positional

    print(f'str_arg = "{str_arg}"')
    print(f'int_arg = "{int_arg}"')
    print('file_arg = "{}"'.format(file_arg.name if file_arg else ''))
    print(f'flag_arg = "{flag_arg}"')
    print(f'positional = "{pos_arg}"')

# --------------------------------------------------
if __name__ == '__main__':
    main()
```

定义一个“位置”实参，就像第一个版本的hello.py定义了一个name实参那样。

定义一个“可选”实参，就像使用--name选项时那样。

定义一个可选实参，它必须是整数值。

定义一个可选实参，它必须是文件。

定义一个“flag”选项，它开启时为“on”，关闭时为“off”。稍后你将了解更多相关内容。

将解析后的实参返回到main()。如果出现任何问题，比如--int值是文本，却获取了数字42，argparse将为用户打印一条错误消息和“usage”使用说明。

定义程序开始处的main()函数。

main()函数要做的第一件事总是调用get_args()来获取实参。

每个实参的值都可以通过该实参的长名称访问。实参不是必须同时拥有短名称和长名称，但通常会这样做，以使程序更具可读性。

当该程序被执行时，__name__的值将等于文本“__main__”。

如果该条件为真，则调用main()函数。

该程序将接收以下参数：

- 单个 str 类型的位置实参。“位置”意味着，它前面没有标志位来为其命名，它的含义取决于它相对于命令名的位置。
- 一个自动的-h 或--help 标志位，让 argparse 打印用法。
- 一个名为-a 或--arg 的字符串选项。
- 一个名为-i 或--int 的具名选项实参。
- 一个名为-f 或--file 的文件选项。
- 一个名为-o 或--on 的布尔(off/on)标志位。

查看前面的清单，可以看到 new.py 完成了以下工作：

- 创建一个名为 hello2.py 的新 Python 程序。
- 使用模板生成一个工作程序，包含：一些文档字符串，一个用来开始该程序的 main()函数，一个用来解析和记录各种实参的 get_args()函数，以及用来在 main()函数中开始该程序的代码。
- 让该新程序成为可执行的，使其可以像./hello2.py 一样运行。

所得到的结果可以立即执行，并将产生关于如何运行它的文档。在使用 new.py 创建新程序后，应该用编辑器打开它，并修改实参名称和类型以满足程序需要。例如，在第 2 章中，可以删掉除了位置实参之外的所有内容，并把位置实参从“positional”重命名如“word”(因为该实参将是一个单词)。

注意，通过在你的主目录里创建一个名为.new.py(请注意前导点！)的文件，可以修改 new.py 所使用的“name”和“email”值。这里是我的示例：

```
$ cat ~/.new.py
name=Ken Youens-Clark
email=kyclark@gmail.com
```

1.14　使用 template.py 替代 new.py

资料库中包含了前述程序的一个样例，即 template/template.py，如果不想使用 new.py，可以复制这个样例。例如，在第 2 章中，需要创建程序 02_crowsnest/crowsnest.py。可以从资料库的顶层目录使用 new.py 访问相应的样例：

```
$ bin/new.py 02_crowsnest/crowsnest.py
```

也可以使用 cp(copy，复制)命令把该模板复制到你的新程序：

```
$ cp template/template.py 02_crowsnest/crowsnest.py
```

要点是，你不必从头起草每个程序。修改一个完整的可用的程序要比从头创建容易得多。

注意：可以将 new.py 文件复制到~/bin 目录。然后从任何目录使用 new.py 来创建一个新程序。

请务必浏览附录，其中有许多使用 argparse 的程序示例。可以复制这些示例来帮助你做练习。

1.15 小结

- Python 程序是存在于文件中的纯文本。需要 python3 程序来解释和执行程序文件。
- 让一个程序成为可执行的，并把它复制到$PATH 中的一个位置，就可以像运行计算机上的任何其他程序一样运行它。一定要设置释伴行，从而用 env 找到正确的 python3。
- argparse 模块将帮助你记录和解析程序的所有参数。可以验证位置实参、可选实参或标志位的类型和数量。用法将自动生成。
- 使用 pytest 程序运行针对每个练习的 test.py 程序。make test 快捷方式将执行 pytest -xv test.py，也可以直接运行这个命令。
- 应该经常运行测试，以确保程序正常运行。
- 像 YAPF 和 Black 这样的代码格式化工具会自动把代码格式化为社区标准，使其更容易阅读和调试。
- 像 Pylint 和 Flake8 这样的代码检查器(linters)可以帮助纠正编程上和风格上的问题。
- 可以使用 new.py 程序来生成带有 argparse 的新 Python 程序。

第 2 章

瞭望哨：使用字符串

停下，你这一脸呆样的傻大个！你愣着干什么，听不懂我说的话吗？你这浆糊脑袋！啊，你是个旱鸭子！好吧，那你就去做瞭望哨——桅杆顶端的小桶——里面望风的家伙。你的工作就是一直注意有没有出现什么有趣或危险的东西，比如想掠夺的船或者要避开的冰山。当你看见像独角鲸一样的东西，你应该叫出来，“哟，船长，左舷外有一只独角鲸！”如果看见一只章鱼，你要喊“哟，船长，左舷外有一只章鱼！”(在本练习中，我们假设一切都在“左舷外”。这里是一个安置东西的好地方。)

哟(Ahoy)，船长！

从本章开始，每一章都将提出一个你应该独立完成的编程挑战。我将讨论解决问题所需要的关键理念，以及如何使用所提供的测试来保证程序是正确的。你应该有 Git 资料库的本地副本(见本书引言中的“设置开发环境”)，并且把每个程序写在相应章的目录中。例如，本章的程序应该写在 02_crowsnest 目录中，针对该程序的测试也在这个目录中。

在本章中，我们将开始使用字符串。到本章结束，你将能够：

- 创建一个程序，它接收位置实参并生成使用文档；
- 创建一个新的输出字符串，它取决于程序的输入；
- 运行全套测试集。

你的程序应该被称为 crowsnest.py。该程序接收单个位置实参，并把这个给定的实参连同单词“a”或“an”(取决于该实参是以辅音还是元音开头)一起打印到“Ahoy”短语内。也就是说，如果给定“narwhal”，该程序应该打印出：

```
$ ./crowsnest.py narwhal
Ahoy, Captain, a narwhal off the larboard bow!
```

而如果给定“octopus”，该程序应该打印出：

```
$ ./crowsnest.py octopus
Ahoy, Captain, an octopus off the larboard bow!
```

这意味着，需要写这样一个程序：它在命令行接收某个输入，为该输入确定适当的冠词(“a”或“an”)，并打印出一个字符串，该字符串把这两个值放到“Ahoy”短语内。

2.1 启程

你很可能已经对写程序跃跃欲试了！请再多坚持一分钟，我们还需要讨论如何使用测试来验证程序，以及应如何开启编程之旅。

2.1.1 如何使用测试

“最伟大的老师，叫作失败。”

——尤达大师(Yoda)

代码资料库中包含了一些测试，它们将指导你写程序。我甚至希望你在写第一行程序之前就运行这些测试，以此来看看第一个失败的测试是什么样的：

```
$ cd 02_crowsnest
$ make test
```

可以运行 pytest -xv test.py 来代替 make test。你将在输出中看到下面的内容：

```
$ pytest -xv test.py
============================ test session starts =============================
...
collected 6 items

test.py::test_exists FAILED                                             [ 16%]
```

这个测试失败了。在这个测试之后还有更多测试，但测试进程停止在这里，因为这里在运行 pytest 时使用了-x 选项。

你将看到更多其他输出来提示你，所需的文件 crowsnest.py 不存在。阅读测试输出本身就是一门技巧，但它需要足够的实践经验，因此尽量不要有挫败感。在我的终端(Mac 上的 iTerm)上，pytest 的输出以彩色和粗体强调关键的错误。我通常从粗体、红色的文本开始修正程序，但在你的终端上可能有不同的显示形式。

让我们看一看输出。乍看它确实有点令人费解，但你慢慢会习惯阅读这些消息并找到错误。

此行开头的“E”表示“Error”，你需要认真阅读。测试传达的信息很难理解，但本质上是说该 ./crowsnest.py 文件不存在。

```
================================== FAILURES ===================================
_________________________________ test_exists _________________________________

    def test_exists():
        """exists"""

>       assert os.path.isfile(prg)
E       AssertionError: assert False
```

这是 test.py 内部正在运行的实际代码。它是一个名为 test_exists() 的函数。

本行开头的“>”表示这是错误开始的行。该测试正在检查是否有一个名为 crowsnest.py 的文件。如果尚未创建该文件，那么测试肯定会失败。

```
E        +  where False = <function isfile at 0x1086f1310>('./crowsnest.py')
E        +    where <function isfile at 0x1086f1310> = <module 'posixpath'
from '/Library/Frameworks/Python.framework/Versions/3.8/lib/python3.8/posixpath.
       py'>.isfile
E        +      where <module 'posixpath' from
'/Library/Frameworks/Python.framework/Versions/3.8/lib/python3.8/posixpath.py'>
         = os.path

test.py:22: AssertionError
!!!!!!!!!!!!!!!!!!!!!!!!!!! stopping after 1 failures !!!!!!!!!!!!!!!!!!!!!!!!!!!!
============================== 1 failed in 0.05s =================================
```

此处警告，在这一个失败之后不会继续运行更多测试。这是因为我们使用特定标志位运行该程序，使得在第一个失败处停止测试。

本书中针对每个程序的第一个测试都是检查所需的文件是否存在，因此下面开始创建程序。

2.1.2　用 new.py 创建程序

为了通过第一个测试，需要在 test.py 所在的 02_crowsnest 目录中创建一个名为 crowsnest.py 的文件。尽管可以从头起草程序，但仍然建议你使用 new.py 程序生成一些可用的模板代码，这些模板代码在每个练习中都会需要。

可以在资料库的顶层目录运行下面的命令来创建这个新程序。

```
$ bin/new.py 02_crowsnest/crowsnest.py
Done, see new script "02_crowsnest/crowsnest.py."
```

如果不想使用 new.py，可以复制 template/template.py 程序：

```
$ cp template/template.py 02_crowsnest/crowsnest.py
```

现在你应该有了一个能运行的程序的框架，该程序可以接收命令行参数。如果在运行新的 crowsnest.py 时不带实参，那么该程序将打印一个短的使用说明，内容如下(注意“usage”是作为该输出的第一个单词)：

```
$ ./crowsnest.py
usage: crowsnest.py [-h] [-a str] [-i int] [-f FILE] [-o] str
crowsnest.py: error: the following arguments are required: str
```

用./crowsnest.py --help 运行该程序，将打印一个较长的帮助消息。

注意：上述参数不是针对该程序的正确参数，只是由 new.py 提供的默认示例。需要修改它们来匹配该程序。

2.1.3　编写、测试、重复

你刚刚创建了程序，因此应该能够通过第一个测试。我希望你培养出的习惯是：写非常少的代码(最多一两行)，然后运行该程序或测试来看看你做得怎么样。

再次运行测试：

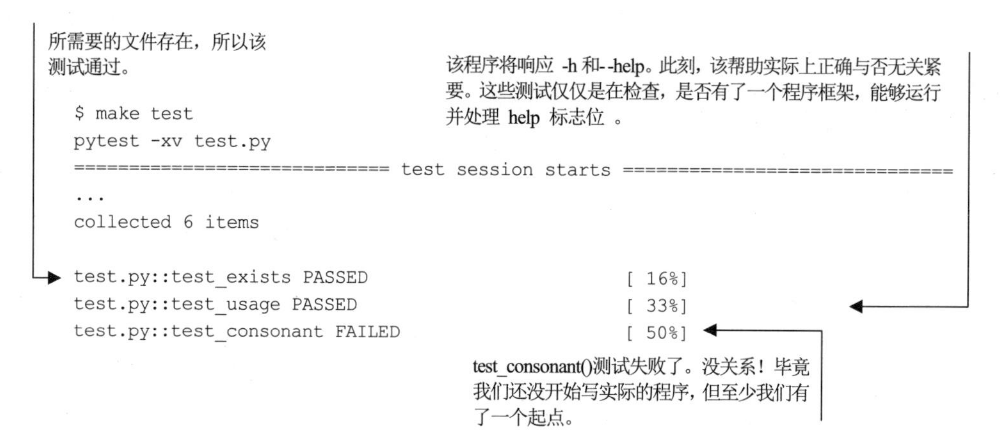

所需要的文件存在，所以该测试通过。
该程序将响应 -h 和--help。此刻，该帮助实际上正确与否无关紧要。这些测试仅仅是在检查，是否有了一个程序框架，能够运行并处理 help 标志位 。
$ make test
pytest -xv test.py
============================ test session starts ==============================
...
collected 6 items
test.py::test_exists PASSED [16%]
test.py::test_usage PASSED [33%]
test.py::test_consonant FAILED [50%]
test_consonant()测试失败了。没关系！毕竟我们还没开始写实际的程序，但至少我们有了一个起点。

如你所见，用 new.py 创建的新程序将让你通过最初的这两个测试：

(1) 该程序存在吗？是的，你刚刚创建了它。

(2) 当你请求帮助时该程序会打印帮助消息吗？是的，刚才以不带实参和--help 标志位的方式运行了该程序，可以看到它生成了帮助消息。

现在你有了一个能运行的程序，它接收一些实参(但不是正确的实参)。接下来，需要让该程序接收“narwhal”或“octopus”值。这些值需要被声明，我们将使用命令行实参执行此操作。

2.1.4　定义实参

图 2.1 肯定会让你眼前一亮，它展示了该程序的输入(或参数)和输出。全书都将使用这种图来设想代码和数据如何协同工作。在该程序中，输入是一个单词，而输出是一个短语，该短语是这个单词加上正确的冠词。

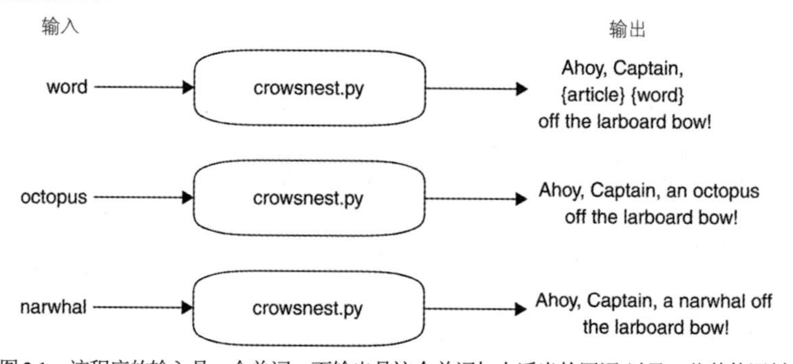

图 2.1　该程序的输入是一个单词，而输出是这个单词加上适当的冠词(以及一些其他语料)

我们需要修改该程序获取实参的部分——get_args()函数。这个函数使用 argparse 模块来解析命令行实参，而该程序需要接收单个位置实参。如果不能肯定“位置”实参是什么，一定要阅读附录，尤其是 A.4.1 节。

由模板创建的 get_args()函数把第一个实参命名为 positional。记住，位置实参是由它们的位置定义的，不具有以破折号开头的名称。可以删除除了位置实参 word 以外的所有实参。修改该程序的 get_args()部分，直到它打印如下使用说明：

```
$ ./crowsnest.py
usage: crowsnest.py [-h] word
crowsnest.py: error: the following arguments are required: word
```

类似地，对于-h 或--help 标志位，应该打印较长的使用说明：

```
$ ./crowsnest.py -h
usage: crowsnest.py [-h] word
Crow's Nest -- choose the correct article

positional arguments:
  word      A word

optional arguments:
  -h, --help show this help message and exit
```

需要定义一个 word 参数。注意，它作为一个位置实参被列出。

-h 和--help 标志位由 argparse 自动创建。不应把它们作为可选项来使用。它们的作用是为程序创建文档。

在你的 usage 匹配上面的代码之前，不要推进你的工作！

当程序打印了正确的 usage 后，就可以在 main()函数内部获取 word 实参。修改程序，使它打印该 word：

```
def main():
    args = get_args()
    word = args.word
    print(word)
```

然后测试它是否能运行：

```
$ ./crowsnest.py narwhal
narwhal
```

现在再次运行你的测试。应该仍然能够通过最初两个测试，而在第三个测试失败。

让我们阅读该测试的失败状况：

当下最重要的并不是理解这行代码，而是知道 getoutput() 函数正在借助 word 运行程序。在本章中我们将探讨 f-string。运行程序所得到的输出将进入外部变量，该外部变量将被用来查看该程序针对给定的 word 是否创建了正确的输出。目前不需要担心能否写出这个函数中的代码。

```
==================================== FAILURES ====================================
________________________________ test_consonant __________________________________

def test_consonant():
    """brigantine -> a brigantine"""

    for word in consonant_words:
        out = getoutput(f'{prg} {word}')
>       assert out.strip()== template.format('a', word)
E       AssertionError: assert 'brigantine' == 'Ahoy, Captai...larboard bow!'
E         - brigantine
E         + Ahoy, Captain, a brigantine off the larboard bow!
```

以“>”开始的行显示了产生错误的代码。把该程序的输出与所预期的字符串进行比较。由于它们不匹配，因此该判断式触发了一个异常。

以加号(+)开始的这行符合该测试的预期：“Ahoy, Captain, a brigantine off the larboard bow!”

该行以“E”开始，指代错误。

以连字符(-)开始的这行是该测试使用实参“brigantine”运行时得到的，它返回了单词“brigantine”。

现在，需要把该 word 纳入“Ahoy”短语。该怎样做呢？

2.1.5 串连字符串

把字符串放到一起称为对字符串进行**串连**(concatenating)或**连接**(joining)。为了演示，我将把一些代码直接输入 Python 解释器。我希望你也一起敲动键盘。不开玩笑，真的！输入你看到的一切，亲自试试。

打开一个终端，并输入 python3 或 ipython 来启动一个 REPL。REPL 指的是读取—计算—打印—循环，Python 将在一个循环中读取输入的每一行，计算它，并打印结果。它在我的系统上显示如下：

```
$ python3
Python 3.8.1 (v3.8.1:1b293b6006, Dec 18 2019, 14:08:53)
[Clang 6.0 (clang-600.0.57)] on darwin
Type "help", "copyright", "credits" or "license" for more information.
>>>
```

“>>>”是你输入代码的位置提示符。记住，不要输入“>>>”！想要退出 REPL，可以输入 quit()，或按 Ctrl+D(Control 键加上字母 D)。

注意：你可能更喜欢使用 Python 的 IDLE(集成开发和学习环境)程序、IPython 或 Jupyter Notebooks 与该语言交互。在本书中，我将坚持使用 python3 REPL。

下面，先为变量 word 赋值“narwhal”。在 REPL 中，输入 word='narwhal'并按 Enter 键：

```
>>> word = 'narwhal'
```

注意，可以在 = 两边放任意数量的空格(或不放空格)，但根据常规，也为了可读性，应该在两边各放一个空格(而且，像 Pylint 和 Flake8 等可以帮助你在代码中找错误的工具，也要求你在两边各放一个空格)。

如果输入 word 并按 Enter 键，Python 将打印 word 的当前值：

```
>>> word
'narwhal'
```

现在输入 werd 并按 Enter 键：

```
>>> werd
Traceback (most recent call last):
   File "<stdin>", line 1, in <module>
NameError: name 'werd' is not defined
```

警告：不存在 werd 变量，因为我们尚未把 werd 设置为任何东西。使用未定义的变量会触发异常，并使程序崩溃。在为 werd 赋值以后，Python 将乐于为你创建 werd。

我们需要把该 word 插到其他两个字符串之间。可以用 + 操作符把多个字符串连接在一起：

```
>>> 'Ahoy, Captain, a ' + word + ' off the larboard bow!'
'Ahoy, Captain, a narwhal off the larboard bow!'
```

如果把程序改为print()这个字符串，而不是只打印该word，那么应该能够通过四个测试：

```
test.py::test_exists PASSED                                  [ 16%]
test.py::test_usage PASSED                                   [ 33%]
test.py::test_consonant PASSED                               [ 50%]
test.py::test_consonant_upper PASSED                         [ 66%]
test.py::test_vowel FAILED                                   [ 83%]
```

如果仔细查看这次失败，你将看到：

```
E           - Ahoy, Captain, a aviso off the larboard bow!
E           + Ahoy, Captain, an aviso off the larboard bow!
E           ?                 +
```

我们在word之前以硬编码的方式添加了“a”，但实际上需要根据此word是否以元音开头来推断出使用“a”还是“an”。那么，该怎样做呢？

2.1.6　变量类型

在继续推进之前，需要后退一小步，指出我们的word变量是一个**字符串**。Python中的每个变量都有一个类型(type)，描述它保存的数据种类。因为把 word 的值放到了引号中('narwhal')，所以word保存的是一个字符串，Python用一个名为str的类(class)来表示字符串。(类是我们能使用的代码和函数的集合。)

type()函数将告诉你Python认为某个东西是何种数据：

```
>>> type(word)
<class 'str'>
```

当你把一个值放在单引号(' ')或双引号(" ")中时，Python将把它解释成一个str：

```
>>> type("submarine")
<class 'str'>
```

警告：如果忘了加引号，Python将通过这个名称查找某个变量或函数。如果没有这个名称的变量或函数，将触发异常：

```
>>> word = narwhal
Traceback (most recent call last):
  File "<stdin>", line 1, in <module>
NameError: name 'narwhal' is not defined
```

最好不要触发异常，我们将尽量避免写出触发异常的代码，至少要知道如何优雅地处理异常。

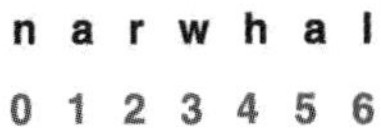

2.1.7　获取字符串的正确部分

回到我们的问题。我们需要基于所给定的word的第一个字符是元音还是辅音，来决定该在word之前放置“a”或“an”。

在Python中，可以使用方括号和**索引**来从一个字符串中获取单个字符。索引是元素在一个序列中的数值位置(numeric position)，必须记住索引是从0

开始的。

```
>>> word = 'narwhal'
>>> word[0]
'n'
```

n a r w h a l
0 1 2 3 4 5 6

也可以利用索引进入文字字符串值内部：

```
>>> 'narwhal'[0]
'n'
```

索引值从 0 开始，意味着最后一个索引比该字符串的长度少 1，这常常令人困惑。“narwhal”的长度是 7，但最后一个字符是在索引 6 处被找到的：

```
>>> word[6]
'l'
```

n a r w h a l
-7 -6 -5 -4 -3 -2 -1

也可以使用负的索引数，从末端反向计数，则最后一个索引是－1：

```
>>> word[-1]
'l'
```

可以使用切片表示法[start:stop]获取字符范围。start 和 stop 二者都是可选的。start 的默认值是 0(该字符串的开头)，而 stop 值不包含在内。

```
>>> word[:3]
'nar'
```

n a r w h a l
0 1 2 3 4 5 6

stop 的默认值是该字符串的末端：

```
>>> word[3:]
'whal'
```

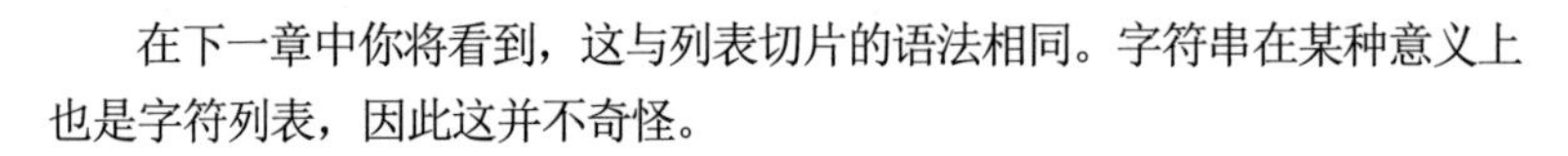

在下一章中你将看到，这与列表切片的语法相同。字符串在某种意义上也是字符列表，因此这并不奇怪。

2.1.8 在 REPL 中找到帮助

str 类有许多可以用来处理字符串的函数，但究竟是哪些函数呢？编程的很大一部分内涵其实是，要知道如何问问题以及到哪里找答案。你可能听过一个常见词：“RTFM”，也就是阅读详细手册(Read the Fine Manual)。Python 社群创建了大量文档，可以在 https://docs.python.org/3/找到它们。需要时常参考文档来提醒自己如何发现和使用特定的函数。针对字符串类的文档位于 https://docs.python.org/3/library/string.html。

我喜欢直接在 REPL 内部阅读这些文档，在这种情况下，可以通过输入 help(str)来实现：

```
>>> help(str)
```

在 help 内部，可以使用键盘上的上下光标箭头在文本中上下移动。也可以按空格键或字母 F(有时是 Ctrl+F)向前跳到下一页，以及通过按字母 B(有时是 Ctrl+B)来向后跳。也可以通过按“/”然后输入你想找的文本，以在通篇文档中进行搜索。如果在一次搜索之后按 N(代表“next”)，将跳到这个字符串出现的下一个位置。要想离开该帮助文档，可以按 Q(代表“quit”)。

2.1.9　字符串方法

现在我们知道 word 是一个字符串(str)，有各种不可思议的实用方法(method)来调用变量。(方法是属于像 word 那样的字符串变量的函数。)

例如，如果想表示大声呼喊“有一只独角鲸”，可以用大写字母打印这句话。如果搜索通篇帮助文档，将看到有一个名为 str.upper()的函数。这个函数的调用或执行方式如下：

```
>>> word.upper()
'NARWHAL'
```

在调用函数时必须包含圆括号，即( )，否则就是在谈论该函数本身：

```
>>> word.upper
<built-in method upper of str object at 0x10559e500>
```

稍后当我们需要使用像 map()和 filter()这样的函数时谈论函数本身的方式会派上用场，但现在，我们想让 Python 对变量 word 执行 str.upper()函数，因此要添加圆括号。注意，该函数返回该单词的大写版本，但不改变 word 的值：

```
>>> word
'narwhal'
```

还有另一个名称中带有“upper”的 str 函数，名为 str.isupper()。通过函数名可以知道，它将返回一个 true/false 类型的答案。让我们试试：

```
>>> word.isupper()
False
```

可以把多个方法链接在一起，比如：

```
>>> word.upper().isupper()
True
```

这样做是有意义的。如果把 word 转换成大写，那么 word.isupper()将返回 True。

奇怪的是，str 类不包含获取字符串长度的方法。为此，必须使用一个独立的函数 len()，其中，len 是“length”的缩写。

```
>>> len('narwhal')
7
>>> len(word)
7
```

你亲自把这些代码都输入 Python 了吗？建议你这样做！在关于 str 的帮助中找到其他方法，试着使用它们。

2.1.10 字符串比较

现在知道了如何使用 word[0]获取 word 的第一个字母，让我们把这个字母赋给变量 char：

```
>>> word = 'octopus'
>>> char = word[0]
>>> char
'o'
```

检查这个新的 char 变量的 type()，会发现它是一个 str。Python 认为，单个字符仍然是一个字符串：

```
>>> type(char)
<class 'str'>
```

现在需要推断出 char 是元音还是辅音。通常认为，字母“a”“e”“i”“o”“u”是“元音”。可以使用==比较字符串：

```
>>> char == 'a'
False
>>> char == 'o'
True
```

注意：要小心，给变量赋值时总是使用单等号(=)，比如 word='narwhal'，而比较两个值时总是使用双等号(==，在我脑海中发音为“等于等于”)，比如 word=='narwhal'。前者是改变 word 的值的语句，后者是返回 Ture 或 False 的表达式(见图 2.2)。

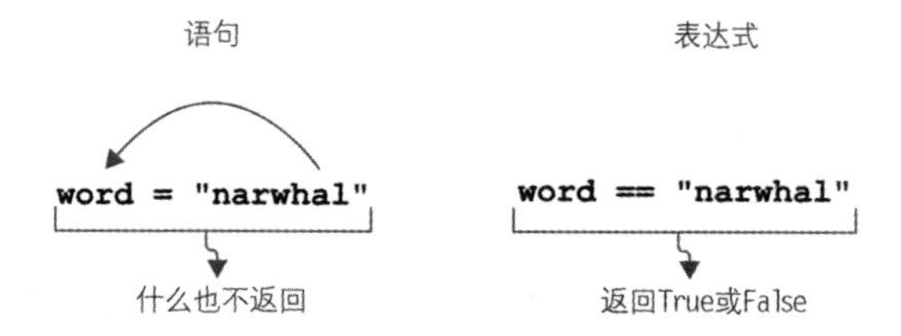

图 2.2 表达式返回值，语句不返回值

我们需要把 char 与所有元音进行比较。在这样的比较中，可以使用 and 和 or，它们将根据标准布尔代数进行计算：

```
>>> char == 'a' or char == 'e' or char == 'i' or char == 'o' or char == 'u'
True
```

如果该 word 是“Octopus”或“OCTOPUS”，会怎么样？

```
>>> word = 'OCTOPUS'
>>> char = word[0]
>>> char == 'a' or char == 'e' or char == 'i' or char == 'o' or char == 'u'
False
```

为了检查大写版本，需要进行 10 次比较吗？如果将 word[0]转换为小写，会怎么样？记住，word[0]返回一个 str，因此可以将其链接到其他 str 方法：

```
>>> word = 'OCTOPUS'
>>> char = word[0].lower()
>>> char == 'a' or char == 'e' or char == 'i' or char == 'o' or char == 'u'
True
```

确定char是否为元音的一个更容易的办法是，使用Python的x in y构造，该构造将告诉我们值 x 是否在集合 y 中。可以问字母“a”是否在较长的字符串“aeiou”中：

```
>>> 'a' in 'aeiou'
True
```

而字母“b”不在字符串“aeiou”中：

```
>>> 'b' in 'aeiou'
False
```

我们使用此构造来测试转换为小写的word的第一个字符“o”：

```
>>> word = 'OCTOPUS'
>>> word[0].lower()in 'aeiou'
True
```

2.1.11　条件分支

一旦推断出第一个字母是否是元音，就可以选择一个冠词。我们将使用一个非常简单的规则：如果该单词以元音开头，就选择“an”，否则选择“a”。这会错过一些特例，比如当一个单词的首字母“h”不发音时。例如，我们说“a hat”，但也说“an honor”。也没有考虑首字母是元音，但发音为辅音的情况，比如在“union”中“u”发音像“y”。

可以创建一个名为 article 的新变量，把它设置为空字符串，并且使用一个 if/else 语句来推断出应该往这个空字符串中放什么内容：

```
article = ''
if word[0].lower()in 'aeiou':
   article = 'an'
else:
     article = 'a'
```

把冠词初始化为空字符串。

检查、转换为小写的单词的首字母是否为元音。

如果该首字母是元音，则把冠词设置为“an”。

如果该首字母不是元音，则把冠词设置为“a”。

有一个更加简短的方式写这段代码，就是用 if 表达式(表达式返回值，语句不返回值)。if 表达式的写法有点像倒叙。首先写的是该测试(或“判断式”)为 True 的情况下的值，然后是该判断式为 False 的情况下的值(见图 2.3)。

这个方法也更安全，因为 if 表达式必须要有 else，绝不能忘记兼顾两种情况：

```
>>> char = 'o'
>>> article = 'an' if char in 'aeiou' else 'a'
```

让我们验证一下，是否有了正确的 article：

```
>>> article
'an'
```

图 2.3　如果判断式为 True，则该 if 表达式将返回第一个值，否则返回第二个值

2.1.12　字符串格式化

现在我们有两个变量，article 和 word，需要将这两个变量纳入“Ahoy！”短语。在前文中看到，可以使用加号(+)串连字符串。还可以使用 str.format()方法用其他字符串创建新字符串。

为此，创建一个带有花括号{}的字符串模板，作为值的占位符。将被替换的值是 str.format()方法的实参，并且它们被替换的次序与{}出现的次序相同，如图 2.4 所示。

图 2.4　使用 str.format()方法扩展字符串内部的变量的值

写成如下代码：

```
>>> 'Ahoy, Captain, {} {} off the larboard bow!'.format(article, word)
'Ahoy, Captain, an octopus off the larboard bow!'
```

另一种对字符串进行组合的办法是使用特殊的“f-string”，在这种办法中，可以直接把变量放入花括号{}。选择哪种办法是个人喜好问题，我更喜欢 f-string 风格，因为这样就不必考虑哪个变量与哪组括号搭配：

```
>> f'Ahoy, Captain, {article} {word} off the larboard bow!'
'Ahoy, Captain, an octopus off the larboard bow!'
```

注意：在一些编程语言中，需要声明变量的名称以及它将保存的数据类型。如果一个变量被声明为数字，它将永远不会保存其他类型的值，比如字符串。这被称为静态类型化(static typing)，因为该变量的类型永远不会改变。

Python 是一种动态类型化(dynamically typed)的语言，这意味着你不必声明变量或声明该变量将保存哪类数据，任何时候都可以改变数据的值和类型。这有可能是好事，也可能是坏事。

2.1.13　编写程序

关于如何编写解决方案，有几个提示：

- 以 new.py 开始程序，并用名为 word 的单个位置实参填入 get_args()。
- 通过像索引列表一样索引单词，可以获取该单词的第一个字符，word[0]。
- 除非想兼顾对大小写字母的检查，否则可以使用 str.lower()或 str.upper()方法来强制让输入成为纯粹的小写或大写，从而检查第一个字符是元音还是辅音。
- 元音(如果还记得的话，有 5 个)比辅音少，因此检查第一个字符是否为元音可能更容易。
- 可以使用 x in y 语法来看看元素 x 是否在集合 y 中，在这里，集合 y 是一个列表。
- 使用 str.format()或 f-string 在较长的短语中插入针对给定单词的正确冠词。
- 每次修改程序之后，运行 make test(或 pytest -xv test.py)，以确保程序经过编译且仍然是正确的。

现在开始编写程序吧，然后再来学习一些解决方案。打起精神！

2.2　解决方案

可以写一个满足全套测试集的程序，示例如下：

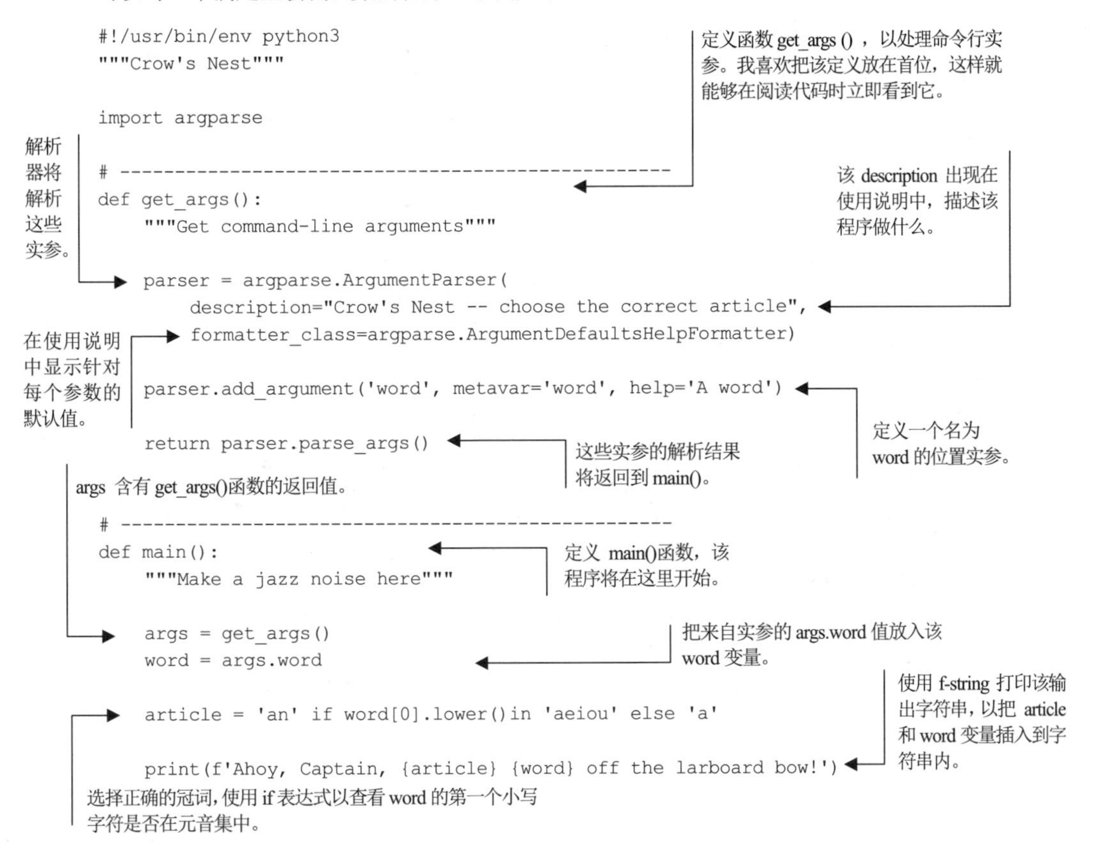

```
#!/usr/bin/env python3
"""Crow's Nest"""

import argparse

# --------------------------------------------------
def get_args():
    """Get command-line arguments"""

    parser = argparse.ArgumentParser(
        description="Crow's Nest -- choose the correct article",
        formatter_class=argparse.ArgumentDefaultsHelpFormatter)

    parser.add_argument('word', metavar='word', help='A word')

    return parser.parse_args()

# --------------------------------------------------
def main():
    """Make a jazz noise here"""

    args = get_args()
    word = args.word

    article = 'an' if word[0].lower()in 'aeiou' else 'a'

    print(f'Ahoy, Captain, {article} {word} off the larboard bow!')
```

```
# --------------------------------------------------
if __name__ == '__main__':
    main()
```

如果在“main”命名空间中，则调用main()函数，让该程序启动。

检查我们是否在“main”命名空间中，如果是，则意味着该程序正在运行。

2.3 讨论

需要强调，前面列出的只是解决方案的一种，而不是唯一的解决方案。在 Python 中，有许多方式表达相同的理念。只要你的代码能够通过全套测试集，它就是正确的。

在创建程序时，我们使用了 new.py，它自动给出了两个函数：

- get_args()，用于定义该程序的实参
- main()，用于开始该程序

下面介绍这两个函数。

2.3.1 用 get_args()定义实参

我喜欢把 get_args()函数放在首位，这使我能立即看到该程序期待的输入内容。不必定义一个独立的 get_args()函数，也可以按照自己的喜好把所有相应代码放入 main()。不过，最终程序会变得很长，因此最好保持 get_args()作为独立函数。本书呈现的每个程序都具有 get_args()函数，它将定义并验证输入。程序规范表示，该程序应该接收一个位置实参。把实参名称从“positional”改为“word”，因为期待的是单个单词：

```
parser.add_argument('word', metavar='word', help='Word')
```

建议永远不要把位置实参命名为“positional”，因为这是一个完全不具描述性的词。为了让代码更具可读性，应根据变量的含义来命名变量。

由 new.py 创建的任何其他选项都是该程序不需要的，因此可以删除 parser.add_argument()调用的剩余部分。

get_args()函数将返回放入变量 args 的命令行实参的解析结果：

```
return parser.parse_args()
```

如果 argparse 不能解析这些实参(例如，如果不存在实参)，那么它将不会从 get_args()返回，而是会为用户打印“usage”，并带着错误代码退出，从而让操作系统知道该程序在未成功的情况下退出了。在命令行中，退出值为 0 意味着没有错误。任何非 0 的退出值都被认为有错误。

2.3.2 关于 main()

许多编程语言都会自动从 main()函数开始，因此我总是定义一个 main()函数并由此开始我的程序。这不是强制要求，但在 Python 中极其常见。本书呈现的每个程序都将从 main()函数开始，main()函数将首先调用 get_args()以获取该程序的输入：

```
def main():
    args = get_args()
```

现在可以通过调用 args.word 来访问该 word。注意，args.word 不是 args.word()，没有圆括号，因为它不是一个函数调用。把 args.word 想象成该单词的值所在的一个插槽：

```
word = args.word
```

我想用 REPL 实现想法，因此我假定 word 已经被赋值为“octopus”：

```
>>> word = 'octopus'
```

2.3.3　给单词的第一个字符分类

为了推断出应该选择的冠词是 a 还是 an，需要看看该 word 的第一个字符。在引言中，我们使用了：

```
>>> word[0]
'o'
```

可以检查该第一个字符是否在元音字符串中，兼顾小写和大写：

```
>>> word[0] in 'aeiouAEIOU'
True
```

然而，如果使用 word.lower()函数，就可以缩短代码，且只需要检查小写元音：

```
>>> word[0].lower()in 'aeiou'
True
```

记住，x in y 是询问元素x是否在集合y中的一个方式。可以把它用于更长的字符串(比如元音列表)中的字母：

```
>>> 'a' in 'aeiou'
True
```

可以使用“是否为元音列表中的成员”作为选择冠词的条件，如果是，则选择“an”，否则选择“a”。如引言中提到的，if 表达式是做二元选择的最短和最安全的方式(只有两种可能性)：

```
>>> article = 'an' if word[0].lower()in 'aeiou' else 'a'
>>> article
'an'
```

n a r w h a l
a

o c t o p u s
an

if 表达式的安全性来自于，如果忘了写else的部分，那么Python甚至不会运行这个程序。试试不带 else 的 if 表达式，看看会得到什么错误。

下面把word的值改为“galleon”，检查它是否仍然正常运行：

```
>>> word = 'galleon'
>>> article = 'an' if word[0].lower()in 'aeiou' else 'a'
>>> article
'a'
```

2.3.4 打印结果

最后，需要打印出这个带着冠词和单词的短语。在引言中提到，可以使用 str.format()函数来把这些变量纳入一个字符串：

```
>>> article = 'a'
>>> word = 'ketch'
>>> print('Ahoy, Captain, {} {} off the larboard bow!'.format(article, word))
Ahoy, Captain, a ketch off the larboard bow!
```

Python 的 f-string 将把代码插到{}占位符内，使变量转变成相应的内容：

```
>>> print(f'Ahoy, Captain, {article} {word} off the larboard bow!')
Ahoy, Captain, a ketch off the larboard bow!
```

无论选择什么方式打印冠词和单词，只要通过了测试就是好的。虽然选择哪种方式是个人喜好问题，但我认为 f-string 更容易阅读，因为眼睛不必在{}占位符与将进入其中的变量之间来回跳转。

2.3.5 运行测试集

“计算机像一个调皮的精灵。它给你的是你明确索要的东西，而不总是你想要的东西。”

——Joe Sondow

计算机有点像坏精灵。它们会做你明确吩咐它们的事，但这些事未必是你真正想要的。在《X 档案》的一集中，角色 Mulder 希望地球和平，于是一个精灵消灭了除他之外的所有人类。

可以使用测试来验证程序是否正在做我们真正希望它们做的事。测试永远无法证明程序真的没有错误，只能证明我们想象的或在写程序时发现的错误不再存在。但我们仍然会编写并运行测试，因为它们的确有效，比没有测试好得多。

“测试驱动开发”背后的理念如下：

- 在写程序之前写测试。
- 运行测试，以验证尚未写出的程序是否无法执行某些任务。
- 编写程序，以满足要求。
- 运行测试，以检查该程序是否确实可用。
- 持续运行所有测试，以确保添加新代码时不会破坏现有代码。

我们暂时不会讨论如何写测试，这个问题将在稍后讨论。现在，本书中已经为你准备了所有测试。希望读完本书后，你将看到测试的价值，并且将始终首先写测试，再写代码！

2.4 更进一步

- 使程序匹配所传入的单词的大小写状态(例如，“an octopus”和“An Octopus”)。在 test.py 中复制一个现有的 test_函数，验证程序是否能正确运行，同时仍然能通过所有其他测试。尝试首先写测试，然后让你的程序通过该测试。这就是“测试驱动开发”！

- 接收一个新参数，该参数将把“larboard”(船的左侧)改成“starboard”(船的右侧[1])。可以建立一个名为--side 的选项，它默认为“larboard”，也可以建立一个--starboard flag，如果该 flag 存在，则将 side 选项改成“starboard”。
- 所提供的测试只给出了以实际的字母字符开头的单词。扩展代码，尝试处理以数字或标点开头的单词。你的程序应该拒绝这样的单词吗？添加更多测试，以确保你的程序做符合预期的事。

2.5 小结

- Python 的所有文档都可在 https://docs.python.org/3/获取，也可以通过 REPL 中的 help 命令获取。
- Python 中的变量是动态类型化的，变量的类型取决于赋予它们的值，在赋值以后变量自动获得相应的类型。
- 字符串类型具有像 str.upper()和 str.isupper()这样的方法，可以调用这些方法来更改字符串或获取信息。
- 可以通过使用方括号和索引来获取字符串的各个部分，比如使用[0]获取第一个字母，或使用[-1]获取最后一个字母。
- 可以用+运算符来串连字符串。
- 使用 str.format()方法，可以用{}占位符创建模板，其中{}将由实参填充。
- 像 f'{article}{word}'这样的 f-string 允许将变量和代码直接放入括号。
- 表达式 x in y 是表示值 x 是否存在于集合 y 中。
- 像 if/else 这样的语句不返回值，而像 x if y else z 这样的表达式返回一个值。
- “测试驱动开发”是确保程序符合某个最低标准正确性的一种方式。程序的每个功能都应该得到测试，编写并运行全套测试集应该是写程序不可或缺的部分。

---

1 “Starboard”与星星无关，但与“转向板”或舵有关，对于右利手的水手而言，它通常位于船的右侧。

第3章

去野餐：使用列表

写代码让我饥肠辘辘！让我们写一个程序来列出一些美味的食物吧。

到目前为止，我们已经学习了使用单个变量，比如一个名字(用来说“hello”)或者一个航海相关的对象(用来表示航海的发现)。在本章学习中，我们希望记录一种或多种食物，把它们存储在一个 list(列表)中。列表是一个变量，它可以保存任意数量的条目。在现实生活中我们经常使用列表，比如，你最喜欢的五首歌，你的生日愿望清单，或者最佳水桶类型的列表。

在本章中，我们准备去野餐，为此，需要打印一份要带的物品清单。你将学会：

- 编写接收多个位置实参的程序；
- 使用 if、elif 和 else 来处理带有三个或更多选项的条件分支；
- 查找并更改列表中的条目；
- 对列表进行排序和反转；
- 把一个列表格式化为一个新的字符串。

列表中的条目将作为位置实参传递。当只有一个条目时，将打印：

```
$ ./picnic.py salad
You are bringing salad.
```

什么？谁会在野餐时只带沙拉？那么，当有两个条目时，需要在它们之间打印“and”：

```
$ ./picnic.py salad chips
You are bringing salad and chips.
```

CHIPS

嗯，现在我们有薯片了。这是一个进步。当有三个或更多条目时，要使用逗号分隔它们：

```
$ ./picnic.py salad chips cupcakes
You are bringing salad, chips, and cupcakes.
```

还有一个问题。该程序还需要接收一个--sorted 选项，该选项要求你在打印前对条目进行排序。我们一会儿再处理。

因此，你的 Python 程序必须执行以下操作：

- 在一个 list 中存储一个或多个位置实参。
- 计算实参的数量。
- 可能会对条目进行排序。
- 使用该 list 打印一个新的字符串，该字符串根据该 list 中有多少条目来格式化实参。

我们应该如何开始？

3.1 开始编写程序

为了方便编程，始终建议你运行 new.py 或把 template/template.py 复制到相应程序目录名称下。本次的程序应该名为 picnic.py，需要在 03_picnic 目录中创建它。可以使用资料库顶层目录中的 new.py 程序完成创建：

```
$ bin/new.py 03_picnic/picnic.py
Done, see new script "03_picnic/picnic.py."
```

现在进入 03_picnic 目录，运行 make test 或 pytest -xv test.py。程序应该通过最初两个测试(程序存在，程序创建使用说明)，但未通过第三个测试：

```
test.py::test_exists PASSED                                        [ 14%]
test.py::test_usage PASSED                                         [ 28%]
test.py::test_one FAILED                                           [ 42%]
```

输出的其余部分提示，该测试希望得到“You are bringing chips”，却得到了其他东西：

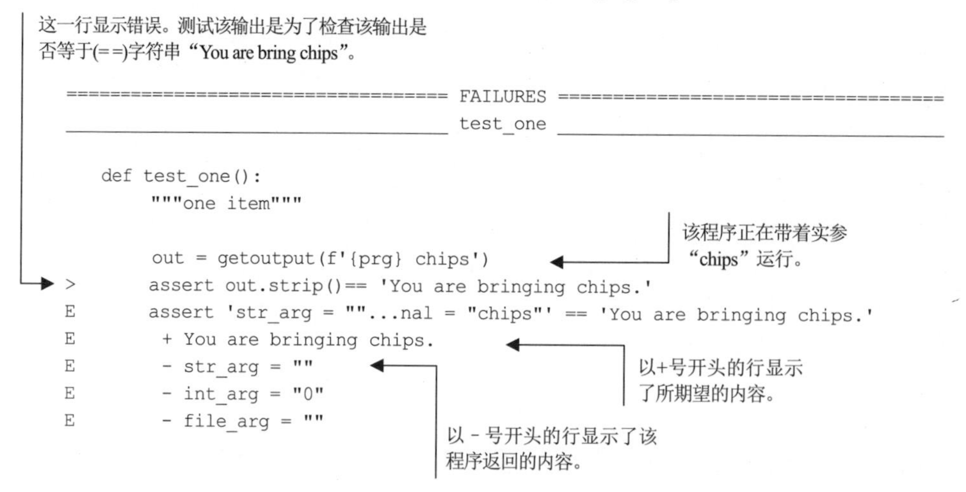
这一行显示错误。测试该输出是为了检查该输出是否等于(==)字符串“You are bring chips”。
该程序正在带着实参“chips”运行。
以+号开头的行显示了所期望的内容。
以 - 号开头的行显示了该程序返回的内容。

```
=================================== FAILURES ====================================
___________________________________ test_one ____________________________________

    def test_one():
        """one item"""

        out = getoutput(f'{prg} chips')
>       assert out.strip()== 'You are bringing chips.'
E       assert 'str_arg = ""...nal = "chips"' == 'You are bringing chips.'
E         + You are bringing chips.
E         - str_arg = ""
E         - int_arg = "0"
E         - file_arg = ""
```

```
E        - flag_arg = "False"
E        - positional = "chips"

test.py:31: AssertionError
====================== 1 failed, 2 passed in 0.56 seconds ======================
```

下面用实参“chips”运行该程序，看看结果是什么：

```
$ ./picnic.py chips
str_arg = ""
int_arg = "0"
file_arg = ""
flag_arg = "False"
positional = "chips"
```

好嘛，根本不正确！请记住，模板还没有正确的实参，只有一些示例，所以我们需要做的第一件事是修改 get_args()函数。如果没有给定任何实参，那么你的程序应该打印如下使用说明：

```
$ ./picnic.py
usage: picnic.py [-h] [-s] str [str ...]
picnic.py: error: the following arguments are required: str
```

下面是-h 或--help 标志位的使用说明：

```
$ ./picnic.py -h
usage: picnic.py [-h] [-s] str [str ...]

Picnic game

positional arguments:
  str           Item(s) to bring
optional arguments:
  -h, --help    show this help message and exit
  -s, --sorted  Sort the items (default: False)
```

我们需要一个或多个位置实参，以及一个名为--sorted 的可选标志位。修改 get_args()，直到它生成上述输出。

请注意，会存在一个或多个 item 参数，因此应该用 nargs='+'来定义它。详情见附录中的 A.4.5 节。

3.2　编写 picnic.py 程序

图 3.1 是一个“美味可口”的野餐图，展示了我们要编写的 picnic.py 程序的输入和输出。

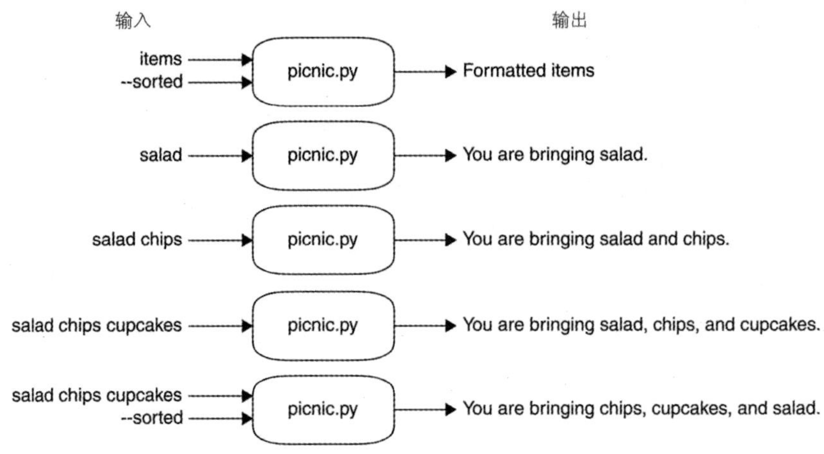

图 3.1　一个关于野餐程序的线图，展示了该程序将处理的各种输入和输出

该程序应该接收一个或多个与要携带的物品对应的位置实参，还应该接收 -s 或 --sorted 标志位来选择是否要对这些条目进行排序。输出将是“You are bringing”，随后是一个条目列表，这些条目根据以下规则格式化：

- 如果只有一个条目，则列出该条目：

```
$ ./picnic.py chips
You are bringing chips.
```

- 如果有两个条目，则在条目之间放置“and”。注意，“potato chips”只是一个恰好包含两个单词的字符串，如果省略引号，该程序将有三个实参。在这里，使用单引号还是双引号并不重要：

```
$ ./picnic.py "potato chips" salad
You are bringing potato chips and salad.
```

- 如果有三个或更多条目，则在条目之间放置逗号和空格，并在最后一个元素之前放置单词“and”。不要忘了“and”前面需要有一个逗号(有时也称为“牛津逗号”)，因为作者是英语文学专业出身，就算放弃在句尾使用两个空格，也不会放弃牛津逗号：

```
$ ./picnic.py "potato chips" salad soda cupcakes
You are bringing potato chips, salad, soda, and cupcakes.
```

请确保在指定了-s 或--sorted 标志位的情况下对条目进行排序：

```
$ ./picnic.py --sorted salad soda cupcakes
You are bringing cupcakes, salad, and soda.
```

为了弄清楚有多少条目，如何对它们进行排序和切片化，以及如何对输出字符串进行格式化，需要讨论 Python 中的 list 类型。

3.3　介绍列表

现在来学习如何定义位置实参，让它们可以作为 list 被提供。也就是说，如果像下面这样运行该程序：

```
$ ./picnic.py salad chips cupcakes
```

实参 salad、chips、cupcakes 将作为该程序内的一个字符串 list 提供。如果在 Python 中 print()一个 list，将看到下面这样的内容：

```
['salad', 'chips', 'cupcakes']
```

方括号表示这是一个列表，条目周围的引号表示它们是字符串。请注意，这些条目的显示次序与它们在命令行中被提供的次序相同。列表总是会保持次序！

['salad', 'chips', 'cupcakes']

方括号
表示列表list

下面进入 REPL，创建一个名为 items 的变量，来保存一些要带去野餐的美味食物。希望你能亲自输入这些命令，不管是在 python3REPL 中，在 IPython 中，还是在 Jupyter Notebook 中。用编程语言实时互动非常重要。

要创建一个新的空 list，可以使用 list()函数：

```
>>> items = list()
```

或者可以使用空方括号：

```
>>> items = []
```

检查 Python 对 type()的描述，可以确认它是一个 list：

```
>>> type(items)
<class 'list'>
```

首先需要知道有多少要带去野餐的 items。与 str 相同，可以使用 len()(len 指代 length)来获取 items 中的元素的数量：

```
>>> len(items)
0
```

空列表的长度为 0。

3.3.1　向列表添加一个元素

空列表没有意义，让我们看看如何添加新条目。在上一章中使用了 help(str)读取关于字符串方法的文档(字符串方法是一些函数，隶属于 Python 中的每个 str)。在这里，希望你使用 help(list)来了解 list 方法：

```
>>> help(list)
```

记住，按空格键或 F 键(或 Ctrl+F)可以前进，按 B 键(或 Ctrl+B)可以后退。按 / 键允许搜索字符串。

你会看到很多“双下画线”(double-under)方法，如__len__。跳过这些双下画线方法之后，第一个方法是 list.append()，使用该方法，可以在 list 末尾添加条目。

观察 items，空括号表示它是空的：

```
>>> items
[]
```

下面，在列表末尾添加“sammiches”：

```
>>> items.append('sammiches')
```

什么都没发生，那么该如何知道它是否生效？让我们检查一下长度。长度应该是 1：

```
>>>len(items)
1
```

生效了！本着测试的精神，使用 assert 语句来验证长度是否为 1：

```
>>> assert len(items) == 1
```

幸好什么都没有发生，因为断言失败时会触发一个异常，从而产生大量消息。

在 REPL 中输入 items，并按 Enter 键，Python 将显示如下内容：

```
>>> items
['sammiches']
```

太酷了，我们向列表中添加了一个元素。

3.3.2 向列表添加多个元素

下面试着把“chips”和“ice cream”添加到 items 中：

```
>>> items.append('chips', 'ice cream')
Traceback (most recent call last):
  File "<stdin>", line 1, in <module>
TypeError: append()  takes exactly one argument (2 given)
```

这里会出现一个讨厌的异常，并导致程序崩溃，这是我们无论如何都想要避免的情况。已知 append()只接收一个实参，而我们给了它两个。如果查看 items，会发现没有成功添加任何内容：

```
>>> items
['sammiches']
```

好吧，也许应该给它添加一个 list？让我们试试：

```
>>> items.append(['chips ', ' ice cream'])
```

这一次并没有触发异常，也许生效了？我们期望有三个 items，所以使用断言来检查：

```
>>> assert len(items) == 3
Traceback (most recent call last):
  File "<stdin>", line 1, in <module>
AssertionError
```

我们触发了另一个异常，因为 len(items)不是 3。那么现在长度是多少？

```
>>>  len(items)
2
```

只有 2？让我们看看 items：

```
>>>  items
['sammiches ',['chips ','ice cream']]
```

来看看这个结果！列表可以保存任何类型的数据，比如字符串和数字，甚至另一个列表(见图 3.2)。我们刚刚要求 items.append()添加了['chips'，'ice cream']这个 list。当然，这不是我们想要的。

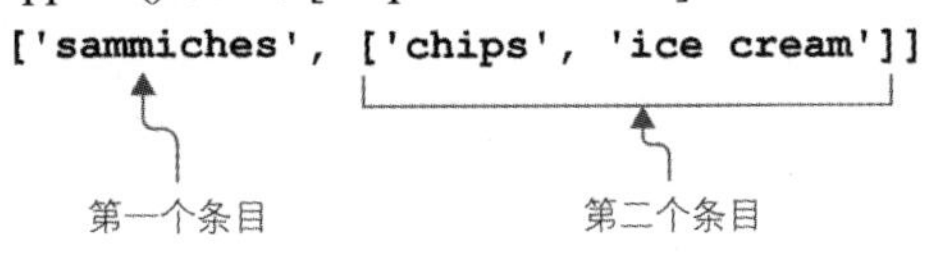

图 3.2　列表可以保存混杂类型的值，比如将字符串作为一个值保存，字符串列表作为另一个值保存

下面重置 items，这样就可以解决这个问题：

```
>>>  items= ['sammiches']
```

进一步阅读帮助，可以发现 list.extend()方法：

```
| extend(self, iterable, /)
| Extend list by appending elements from the iterable
```

让我们试试：

```
>>> items.extend('chips', 'ice cream')
Traceback (most recent call last):
  File "<stdin>", line 1, in <module>
TypeError: extend()  takes exactly one argument (2 given)
```

这太令人沮丧了！现在 Python 告诉我们，extend()需要仅仅一个实参，参考帮助，会发现该实参应该是一个可迭代对象。列表是可以迭代的(迭代指的是从头到尾遍历)，因此尝试如下操作：

```
>>> items.extend(['chips ','ice cream'])
```

没有异常，也许生效了？我们检查一下长度。长度应该是 3：

```
>>>  assert len(items)= 3
```

是的！看看我们添加的条目：

```
>>> items
['sammiches ',' chips ','ice cream']
```

太棒了！现在看起来像是安排了一场能够享受美味的郊游。

如果知道所有要放入该 list 的内容，那么可以像这样创建该 list：

```
>>>  items= ['sammiches ',' chips ','ice cream']
```

list.append()和 list.extend()方法在给定 list 的末尾添加新元素。list.insert()方法允许通过指定索引来在任何位置放置新条目。可以使用索引 0 在 items 的开头放置一个新元素：

```
>>> items.insert(0, 'soda')
>>> items
['soda', 'sammiches', 'chips', 'ice cream']
```

建议通读所有的 list 函数，来了解这个数据结构有多么强大。除了 help(list)文档之外，还可以通过 https://docs.python.org/3/tutorial/datastructures.html 找到许多很棒的文档。

3.3.3 对列表进行索引

现在我们有一个条目 list。已经知道如何使用 len()查找 items 列表中有多少条目，现在需要知道如何获取列表的局部以进行格式化。在 Python 中，list 的索引看起来与 str 的索引完全一样，如图 3.3 所示。(实际上，这让我有点不舒服，我倾向于把一个 str 想象成一个字符列表，这样会感觉好一些。)

```
    0            1             2           3
['soda',  'sammiches',  'chips',  'ice cream']
   -4           -3            -2          -1
```

图 3.3 列表的索引和字符串的索引是一样的。在这两种情况下，可以从 0 开始计数，也可以使用负数从末尾开始计算索引

Python 中的所有索引都是零偏移的(zero-offset)，因此 items 的第一个元素位于 items[0]：

```
>>> items[0]
'soda'
```

如果使用负索引，则 Python 会从 list 末尾开始倒数。索引-1 是 list 的最后一个元素：

```
>>>  items[-1]
"ice cream"
```

使用索引引用 list 中的元素时，应该非常小心。这是一段不安全的代码：

```
>>> items[10]
Traceback (most recent call last):
  File "<stdin>", line 1, in <module>
IndexError: list index out of range
```

警告：引用不存在的索引将触发异常。

你将很快学会如何安全地迭代或遍历一个 list，这样就不必使用索引获取元素。

3.3.4 对列表进行切片化

可以使用 list[start:stop]来提取一个列表的“切片”(slice，子列表)。要获取最初两个元素，可以使用[0:2]。请记住，2 实际上是第三个元素的索引，但它不包含在该切片内，如图 3.4 所示。

```
>>> items[0:2]
['soda', ' sammiches']
```

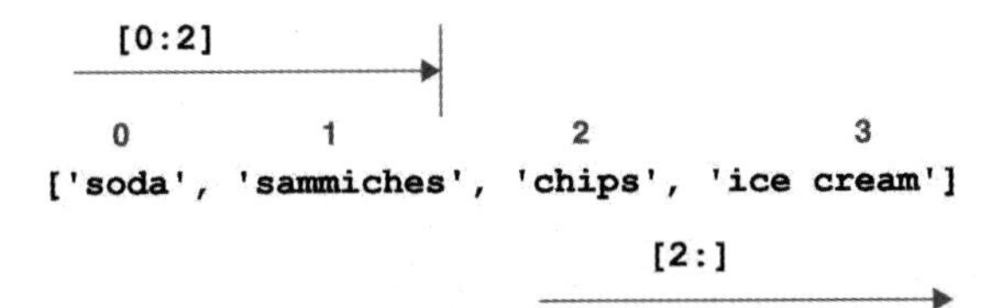

图 3.4　列表切片的 stop 值不包含在该切片内。如果省略 stop 值，切片将到达列表的末尾

省略 start 值，则将默认为 0，因此下面的代码与上述代码的作用相同：

```
>>> items[:2]
['soda', ' sammiches']
```

如果省略 stop 值，则切片将到达 list 的末尾：

```
>>> items[2:]
['chips', 'ice cream']
```

奇怪的是，对于切片来说，使用不存在的 list 索引是完全安全的。例如，可以查询从索引 10 到末尾的所有元素，即使索引 10 处什么都没有。这样不会触发异常，只会得到一个空 list：

```
>>> items[10:]
[]
```

在本章的练习中，如果 list 中有三个或更多元素，则需要插入单词“and”。你能用 list 索引来做这件事吗？

3.3.5　在列表中查找元素

回想一下，我们带薯片了吗？

常常需要知道某个条目是否在 list 中。index()方法会返回某个元素在 list 中的位置：

```
> > > items.index('chips ')
2
```

请注意，list.index()是不安全的代码，因为如果该实参不在该 list 中，方法将触发异常。看看如果检查是否带上了烟雾机(fog machine)，会发生什么：

```
>>> items.index('fog machine')
Traceback (most recent call last):
  File "<stdin>", line 1, in <module>
ValueError: 'fog machine' is not in list
```

除非某个元素已验证存在，否则不应使用 list.index()。x in y 方法(在第 2 章用来查看某个字母是否在元音字符串中)也可以用于列表。如果 x 在集合 y 中，则会得到 True：

```
>>> 'chips' in items
True
```

希望这些薯片是盐醋薯片。

如果该元素不存在，则相同的代码会返回 False：

```
>>> 'fog machine' in items
False
```

我们需要和野餐筹备委员会谈谈。没有烟雾机还算野餐吗？

3.3.6 从列表中删除元素

list.pop()方法将删除并返回索引处的元素，如图 3.5 所示。默认情况下，它将删除最后一个条目(索引为-1)。

```
>>> items.pop()
'ice cream'
```

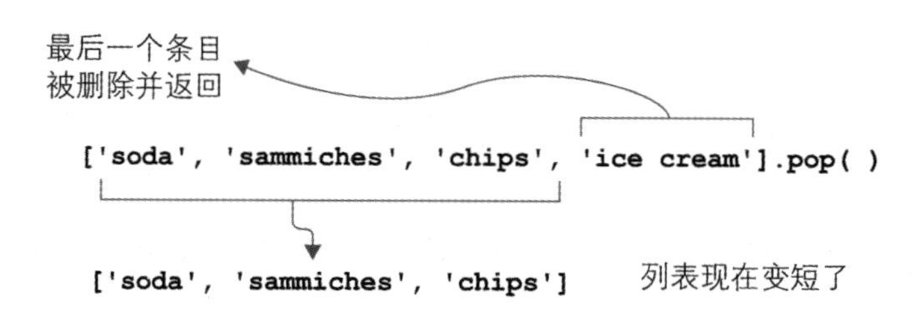
最后一个条目
被删除并返回
['soda', 'sammiches', 'chips', 'ice cream'].pop( )
['soda', 'sammiches', 'chips']
列表现在变短了

图 3.5 list.pop()方法将从列表中删除一个元素

看一看 items，它现在少了一个条目：

```
>>> items
['soda', 'sammiches', 'chips']
```

可以使用索引值删除特定位置的元素。例如，可以使用 0 删除第一个元素，见图 3.6：

```
>>> items.pop(0)
'soda'
```

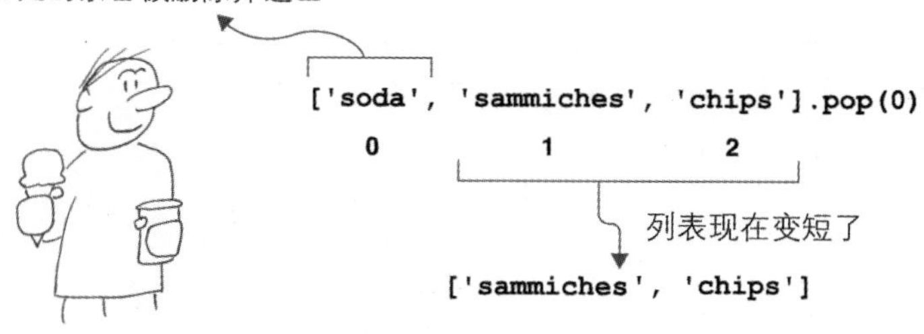
索引0处的条目被删除并返回
['soda', 'sammiches', 'chips'].pop(0)
0
1
2
列表现在变短了
['sammiches', 'chips']

图 3.6 可以给 list.pop()指定一个索引值，来删除特定元素

现在 items 更短了：

```
>>>items
['sammiches ',' chips']
```

在给定条目第一次出现时，也可以使用 list.remove()方法来将其删除，见图 3.7：

```
>>> items.remove('chips')
>>> items
['sammiches']
```

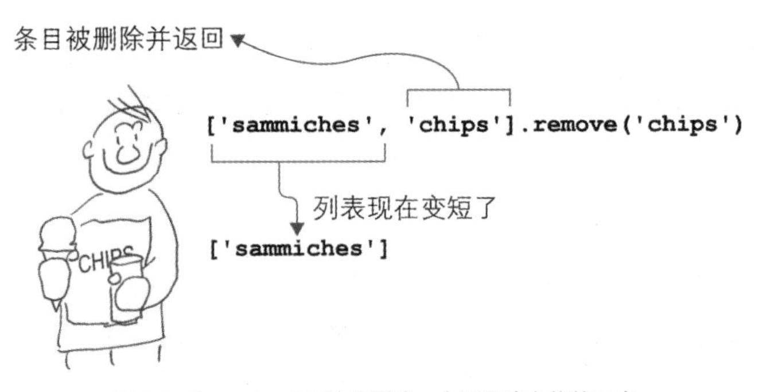
条目被删除并返回
['sammiches', 'chips'].remove('chips')
列表现在变短了
['sammiches']

图 3.7　list.remove()方法将删除一个匹配给定值的元素

警告：如果该元素不存在，则 list.remove()方法将触发异常。

如果试图使用 items.remove()再次删除薯片，则会触发一个异常：

```
>>> items.remove('chips')
Traceback (most recent call last):
  File "<stdin>", line 1, in <module>
ValueError: list.remove(x): x not in list
```

因此，除非已经验证了给定元素在 list 中，否则不要使用上述代码：

```
item = 'chips'
if item in items:
    items.remove(item)
```

3.3.7　对列表进行排序和反转

如果使用--sorted 标志位调用程序，则需要对条目进行排序。在帮助文档中能够注意到，list.reverse()和 list.sort()这两个方法强调它们就地工作。这意味着这两个方法将反转或排序 list 本身，且不会返回任何内容。所以，给定如下 list：

```
>>> items = ['soda', 'sammiches', 'chips', 'ice cream']
```

items.sort()方法不会返回任何内容。

None ← **items.sort()**

对items进行排序，且不返回任何内容

```
>>> items.sort()
```

检查 items，会看到条目已按字母顺序排序：

```
>>> items
['chips', 'ice cream', 'sammiches', 'soda']
```

与调用 list.sort()一样，调用 list.reverse()也不会返回任何内容：

```
>>> items.reverse()
```

但是现在 items 处于反转的次序：

```
>>> items
['soda', 'sammiches', 'ice cream', 'chips']
```

list.sort()和 list.reverse()方法很容易与 sorted()和 reversed()函数混淆。sorted()函数接收一个 list 作为实参，并返回一个新 list：

```
>>> items = ['soda', 'sammiches', 'chips', 'ice cream']
>>> sorted(items)
['chips', 'ice cream', 'sammiches', 'soda']
```

尤其需要注意，sorted()函数不会更改给定的 list：

```
>>> items
['soda', 'sammiches', 'chips', 'ice cream']
```

请注意，Python 会对数字列表进行数值上的排序，所以最好这样做：

```
>>>sorted([4, 2, 10, 3, 1])
[1, 2, 3, 4, 10]
```

警告：对混合了字符串和数字的 list 进行排序会触发异常！

```
>>> sorted([1, 'two', 3, 'four'])
Traceback (most recent call last):
  File "<stdin>", line 1, in <module>
TypeError: '<' not supported between instances of 'str' and 'int'
```

list.sort()方法是一个属于 list 的函数。它可以接收实参，从而影响排序方式。让我们看看 help(list.sort)：

```
sort(self, /, *, key=None, reverse=False)
    Stable sort *IN PLACE*.
```

这意味着我们也可以对 items 反向 sort()，如下所示：

```
>>> items.sort(reverse=True)
```

现在 items 看起来像这样：

```
>>> items
['soda', 'sammiches', 'ice cream', 'chips']
```

reversed()函数的工作方式有点不同：

```
>>> reversed(items)
<list_reverseiterator object at 0x10e012ef0>
```

我打赌你期待看到一个新的 list，其中的条目是反转的。这就是 Python 中的一个“惰性”(lazy)函数的例子。反转 list 的过程可能需要一段时间，因此 Python 显示它已经生成了一个迭代器对象(iterator object)，当我们实际需要元素时，该迭代器对象将提供反转后的 list。

通过使用 list()函数评估迭代器，可以在 REPL 中看到 reversed()列表的值：

```
>>> list(reversed(items))
['ice cream', 'chips', 'sammiches', 'soda']
```

与 sorted()函数一样，原始 items 保持不变：

```
>>> items
['soda', 'sammiches', 'chips', 'ice cream']
```

如果使用 list.sort()方法而不是 sorted()函数，可能会导致数据被删除。假设想把 items 设置为等于排序后的 items 列表，如下所示：

```
>>> items = items.sort()
```

现在 items 中有什么？如果在 REPL 中打印 items，你将看不到任何有用的东西，所以审阅一下 type()：

```
>>> type(items)
<class 'NoneType'>
```

它不再是一个 list。把它设置为等于 items.sort()方法的调用结果，导致了就地更改 items 并返回 None。

如果给程序指定--sorted 标志位，则需要对条目进行排序才能通过测试。那么，该使用 list.sort()还是 sorted()函数呢？

3.3.8　变更列表

如你所见，可以很容易地更改 list。list.sort()和 list.reverse()方法会更改整个列表，但也可以通过索引来更改任何单个元素。也许我们应该把薯片换成苹果，让我们的野餐稍微健康一点：

```
>>> items
['soda', 'sammiches', 'chips', 'ice cream']
>>> if 'chips' in items:
...     idx = items.index('chips')
...     items[idx] = 'apples'
...
```

查看字符串“chips”是否在条目列表中。

把“chips”的索引赋值给变量 idx。

使用索引 idx 把元素更改为“apples”。

让我们看看 items，以验证结果：

```
>>> items
['soda', 'sammiches', 'apples', 'ice cream']
```

我们也可以写一些测试：

```
>>> assert 'chips' not in items
>>> assert 'apples' in items
```

确保菜单上不再有“薯片”。

检查一下菜单上现在是否有“苹果”。

CHIPS ✗
APPLES ✓

当有三个或更多条目时，需要把单词“and”添加到列表中，让它位于最后一个元素之前。你可以实践这个想法吗？

3.3.9 连接列表

在本章的练习中，需要根据给定列表中的元素数量打印一个字符串。该字符串将在列表元素之间夹杂其他字符串，如逗号和空格(', ')。

以下语法用一个由逗号和空格组成的字符串连接一个列表：

```
>>> ', '.join(items)
'soda, sammiches, chips, ice cream'
```

上述代码使用 str.join()方法，并将 list 作为实参传递。我总觉得这是一种倒退，但只能这样执行。

str.join()的结果是一个新字符串：

```
>>> type(', '.join(items))
<class 'str'>
```

原始 list 保持不变：

```
>>> items
['soda', 'sammiches', 'chips', 'apples']
```

Python 的 list 还可以做更多事情，但上述内容应该足以让你解决本章的问题。

3.4 用 if/elif/else 进行条件分支

需要使用基于条目数量的条件分支来对输出正确地进行格式化。在第 2 章的练习中有两个条件(是元音，或不是元音)，所以使用了 if/else 语句。这里有三个选项需要考虑，所以需要使用 elif(else-if)。

例如，假设想使用三个选项，按年龄对某一群人进行分类：

- 如果他们的年龄大于 0，则数据有效
- 如果他们的年龄小于 18，则他们是未成年人
- 如果他们的年龄等于或大于 18，则意味着他们可以投票。

可以这样写代码：

```
>>> age = 15
>>> if age < 0:
...     print('You are impossible.')
... elif age < 18:
...     print('You are a minor.')
```

```
... else:
...     print('You can vote.')
...
You are a minor.
```

看看你能否通过这个例子推断出如何写 picnic.py 的三个选项。首先写处理一个条目的分支，然后写处理两个条目的分支，最后写针对三个或更多条目的最后一个分支。每次更改程序后都要运行测试。

编写程序

现在，先试着自己编写程序，然后再看本书给出的解决方案。下面是一些提示：

- 进入 03_picnic 目录并运行 new.py picnic.py，以创建你的程序。运行 make test(或 pytest -xv test.py)，应该能够通过最初两个测试。
- 接下来，让你的--help usage 看起来像本章前文中的示例。正确地定义实参非常重要。对于 items 实参，请查看 argparse 中的 nargs，如附录 A.4.5 节所述。
- 如果使用 new.py 来启动程序，则一定要保留 boolean 标志位，并修改它以适应 sorted 标志位。
- 按顺序解决测试。首先处理一个条目，然后处理两个条目，再处理三个条目。最后处理已排序的条目。

如果在阅读解决方案之前尝试编写程序并通过测试，那么你将从本书中得到最大收益！

3.5 解决方案

这里是一种满足测试的方案。如果写了与此不同的程序但仍然通过了测试，那就太好了！

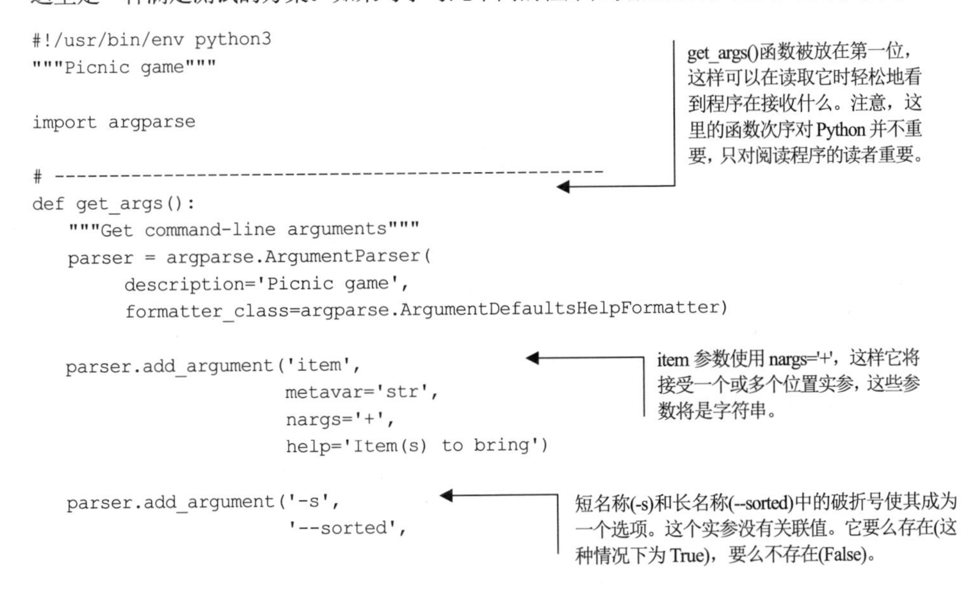

```
#!/usr/bin/env python3
"""Picnic game"""

import argparse

# --------------------------------------------------
def get_args():
    """Get command-line arguments"""
    parser = argparse.ArgumentParser(
        description='Picnic game',
        formatter_class=argparse.ArgumentDefaultsHelpFormatter)

    parser.add_argument('item',
                        metavar='str',
                        nargs='+',
                        help='Item(s) to bring')

    parser.add_argument('-s',
                        '--sorted',
```

get_args()函数被放在第一位，这样可以在读取它时轻松地看到程序在接收什么。注意，这里的函数次序对 Python 并不重要，只对阅读程序的读者重要。
item 参数使用 nargs='+'，这样它将接受一个或多个位置实参，这些参数将是字符串。
短名称(-s)和长名称(--sorted)中的破折号使其成为一个选项。这个实参没有关联值。它要么存在(这种情况下为 True)，要么不存在(False)。

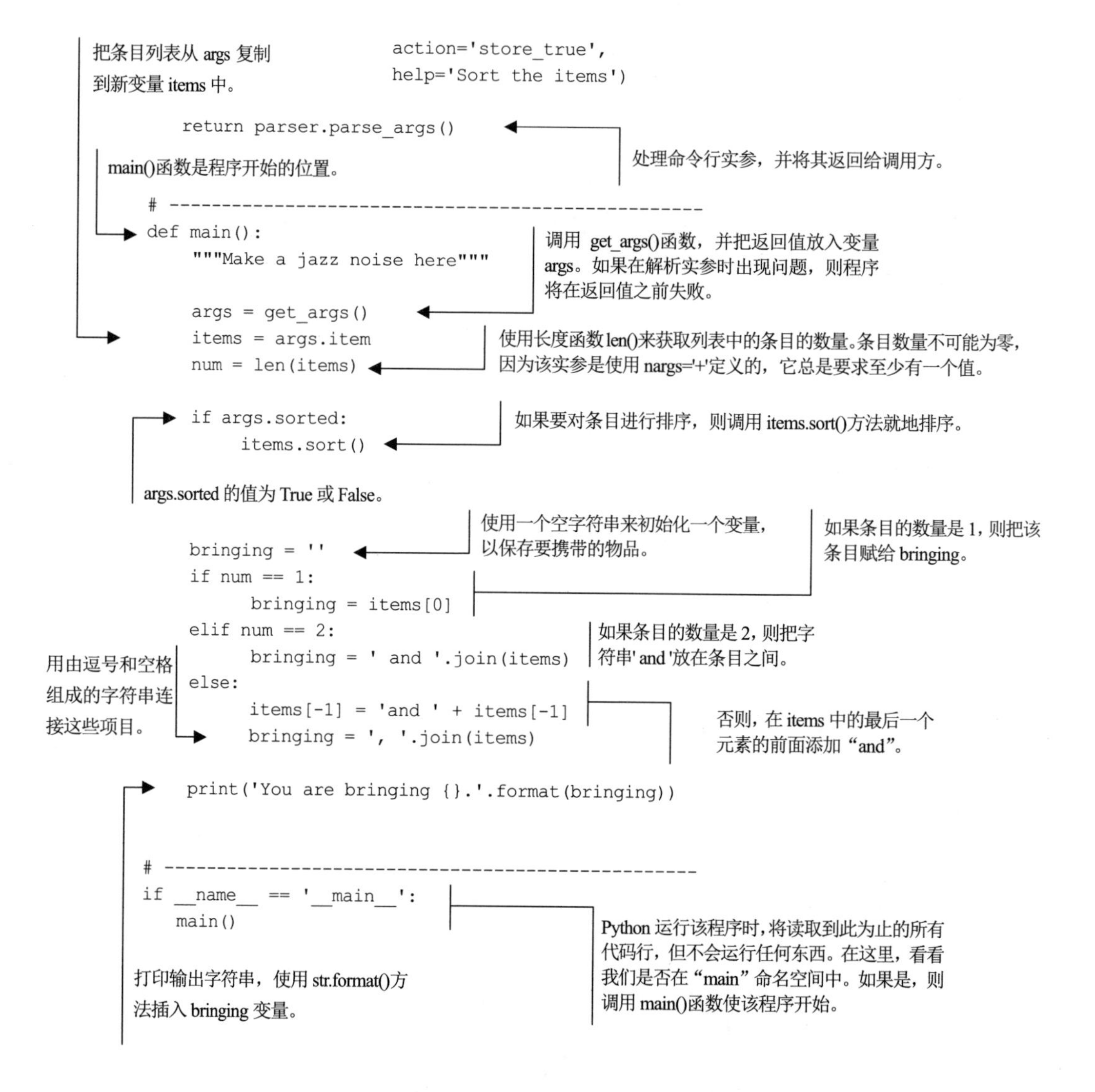

把条目列表从 args 复制到新变量 items 中。
action='store_true',
help='Sort the items')
return parser.parse_args()
处理命令行实参，并将其返回给调用方。
main()函数是程序开始的位置。
# --
def main():
"""Make a jazz noise here"""
调用 get_args()函数，并把返回值放入变量 args。如果在解析实参时出现问题，则程序将在返回值之前失败。
args = get_args()
items = args.item
num = len(items)
使用长度函数len()来获取列表中的条目的数量。条目数量不可能为零，因为该实参是使用 nargs='+'定义的，它总是要求至少有一个值。
if args.sorted:
items.sort()
如果要对条目进行排序，则调用 items.sort()方法就地排序。
args.sorted 的值为 True 或 False。
使用一个空字符串来初始化一个变量，以保存要携带的物品。
如果条目的数量是 1，则把该条目赋给 bringing。
bringing = ''
if num == 1:
bringing = items[0]
elif num == 2:
bringing = ' and '.join(items)
如果条目的数量是 2，则把字符串' and '放在条目之间。
用由逗号和空格组成的字符串连接这些项目。
else:
items[-1] = 'and ' + items[-1]
bringing = ', '.join(items)
否则，在 items 中的最后一个元素的前面添加“and”。
print('You are bringing {}.'.format(bringing))
# --
if __name__ == '__main__':
main()
Python 运行该程序时，将读取到此为止的所有代码行，但不会运行任何东西。在这里，看看我们是否在“main”命名空间中。如果是，则调用 main()函数使该程序开始。
打印输出字符串，使用 str.format()方法插入 bringing 变量。

3.6 讨论

进展如何？是不是花了很长时间编写你的版本？你的版本和给出的版本有多大区别？下面来说说以上解决方案。如果你的解决方案与我的不一样也没关系，只要能通过测试就好！

3.6.1 定义实参

这个程序可以接收可变数量的实参，只要这些实参都是同一种类型的(在本例中为字符串)。在 get_args()方法中，定义了这样一个 item：

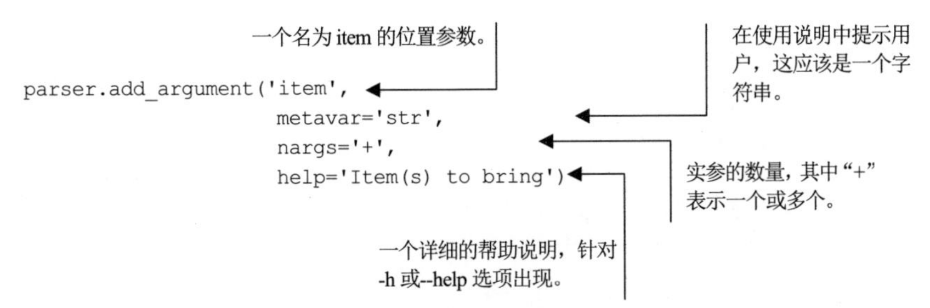

这个程序也接收-s 和--sorted 选项。这些选项是标志位，这通常意味着，它们存在时为 True，不存在时为 False。请记住，前导破折号表示它们是可选的。

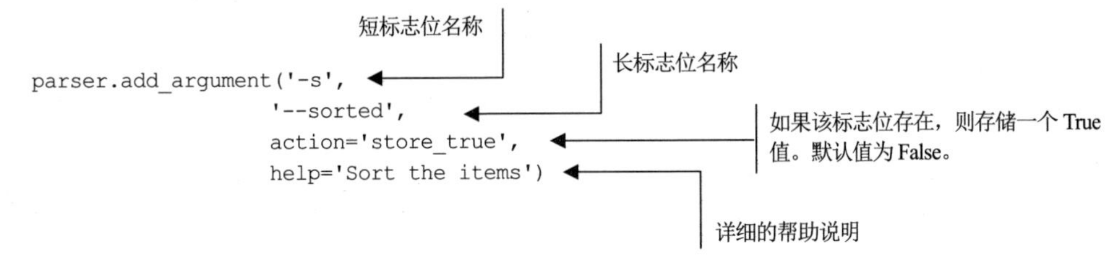

3.6.2　对条目进行赋值和排序

在 main()中，调用 get_args()来获取实参，并把参数赋给 args 变量。创建 items 变量来保存 args.item 值：

```
def main():
    args = get_args()
    items = args.item
```

如果 args.sorted 为 True，则需要对 items 进行排序。本例中选择了就地 sort()方法：

```
if args.sorted:
   items.sort()
```

现在有了这些条目，且在需要时完成了排序，下面需要对它们进行格式化以得到输出。

3.6.3　对条目进行格式化

建议你按顺序解决测试。我们需要解决四个条件：

- 0 个条目
- 1 个条目
- 2 个条目
- 3 个或更多条目

第一个测试实际上是由 argparse 处理的。如果用户没有提供任何实参，他们将得到一条 usage 使用说明：

```
$ ./picnic.py
usage: picnic.py [-h] [-s] str [str ...]
picnic.py: error: the following arguments are required: str
```

argparse 用于处理没有实参的情况，还必须处理其他三个条件。以下是一种方式：

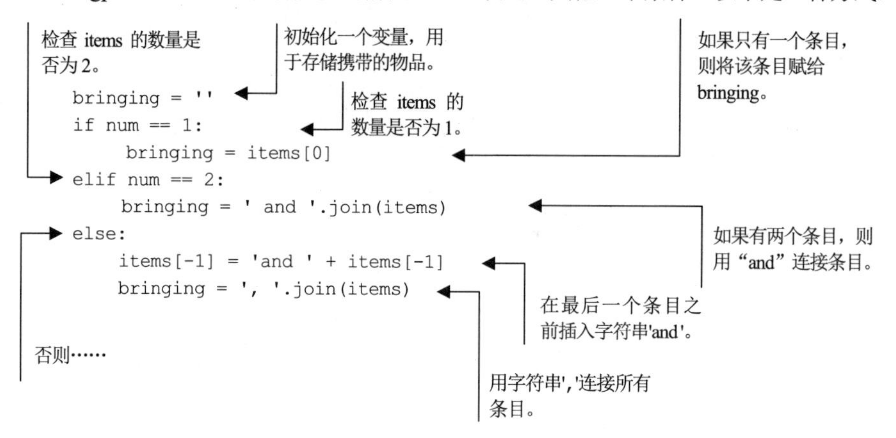
检查 items 的数量是否为 2。
初始化一个变量，用于存储携带的物品。
如果只有一个条目，则将该条目赋给 bringing。
检查 items 的数量是否为 1。
bringing = ''
if num == 1:
    bringing = items[0]
elif num == 2:
    bringing = ' and '.join(items)
else:
    items[-1] = 'and ' + items[-1]
    bringing = ', '.join(items)
如果有两个条目，则用“and”连接条目。
在最后一个条目之前插入字符串'and'。
否则……
用字符串', '连接所有条目。

你能想出其他办法来完成格式化吗？

3.6.4 打印条目

最后，为了 print()输出，代码中使用了一个格式字符串，其中{}表示值的占位符，如下所示：

```
>>> print('You are bringing {}.'.format(bringing))
You are bringing salad, soda, and cupcakes.
```

如果愿意，可以使用 f'' 字符串：

```
>>> print(f'You are bringing {bringing}.')
You are bringing salad, soda, and cupcakes.
```

两种方式都可以完成这件工作。

3.7 更进一步

- 添加一个选项，使得用户可以选择不打印牛津逗号(尽管这在语言习惯上是站不住脚的)。
- 添加一个选项，由用户传入的字符(比如分号，如果该条目列表已包含逗号)分隔条目。

请务必在 test.py 程序中添加测试，以确保新功能是正确的！

3.8 小结

- Python 列表是其他 Python 数据类型(例如字符串和数字)的有序序列。
- 使用像 list.append()和 list.extend()这样的方法向 list 中添加元素。使用 list.pop()和 list.remove()删除元素。

- 可以用 x in y 来询问元素 x 是否在列表 y 中。也可以使用 list.index()来查找元素的索引，但是如果元素不存在，将触发异常。
- 列表可以被排序和反转，列表中的元素可以被修改。当元素的次序很重要时，列表很有帮助。
- 字符串和列表有许多共同特性，例如可以使用 len()查找长度，使用零基索引(其中 0 是第一个元素，-1 是最后一个元素)，以及使用切片从整体中提取较小的片段。
- str.join()方法可以从 list 中创建新的 str。
- if/elif/else 可以根据条件对代码进行分支。

第 4 章

跳过 5：使用字典

“一旦我站了起来，就不会被任何东西撂倒。”

——大卫·李·罗斯

在电视剧 *The Wire* 的一集里，毒贩认为警察拦截了他们的短消息。因此，每当犯罪过程中需要发送电话号码时，毒贩就会使用一种叫做“跳过 5”(Jump the Five)的算法将数字打乱。该算法中，每个数字都被改变成在美国电话拨号板上关于 5 对称的数字。在本练习中，我们先讨论如何使用这个算法来加密消息，然后讨论如何使用这个算法来解密已加密的消息。

让按键 1 跳过 5，就会得到 9。6 跳过 5 将变成 4，依此类推。数字 5 和 0 将互换。

我们将编写一个名为 jump.py 的 Python 程序，该程序接收一些文本作为位置实参。文本中的每个数字都将使用这个算法编码。所有非数字字符都将原封不动地输出。

这里有几个例子：

```
$ ./jump.py 867-5309
243-0751
$./jump.py 'Call 1-800-329-8044 today!'
Call 9-255-781-2566 today!
```

需要某种方法来检查输入文本中的每个字符，以识别数字。为此，将学习如何使用 for 循环，然后学习如何把 for 循环改写成“列表推导式”(list comprehension)。需要某种方法把一个数字关联到另一个数字，比如把 1 关联到 9，依此类推到所有数字。将学习 Python 中的一个名为字典(dictionary)的数据结构，它可以让你完成上述任务。

在本章中，你将学习以下内容：

- 创建字典；
- 使用 for 循环和列表推导式来逐个字符地处理文本；
- 检查字典中是否存在特定条目；
- 从字典中检索特定值；
- 打印一个新的字符串，其中数字被替换成了编码值。

在开始编写程序之前，需要了解 Python 的字典。

4.1 字典

Python 中的字典允许我们把某个东西(一个“键”)关联到另外某个东西(一个“值”)。真正的字典也做同样的事。如果我们在字典里查找一个单词，比如“quirky”，可以找到一个定义，如图 4.1 所示。可以把该单词本身视为“键”，把定义视为“值”。

quirky ⇨ **unusual, esp. in an interesting or appealing way**

图 4.1　可以通过查字典找到一个单词的定义

字典提供了相当多的关于单词的信息，比如发音、词性、衍生词、历史、同义词、异体拼写、词源、早期用法，等等。(我真的很爱字典。)每个属性都有一个值，所以也可以把一个单词的字典词条本身视为另一个“字典”(见图 4.2)。

definition	⇨	**unusual, esp. in an interesting or appealing way**
pronunciation	⇨	**ˈkwər-kē**
part of speech	⇨	**adjective**

图 4.2　“quirky”对应的词条包含不止一个定义

让我们看看如何使用 Python 的字典来超越单词定义。

4.1.1 创建字典

在电影 *Monty Python and the Holy Grail* 中，亚瑟王和他的骑士必须穿越死亡之桥。任何想要穿越死亡之桥的人必须正确回答卫士的三个问题，失败的人将被扔进恒危峡谷。

让我们骑马来到亚瑟王的城堡卡美洛……不，扯远了。让我们创建一个字典，以使用键/值对的形式记录问题和答案。再次启动 python3 或 IPython REPL 或 Jupyter Notebook，亲自输入这些内容。

骑士兰斯洛特先回答问题。可以使用 dict()函数来创建一个空字典，用于记录他的答案。

```
>>> answers = dict()
```

也可以使用空的花括号(两种方法是等价的)：

```
>>> answers = {}
```

卫士的第一个问题是：“你的名字是什么？”兰斯洛特回答：“我是卡美洛的兰斯洛特爵士。”可以使用方括号([]，不是花括号！)和字符串‘name’，把键“name”添加到 answers 字典。

```
>>> answers ['name'] = 'Sir Lancelot'
```

在 REPL 中输入 answers 并按 Enter 键，Python 将展示带花括号的结构(见图 4.3)，以表明这是一个 dict：

```
>>> answers
{'name': 'Sir Lancelot'}
```

可以用 type()函数验证：

```
>>> type(answers)
 <class 'dict'>
```

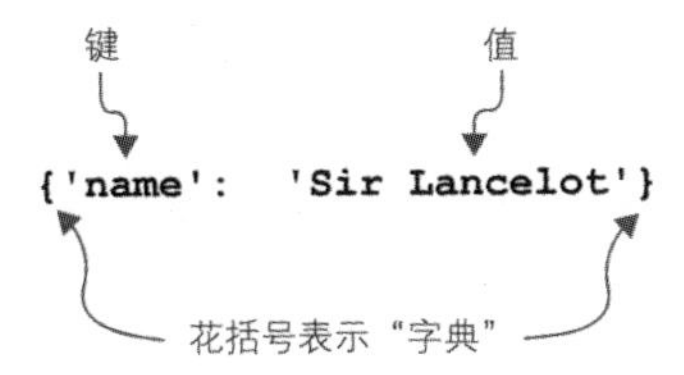

图 4.3　在花括号内部打印字典结构。键与值之间用冒号隔开

接着卫士问："你的诉求是什么？"兰斯洛特回答"寻找圣杯。"让我们在 answers 中添加"quest"：

```
>>> answers['quest'] = 'To seek the Holy Grail'
```

这里没有返回值，我们无法得知添加的结果怎么样，所以输入 answers 以再次查看该变量，以确保添加了新的键/值：

```
>>> answers
 {'name': 'Sir Lancelot', 'quest': 'To seek the Holy Grail'}
```

最后，卫士问："你最喜欢的颜色是什么？"兰斯洛特回答："蓝色。"

```
>>> answers['favorite_color'] = 'blue'
>>> answers
{'name': 'Sir Lancelot', 'quest': 'To seek the Holy Grail',
'favorite_color': 'blue'}
```

注意：这里使用了"favorite_color"(带一个下画线)作为键，但也可以使用"favorite color"(带一个空格)或"FavoriteColor"或"Favorite color"，但这些都是各自独立的不同字符串，也就是不同的键。我更喜欢使用 PEP 8 命名惯例来命名字典键、变量和函数。PEP 8 指的是"Python 代码风格指南"(www.python.org/dev/peps/pep-0008/)，它建议使用小写字母来命名，单词之间用下画线隔开。

如果事先知道所有答案，可以使用具有下列语法的 dict()函数创建 answers，这时不必把键放到引号里，但需要在键与值之间用等号隔开：

```
>>> answers = dict(name='Sir Lancelot', quest='To seek the Holy Grail',
     favorite_color='blue')
```

也可以使用下列包含花括号的语法，这时键必须被放到引号里，并且后跟冒号(:)：

```
>>> answers = {'name': 'Sir Lancelot', 'quest': 'To seek the Holy Grail', 'favorite_color':
       'blue'}
```

可以把 answers 字典想象成一个包含描述兰斯洛特答案的键值对的盒子(见图 4.4)，就像字典包含关于单词“quirky”的所有信息一样。

answers

name	⇨	Sir Lancelot
quest	⇨	To seek the Holy Grail
favorite color	⇨	blue

图 4.4　就像“quirky”的字典词条一样，Python 字典可以包含许多键值对

4.1.2　访问字典值

要想获取键的值，可以使用方括号([])内的键名。例如，可以像下面这样获取 name 的值：

```
>>> answers['name']
 'Sir Lancelot'
```

如果想查询他的年龄(age)：

```
>>> answers['age']
Traceback (most recent call last):
  File "<stdin>", line 1, in <module>
KeyError: 'age'
```

可以看到，如果请求一个不存在的字典键，将触发异常！

就像处理字符串和列表一样，可以使用 x in y 来首先看看 dict 中是否存在某个键：

```
>>> 'quest' in answers
True
>>> 'age' in answers
False
```

dict.get()方法可以以安全方式进行取值：

```
>>> answers.get('quest')
'To seek the Holy Grail'
```

当所请求的键在该 dict 中不存在时，该方法将返回特殊值 None：

```
>>> answers.get('age')
```

返回 None 时，不会打印出任何东西，因为 REPL 不会打印 None，但可以检查 None 的 type()。注意，None 的类型是 NoneType：

```
>>> type(answers.get('age'))
<class 'NoneType'>
```

还有一个可选的第二实参，可以将它传递给 dict.get()，当该键不存在时，将返回该值：

```
>>> answers.get('age', 'NA')
 'NA'
```

这个第二实参对该解决方案很重要，因为我们只需要表示字符 0~9。

4.1.3　其他字典方法

如果想知道一个字典有多“大”，那么 dict 上的 len()(len 指代 length)函数会告诉你，该字典中存在多少键值对：

```
>>> len(answers)
3
```

dict.keys()方法只会给出键：

```
>>> answers.keys()
dict_keys(['name', 'quest', 'favorite_color'])
```

dict.values()方法只会给出值：

```
>>> answers.values()
dict_values(['Sir Lancelot', 'To seek the Holy Grail', 'blue'])
```

通常我们希望两者同时给出，所以可能会看到如下代码：

```
>>> for key in answers.keys():
...     print(key, answers[key])
...
name Sir Lancelot
quest To seek the Holy Grail
favorite_color blue
```

使用 dict.items()方法可以更简单地编写这段代码，它将把字典的内容作为一个新的 list 返回，新的 list 中包含每个键值对：

```
>>> answers.items()
dict_items([('name', 'Sir Lancelot'), ('quest', 'To seek the Holy Grail'),
('favorite_color', 'blue')])
```

使用 dict.items()方法，也可以编写前述的 for 循环：

```
>>> for key, value in answers.items():
...     print(f'{key:15} {value}')
...
name            Sir Lancelot
quest           To seek the Holy Grail
favorite_color blue
```

把每个键值对拆分成变量 key 和变量 value(见图 4.5)。注意，不一定要把它们称为 key 和 value。也可以使用 k 和 v 或 question 和 answer。

把 key 打印到一个 15 个字符宽的左对齐字段中。value 可以正常被打印。

for key, value in [('name', 'Sir Lancelot'), …]:

图 4.5　可以把由 dict.items()返回的键值对拆分成变量

在 REPL 中，可以执行 help(dict)来查看所有可用的方法，比如 dict.pop()可以删除一个键/值，或 dict.update()可以把一个字典与另一个字典合并。

提示：dict 中的每个键都是唯一的。

这意味着，如果为一个给定的键设置了两次值：

```
>>> answers = {}
>>> answers['favorite_color'] = 'blue'
>>> answers
{'favorite_color': 'blue'}
```

不会产生两个词条，而仅有一个词条，它的值是第二次赋的值：

```
>>> answers['favorite_color'] = 'red'
>>> answers
{'favorite_color': 'red'}
```

键不一定是字符串，也可以是像 int 类型和 float 类型这样的数字，但使用的任何值都必须是不可变的。例如，不能使用列表，因为它们是可变的，就像你在前一章中看到的那样。随着学习深入，你将了解哪些类型是不可变的。

4.2 编写 jump.py

现在让我们开始编写程序。需要在 04_jump_the_five 目录中创建一个名为 jump.py 的程序，这样你就可以使用该目录中的 test.py 了。图 4.6 所示的线图展示了输入和输出。请注意，该程序只会影响文本中的数字。任何非数字的部分都将保持不变。

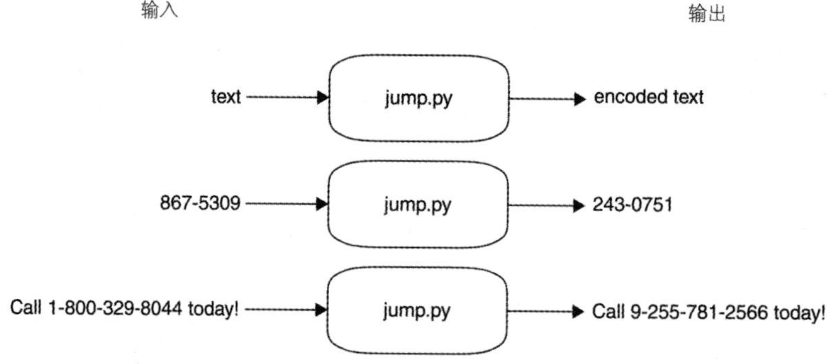

图 4.6 jump.py 程序的线图。输入文本中的任何数字都将被更改为输出文本中的相应数字

当程序在不带实参 -h 或 --help 的情况下运行时，应打印一条 usage 用法消息：

```
$ ./jump.py -h
usage: jump.py [-h] str

Jump the Five

positional arguments:
  str         Input text

optional arguments:
  -h, --help  show this help message and exit
```

请注意，我们将处理文本格式的“数字”，因此字符串'1'将转换为字符串'9'。实际的整数值 1

不会被改变成整数值 9。当想表示表 4.1 中的替换时，请记住这一点。

表 4.1　针对文本中的数值字符的编码表

1 => 9
2 => 8
3 => 7
4 => 6
5 => 0
6 => 4
7 => 3
8 => 2
9 => 1
0 => 5

如何用一个 dict 来表示它们？尝试用前面的键值对在 REPL 中创建一个名为 jumper 的 dict，然后看看下面的 assert 语句是否会在执行时触发异常。请记住，如果该语句为 True，那么 assert 将不返回任何内容。

```
>>> assert jumper['1'] == '9'
>>> assert jumper['5'] == '0'
```

接下来，需要一种办法来访问每个字符。建议你使用 for 循环，如下所示：

```
>>> for char in 'ABC123':
...     print(char)
...
A
B
C
1
2
3
```

在 jumper 表中打印 char 的值(而非 char)，或者打印 char 本身。考虑一下 dict.get()方法！此外，阅读 help(print)，会看到有一个 end 选项，它把附在末尾的新行替换成其他东西。

以下是一些其他提示：

- 这些数字可以出现在文本中的任何地方，所以建议用 for 循环逐个字符地处理输入。
- 对于给定任何一个字符，该如何在表中查找它？
- 如果该字符在表中，应如何得到转换后的值？
- 如何在不打印新行的情况下 print()转换后的值？查看 REPL 的 help(print)，了解 print()的操作方式。
- 阅读关于 Python 的 str 类的 help(str)，将看到有一个 str.replace()方法。你知道如何使用它吗？

现在，请花时间自己编写程序，然后再看解决方案。记得使用测试作为指导。

4.3 解决方案

这里是一个满足测试的解决方案。在讨论第一个版本后，还将展示一些变体。

```
#!/usr/bin/env python3
"""Jump the Five"""

import argparse


# --------------------------------------------------
def get_args():
    """Get command-line arguments"""

    parser = argparse.ArgumentParser(
        description='Jump the Five',
        formatter_class=argparse.ArgumentDefaultsHelpFormatter)

    parser.add_argument('text', metavar='str', help='Input text')

    return parser.parse_args()


# --------------------------------------------------
def main():
    """Make a jazz noise here"""

    args = get_args()
    jumper = {'1': '9', '2': '8', '3': '7', '4': '6', '5': '0',
              '6': '4', '7': '3', '8': '2', '9': '1', '0': '5'}
    for char in args.text:
      print(jumper.get(char, char), end='')
    print()


# --------------------------------------------------
if __name__ == '__main__':
    main()
```

首先定义 get_args()函数，这样在读程序时可以轻易找到它。

定义一个名为“text”的位置实参

定义开始程序的 main()函数

从 get_args()得到命令行参数

为查询表创建一个字典

处理输入文本中的每一个字符。

要么打印该字符在“jumper”表中的值，要么打印该字符本身。改变 print()的“end”值，以避免添加一个新行。

在处理完所有字符后打印一个新行。

如果程序在“main”命名空间中，则调用 main()函数。

4.4 讨论

下面把这个程序分成几大部分讨论，比如如何定义参数，如何定义和使用字典，如何处理输入文本以及打印输出。

4.4.1　定义参数

像往常一样，首先定义 get_args()函数。该程序需要定义一个位置实参。由于想要的实参是“文本”，所以我把该实参命名为“text”，然后把它赋给一个名为 text 的变量：

```
parser.add_argument('text', metavar='str', help='Input text')
```

虽然这样命名似乎很直白，但根据本质为事物命名是非常重要的。也就是说，不要把该实参的名称保留为“positional”，这并不能描述该实参是什么。

对于这样一个简单的程序，使用 argparse 似乎大材小用，但是它可以验证实参具有正确的数量和类型，并生成帮助文档，所以非常值得。

4.4.2　使用 dict 进行编码

建议把该查询表表示为一个 dict，其中每个数字 key 都有相应的替换值作为该 dict 中的 value。例如，如果从 1 跳过 5，则应该落在 9：

```
>>> jumper = {'1': '9', '2': '8', '3': '7', '4': '6', '5': '0',
...           '6': '4', '7': '3', '8': '2', '9': '1', '0': '5'}
>>> jumper['1']
'9'
```

只有 10 个数字要编码，所以上面的代码很可能是写这个功能最简单的办法。请注意，这些数字被引号引用，所以它们实际上是 str 类型的，而不是 int(整数)类型的。这样做是因为，我们将从 str 中读取字符。如果把它们存储为实际数字，则将不得不使用 int()函数来强制转换为 str 类型：

```
>>> type('4')
<class 'str'>
>>> type(4)
<class 'int'>
>>> type(int('4'))
<class 'int'>
```

4.4.3　处理序列中条目的多种方法

正如你之前所看到的，Python 中的字符串和列表在索引方式上是相似的。字符串和列表本质上都是元素的序列，字符串是字符的序列，而列表可以是任何东西的序列。

有几种不同的办法来处理任意条目的序列，条目在这里是字符串中的字符。

方法 1：使用 FOR 循环 print()每个字符

如引言所述，可以使用 for 循环来处理 text 的每个字符。一开始，可以使用 x in y 构造来检查该文本的每个字符是否都在 jumper 表中：

```
>>> text = 'ABC123'
>>> for char in text:
...     print(char, char in jumper)
...
```

```
A False
B False
C False
1 True
2 True
3 True
```

注意：当赋予 print()不止一个实参时，print()将在文本的每两个字符位(bit)之间放置一个空格。可以用 sep 实参来改变这一点。阅读 help(print)可以了解更多信息。

现在，试着翻译这些数字。可以使用 if 表达式，如果 char 存在，则打印 jumper 表中的值，否则打印该 char：

```
>>> for char in text:
...     print(char, jumper[char] if char in jumper else char)
...
A A
B B
C C
1 9
2 8
3 7
```

检查每个字符有点费力，但这是必要的。例如，当字母“A”不在 jumper 中时，如果试图检索字母“A”，将触发一个异常：

```
>>> jumper['A']
Traceback (most recent call last):
  File "<stdin>", line 1, in <module>
KeyError: 'A'
```

dict.get()方法允许以安全方式取一个值(如果这个值存在的话)。请求“A”不会触发异常，但也不会在 REPL 中显示任何内容，因为它返回 None 值：

```
>>> jumper.get('A')
```

尝试 print()这些值，可以更容易看到结果：

```
>>> for char in text:
...     print(char, jumper.get(char))
...
A None
B None
C None
1 9
2 8
3 7
```

可以为 dict.get()提供可选的第二实参，该键不存在时默认返回该实参。在这个程序中，希望在该字符不存在于 jumper 中时打印该字符本身。例如，如果存在“A”，那么打印“A”：

```
>>> jumper.get('A', 'A')
'A'
```

但是如果存在“5”，那么打印“0”：

```
>>> jumper.get('5', '5')
'0'
```

可以用这个办法来处理所有的字符：

```
>>> for char in text:
...     print(jumper.get(char, char))
...
A
B
C
9
8
7
```

不希望在每个字符后都打印新行，所以可以使用 end=' ' 告诉 Python 把空字符串放在末尾，而不是换新行。

在 REPL 中运行上面的代码时，输出看起来会很有趣，因为必须在 for 循环后按 Enter 键才能运行它。运行后我会看到不换行的 ABC987，接着是>>>提示符:

```
>>> for char in text:
...     print(jumper.get(char, char), end='')
...
ABC987>>>
```

在你的代码中，需要添加另一个 print()。

可以更改 end 添加的内容，还可以在没有实参的情况下执行 print()来打印新行，这很有帮助。print()还可以做其他非常酷的事情，所以鼓励阅读 help(print)并尝试实现其他功能。

方法 2：使用 FOR 循环来建立新字符串

还有其他几种办法可以解决这个问题。虽然探索能用 print()做的事情很有趣，但是代码有点难看。创建一个 next_text 变量再调用 print()应该会让代码更清爽：

```
def main():
    args = get_args()
    jumper = {'1': '9', '2': '8', '3': '7', '4': '6', '5': '0',
              '6': '4', '7': '3', '8': '2', '9': '1', '0': '5'}
    new_text = ''
    for char in args.text:
        new_text += jumper.get(char, char)
    print(new_text)
```

创建一个空 new_text 变量。

使用相同的 for 循环。

将编码后的数字或者原始字符附加到 new_text。

打印 new_text。

在这个版本中，首先将 new_text 设置为空字符串：

```
>>> new_text = ''
```

下面，使用同样的 for 循环来处理 text 中的每个字符。在每一次循环中，使用 += 把等式的右侧附加到左侧。+= 用于把右边的值加到左边的变量：

```
>>> new_text += 'a'
>>> assert new_text == 'a'
>>> new_text += 'b'
>>> assert new_text == 'ab'
```

在右边，使用 jumper.get()方法。每个字符都将被附加到 new_text，如图 4.7 所示。

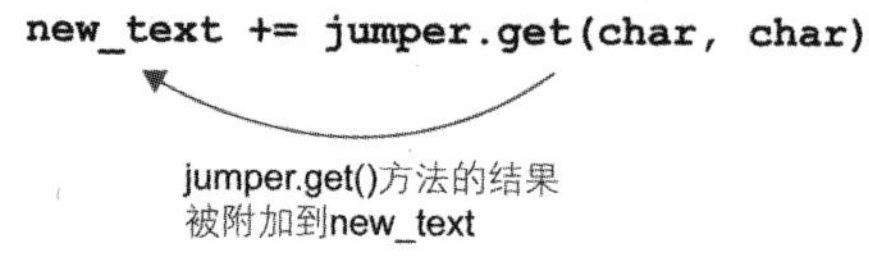

图 4.7　+= 运算符把右边的字符串附加到左边的变量

```
>>> new_text = ''
>>> for char in text:
...     new_text += jumper.get(char, char)
...
```

现在，可以用新值调用 print()一次：

```
>>> print(new_text)
ABC987
```

方法 3：使用 FOR 循环来建立新列表

这个方法与方法 2 相同，但是 new_text 不是一个 str，而是一个 list：

```
def main():
    args = get_args()
    jumper = {'1': '9', '2': '8', '3': '7', '4': '6', '5': '0',
              '6': '4', '7': '3', '8': '2', '9': '1', '0': '5'}
    new_text = []
    for char in args.text:
        new_text.append(jumper.get(char, char))
    print(''.join(new_text))
```

将 new_text 初始化为一个空列表。

遍历文本中的每一个字符。

将 jumper.get()调用的结果附加到 new_text 变量。

将 new_text 连接到空字符串上，以便创建一个新的字符并将其打印

本书将不断提醒你 Python 是如何用类似的方式处理字符串和列表的。这里使用的 new_text 与之前使用的完全一样，从一个空结构开始，然后让它逐个字符加长。实际上，可以使用完全相同的 += 语法来代替 list.append()方法：

```
for char in args.text:
    new_text += jumper.get(char, char)
```

在 for 循环完成后，使用 str.join()，把所有需要重新组合的新字符组合成一个可以 print()的新字符串。

方法 4：把 FOR 循环转变成列表推导式

一个更短的解决方案是使用列表推导式，该方法基本上是方括号([ ])内的单行 for 循环，并得到一个新的 list(见图 4.8)。

```
def main():
    args = get_args()
    jumper = {'1': '9', '2': '8', '3': '7', '4': '6', '5': '0',
              '6': '4', '7': '3', '8': '2', '9': '1', '0': '5'}
    print(''.join([jumper.get(char, char) for char in args.text]))
```

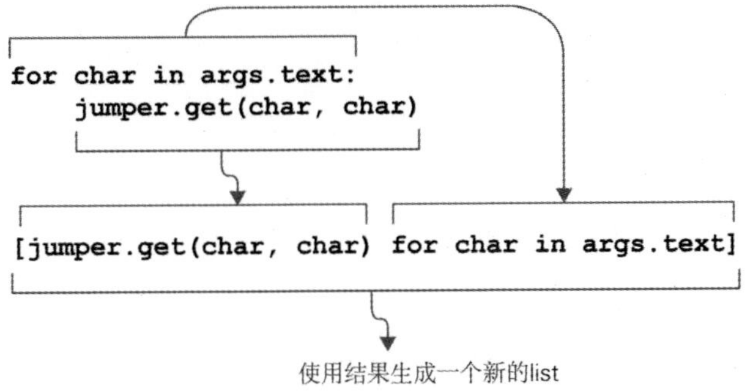

图 4.8　列表推导式使用 for 语句迭代的结果来生成一个新的 list

列表推导式是从 for 循环倒着读的，但只有这些内容。它只有一行代码而不是四行！

```
>>> text = '867-5309'
>>> [jumper.get(char, char) for char in text]
['2', '4', '3', '-', '0', '7', '5', '1']
```

可以在空字符串上使用 str.join()，把该 list 转换为一个可以 print()的新字符串：

```
>>> print(''.join([jumper.get(char, char) for char in text]))
243-0751
```

列表推导式的目的是创建一个新列表，我们之前使用 for 循环代码也是为了实现这一点。列表推导式更有意义，并且使用的代码行更少。

方法 5：使用 STR.TRANSLATE()函数

最后一种办法使用了 str 类中的一个非常强大的方法，可以一步改变所有的字符：

```
def main():
    args = get_args()
    jumper = {'1': '9', '2': '8', '3': '7', '4': '6', '5': '0',
              '6': '4', '7': '3', '8': '2', '9': '1', '0': '5'}
    print(args.text.translate(str.maketrans(jumper)))
```

用于 str.translate()实参的是一个翻译表，该翻译表描述了每个字符应该如何翻译。这正是 jumper 的作用。

```
>>> text = 'Jenny = 867-5309'
>>> text.translate(str.maketrans(jumper))
'Jenny = 243-0751'
```

第 8 章将更详细地解释这一点。

4.4.4 不使用 str.replace()

之前提出了一个问题：能不能使用 str.replace()来改变所有的数字。事实证明不能，因为这会导致某些值被改变两次，使它们最终回到原始的值。

从下面的字符串开始：

```
>>> text = '1234567890'
```

当把“1”改变成“9”时，字符串中就有了两个 9：

```
>>> text = text.replace('1', '9')
>>> text
'9234567890'
```

这意味着，当试图把所有的 9 都改变成 1 时，就会得到两个 1。第一个位置的 1 被改变成 9，然后又改变回 1：

```
>>> text = text.replace('9', '1')
>>> text
'1234567810'
```

因此，如果遍历“1234567890”中的每个数字，并尝试使用 str.replace()来改变它们，那么最后会得到值“1234543215”：

```
>>> text = '1234567890'
>>> for n in jumper.keys():
...     text = text.replace(n, jumper[n])
...
>>> text
'1234543215'
```

但是正确编码的字符串是“9876043215”。str.translate()函数的作用是一次性改变所有的值，而不理会已改变的值。

4.5 更进一步

尝试创建一个类似的用字符串对数字进行编码的程序(例如，“5”变成“five”，“7”变成“seven”)。一定要在 test.py 中编写必要的测试来检查你的工作！

如果把该程序的输出反馈回该程序自身，会发生什么？例如，如果运行./jump.py 12345，那么应该得到 98760。如果运行./jump.py 98760，还能恢复原始数字吗？这种方法被称为往返(round-tripping)，这是文本编解码算法的常见操作。

4.6 小结

- 可以使用 dict()函数或使用空花括号({})来创建新字典。
- 使用方括号内的键或使用 dict.get()方法获取字典值。

- 对于名为 x 的 dict，可以使用'key' in x 来确定特定键是否存在。
- 可以使用 for 循环来迭代 str 的各个字符，就像遍历 list 的各个元素一样。可以把字符串视为字符列表。
- print()函数采用可选的关键字实参，比如 end=''，可以把值打印到屏幕上而不必换行。

第 5 章

吼叫信：使用文件和 STDOUT

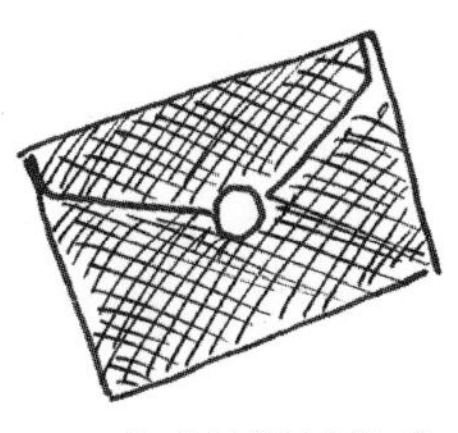

在《哈利·波特》的故事中，“吼叫信”(Howler)是一种由霍格沃茨的猫头鹰派送的狂暴信件。它会自行开封，对收件人大喊愤怒的消息，然后燃烧殆尽。在本练习中，我们将编写一个程序，把所有字母变成大写，以把文本转化成一封温和版的吼叫信。待处理的文本将作为单个位置实参给出。

例如，如果向程序输入“How dare you steal that car!”(你怎么敢偷那辆车！)，它应该被转化成“HOW DARE YOU STEAL THAT CAR!”(**你怎么敢偷那辆车！**)。请记住，命令行中的空格会分隔实参，因此多个单词需要被放到引号里才能被视为一个实参：

```
$ ./howler.py 'How dare you steal that car!'
HOW DARE YOU STEAL THAT CAR!
```

程序的实参也可以是一个文件，在这种情况下，需要读取文件作为输入：

```
$ ./howler.py ../inputs/fox.txt
THE QUICK BROWN FOX JUMPS OVER THE LAZY DOG.
```

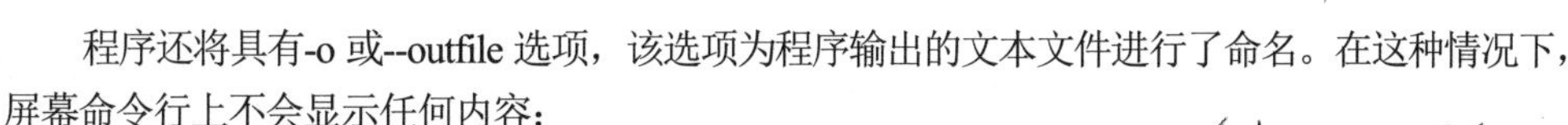

程序还将具有-o 或--outfile 选项，该选项为程序输出的文本文件进行了命名。在这种情况下，屏幕命令行上不会显示任何内容：

```
$ ./howler.py -o out.txt
'How dare you steal that car!'
```

现在应该有一个名为 out.txt 的文件，文件中包含如下输出：

```
$ cat out.txt
HOW DARE YOU STEAL THAT CAR!
```

在本章中，你将学习以下内容：

- 接收命令行或文件中的文本输入；
- 将字符串改为大写；
- 将输出打印到命令行或需要创建的文件；
- 像处理文件句柄一样处理纯文本。

5.1　读取文件

这是本书第一次涉及读取文件的练习。该程序的实参是输入文件的名字，在这种情况下，程序将打开并读取该文件。如果实参不是文件名，则将使用文本本身。

内置的 os(Operating System，操作系统)模块有一个检测字符串是否是文件名的方法。要使用该方法，必须导入 os 模块。如果你的系统上没有一个名为“blargh”的文件，可以执行如下操作：

```
>>> import os
>>> os.path.isfile('blargh')
False
```

os 模块包含大量实用的子模块和函数。请查阅 https://docs.python.org/3/library/os.html 上的文档，或使用 REPL 的 help(os)命令。

例如，os.path.basename()和 os.path.dirname()可以分别返回路径下的文件名和文件的路径，参见图 5.1：

```
>>> file = '/var/lib/db.txt'
>>> os.path.dirname(file)
'/var/lib'
>>> os.path.basename(file)
'db.txt'
```

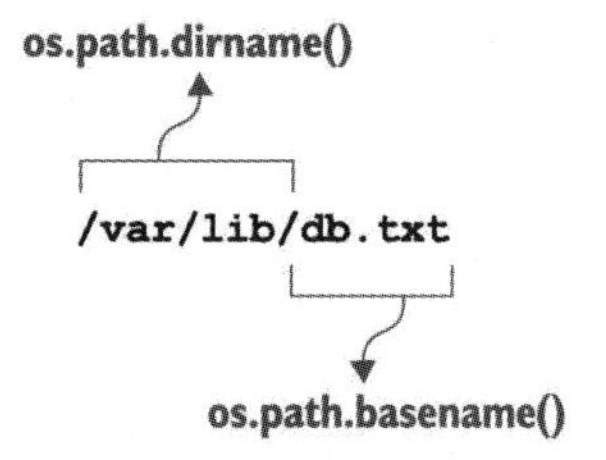

图 5.1　os 模块的一些便利函数，比如 os.path.dirname()和 os.path.basename()来获取文件路径和路径下的文件名。

在 GitHub 源代码库的顶层目录中，有一个名为“inputs”的目录，其中包含我们将在许多练习中使用的几个文件。本练习中使用名为 inputs/fox.txt 的文件。请注意，程序需要处于代码库的主目录中才能让代码正常运行。

```
>>> file = 'inputs/fox.txt'
>>> os.path.isfile(file)
True
```

一旦确定实参是文件名，就必须对其 open()以便能够 read()文件。open()返回一个文件句柄(file handle)。通常把这个变量叫做 fh，以提示这是一个文件句柄。如果有不止一个打开的文件句柄，比如输入和输出句柄，可以把它们叫做 in_fh 和 out_fh。

```
>>> fh = open(file)
```

注意： 根据 PEP 8(www.python.org/dev/peps/pep-0008/#function-and-variable-names)的规定，函数

和变量“名称应小写，必要时用下划线分隔单词，以提高可读性。”

如果试图 open()一个不存在的文件，将触发异常。这是不安全的代码：

```
>>> file = 'blargh'
>>> open(file)
Traceback (most recent call last):
  File "<stdin>", line 1, in <module>
FileNotFoundError: [Errno 2] No such file or directory: 'blargh'
```

务必确认文件存在！

```
>>> file = 'inputs/fox.txt'
>>> if os.path.isfile(file):
...     fh = open(file)
```

使用 fh.read()方法获取文件的内容。把文件想象成一罐西红柿可能会有所帮助。文件的名字，比如“inputs/fox.txt”，是罐头上的标签，但是和里面的东西不一样。为了得到里面的文字(比如“西红柿”)，我们需要打开罐子，如图 5.2 所示。

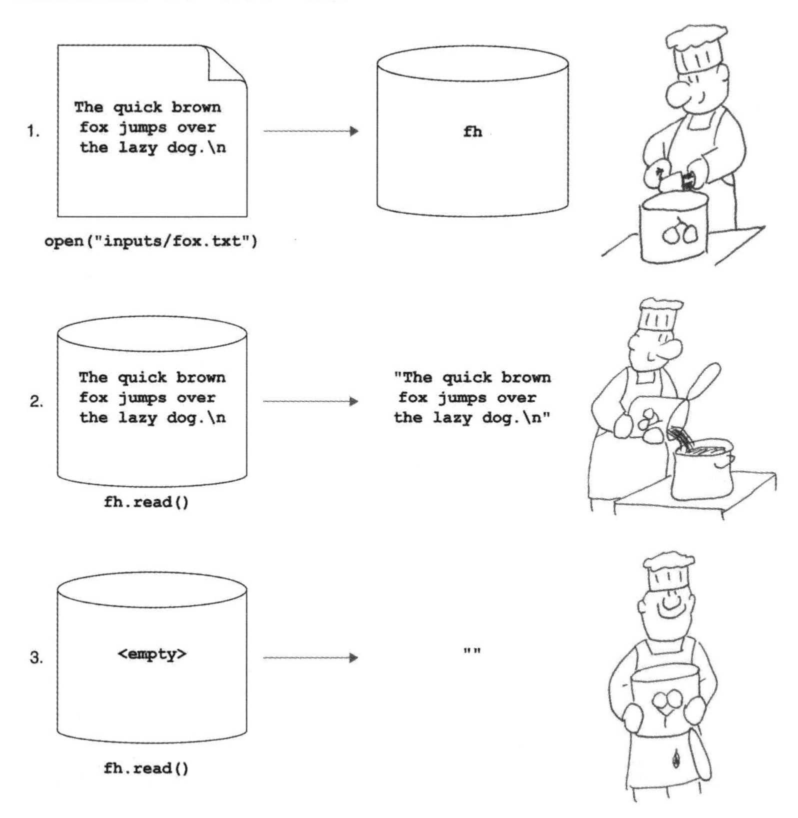

图 5.2　文件有点像一罐西红柿。必须先打开它，才能读取内容，之后就不再需要文件句柄了

观察图 5.2，可知：

1. 文件句柄(fh)是用来获取文件内容的一种机制。为了得到西红柿，我们需要使用 open()方法

打开罐头。

2. fh.read()方法返回文件 file 内部的内容。打开罐头，我们就能拿到里面的东西。
3. 文件句柄一旦被读取，就没用了。

注意：如果真的想再次读取文件句柄，可以使用 fh.seek(0)将文件句柄重置到开头。

使用 type()方法，看看 fh 是什么类型：

```
>>>type(fh)
<class '_io.TextIOWrapper'>
```

在计算机术语中，“io”的意思是“输入/输出”(input/output)。fh 对象是用来处理输入输出操作的。可以使用 help(fh)(使用变量本身的名称)来读取 TextIOWrapper 类的文档。

经常使用 read()和 write()方法。现在，开始讨论 read()，看看该方法能做到什么：

```
>>> fh.read()
'The quick brown fox jumps over the lazy dog.\n'
```

现在，再执行一次上面那句话。你看到了什么？

```
>>>> fh.read()
''
```

文件句柄不同于字符串 str。一旦读取了一个文件句柄，它就变成空的了，就像把西红柿从罐子里倒出来一样。既然罐子是空的，就不能再倒出东西了。

可以通过将 open()和 fh.read()链接在一起，将它们压缩成一行代码。open()方法返回一个文件句柄，可用于调用 fh.read()(见图 5.3)。运行如下代码：

```
>>> open(file).read()
'The quick brown fox jumps over the lazy dog.\n'
```

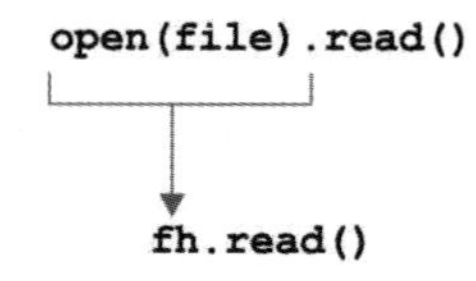

图 5.3　open()函数返回一个文件句柄，可以将它链接到对 read()的调用

现在，再运行一次：

```
>>> open(file).read()
'The quick brown fox jumps over the lazy dog.\n'
```

每次使用 open()方法打开文件，都会得到一个新的文件句柄来 read()。

如果想保留内容，需要将它们复制到一个变量中。

```
>>> text = open(file).read()
>>> text
'The quick brown fox jumps over the lazy dog.\n'
```

结果的类型 type()是字符串 str：

```
>>> type(text)
<class 'str'>
```

如果愿意，可以把任何字符串 str 方法链接到方法末尾。例如，也许你想删除随后的换行符，str.rstrip()方法将删除字符串右端的所有空格(包括换行符)，参见图 5.4。

```
>>> text = open(file).read().rstrip()
>>> text
'The quick brown fox jumps over the lazy dog.'
```

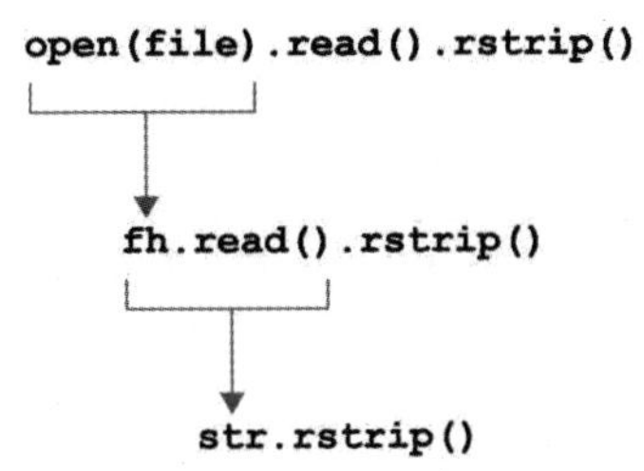

图 5.4　open()方法返回一个文件句柄。把 read()链接到这个文件句柄，read()返回一个字符串，再调用 str.rstrip()链接到这个字符串。

本章练习程序中，只要有了输入文本——无论是来自命令行还是文件——就需要将其变成大写。可使用 str.upper()方法达到这个目的。

5.2　写入文件

程序的输出要么出现在命令行上，要么写入文件里。命令行输出也被称为 standard out 或 STDOUT(表示是标准或常规输出的地方)。现在让我们看看如何将输出写入文件。

我们仍然需要 open()一个文件句柄，但是必须使用可选的第二个实参，字符串“w”，来指示 Python 打开文件后进行写入操作。其他模式包括“r”(默认)表示读取，“a”表示追加，如表 5.1 所示。

表 5.1　文件写入模式

模式	意义
w	写入
r	读取
a	追加

还可以描述内容的类别，比如“t”(默认)表示文本，“b”表示二进制，如表 5.2 所示。

表 5.2　文件内容模式

模式	意义
t	文本
b	二进制

可以组合这两个表中的值，比如“rb”来读取二进制文件，或者“at”来附加到文本文件。这里将使用“wt”来写入一个文本文件。

调用变量 out_fh，来表示这是输出文件句柄：

```
>>> out_fh = open('out.txt ', ' wt ')
```

如果文件不存在，将会新建一个文件。如果文件确实存在，则会覆盖原来的文件，也就是说，之前文件中的所有数据都会丢失！如果不希望现有文件丢失，可以使用前面看到的 os.path.isfile()函数首先检查文件是否存在，也可以在“追加”模式下使用 open()函数。在本练习中，我们将使用“wt”模式来编写文本。

可以使用文件句柄的 write()方法将文本放入文件。除非有意指示，否则 print()函数会添加一个换行符(\n)。而 write()方法不会默认添加换行符，所以必须显式添加一个。

在 REPL 中使用 out_fh.write()方法，将看到它返回写入的字节数。这里每个字符，包括换行符(\n)，都是一个字节：

```
>>> out_fh.write('this is some text\n')
18
```

可以检查结果是否正确：

```
>>> len('this is some text\n')
18
```

大多数代码倾向于忽略该返回值，也就是说，通常不会费心去捕捉变量中的结果，或者检查是否得到了非零的返回值。如果 write()失败，通常表示系统中存在更大的问题。

也可以使用 print()函数和可选的文件 file 实参。请注意，print()中没有包含换行符，因为它会添加一个换行符。此方法返回 None：

```
>>> print('this is some more text', file=out_fh)
```

写入一个文件句柄后，应该 out_fh.close()，这样 Python 就可以清理文件并释放与之相关的内存。此方法仍然返回 None：

```
>>> out_fh.close()
```

检查一下打印到 out.txt 文件中的文本行，看看实现方法是否是通过打开文件并读取它来完成的。请注意，新行在此显示为\n。需要使用 print()方法打印字符串并创建一个实际的换行符：

```
>>> open('out.txt').read()
'this is some text\nthis is some more text\n'
```

print()一个打开的文件句柄，文本将被追加到先前写入的数据后面。不过，看看这段代码：

```
>>> print("I am what I am an' I'm not ashamed.", file=open('hagrid.txt', 'wt'))
```

如果将这行代码运行两次，hagrid.txt 文件中的字符串会出现一次还是两次呢？来看看运行结果：

```
>>> open('hagrid.txt').read()
"I am what I am an' I'm not ashamed\n"
```

就一次！为什么会这样？请记住，每次调用 open()都会给出一个新的文件句柄，所以调用 open()两次会产生两个新的文件句柄。每次运行该代码时，文件都会以写入模式重新打开，现有数据会被覆盖。为了避免混淆，建议按照以下思路编写代码：

```
fh = open('hagrid.txt', 'wt')
fh.write("I am what I am an' I'm not ashamed.\n")
fh.close()
```

5.3　编写 howler.py

在 05_howler 目录中创建一个名为 howler.py 的程序。可以使用 new.py 程序、复制 template.py 程序或以任何你喜欢的方式开始编写。图 5.5 是一个线图，显示了程序的概述和一些输入和输出的示例。

在没有实参的情况下运行时，程序应该打印一条简短的 usage 使用说明：

```
$ ./howler.py
usage: howler.py [-h] [-o str] text
howler.py: error: the following arguments are required: text
```

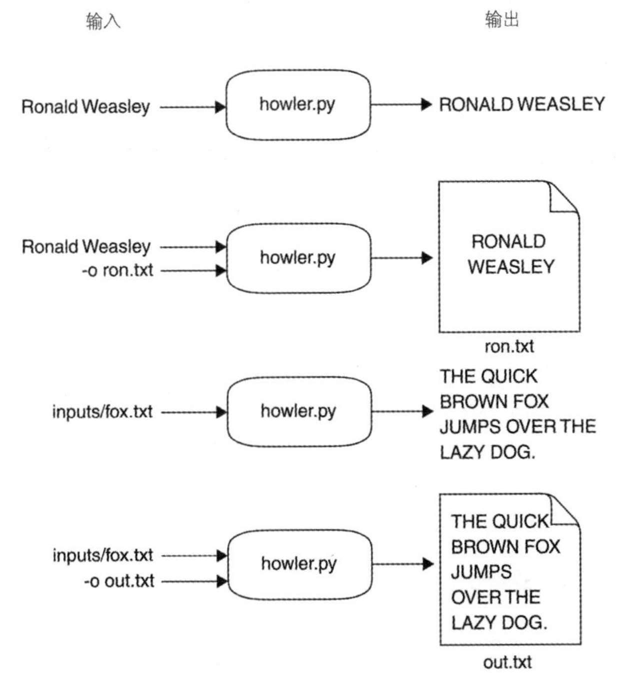

图 5.5　线图显示了 howler.py 程序将接收的字符串或文件形式作为输入，以及可能的输出文件名

当使用-h 或--help 运行时，该程序应打印更长的使用说明：

```
$ ./howler.py -h
usage: howler.py [-h] [-o str] text
```

```
Howler (upper-cases input)

positional arguments:
  text                  Input string or file

optional arguments:
  -h, --help            show this help message and exit
  -o str, --outfile str
                        Output filename (default: )
```

如果实参是常规字符串，程序应该将字符串大写：

```
$ ./howler.py 'How dare you steal that car! '
HOW DARE YOU STEAL THAT CAR!
```

如果实参是文件名，程序应该将文件内容大写：

```
$ ./howler.py ../inputs/fox.txt
THE QUICK BROWN FOX JUMPS OVER THE LAZY DOG.
```

如果给定一个--outfile 文件名，大写的文本应该写入指定的文件，并且不应该将任何内容打印到 STDOUT：

```
$ ./howler.py -o out.txt ../inputs/fox.txt
$ cat out.txt
THE QUICK BROWN FOX JUMPS OVER THE LAZY DOG.
```

以下是一些提示：

- 从 new.py 开始编写程序，修改 get_args()部分，直到使用说明与上面给出的一致。
- 运行整套测试，并尝试通过第一个测试。该测试处理命令行上的文本，并将大写的输出打印到 STDOUT。
- 下一个测试是看你是否能把输出写入给定的文件。想想怎么做。
- 再下一个测试是从文件中读取输入。不要试图一次性通过所有的测试！
- 有一种始终存在特殊的文件句柄，名为“标准输出”(通常叫 STDOUT)。如果在没有文件 file 实参的情况下打印 print()，则默认该句柄为 sys.stdout。需要导入 sys 才能使用它。

在继续阅读解决方案之前，请确保你真的编写了程序并通过所有测试。

5.4 解决方案

这里是一种通过测试的解决方案。它相当简短，因为 Python 允许使用简洁的方式表达一些非常强大的想法。

```
#!/usr/bin/env python3
"""Howler"""

import argparse
import os
import sys
```

```
# --------------------------------------------------
def get_args():
    """get command-line arguments"""

    parser = argparse.ArgumentParser(
        description='Howler (upper-case input)',
        formatter_class=argparse.ArgumentDefaultsHelpFormatter)

    parser.add_argument('text',
                        metavar='text',
                        type=str,
                        help='Input string or file')

    parser.add_argument('-o',
                        '--outfile',
                        help='Output filename',
                        metavar='str',
                        type=str,
                        default='')

    args = parser.parse_args()

    if os.path.isfile(args.text):
        args.text = open(args.text).read().rstrip()

    return args

# --------------------------------------------------
def main():
    """Make a jazz noise here"""

    args = get_args()
    out_fh = open(args.outfile, 'wt') if args.outfile else sys.stdout
    out_fh.write(args.text.upper() + '\n')
    out_fh.close()

# --------------------------------------------------
if __name__ == '__main__':
    main()
```

文本实参是字符串，可能是一个文件名。

--outfile 选项也是用来命名文件的字符串。

将命令行实参解析为变量 args，这样就可以手动检查文本实参

检查 args.text 是否是现有文件的名称。

如果是，用读取文件的结果值覆盖 args.text 的值。

将实参返回给调用者。

调用 get_args()获取程序的实参

使用 if 表达式选择是通过 sys.stdout，还是通过新打开的文件句柄来写入输出

使用打开的文件句柄写入被转换为大写的输出结果。

关闭文件句柄。

5.5　讨论

这次做得怎么样？希望你没有再溜进斯内普教授的办公室，你肯定不想再要周六禁闭了。(译者注：指《哈利波特》的故事情节。)

5.5.1 定义实参

get_args()函数一如既往排在第一位。这里定义两个实参。第一个是位置实参 text。现在不确定它是否可能命名一个文件，只能知道它将是一个字符串。

```
parser.add_argument('text',
                    metavar='text',
                    type=str,
                    help='Input string or file')
```

注意：如果定义多个位置参数，它们之间的相对顺序很重要。定义的第一个位置参数将处理给出的第一个位置实参。不过，定义位置参数是在选项和标志之前还是之后并不重要。可以按喜欢的任何顺序来进行声明。

另一个参数是一个可选项，所以为它取了一个-o 的短名称和 --outfile 的长名称。尽管所有参数的默认 type 都是 str，但我喜欢明确地指出这一点。default 值是空字符串。可以便捷地使用特殊的 None 类型，这也是默认值，但我更喜欢使用像空字符串这样的已定义实参。

```
parser.add_argument('-o',
                    '--outfile',
                    help='Output filename',
                    metavar='str',
                    type=str,
                    default='')
```

5.5.2 从文件或命令行读取输入

本练习看似简单，但是却展示了文件输入和输出操作中的一些要点。text 输入可能是一个普通字符串，也可能是一个文件名。这种方法会在本书中反复出现：

```
if os.path.isfile(args.text):
    args.text = open(args.text).read().rstrip()
```

os.path.isfile()函数将告诉我们是否有一个以 text 命名的文件。如果返回值为真，就可以安全地 open(file)以获取文件句柄。可以使用一个名为 read()的方法，返回文件的所有内容。

警告：应该知道，fh.read()把整个文件作为单个字符串返回。计算机的可用内存必须大于文件的大小。本书中的所有程序使用的文件很小，所以不必考虑这个问题。在我的日常工作中，经常需要处理规模为 GB 级别的文件，因此文件可能超过计算机的可用内存大小，这时调用 fh.read()会让我的程序或以至整个系统崩溃。

open(file).read()的结果是一个 str，它调用一个名为 str.rstrip()的方法，并返回一个去掉右侧所有空格的字符串副本(参见图 5.6)。不管输入文本是来自文件还是直接来自命令行，在调用这个方法后得到的结果看起来都一样。当直接在命令行上提供输入文本时，必须按 Enter 键来终止命令。Enter 键是一个换行符，操作系统在将它传递给程序之前会将其自动删除。

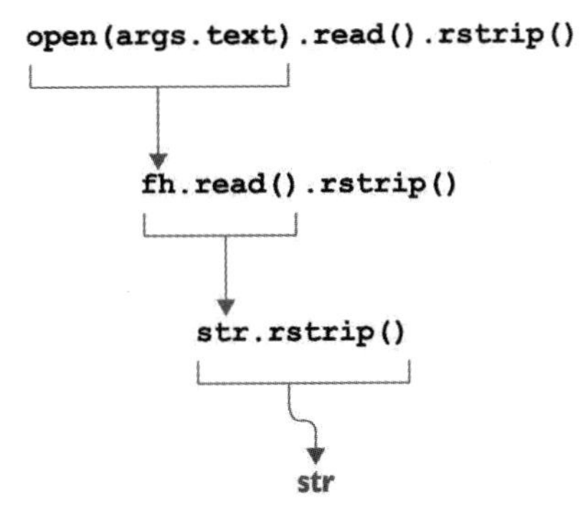

图 5.6　open()函数返回一个文件句柄(fh)。fh.read()函数返回字符串 str。str.rstrip()函数返回一个新的 str，str 右边的空格被去掉。所有这些函数都可以链接在一起

编写上述语句更复杂的方法是：

```
if os.path.isfile(text):
    fh = open(text)
    text = fh.read()
    text = text.rstrip()
    fh.close()
```

在示例版本中，在 get_args()函数中处理了这个问题。此处第一次演示了可以在将实参传递给 main()之前拦截和更改它们。后面的练习中将大量使用这种方法。

我喜欢在 get_args()中完成验证用户实参的所有工作。在调用 get_args()之后，也可以在 main()中轻松做到这一点，这完全是个人偏好问题。

5.5.3　选择输出文件句柄

下面一行代码决定程序的输出放在哪里：

```
out_fh = open(args.outfile, 'wt') if args.outfile else sys.stdout
```

如果用户提供了实参，if 表达式将打开 args.outfile 来写入 text(wt)；否则，它将使用 sys.stdout，也就是 STDOUT 的文件句柄。注意，不需要在 sys.stdout 上调用 open()，因为该方法一直可用，且保持打开状态。

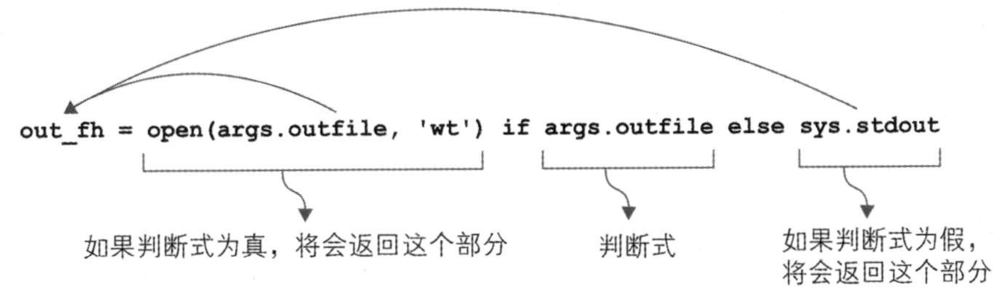

图 5.7　if 表达式能清晰地处理二选一操作。这里我们希望输出文件句柄是打开输出文件实参(如果存在)的结果；否则，句柄应该是 sys.stdout

5.5.4 打印输出

要得到大写的文本，可以使用 text.upper()方法。然后需要想办法把它打印到输出文件的句柄。示例中选择这样做：

```
out_fh.write(text.upper())
```

也可以这样做：

```
print(text.upper(), file=out_fh)
```

最后，需要用 out_fh.close()关闭文件句柄。

5.5.5 低内存版本

在这个程序中，有一个潜在的严重问题尚未解决。在 get_args()中，我们将整个文件读入内存，如下所示：

```
if os.path.isfile(args.text):
   args.text = open(args.text).read().rstrip()
```

但是，也可以只 open()文件：

```
if OS . path . is file(args . text):
   args . text = open(args . text)
```

然后可以一行一行地读取：

```
for line in args.text:
     out_fh.write(line.upper())
```

然而，问题是，该如何处理当 text 实参实际上是文本而不是文件名的情况。Python 中的 io(输入输出)模块有一种将文本表示为流的方法：

```
>>> import io
>>> text = io.StringIO('foo\nbar\nbaz\n')
>>> for line in text:
...     print(line, end='')
...
foo
bar
baz
```

导入 io 模块。

使用 io.StringIO()函数，将给定的 str 值视为类似打开的文件句柄，并进行处理。

使用 for 循环遍历由换行符分隔的文本的“行”。

使用 end= ''选项打印该行，从而避免产生两个新的文本行。

这里第一次出现了可以将常规字符串值视为类似于文件句柄的值生成器。对于测试任何需要读取输入文件的代码来说，这是一种特别有价值的技巧。可以将 io.StreamIO()的返回值作为“模拟”的文件句柄，这样代码就不必读取实际的文件，只需读取一个可以产生文本“行”的给定值。

为了实现这一点，需要改变 args.text 的处理方式，如下所示：

```
#!/usr/bin/env python3
"""Low-memory Howler"""

import argparse
import os
import io
import sys

# --------------------------------------------------
def get_args():
    """get command-line arguments"""

    parser = argparse.ArgumentParser(
        description='Howler (upper-cases input)',
        formatter_class=argparse.ArgumentDefaultsHelpFormatter)

    parser.add_argument('text',
                        metavar='text',
                        type=str,
                        help='Input string or file')

    parser.add_argument('-o',
                        '--outfile',
                        help='Output filename',
                        metavar='str',
                        type=str,
                        default='')

    args = parser.parse_args()

    if os.path.isfile(args.text):
        args.text = open(args.text)
    else:
        args.text = io.StringIO(args.text + '\n')

    return args

# --------------------------------------------------
def main():
    """Make a jazz noise here"""

    args = get_args()
    out_fh = open(args.outfile, 'wt') if args.outfile else sys.stdout
    for line in args.text:
        out_fh.write(line.upper())
    out_fh.close()

# --------------------------------------------------
if __name__ == '__main__':
    main()
```

检查 args.text 是否是一个文件。

如果是，则通过打开文件创建的文件句柄替换 args.text。

如果不是，用 io.StringIO()的值替换 args.text，其值类似于打开的文件句柄。注意，需要给文本添加一个换行符，使它看起来就像来自实际文件的输入行。

逐行读取输入(无论是 io.StringIO()还是文件句柄)。

像前面一样处理该行。

5.6 更进一步

- 添加一个会把输入改为小写的 flag(标志)。这个 flag(标志)也许可以被称为--ee，代表诗人 e e cummings，他喜欢写没有大写字母的诗。
- 更改该程序以处理多个输入文件。把--outfile 改为--outdir，并把每个输入文件写到输出目录中的同一文件名下。

5.7 小结

- 要想读取或写入文件，必须首先 open()它们。
- open()的默认模式是读取文件。
- 要想写入文本文件，必须使用“wt”作为 open()的第二实参。
- write()到文件句柄的数据默认类型是文本。必须使用“b”标志位来指示想要写入二进制数据。
- os.path 模块包含许多实用的函数，比如 os.path.isfile()，它会告诉你是否存在具有给定名称的文件。
- 通过特殊的 sys.stdout 文件句柄(它总是打开的)，总是可以访问 STDOUT(standard output)。
- print()函数接收一个可选的 file 实参，该实参指定了输出的位置。该实参必须是一个打开的文件句柄，例如 sys.stdout(默认值)或 open()的结果。

第6章

数单词：读取文件和STDIN，迭代列表，格式化字符串

我喜欢数数！

——Count lon Count(芝麻街角色)

数数是一项非常重要的编程技能。也许你会想知道每个季度卖出了多少张比萨饼，或者看清楚某些特定单词在一组文档中出现了多少次。通常，计算中所处理的数据都是以文件的形式出现的，因此在这一章中，我们将进一步展开读取文件和使用字符串的工作。

本章将编写一个 Python 版本的 wc(word count，数单词)程序。该程序被称为 wc.py，它将计算每个输入中的行数、单词数和字节数，这里所说的每个输入指程序的一个或多个位置实参。每个计数结果将以占用 8 个字符宽的列的格式显示出来，并在最后面加上所统计的文件名。例如，下面是 wc.py 对某个输入文件而打印的内容。

```
$ ./wc.py ../inputs/scarlet.txt
    7035   68061  396320  ../inputs/scarlet.txt
```

当计算多个文件时，会有一个额外的“总计”(total)行，将显示每一列的组合。

```
$ ./wc.py ../inputs/const.txt ../inputs/sonnet-29.txt
   865       7620     44841 ../inputs/const.txt
    17        118       661 ../inputs/sonnet-29.txt
   882       7738     45502 total
```

也可能出现没有实参的情况。在这种情况下，将从 standard in(通常写成 STDIN)中读取。第 5 章讨论了 STDOUT，当时使用了 sys.stdout 作为文件句柄。STDIN 与 STDOUT 是互补的，它是在命令行上读取输入的一个“标准”场所。当程序没有给定位置实参时，将从 sys.stdin 读取。

STDIN 和 STDOUT 是许多命令行程序能够识别的常用文件句柄。可以将一个程序的 STDOUT 与另一个程序的 STDIN 连接成为链路，以便创建特定程序。例如，cat 程序会将文件的内容打印到

STDOUT。可以使用管道操作符(|)将该输出作为我们程序中的输入，通过 STDIN 传递进来。

```
$ cat ../inputs/fox.txt | ./wc.py
       1       9      45 <stdin>
```

另一个选择是使用<操作符来重定向来自文件的输入。

```
$ ./wc.py < ../inputs/fox.txt
       1       9      45 <stdin>
```

grep 是最方便的命令行工具之一，它可以找到文件中的文本。例如，如果我们想在输入目录下的所有文件中找到所有包含“scarlet”一词的文本行，可以使用这个命令：

```
$ grep scarlet ../inputs/*.txt
```

在命令行中，星号(*)是一个通配符，可以匹配任何文件，所以*.txt 将匹配任何以“.txt”结尾的文件。运行刚才的命令，将会看到非常多的输出。

为了计算 grep 所找到的行数，可以将这些输出结果以管道形式放入 wc.py 程序中，就像这样：

```
$ grep scarlet ../inputs/*.txt | ./wc.py
     108    1192    9201 <stdin>
```

可以验证一下，所得结果与 wc 的发现相符：

```
$ grep scarlet ../inputs/*.txt | wc
     108    1192   9201
```

在本章中，你将学习以下内容：

- 如何处理零个或多个位置实参；
- 验证输入文件；
- 从文件或标准输入中读取数据；
- 使用多层 for 循环；
- 将文件分解为行、单词和字节；
- 使用计数器变量；
- 格式化字符串输出结果。

6.1 编写 wc.py

让我们开始吧！在 06_wc 目录下创建一个名为 wc.py 的程序，并修改实参，使用-h 或--help 标志运行时，它将打印出以下使用说明：

```
$ ./wc.py -h
usage: wc.py [-h] [FILE [FILE ...]]

Emulate wc (word count)

positional arguments:
  FILE        Input file(s) (default: [<_io.TextIOWrapper name='<stdin>'
              mode='r' encoding='UTF-8'>])
```

```
optional arguments:
  -h, --help show this help message and exit
```

给定文件不存在时，程序应该打印一条错误信息并以一个非零值退出。

```
$ ./wc.py blargh
usage: wc.py [-h] [FILE [FILE ...]]
wc.py: error: argument FILE: can't open 'blargh': \
[Errno 2] No such file or directory: 'blargh'
```

图 6.1 是一个线图，它将帮助你思考程序应该以何种方式进行工作。

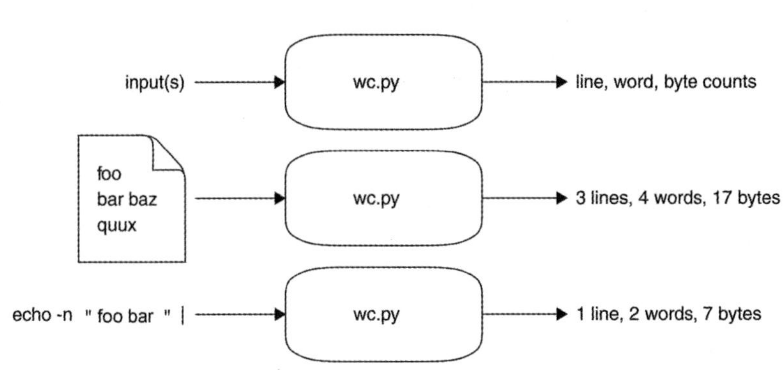

图 6.1　一个线图，显示 wc.py 读取一个或多个文件，或者可能读取 STDIN 作为输入，并对每个输入中所包含的单词、行和字节生成摘要

6.1.1　定义文件输入

看看如何使用 argparse 来定义程序的参数。这个程序接收零个或多个位置实参，不接收其他任何实参。记住，不需要定义-h 或--help 实参，因为 argparse 会自动处理这些实参。

在第 3 章中，我们用 nargs='+'为程序表示一个或多个项目。在这里，将用 nargs='*'来表示零或更多。当没有实参时，默认值为 None。在本程序中，没有实参时，将从 STDIN 中读取输入。

nargs 的所有可能的值都列在表 6.1 中。

表 6.1　nargs 的各种可能值

符号	含义
?	0 或 1
*	0 或多个
+	1 或多个

提供给程序的任何实参都必须是可读文件。第 5 章中介绍了如何使用 os.path.isfile()来测试输入参数是否是一个文件。输入的内容既可以是纯文本文件，也可以是一个文件名，因此必须自己进行检查。

在这个程序中，要求输入的实参是可读的文本文件，所以可以使用 type=argparse.FileType('rt')来定义实参。这意味着 argparse 承担了验证用户输入的所有工作，并产生有帮助的错误信息。如果用户提供了有效的输入，argparse 将提供一个打开的文件句柄 list，这将为我们节省不少时间。(请务必查看附录中的 A.4.6 关于文件实参的内容)

在第 5 章中，使用了 sys.stdout 来写入 STDOUT。这里将使用 Python 的 sys.stdin 文件句柄，从 STDIN 读取输入。和 sys.stdout 一样，使用 sys.stdin 文件句柄也不需要调用 open()，因为它总是存在并可供读取。

由于使用 nargs='*'来定义实参，结果将始终是一个 list。要把 sys.stdin 设置为默认值，应该像这样把它放在一个 list 中：

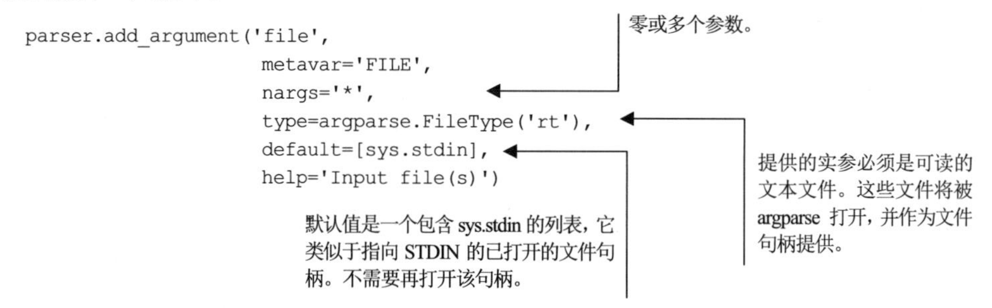

```
parser.add_argument('file',
                    metavar='FILE',
                    nargs='*',
                    type=argparse.FileType('rt'),
                    default=[sys.stdin],
                    help='Input file(s)')
```

零或多个参数。
提供的实参必须是可读的文本文件。这些文件将被 argparse 打开，并作为文件句柄提供。
默认值是一个包含 sys.stdin 的列表，它类似于指向 STDIN 的已打开的文件句柄。不需要再打开该句柄。

6.1.2　迭代列表

程序最终会得到一个需要处理的文件句柄 list。在第 4 章中，使用了 for 循环来遍历输入文本中的字符。本例中，可以将 for 循环使用在 args.file 的输入上，此输入为打开的文件句柄：

```
for fh in args.file:
    # read each file
```

对于在 for 循环中所使用的变量，可以将其命名为任何你喜欢的名字，但我认为给它一个语义上有意义的名字是非常重要的。这里变量名 fh 指出这是一个已打开文件的句柄。第 5 章介绍了如何手动 open()和 read()一个文件。这里 fh 已经打开了，所以可以直接用它来读取内容。

读取文件的方法有很多。fh.read()方法会一次性提供文件的全部内容。如果文件很大——即超过了你的机器的可用内存时——程序就会崩溃。建议使用 for 循环作为替代方案。Python 能够理解这种方案，并按照你的希望逐行读取文件句柄。

```
for fh in args.file: # ONE LOOP!
   for line in fh: # TWO LOOPS!
       # process the line
```

这是两层 for 循环，一层是针对每个文件句柄，另一层是针对每个文件句柄中的每一行。一层循环！两层循环！我喜欢数数！

6.1.3　你在数什么

每一个文件的输出将是行数、单词数和字节数(如字符和空格)，每一个项目都打印在一个 8 个字符宽的字段中，后跟一个空格，最后是文件的名称，可以通过 fh.name 来获得文件名称。

来看看标准 wc 程序在我的系统中的输出。请注意，当程序只带一个实参时，它只为该文件产生计数结果。

```
$ wc fox.txt
       1       9      45 fox.txt
```

fox.txt 文件很短，因此可以手动验证它确实包含 1 行，9 个单词，45 个字节，字节中包括所有的字符、空格和行尾的换行符(见图 6.2)。

当输入多个文件时，标准的 wc 程序也会显示“total”行。

```
$ wc fox.txt sonnet-29.txt
       1       9      45 fox.txt
      17     118     669 sonnet-29.txt
      18     127     714 total
```

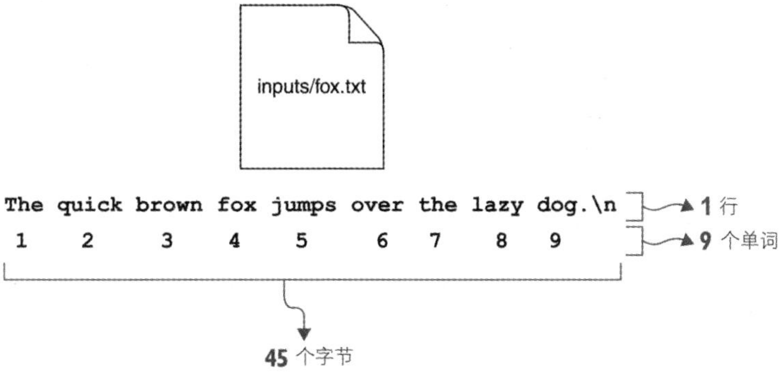

inputs/fox.txt

The quick brown fox jumps over the lazy dog.\n → 1 行

1 2 3 4 5 6 7 8 9 → 9 个单词

45 个字节

图 6.2　fox.txt 文件包含 1 行文字，9 个单词，共 45 个字节

我们将模拟这个程序的行为。对于每个文件，需要创建变量来保存行数、单词数和字节数。例如，如果使用 for line in fh 这样的循环，需要一个像 num_lines 这样的变量在每次迭代时进行递增。

也就是说，在代码中的某个地方，需要将一个变量设置为 0，然后，在 for 循环中，让该变量每次增加 1。Python 中的习惯用法是使用+=操作符将右边的值加到左边的变量上(如图 6.3 所示)：

```
num_lines = 0
for line in fh:
    num_lines += 1
```

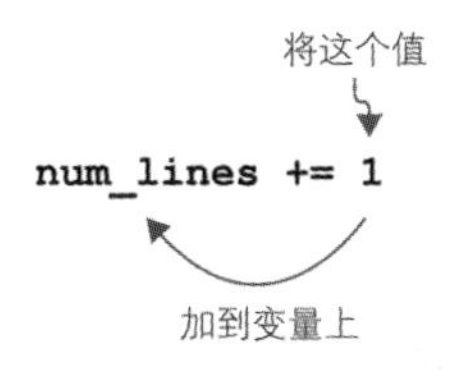

图 6.3　+=运算符将右边的值加到左边的变量上

还需要计算单词数和字节数，所以需要类似的 num_words 和 num_bytes 变量。

为了计算单词数，使用 str.split()方法，在每次遇到空格时分隔成新行，然后使用所得列表(list)的长度作为单词数。计算字节数时，可以在行上使用 len()函数，并将其添加到 num_bytes 变量中。

注意：根据空格拆分文本实际上并不能真正产生“单词”，因为它不会将逗号和句号等标点与字母分开，但对于这个程序来说，这种方式已经很接近了。在第 15 章中，我们将研究如何使用正则表达式来将看起来像单词的字符串和不像单词的字符串进行分离。

6.1.4 格式化结果

本例是第一个需要以特定的方式对输出进行格式化的练习。不要试图手动处理这部分，会让人崩溃。相反，需要学习 str.format()方法的魔力。由于并没有太多的 help 文档信息，所以推荐你阅读 PEP 3101 关于高级字符串格式化的内容(www.python.org/dev/peps/pep-3101/)。

当实参传递的值需要占位时，str.format()方法使用一个包含花括号({})的模板来创建占位符。例如，可以像这样打印 math.pi 的原始值：

```
>>> import math
>>> 'Pi is {}'.format(math.pi)
'Pi is 3.141592653589793'
```

可以在冒号(:)后面添加格式化指令来指定值的显示方式。如果熟悉 C 语言中的 printf()函数，其所使用的思想和我们这里是相同的。例如，可以通过指定 0.02f 来打印小数点后有两个数字的 math.pi：

```
>>> 'Pi is {:0.02f}'.format(math.pi)
'Pi is 3.14'
```

在上面的例子中，冒号(:)引入了格式化选项，0.02f 描述了两个小数点的精度。

也可以使用 f-string 方法，但需要将变量放在冒号之前。

```
>>> f'Pi is {math.pi:0.02f}'
'Pi is 3.14'
```

在本章的练习中，需要使用格式化选项{:8}将每一行、每一个单词、每一个字符对齐成列。8 描述的是字段的宽度。

文本通常是左对齐的，如下所示：

```
>>> '{:8}'.format('hello')
'hello   '
```

但当格式化数值时，文本将是右对齐的：

```
>>> '{:8} '.format(123)
'     123 '
```

需要在最后一列和文件名之间放置一个空格，文件名可以在 fh.name 中找到。

以下是一些提示：

- 从 new.py 开始，删除所有非位置实参
- 使用 nargs='*'来表示 file 实参的零个或多个位置实参
- 尽量一次通过一个测试。创建程序，获得正确的帮助，然后关注第一个测试，再测试下一个，以此类推

- 将你的版本结果与系统上安装的 wc 进行比较。请注意，并不是每个系统都有相同版本的 wc，所以结果可能会有所不同。

在查看解决方案之前，应该自己先编写一个程序。恐惧是思维的杀手，希望你克服这一点。

6.2 解决方案

下面是一个满足测试的程序。记住，写得不一样也没关系，只要是正确的，且你能够理解就可以了！

```
#!/usr/bin/env python3
"""Emulate wc (word count)"""

import argparse
import sys


# --------------------------------------------------
def get_args():
    """Get command-line arguments"""

    parser = argparse.ArgumentParser(
        description='Emulate wc (word count)',
        formatter_class=argparse.ArgumentDefaultsHelpFormatter)

    parser.add_argument('file',
                        metavar='FILE',
                        nargs='*',
                        default=[sys.stdin],
                        type=argparse.FileType('rt'),
                        help='Input file(s)')

    return parser.parse_args()


# --------------------------------------------------
def main():
    """Make a jazz noise here"""

    args = get_args()

    total_lines, total_bytes, total_words = 0, 0, 0
    for fh in args.file:
        num_lines, num_words, num_bytes = 0, 0, 0
        for line in fh:
            num_lines += 1
            num_bytes += len(line)
            num_words += len(line.split())
```

用 sys.stdin 将默认值设置为列表，就处理好了 STDIN 选项。

对于用户提供的任何实参，argparse 都将检查它们是否是有效的文件输入。如果有问题，argparse 将停止程序的执行，并向用户显示一个错误信息。

这些都将是“总计”行的变量。

遍历 arg.file 输入列表。使用变量 fh 来指示这些都是打开文件的句柄，甚至包括 STDIN。

初始化变量来计算这个文件的行数、单词数和字节数。

遍历文件句柄的每一行。

每遍历一行，行数递增 1。

字节数按行的长度递增。

为了得到单词数，可以调用 line.split()来在空白处进行断行。列表的长度会加到单词数中。

```
        total_lines += num_lines
        total_bytes += num_bytes
        total_words += num_words
        print(f'{num_lines:8}{num_words:8}{num_bytes:8} {fh.name}')

    if len(args.file) > 1:
        print(f'{total_lines:8}{total_words:8}{total_bytes:8} total')


# --------------------------------------------------
if __name__ == '__main__':
    main()
```

将这个文件的行数、单词数和字节数全部加到计算总数的变量中。

使用{:8}选项打印该文件的计数，在一个 8 字符宽的字段中打印计数，后跟一个空格，然后是文件名。

检查是否有超过 1 个输入。

打印“总计”行。

6.3 讨论

这个程序比较短，看起来相对简单，但其实并不容易。我们来分析一下程序中的主要思路。

6.3.1 定义实参

这个练习的目的之一是熟悉 argparse，并了解它可以省去的麻烦。关键在于定义文件参数。使用 type=argparse.FileType('rt')来表明所提供的任何实参必须是可读的文本文件。使用 nargs='*'来表示零个或多个实参，我们将默认值设置为一个包含 sys.stdin 的列表。这意味着我们知道 argparse 总是会给我们一个包含一个或多个打开文件句柄的 list。

这段程序在一个狭小的空间里包含了大量的逻辑，而且大部分的工作比如验证输入、生成错误信息和处理默认值都是已完成的！

6.3.2 使用 for 循环读入一个文件

argparse 返回给 args.file 的值是一个打开的文件句柄的 list。可以在 REPL 中创建一个这样的列表来模拟从 args.file 中得到的内容。

```
>>> files = [open('../inputs/fox.txt')]
```

在使用 for 循环对它们进行遍历之前，我们需要设置三个变量来跟踪总行数、单词数和字符数。可以将它们分别定义成三个不同的行。

```
>>> total_lines = 0
>>> total_words = 0
>>> total_bytes = 0
```

或者可以像下面这样在一行代码内声明它们：

```
>>> total_lines, total_words, total_bytes = 0, 0, 0
```

从技术上讲，我们在等号右侧创建了一个 tuple(元组)，用逗号将三个 0 隔开，然后把它们“拆包”成左边的三个变量。稍后将介绍关于元组的更多内容。

在每个文件句柄的 for 循环里，又初始化了三个变量，用来保存这个特定文件的行数、字符数和单词数。然后可以使用另一个 for 循环来迭代文件句柄(fh)中的每一行。对于这些行，每次进入 for 循环时都将计数增加 1。对于 bytes，可以增加行的长度(len(line))来跟踪“字节”(可能是可打印字符或空格字符，所以最简单的叫法是称其为“字节”)的数量。最后，对于字符或者单词，可以使用 line.split()来在空白处断行，创建一个“单词”list。这种计算实际字数的方法并不完美，但已经够用了。可以在使用 len()函数的 list 中添加 words 变量。

当到达文件的结尾时，for 循环结束。接下来 print()计数结果和文件名，在打印模板中使用{:8}占位符来表示一个 8 个字符宽的文本字段。

```
>>> for fh in files:
...     lines, words, bytes = 0, 0, 0
...     for line in fh:
...         lines += 1
...         bytes += len(line)
...         words += len(line.split())
...     print(f'{lines:8}{words:8}{bytes:8} {fh.name}')
...     total_lines += lines
...     total_bytes += bytes
...     total_words += words
...
       1       9      45 ../inputs/fox.txt
```

注意，前面对 print()的调用与第二个 for 循环是一致的，因此它将在完成对 fh 中行的迭代之后运行。使用 f-string 方法打印行、单词和字节，将它们分别打印在一个 8 个字符宽的空间中，紧接着打印一个空格，然后是文件的 fh.name。

打印完成后，可以将计数加到“总计”变量中，以保持总数的持续更新。

最后，如果文件实参的数量大于 1，则需要将总数打印出来。

```
if len(args.file) > 1:
    print(f'{total_lines:8}{total_words:8}{total_bytes:8} total')
```

6.4 更进一步

- 默认情况下，wc 像本例中的程序一样打印所有的列，但它也可以带标志位，打印标志 -c 代表字符数，-l 代表行数，-w 代表单词数。当这些标志中的任何一个出现时，只有指定标志所代表的列被打印出来，所以 wc.py -wc 将只显示单词列和字符列。在你的程序中为这些选项添加短标志和长标志，使它表现得和 wc 一模一样。
- 利用其他系统工具编写代码，比如 cat(打印文件的内容到 STDOUT)，head(只打印文件的前 n 行)，tail(打印文件的最后 n 行)，和 tac(反向打印文件的行)。

6.5 小结

- argparse 的 nargs(实参数量)选项允许验证来自用户的参数数量。星号('*')表示零个或多个，而'+'表示一个或多个。
- 如果使用 type=argparse.FileType('rt')定义一个实参，argparse 将验证用户确实提供了一个可读的文本文件，并以打开文件句柄的形式提供该值。
- 可以通过使用 sys.stdin 和 sys.stdout 从标准的输入/输出文件句柄中读写。
- 可以通过嵌套 for 循环来操控多级处理。
- str.split()方法将按空格对字符串进行分割。
- len()函数既可以用于字符串，也可以用于列表。用于列表时，它将告诉你列表中包含的元素数量。
- str.format()和 Python 的 f-strings 都能识别 printf 风格的格式化选项，用以控制值的显示方式。

第 7 章

Gashlycrumb：在字典中查找条目

本章将从一个输入文件中查找以某个字母开头的文本行，该字母由用户提供。这些文本默认来自于 Edward Gorey 的 *The Gashlycrumb Tinies*，这是一本描述各种可能出现的意外事故的字母启蒙书。

本章建立的 gashlycrumb.py 程序将接收一个或多个字母作为位置实参，并从一个可选的输入文件中查找以该字母开头的文本行。我们将以不区分大小写的方式查找字母。

在输入文件中按每个字母进行查找，都存在对应的有效结果值，且位于单独的一行中。

```
$ head -2 gashlycrumb.txt
A is for Amy who fell down the stairs.
B is for Basil assaulted by bears.
```

用户运行这个程序时，会看到以下内容：

```
$ ./gashlycrumb.py e f
E is for Ernest who choked on a peach.
F is for Fanny sucked dry by a leech.
```

在本章中，你将学习以下内容：

- 接收一个或多个位置实参，在本章练习中将这些参数命名为 letter(字母)
- 接收一个可选的--file 参数，它必须是一个可读的文本文件。给定的默认值为 gashlycrumb.txt

- 读取文件，找到每行的第一个字母，并建立一个数据结构，这个结构与该字母对应的文本行相关联。(我们将只使用那些每一行都是以唯一的某个字母开头的文本文件。如果是其他格式的文本，这个程序就会失败);
- 对于用户提供的每一个 letter(字母)，如果存在该字母对应的文本行，则将其打印出来，如果不存在，则打印一条消息;
- 美观地打印数据结构代码。

可以借鉴以前的几个程序:

- 在第 2 章，你学习了如何获取文本的第一个字母
- 在第 4 章，你学习了如何建立一个字典并查找一个值
- 在第 6 章，你学习了如何接收一个文件输入的实参并逐行读取它。

现在，试着把这些技能组合在一起吧!

7.1 编写 gashlycrumb.py

在开始编写之前，最好在 07_gashlycrumb 目录下用 make test 或 pytest -xv test.py 运行测试。第一次测试应该会失败:

```
test.py::test_exists FAILED
```

这只是用于提醒，需要做的第一件事是创建名为 gashlycrumb.py 的文件。可以按照你喜欢的方式来做，比如在 07_gashlycrumb 目录下运行 new.py gashlycrumb.py，或在 07_gashlycrumb 目录下复制 template/template.py 文件，或从头开始创建一个新文件。再次运行测试，现在应该可以通过第一个测试，如果你的程序产生了一个使用说明，则可能通过第二个测试。

接下来搞定实参。在 get_args()函数中修改程序参数，以便程序在没有参数或使用-h 或--help 标志运行的情况下，产生以下用法说明:

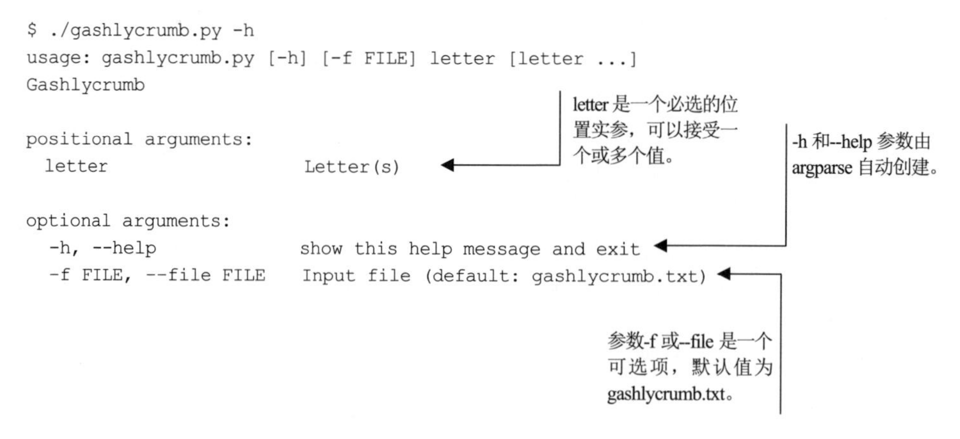

图 7.1 中的线图说明了程序是如何运行的。

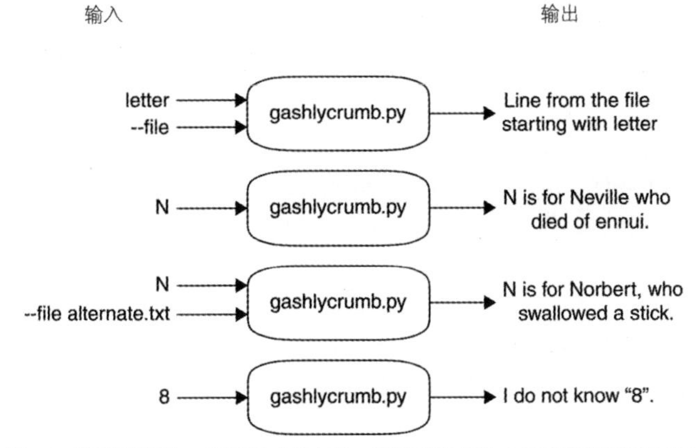

图 7.1　程序将接收一些字母或者文件，然后查找文件中以给定字母开头的行

在 main()函数中，首先要回显每个 letter 实参：

```
def main():
    args = get_args()
    for letter in args.letter:
        print(letter)
```

尝试运行程序，以确定它能正常工作：

```
$ ./gashlycrumb.py a b
a
b
```

接下来，使用 for 循环逐行读取文件：

```
def main():
    args = get_args()
    for letter in args.letter:
        print(letter)

    for line in args.file:
        print(line, end='')
```

注意，print()中使用了 end='', 这样就不会把文件中每行的换行符打印出来。

试着运行程序，以确保能读取输入文件：

```
$ ./gashlycrumb.py a b | head -4
a
b
A is for Amy who fell down the stairs.
B is for Basil assaulted by bears.
```

也可以使用 alternate.txt 文件：

```
$ ./gashlycrumb.py a  --file alternate.txt | head -4
a
A is for Alfred, poisoned to death.
```

如果程序提供了一个不存在的--file 参数，则应该报错退出并给出错误消息。注意，如果在get_args()中使用 type=argparse.FileType('rt')来声明参数，就像我们在上一章所做的那样，则这个错误应该由 argparse 自动产生。

```
$ ./gashlycrumb.py -f blargh b
usage: gashlycrumb.py [-h] [-f FILE] letter [letter ...]
gashlycrumb.py: error: argument -f/--file: can't open 'blargh': \
[Errno 2] No such file or directory: 'blargh'
```

现在思考如何使用每行的第一个字母在 dict 中创建条目。使用 print()查看字典。想想应如何检查给定 letter 是否在(wink, wink, nudge, nudge)字典中。

如果输入文件的行首字符列表中不存在向程序输入的值(搜索时不考虑大小写)，应该打印一条消息：

```
$ ./gashlycrumb.py 3
I do not know "3".
$ ./gashlycrumb.py CH
I do not know "CH".
```

如果给定的 letter 在字典里，则打印它的值，见图 7.2：

```
$ ./gashlycrumb.py a
A is for Amy who fell down the stairs.
$ ./gashlycrumb.py z
Z is for Zillah who drank too much gin.
```

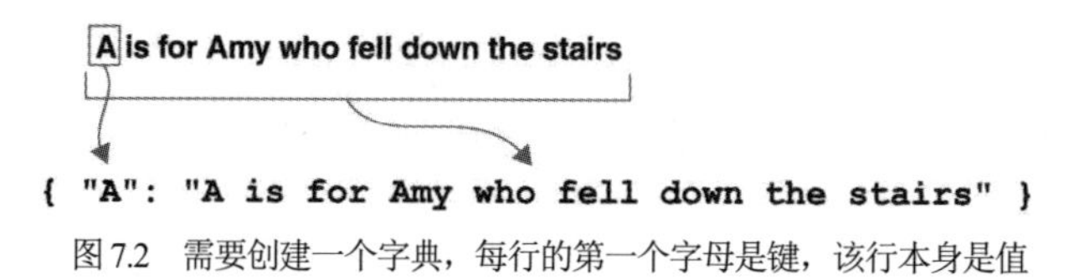

图 7.2　需要创建一个字典，每行的第一个字母是键，该行本身是值

运行测试集，确保你的程序符合所有要求，仔细阅读错误并修正程序。

这里有一些提示：

- 从 new.py 开始编写，除了位置实参的 letter 和可选的--file 参数之外，去掉所有其他的东西。
- 使用 type=argparse.FileType('rt')来验证--file 实参。
- 使用 nargs='+'来定义位置实参 letter，它需要一个或多个值。
- 字典是一种天然的数据结构，用于将字母关联到短语。比如字母“A”关联到一个短语，该短语类似于“A is for Amy who fell down the stairs”。创建一个新的空白 dict。
- 一旦有了一个打开的文件句柄，就可以使用 for 循环。
- 每一行文字都是一个字符串。思考一下，如何获得字符串的第一个字符？
- 在字典中创建一个条目，使用第一个字符作为键，并使用文本行本身作为值。
- 遍历每个 letter 实参。如何检查一个给定的值是否是在字典里？

在没有写出自己的版本之前，不要提前跳到解决方案！

7.2　解决方案

现在，介绍一下如何利用文件输入建立字典。

```
#!/usr/bin/env python3
"""Lookup tables"""

import argparse

# --------------------------------------------------
def get_args():
    """get command-line arguments"""

    parser = argparse.ArgumentParser(
        description='Gashlycrumb',
        formatter_class=argparse.ArgumentDefaultsHelpFormatter)

    parser.add_argument('letter',
                        help='Letter(s)',
                        metavar='letter',
                        nargs='+',
                        type=str)

    parser.add_argument('-f',
                        '--file',
                        help='Input file',
                        metavar='FILE',
                        type=argparse.FileType('rt'),
                        default='gashlycrumb.txt')

    return parser.parse_args()

# --------------------------------------------------
def main():
    """Make a jazz noise here"""

    args = get_args()

    lookup = {}
    for line in args.file:
        lookup[line[0].upper()] = line.rstrip()

    for letter in args.letter:
        if letter.upper() in lookup:
            print(lookup[letter.upper()])
        else:
            print(f'I do not know "{letter}".')

# --------------------------------------------------
if __name__ == '__main__':
    main()
```

使用 nargs='+'来表示名为 letter 的位置实参需要一个或多个值。

可选的- -file 参数必须是一个可读文件，因为 type=argparse.FileType('rt')。默认值是已知存在的 gashlycrumb.txt。

使用 for 循环遍历 args.letter 中的每一个字母。

创建一个空白字典来存放查询表。

遍历 args.file 中的每一行，这将是一个打开的文件句柄。

将该行的第一个字符大写，作为查询表的键值，并将其值设置为去掉右侧空格的文本行。

检查该字母是否在查找字典中，使用 letter.upper()，以忽略大小写因素。

否则，打印出一条信息，宣布这个字母是未知的。

如果在字典中，打印作为该字母查找结果的文本行。

7.3 讨论

你确实在自己编写了程序后才翻开了解决方案，对吧？现在，来谈谈我是如何解决这个问题的。记住，示例给出的只是许多种可能的解决方案之一。

7.3.1 处理实参

本书喜欢把解析和验证命令行参数的全部处理逻辑放在 get_args()函数中。特别是，argparse 可以很好地验证琐碎的事情，比如确认参数是否是一个已存在的、可读的文本文件，因此示例中对该参数使用 type=argparse.FileType('rt')。如果用户没有提供有效的实参，argparse 将抛出一个错误，打印帮助信息以及简短的使用说明，并且在退出时给出错误代码。

已知有一个或多个“letter”实参且 args.file 中有一个有效的、打开的文件句柄，因此使用 args=get_args()。在 REPL 中，可以用 open 来获得一个文件句柄，本书喜欢叫它 fh。出于版权的考虑，使用一个替代版的文本。

```
>>> fh = open('alternate.txt')
```

7.3.2 读取输入文件

本章希望使用字典完成练习，其中键是每行的首字母，值是行本身。这意味着需要从头开始创建一个新的、空白的字典，可以使用 dict()函数，也可以将一个变量设置为一个空的花括号({})集合。调用 lookup 变量。

```
>>> lookup = {}
```

可以使用 for 循环来读取每一行。第 2 章的 Crow's Nest 程序中介绍了使用 line[0].upper()来获取 line 的第一个字母并将其转为大写。可以用它作为 lookup 的键。

文本中每一行末尾都有一个换行符，我们想将它删除。str.rstrip()方法将从行的右侧去掉空格("rstrip"=right strip)。其结果将是 lookup 值。

```
for line in fh:
    lookup[line[0].upper()] = line.rstrip()
```

下面看看由此产生的 lookup 字典。可以在程序中通过 print()，或者在 REPL 中打印出 lookup，但结果都会很难阅读。鼓励你尝试一下。

幸运的是，有一个让人爱不释手的模块叫 pprint，可以美观地打印数据结构。以下代码展示了如何从 pprint 模块导入 pprint()函数，并将别名置为 pp。

```
>>> from pprint import pprint as pp
```

图 7.3 描述了 pprint 的工作原理。

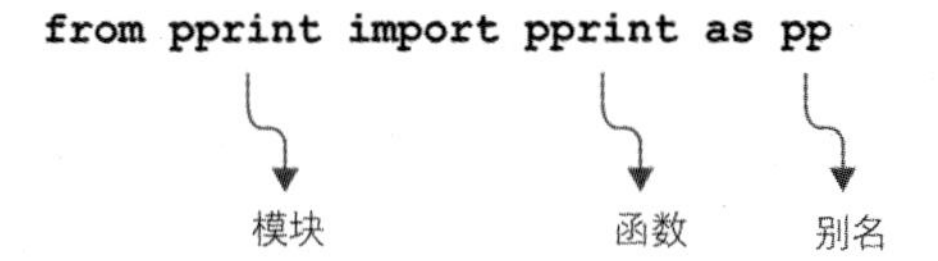

图 7.3　pprint 可以准确地指定从一个模块中导入哪些函数，甚至可以给函数起一个别名

现在我们来看看 lookup 表。

```
>>> pp(lookup)
{'A':  'A is for Alfred, poisoned to death.',
 'B': 'B is for Bertrand, consumed by math.',
 'C': 'C is for Cornell, who ate some glass.',
 'D': 'D is for Donald, who died from gas.',
 'E': 'E is for Edward, hanged by the neck.',
 'F': 'F is for Freddy, crushed in a wreck.',
 'G': 'G is for Geoffrey, who slit his wrist.',
 'H': "H is for Henry, who's neck got a twist.",
 'I': 'I is for Ingrid, who tripped down a stair.',
 'J': 'J is for Jered, who fell off a chair,',
 'K': 'K is for Kevin, bit by a snake.',
 'L': 'L is for Lauryl, impaled on a stake.',
 'M': 'M is for Moira, hit by a brick.',
 'N': 'N is for Norbert, who swallowed a stick.',
 'O': 'O is for Orville, who fell in a canyon,',
 'P': 'P is for Paul, strangled by his banyan,',
 'Q': 'Q is for Quintanna, flayed in the night,',
 'R': 'R is for Robert, who died of spite,',
 'S': 'S is for Susan, stung by a jelly,',
 'T': 'T is for Terrange, kicked in the belly,',
 'U': "U is for Uma, who's life was vanquished,",
 'V': 'V is for Victor, consumed by anguish,',
 'W': "W is for Walter, who's socks were too long,",
 'X': 'X is for Xavier, stuck through with a prong,',
 'Y': 'Y is for Yoeman, too fat by a piece,',
 'Z': 'Z is for Zora, smothered by a fleece.'}
```

嘿，这看起来像一个好用的数据结构。让我们欢呼吧！当试着编写和理解一个程序时，请不要忽视大量调用 print()函数的价值，也不要忽视在需要查看复杂数据结构时使用 pprint()函数的价值。

7.3.3　使用字典推导式

第 4 章介绍了可以使用列表推导式(list comprehension)，通过在[ ]中放入 for 循环来建立一个列表。如果将括号改为花括号({})，就将创建一个字典推导式(dictionary comprehension)。

```
>>> fh = open('gashlycrumb.txt')
>>> lookup = { line[0].upper(): line.rstrip()  for line in fh }
```

图 7.4 展示了如何将 for 循环的三行代码重新排列成一行代码。

再次打印 lookup 表，输出和之前一样。写一行代码而不是三行代码看起来像是在炫耀编程能力，但使代码简洁、通顺确实很有意义。更多的代码意味着可能产生更多的错误，所以我通常追求写出尽可能简洁的代码(而不是一味追求简单)。

```
lookup = {}
for line in fh:
    lookup[line[0].upper()] = line.rstrip()

lookup = { line[0].upper(): line.rstrip() for line in fh }
```

图 7.4 可以通过字典推导式编写用于构建字典的 for 循环

7.3.4 lookup 字典

现在有了一个 lookup 表，可以查询某个键是否存在。lookup 表中的字母是大写的，而用户可能给出一个小写的字母，所以使用 letter.upper()函数，以便只针对大写字母进行比较。

```
>>> letter = 'a'
>>> letter.upper()in lookup
True
>>> lookup[letter.upper()]
'A is for Amy who fell down the stairs.'
```

如果找到了该字母，就打印出该字母所在的那一行文字；否则，打印出一条信息："I do not know"。

```
>>> letter = '4'
>>> if letter.upper()in lookup:
...     print(lookup[letter.upper()])
... else:
...     print('I do not know "{}".'.format(letter))
...
I do not know "4".
```

可以使用 dict.get()方法更简洁地编写代码：

```
def main():
    args = get_args()
    lookup = {line[0].upper(): line.rstrip()for line in args.file}

    for letter in args.letter:
        print(lookup.get(letter.upper(), f'I do not know "{letter}".'))
```

lookup.get()将返回 letter.upper()的值，或是给出没有在 lookup 中找到这个值的消息提示。

7.4 更进一步

- 编写一个电话簿，可以读取文件，并基于你朋友们的名字和他们的电子邮件或电话号码创建一个字典。
- 创建一个程序，使用字典来计算你在文档中看到的每个单词出现的次数。
- 编写一个交互式版本的程序，直接接受用户的输入。使用 while True 来建立一个无限循环，并不断使用 input()函数来获取用户的下一个 letter：

```
$ ./gashlycrumb_interactive.py
 Please provide a letter [! to quit]: t
 T is for Titus who flew into bits.
 Please provide a letter [! to quit]: 7
 I do not know "7".
 Please provide a letter [! to quit]: !
 Bye
```

- 交互式程序的编写很有趣，但是该如何去测试它们？第 17 章将介绍一个方法。

7.5　小结

- 字典推导法可以以单行 for 循环建立字典。
- 使用 argparse.FileType 定义文件输入实参，可以节省时间和代码量。
- Python 的 pprint 模块用于美观地打印复杂的数据结构。

第 8 章

苹果和香蕉：找到并替换

你曾经拼错过单词吗？我没有，但听说很多人常常拼错单词。可以使用计算机来找到所有拼错的单词，并替换成正确的单词。不知道你是否想把你写的情诗中前任恋人的名字替换成新任恋人的名字？“找到并替换”可以帮你这个忙。作为预热，让我们回忆一下儿童歌曲《苹果和香蕉》，这首歌唱出了最喜欢吃的水果：

```
I like to eat, eat, eat apples and bananas
```

后续小节把这些水果中的主元音替换成各种其他元音，例如长“a”音(就像在“hay”中那样)：

```
I like to ate, ate, ate ay-ples and ba-nay-nays
```

或者换成长“e”音(就像在“knee”中那样)：

```
I like to eat, eat, eat ee-ples and bee-nee-nees
```

依此类推。在本练习中，将编写一个名为apples.py的Python程序，该程序选取某个文本(作为单个位置实参给出)，并把该文本中的所有元音都替换成给定的-v或--vowel选项(默认值为a)。

该程序应在08_apples_and_bananas目录中编写，并且可以在命令行上处理文本：

```
$ ./apples.py foo
faa
```

而且该程序接收-v或--vowel选项：

```
$ ./apples.py foo -v i
fii
```

程序应该保留所输入的元音的大小写状态：

```
$ ./apples.py -v i "APPLES AND BANANAS"
IPPLIS IND BININIS
```

与第5章中的Howler程序相似，该文本实参可以是一个命名文件，在这种情况下你的程序应该读取文件的内容：

```
$ ./apples.py ../inputs/fox.txt
Tha qaack brawn fax jamps avar tha lazy dag.
```

```
$ ./apples.py --vowel e ../inputs/fox.txt
The qeeck brewn fex jemps ever the lezy deg.
```

图 8.1 所示的线图展示了该程序的输入和输出。

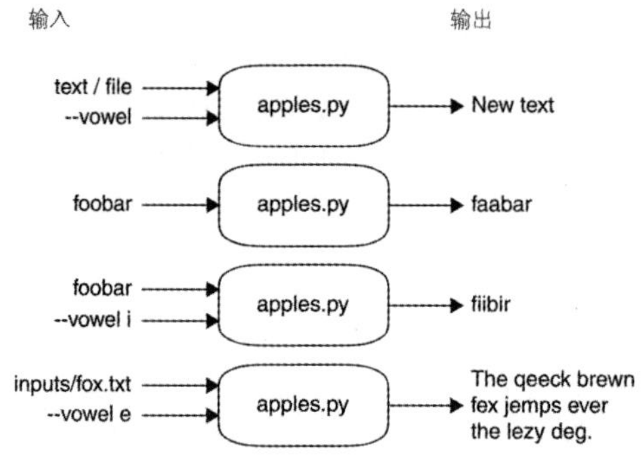

图 8.1　程序将接收某个文本，还可能接收一个元音。这个给定的文本中所有元音都将被改变为同一个元音，产生笑料

在没有实参时，该程序打印下面的使用说明：

```
$ ./apples.py
usage: apples.py [-h] [-v vowel] text
apples.py: error: the following arguments are required: text
```

并且该程序应该总是打印针对-h 和--help 标志的用法说明：

```
$ ./apples.py -h
usage: apples.py [-h] [-v vowel] text
Apples and bananas

positional arguments:
  text                  Input text or file

optional arguments:
  -h, --help            show this help message and exit
  -v vowel, --vowel vowel
                        The vowel to substitute (default: a)
```

如果--vowel 实参不是单个小写元音，那么该程序应该给出警告：

```
$ ./apples.py -v x foo
usage: apples.py [-h] [-v str] str
apples.py: error: argument -v/--vowel: \
invalid choice: 'x' (choose from 'a', 'e', 'i', 'o', 'u')
```

你的程序需要做下列事情：

- 选取一个位置实参，可能是某个纯文本，也可能是一个文件；
- 如果该实参是一个文件，就使用它的内容作为输入文本；
- 采用一个可选的-v 或--vowel 实参，它的默认值是字母“a”；
- 验证--vowel 选项属于元音集“a”“e”“i”“o”“u”；
- 把输入文本中的所有元音都替换成指定的(或默认的)--vowel 实参；
- 把新文本打印到 STDOUT。

8.1　更改字符串

在对 Python 字符串、数字、列表和字典的讨论中，我们已经看到，更改变量非常容易。然而，这里存在一个问题：字符串是不可更改的。假定有一个 text 变量，它存储程序的输入文本：

```
>>> text = 'The quick brown fox jumps over the lazy dog.'
```

要想把第一个“e”(位于索引位置 2 处)转变成一个“i”，不能通过下面的方式来实现：

```
>>> text[2] = 'i'
Traceback (most recent call last):
  File "<stdin>", line 1, in <module>
TypeError: 'str' object does not support item assignment
```

为了改变 text，需要把它设为一个全新的值。在第 4 章中你已经看到，可以使用 for 循环来迭代字符串中的字符。例如，可以通过如下费力的方式把 text 变成大写：

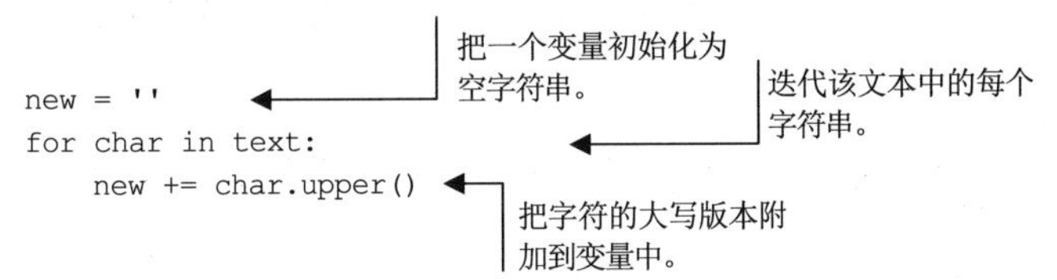
把一个变量初始化为
空字符串。
迭代该文本中的每个
字符串。
new = ''
for char in text:
    new += char.upper()
把字符的大写版本附
加到变量中。

可以打印出new的值，以验证它是全大写的：

```
>>> new
'THE QUICK BROWN FOX JUMPS OVER THE LAZY DOG.'
```

应用这个理念，可以迭代 text 的各个字符，并创建一个新的字符串。如果该字符是任意元音，则将它改变成给定的 vowel；否则使用该字符本身。在第 2 章中实现了识别元音，可以回顾一下当时的做法。

8.1.1　使用 str.replace()方法

在第 4 章中使用了 str.replace()方法，把字符串中的所有数字都替换成不同的数字。或许这是解决本章问题的一个好办法？下面使用 REPL 中的 help(str.replace)来看看关于 str.replace()的文档：

```
>>> help(str.replace)
replace(self, old, new, count=-1, /)
    Return a copy with all occurrences of substring old replaced by new.

        count
          Maximum number of occurrences to replace.
          -1 (the default value) means replace all occurrences.

    If the optional argument count is given, only the first count occurrences
    are replaced.
```

下面，试着把“T”替换成“X”：

```
>>> text.replace('T', 'X')
'Xhe quick brown fox jumps over the lazy dog.'
```

这似乎很有用！能想出一个办法来应用这个理念替换所有元音吗？记住，这个方法不会更改给定的字符串，而是会返回一个新的字符串，你需要把这个新的字符串赋给一个变量。

8.1.2 使用 str.translate()

第 4 章介绍了 str.translate()方法。我们创建了一个字典，该字典描述了如何把一个字符(比如“1”)转换成另一个字符串(比如“9”)。凡是字典中没有提到的字符都会被留下。

关于这个方法的文档有一点晦涩：

```
>>> help(str.translate)
translate(self, table, /)
    Replace each character in the string using the given translation table.

      table
        Translation table, which must be a mapping of Unicode ordinals to
        Unicode ordinals, strings, or None.

    The table must implement lookup/indexing via __getitem__, for instance a
    dictionary or list. If this operation raises LookupError, the character is
    left untouched. Characters mapped to None are deleted.
```

第 4 章的解决方案中，创建了下面的字典：

```
jumper = {'1': '9', '2': '8', '3': '7', '4': '6', '5': '0',
          '6': '4', '7': '3', '8': '2', '9': '1', '0': '5'}
```

该字典是 str.maketrans()函数的实参，该函数创建了一个翻译表，将翻译表随后与 str.translate()一起使用，把在字典中呈现为键的所有字符改为它们对应的值：

```
>>> '876-5309'.translate(str.maketrans(jumper))
'234-0751'
```

如果想把所有小写元音和大写元音都改为其他某个值，字典中应该拥有什么键和什么值呢？

8.1.3 变更字符串的其他方法

如果对正则表达式略有所知，就会知道它是一种强大的解决方案。即使不曾听说过正则表达式，也不用着急，讨论章节将会介绍它。

重点是，你要运用正则表达式，并提出一个解决方案。为了把所有元音都改变成一个新字符，我找到了 8 种方法，因此可以通过许多办法达到这个目的。在查看我的解决方案之前，你能自己找到多少种不同的方法呢？

下面是几个提示：

- 考虑使用 argparse 文档中的 choices 选项来限定--vowel 选项。一定要阅读附录中的第 A.4.3 节，从中获得示例。

- 确保更改元音的大写和小写版本，并保留输入字符的大小写状态。

现在继续深入挖掘下去，并看看你能做什么吧，然后再查看本书的解决方案。

8.2 解决方案

下面是第一个解决方案。之后将探索更多的解决方案。

```
#!/usr/bin/env python3
"""Apples and Bananas"""

import argparse
import os


# --------------------------------------------------
def get_args():
    """get command-line arguments"""

    parser = argparse.ArgumentParser(
        description='Apples and bananas',
        formatter_class=argparse.ArgumentDefaultsHelpFormatter)

    parser.add_argument('text', metavar='text', help='Input text or file')

    parser.add_argument('-v',
                        '--vowel',
                        help='The vowel(s) allowed',
                        metavar='vowel',
                        type=str,
                        default='a',
                        choices=list('aeiou'))

    args = parser.parse_args()

    if os.path.isfile(args.text):
        args.text = open(args.text).read().rstrip()

    return args


# --------------------------------------------------
def main():
    """Make a jazz noise here"""

    args = get_args()
    text = args.text
    vowel = args.vowel
    new_text = []

    for char in text:
        if char in 'aeiou':
            new_text.append(vowel)
```

输入可以是文本或文件名，因此把它定义为一个字符串。

使用“choices”，限制用户只能选择所列出的元音之一。

检查该文本实参是否是一个文件。

如果是一个文件，就使用 str.rstrip()读取该文件，以删除末尾的空白。

创建一个新列表，用于保存已转化文本的字符。

迭代该文本的每个字符。

检查当前字符是否在这个小写元音列表中。

如果在，就使用 vowel 的值代替该字符。

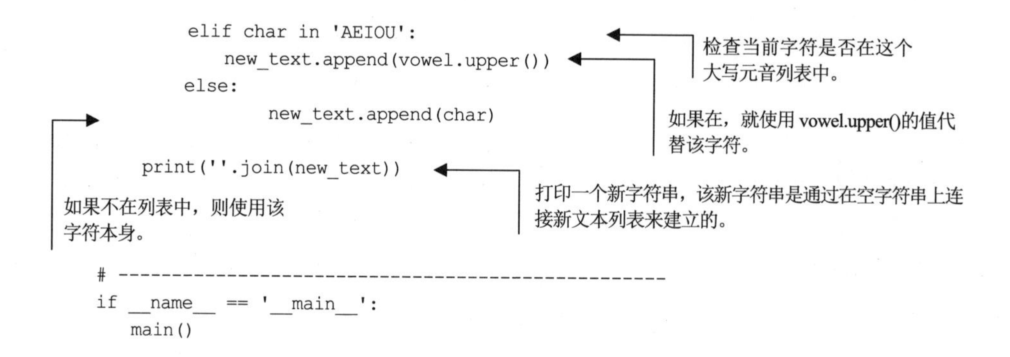
检查当前字符是否在这个大写元音列表中。
如果在，就使用 vowel.upper()的值代替该字符。
如果不在列表中，则使用该字符本身。
打印一个新字符串，该新字符串是通过在空字符串上连接新文本列表来建立的。

```
        elif char in 'AEIOU':
            new_text.append(vowel.upper())
        else:
                new_text.append(char)

    print(''.join(new_text))

# --------------------------------------------------
if __name__ == '__main__':
    main()
```

8.3　讨论

有 8 种方法可以用于解决方案，它们以相同的 get_args()函数开头，因此下面首先介绍 get_args()函数。

8.3.1　定义参数

这个问题具有许多有效且有趣的解决方案。当然，要解决的第一个问题是，获取并验证用户的输入。和之前一样，使用 argparse。

通常先定义所有必需的参数。text 参数是一个位置字符串，它可能是一个文件名：

```
parser.add_argument('text', metavar='str', help='Input text or file')
```

--vowel 选项也是一个字符串，我决定使用 choices 选项，让 argparse 验证用户的输入是否在 list('aeiou')中：

```
parser.add_argument('-v',
                    '--vowel',
                    help='The vowel to substitute'',
                    metavar='str',
                    type=str,
                    default='a',
                    choices=list('aeiou'))
```

也就是说，choices 想要一个由诸多选项构成的 list。可以向列表中传入['a', 'e', 'i', 'o', 'u']，但这看起来打字量太多了。更轻松的做法是，输入 list('aeiou')，并让 Python 把字符串“aeiou”转变成一个由这些字符构成的 list。这两个方法会产生相同的结果，因为 list(str)会创建一个由给定字符串中的单个字符构成的 list。记住，不必计较使用单引号还是双引号，被单引号或双引号围绕的任何值都会成为 str，即使这个值仅是一个字符：

```
>>> ['a', 'e', 'i', 'o', 'u']
['a', 'e', 'i', 'o', 'u']
>>> list('aeiou')
['a', 'e', 'i', 'o', 'u']
```

我们可以为此写一个测试。如果没有出现错误，就意味着程序可行：

```
>>> assert ['a', 'e', 'i', 'o', 'u'] == list('aeiou')
```

下一个任务是，检查 text 究竟是文件名(该文件应该被读取从而得到文本)还是该文本自身。这与第 5 章中使用的代码相同，本次仍然选择在 get_args()函数内部处理 text 实参，使得当 main()获取 text 时，text 已经被处理好了。图 8.2 演示了如何将 open()函数链接到文件句柄的 read()方法，进而链接到字符串的 rstrip()方法。

```
if os.path.isfile(args.text):
    args.text = open(args.text).read().rstrip()
```

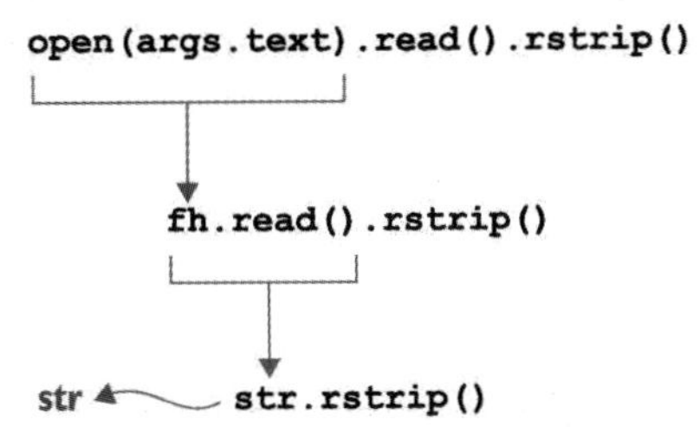

图 8.2　可以把多个方法链接在一起，以创建操作管道。open()返回一个可读取的文件句柄。read()操作返回一个字符串，从这个字符串中去除空白

此时已经全面检查了该程序的实参。我们已经从命令行或文件获取了 text，并且验证了--vowel 值是所允许的字符之一。上述代码是单个“单元”，这个单元用于处理实参。现在，可以通过返回实参来继续后面的处理：

```
return args
```

8.3.2　替换元音的 8 种方法

你找到了多少种替换元音的办法？当然，只要掌握一种方法就能通过测试，但希望你能够探究 Python 语言的边界，看看究竟有多少不同的技巧。*Zen of Python* 中写道：“应该有一种——最好只有一种——显著的办法来做这件事”(www.python.org/dev/peps/pep-0020/)。但本书沿袭了 Perl 的思想：“有多于一种的方法来做这件事”(TIMTOWTDI 或“Tim Toady”)。

方法 1：迭代每个字符

第一个方法与第 4 章中使用的方法相似，第 4 章对字符串使用了 for 循环，从而获取每个字符。可以复制以下代码并粘贴到 IPython REPL 中：

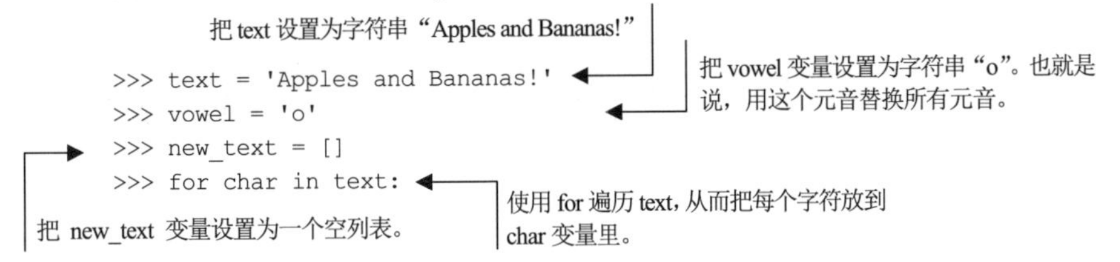

```
...     if char in 'aeiou':
...         new_text.append(vowel)
...     elif char in 'AEIOU':
...         new_text.append(vowel.upper())
...     else:
...         new_text.append(char)
...
>>> text = ''.join(new_text)
>>> text
'Opplos ond Bononos!'
```

如果该字符在这个小写元音列表里，就把 vowel 的“o”替换到新文本中。

如果该字符在这个大写元音列表里，就把 vowel.upper()的“O”替换到新文本中。

否则，把当前字符添加到新文本中。

通过在空字符串('')上连接 new_text 列表，把 new_text 列表转变成一个新的 str。

注意，还有一个可行的办法是，先将 new_text 设为一个空字符串，然后再串连新字符。使用这种办法，就不必在最后 str.join()字符串。你更喜欢哪种方法就用哪种方法：

```
new_text += vowel
```

接下来向你演示另外几个解决方案。它们在功能上都是等价的，因为它们都通过了测试。这里的重点只是探索并理解 Python 语言，所以对于另外这些解决方案，将仅仅演示 main()函数。

方法 2：使用 STR.REPLACE()方法

下面是解决该问题的另一个办法，使用了 str.replace()方法：

```
def main():
    args = get_args()
    text = args.text
    vowel = args.vowel

    for v in 'aeiou':
        text = text.replace(v, vowel).replace(v.upper(), vowel.upper())

    print(text)
```

遍历该元音列表。在这里我们不必说 list('aeiou')，Python 将自动像对待列表一样对待字符串 'aeiou'，因为现在正在列表语境中与 for 循环一起使用这个字符串。

使用 str.replace()方法两次，兼顾替换该文本中的元音的小写字母和大写字母。

在本章前文中，提到了 str.replace()方法，用于把一个字符串替换成另一个字符串，并返回一个新的字符串：

```
>>> s = 'foo'
>>> s.replace('o', 'a')
'faa'
>>> s.replace('oo', 'x')
'fx'
```

注意，原始字符串保持不变：

```
>>> s
'foo'
```

不必链接这两个 str.replace()方法。它们可以被写成两个分开的语句，如图 8.3 所示。

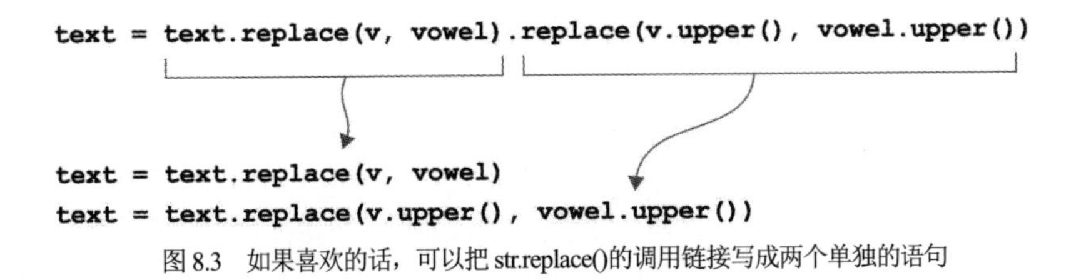

图 8.3　如果喜欢的话，可以把 str.replace()的调用链接写成两个单独的语句

方法 3：使用 STR.TRANSLATE()方法

可以使用 str.translate()方法来解决这个问题吗？第 4 章演示了如何使用名为 jumper 的字典把一个字符(比如“1”)改变成另一个字符(比如“9”)。在本练习中，需要把所有小写元音和大写元音(总共 10 个)改变成某个给定的 vowel。例如，为了把所有元音都改变成字母“o”，可以创建一个如下的翻译表 t：

```
t = {'a': 'o',
     'e': 'o',
     'i': 'o',
     'o': 'o',
     'u': 'o',
     'A': 'O',
     'E': 'O',
     'I': 'O',
     'O': 'O',
     'U': 'O'}
```

可以把 t 与 str.translate()方法结合使用：

```
>>> 'Apples and Bananas'.translate(str.maketrans(t))
'Opplos ond Bononos'
```

阅读关于 str.maketrans()的文档，将发现，指定翻译表的另一个办法是提供两个长度相等的字符串：

```
maketrans(x, y=None, z=None, /)
    Return a translation table usable for str.translate().

    If there is only one argument, it must be a dictionary mapping Unicode
    ordinals (integers) or characters to Unicode ordinals, strings or None.
    Character keys will be then converted to ordinals.
    If there are two arguments, they must be strings of equal length, and
    in the resulting dictionary, each character in x will be mapped to the
    character at the same position in y. If there is a third argument, it
    must be a string, whose characters will be mapped to None in the result.
```

第一个字符串应该包含想换掉的字符，也就是小写元音和大写元音“aeiouAEIOU”。第二个字符串是由用于替换的字母构成的。我们想使用“ooooo”替代“aeiou”，并使用“OOOOO”替代“AEIOU”。

使用表示数值乘法的*操作符，可以重复 vowel 五次。使用*操作符(在某种程度上)是一个字符串的“乘法”，于是：

```
>>> vowel * 5
'ooooo'
```

接下来，处理大写字母：

```
>>> vowel * 5 + vowel.upper()* 5
'oooooOOOOO'
```

现在，可以用一行代码建立如下的翻译表：

```
>>> trans = str.maketrans('aeiouAEIOU', vowel * 5 + vowel.upper()* 5)
```

接下来，查看该 trans 表。使用 pprint.pprint()函数，可以轻松阅读 trans 表：

```
>>> from pprint import pprint as pp
>>> pp(trans)
{65:   79,
 69:   79,
 73:   79,
 79:   79,
 85:   79,
 97:  111,
 101: 111,
 105: 111,
 111: 111,
 117: 111}
```

包含着参数的花括号{}告诉我们，该 trans 是一个字典。每个字符由其序数值代表，即该字符在 ASCII 表中的位置(www.asciitable.com)。

使用 chr()函数和 ord()函数，可以在字符与其序数值之间来回跳转。在第 18 章中，将探索并使用这些函数。下面是元音的 ord()值：

```
>>> for char in 'aeiou':
...     print(char, ord(char))
...
a 97
e 101
i 105
o 111
u 117
```

可以用 ord()值获取 chr()值，以得到同样的输出：

```
>>> for num in [97, 101, 105, 111, 117]:
...     print(chr(num), num)
...
a 97
e 101
i 105
o 111
u 117
>>>
```

如果想查看所有可打印字符的序数值，可以运行下面的代码：

```
>>> import string
>>> for char in string.printable:
...     print(char, ord(char))
```

有 100 个可打印的字符，此处不列出所有输出：

```
>>> print(len(string.printable))
100
```

由此可见，trans 表是从一个字符到另一个字符的映射，就像在第 4 章的“跳过五”的练习中那样。小写元音(“aeiou”)全都映射到序数值 111，也就是“o”。大写元音(“AEIOU”)全都映射到 79，也就是“O”。可以使用 dict.items()方法来迭代 trans 的键/值对，以验证情况确实如此：

```
>>> for x, y in trans.items():
...     print(f'{chr(x)} => {chr(y)}')
...
a => o
e => o
i => o
o => o
u => o
A => O
E => O
I => O
O => O
U => O
```

经过 str.translate()方法处理之后，原始 text 保持不变，可以用新版本替代 text。本书给出的解决方案如下：

```
def main():
    args = get_args()
    vowel = args.vowel
    trans = str.maketrans('aeiouAEIOU', vowel * 5 + vowel.upper()* 5)
    text = args.text.translate(trans)
    print(text)
```

创建一个从每个小写元音或大写元音到相应字符的翻译表。表中小写元音将被匹配到小写元音实参，大写元音将被匹配到大写元音实参。

在文本变量上调用 str.translate()方法，把该翻译表作为一个实参传递。

上文给出了许多关于 ord()、chr()、字典等的解释，但看看这个解决方案多么简单优雅。这个方法比方法 1 短得多。更少的代码行意味着更少的出错可能！

方法 4：使用列表推导式

在方法 1 的基础上，可以使用一个列表推导式来显著缩短 for 循环。在第 7 章中，把列表推导式视为一个单行的方法，它使用 for 循环来创建一个新的字典。在这里，可以做同样的事，创建一个新的 list：

```
def main():
    args = get_args()
    vowel = args.vowel
    text = [
       vowel if c in 'aeiou' else vowel.upper()if c in 'AEIOU' else c
       for c in args.text
    ]
    print(''.join(text))
```

使用列表推导式处理 args.text 中的所有字符，以创建一个名为 text 的新列表。

使用复合的 if 表达式来处理三种情况：小写元音、大写元音、默认值。

通过在空字符串上连接文本列表，打印已翻译的字符串。

让我们简单了解一下列表推导式。举个例子，可以使用 range()函数从一个起始数字和一个终止数字(该终止数字不包含在内)范围中获取数字 1 到 4，生成一个由数字 1 到 4 的平方值构成的列表。在 REPL 中，必须使用 list()函数来强制生成值，但通常你的代码不需要做这些事：

```
>>> list(range(1, 5))
[1, 2, 3, 4]
```

注意： range()是 Python 中的另一个惰性函数，这意味着在程序需要这些值之前，该函数不会实际产生值——惰性函数是对做某些事情的承诺。如果你的程序进入了某个永远不需要生成这些值的分支程序，那么这些值就永远不会生成，这意味着你的代码会更有效率。

可以编写 for 循环来 print()这些平方值：

```
>>> for num in range(1, 5):
...     print(num ** 2)
...
1
4
9
16
```

如果不想打印这些值，也可以创建一个含有这些值的新 list。可以创建一个空 list，然后使用 list.append()在 for 循环中添加每个值：

```
>>> squares = []
>>> for num in range(1, 5):
...     squares.append(num ** 2)
```

现在可以验证 list 中是否已经有了这些平方值：

```
>>> assert len(squares) == 4
>>> assert squares == [1, 4, 9, 16]
```

通过使用列表推导式来生成新的 list，可以在较少的代码行中实现相同的结果，如图 8.4 所示。

```
>>> [num ** 2 for num in range(1, 5)]
[1, 4, 9, 16]
```

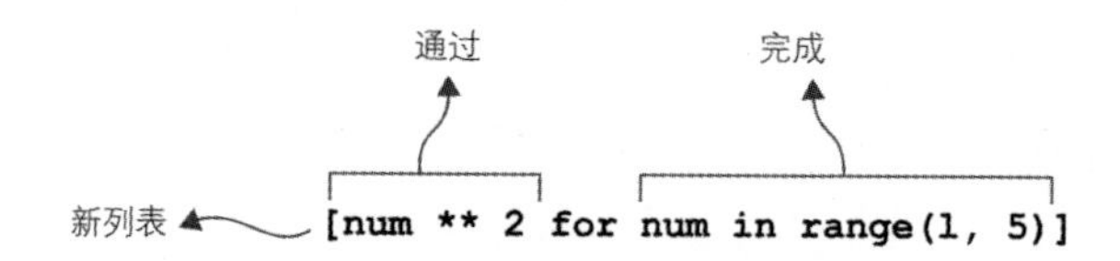

图 8.4　通过使用 for 循环来遍历源值，列表推导式创建了一个新的列表

可以把这个列表赋给变量 squares，并验证列表中仍拥有期待的内容。扪心自问，你更愿意维护哪个版本的代码：使用 for 循环的较长的代码，还是使用列表推导式的较短的代码？

```
>>> squares = [num ** 2 for num in range(1, 5)]
>>> assert len(squares) == 4
>>> assert squares == [1, 4, 9, 16]
```

对于这个版本的程序，可以把方法 1 中的 if/elif/else 逻辑压缩成一个复合的 if 表达式。首先，看看如何缩短 for 循环版本的代码：

```
>>> text = 'Apples and Bananas!'
>>> new = []
>>> for c in text:
...     new.append(vowel if c in 'aeiou' else vowel.upper()if c in 'AEIOU'
      else c)
...
>>> ''.join(new)
'Opplos ond Bononos!'
```

图 8.5 展示了该表达式的各个部分如何匹配到原始的 if/elif/else：

```
vowel if c in 'aeiou'                            if char in 'aeiou':
    else vowel.upper() if c in 'AEIOU'               new_text.append(vowel)
    else c                                       elif char in 'AEIOU':
                                                     new_text.append(vowel.upper())
                                                 else:
                                                     new_text.append(char)
```

图 8.5　这三个条件分支可以被写成两个 if 表达式

现在把它转变成一个列表推导式：

```
>>> text = 'Apples and Bananas!'
>>> new_text = [
...     vowel if c in 'aeiou' else vowel.upper()if c in 'AEIOU' else c
...     for c in text ]
...
>>> ''.join(new_text)
'Opplos ond Bononos!'
```

使用复合的 if 表达式选择字符。

针对该文本中的每个字符执行这个动作。

该代码比之前的 for 循环更紧凑，但它具有下列优势：

- 该列表推导式较短，且能够生成列表，而不必使用带有副作用的 list.append()。
- 如果忘记这两个条件分支之一，那么该复合的 if 表达式将不被编译。

方法 5：使用带有函数的列表推导式

该列表推导式内部的复合 if 表达式非常复杂，因此它很可能是一个函数。可以使用 def 声明来定义一个新函数，名为 new_char()。该新函数接收一个字符，名为 c。在这以后，可以使用与之前相同的复合 if 表达式：

```
def main():
    args = get_args()
    vowel = args.vowel

    def new_char(c):
        return vowel if c in 'aeiou' else vowel.upper()if c in 'AEIOU' else c

    text = ''.join([new_char(c) for c in args.text])

    print(text)
```

定义函数以选择一个新字符。注意，该函数使用 vowel 变量，因为该函数是在变量的同一作用域内被声明的。new_char()封闭了该变量，因此该函数被称为一个闭包(closure)。

使用复合的 if 表达式来选择正确的字符。

使用列表推导式处理文本中的所有字符。

把下面的代码放到 REPL 中，就可以使用 new_char()函数了：

```
vowel = 'o'
def new_char(c):
    return vowel if c in 'aeiou' else vowel.upper()if c in 'AEIOU' else c
```

如果该函数的实参是一个小写元音，那么该函数应该总是返回字母“o”：

```
>>> new_char('a')
'o'
```

如果该函数的实参是一个大写元音，那么该函数应该返回“O”：

```
>>> new_char('A')
'O'
```

否则，该函数应该返回给定的字符：

```
>>> new_char('b')
'b'
```

在使用列表推导式的情况下，可以使用 new_char()函数来处理 text 中的所有字符：

```
>>> text = 'Apples and Bananas!'
>>> text = ''.join([new_char(c) for c in text])
>>> text
'Opplos ond Bononos!'
```

注意，new_char()函数是在 main()函数内部被声明的。是的，你可以这样做！这样做将使 new_char()函数仅仅在 main()函数内部“可见”。这样做是因为我们想引用该函数内部的 vowel 变量，但不想把 vowel 变量作为实参传递。

作为示例，让我们定义一个 foo()函数，它内部具有一个 bar()函数。可以调用 foo()，而 foo()将调用 bar()。但从 foo()外部看来，bar()函数是不存在的(它“不可见”或“不在可见作用域内”)。

```
>>> def foo():
...     def bar():
...         print('This is bar')
...     bar()
...
>>> foo()
This is bar
>>> bar()
Traceback (most recent call last):
  File "<stdin>", line 1, in <module>
NameError: name 'bar' is not defined
```

在 main()内部声明了 new_char()函数，以引用 new_char()函数内部的 vowel 变量，如图 8.6 所示。因为 new_char()“封闭了”vowel，所以 new_char()是一个特殊类型的函数，被称为闭包。

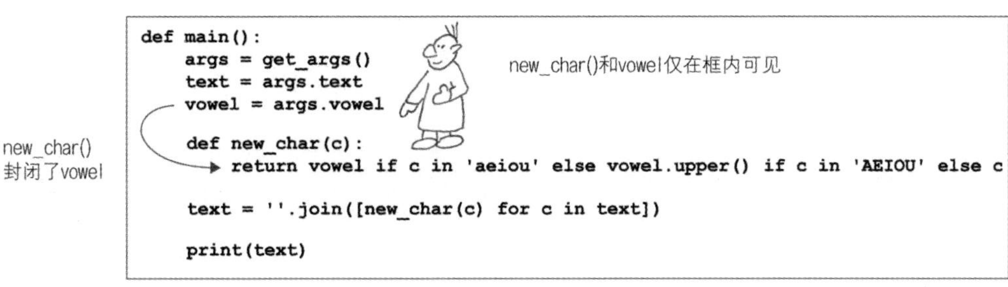

图 8.6　new_char()函数仅在 main()函数内部可见。因为它引用了 vowel 变量，new_char()函数创建了一个闭包。main()外部的代码不能看到或调用 new_char()

如果不把 new_char()函数写成一个闭包，就将需要把 vowel 作为实参传递：

```
def main():
    args = get_args()
    print(''.join([new_char(c, args.vowel) for c in args.text]))

def new_char(char, vowel):
     return vowel if char in 'aeiou' else \
          vowel.upper()if char in 'AEIOU' else char
```

需要把 args.vowel 作为实参传递给 new_char()函数。

vowel 仅仅在 main()函数内部可见。由于 new_char()不是在同一作用域内被声明的，需要把 vowel 作为实参来接收。

闭包的方法很有趣，这个版本也可以说更容易理解。为这个版本写单元测试也更容易，我们很快就会开始做这件事。

方法 6：使用 MAP()函数

将为这个方法引入 map()函数，因为它与列表推导式非常相似。map()函数接收两个实参：

- 一个函数
- 一个可迭代对象，比如列表、惰性函数或生成器(generator)

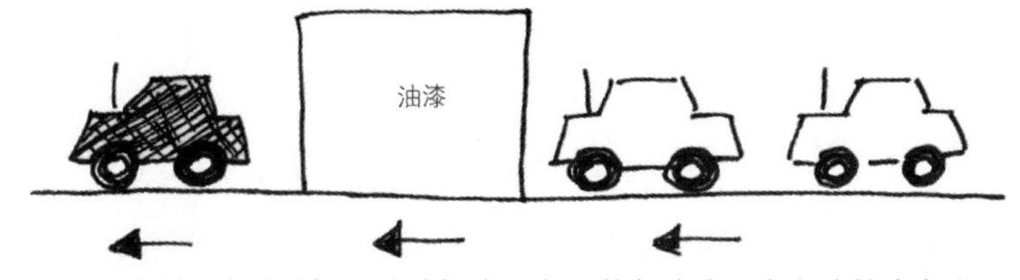

可以把map()比喻成一个油漆棚：油漆棚中配备了蓝色油漆。未上漆的汽车进入该油漆棚，涂上蓝色油漆，蓝色的汽车开出该油漆棚。

可以创建一个函数，通过在开头添加字符串“blue”来给汽车“上漆”：

```
>>> list(map(lambda car: 'blue ' + car, ['BMW', 'Alfa Romeo', 'Chrysler']))
['blue BMW', 'blue Alfa Romeo', 'blue Chrysler']
```

这里的第一实参以关键字 lambda 开头，该关键字被用来创建一个匿名函数。如果使用常规的 def 关键字，那么后面会跟着函数名。如果使用 lambda，将没有函数名，只有参数列表和函数主体。

例如，add1()函数是一个常规命名的函数，它对参数值加 1：

```
def add1(n):
    return n + 1
```

它就像预期的那样运行：

```
>>> assert add1(10) == 11
>>> assert add1(add1(10)) == 12
```

将上述定义与使用 lambda 创建的函数定义进行比较，我们将 lambda 赋给变量 add1：

```
>>> add1 = lambda n: n + 1
```

add1 的这个定义在功能上与第一个版本是等效的。调用它就像调用 add1()函数一样：

```
>>> assert add1(10) == 11
>>> assert add1(add1(10)) == 12
```

lambda 的主体是一个简洁的表达式(通常是一行)。其中没有 return 语句，因为该表达式的最终估值将自动返回。在图 8.7 中，可以看到 lambda 将返回 n+1 的结果。

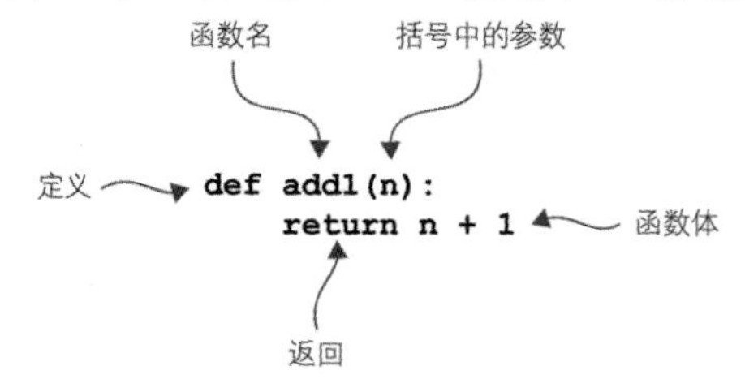

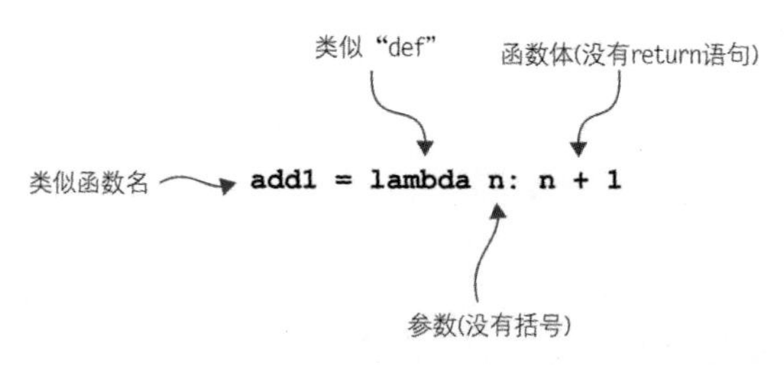

图 8.7　def 和 lambda 都能被用来创建函数

在使用 def 和 lambda 的两个版本的 add1 定义中，函数的实参是 n。在常规命名的函数 def add(n)中，该实参被定义在紧随函数名之后的圆括号中。在 lambda n 版本中，没有函数名，也没有圆括号围绕函数的参数 n。

这两种类型的函数的使用方式没有区别。它们都是函数：

```
>>> type(lambda x: x)
<class 'function'>
```

如果觉得在列表推导式中使用 add1()很舒服，就像下面这样：

```
>>> [add1(n) for n in [1, 2, 3]]
[2, 3, 4]
```

那么你距离使用 map()只有一步之遥了。

map()函数是一个惰性函数，就像我们在前文中看到的 range()函数一样。map()函数在你实际需要这些值之前不会创建出值，而列表推导式将立即产生作为结果的 list。就我个人而言，比起代码的性能，我更关心代码的可读性。在我自己写代码时，我更喜欢使用 map()，但你应该以对自己和团队最有意义的方式写代码。

为了在 REPL 中强迫 map()给出结果，我们需要使用 list()函数：

```
>>> list(map(add1, [1, 2, 3]))
[2, 3, 4]
```

可以使用 add1()代码写这个列表推导式：

```
>>> [n + 1 for n in [1, 2, 3]]
[2, 3, 4]
```

这看起来与 lambda 代码非常相似(如图 8.8 所示)：

```
>>> list(map(lambda n: n + 1, [1, 2, 3]))
[2, 3, 4]
```

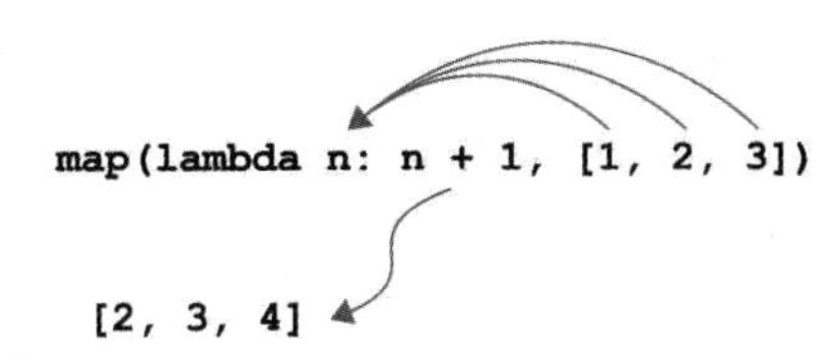
map(lambda n: n + 1, [1, 2, 3])
[2, 3, 4]

图 8.8　通过用给定函数处理可迭代对象的每个元素，map()函数将创建一个新列表

下面是 map()的使用方式：

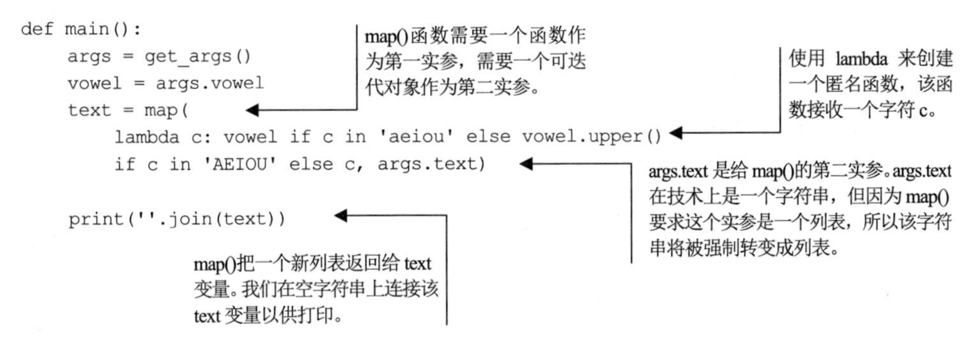
def main():
    args = get_args()
    vowel = args.vowel
    text = map(
        lambda c: vowel if c in 'aeiou' else vowel.upper()
        if c in 'AEIOU' else c, args.text)

    print(''.join(text))
map()函数需要一个函数作为第一实参，需要一个可迭代对象作为第二实参。
使用 lambda 来创建一个匿名函数，该函数接收一个字符 c。
args.text 是给 map()的第二实参。args.text 在技术上是一个字符串，但因为 map()要求这个实参是一个列表，所以该字符串将被强制转变成列表。
map()把一个新列表返回给 text 变量。我们在空字符串上连接该 text 变量以供打印。

高阶函数

map()函数被称为高阶函数(high-order function HOF)，因为它选取另一个函数作为实参，这真是太酷了。稍后我们将使用另一个 HOF，它叫做 filter()。

方法 7：使用带有具名函数的 MAP()

map()并不一定要与 lambda 表达式一起使用，其实可以搭配任何函数，因此我们回过头来使用 new_char()函数：

```
def main():
    args = get_args()
    vowel = args.vowel

    def new_char(c):
       return vowel if c in 'aeiou' else vowel.upper()if c in 'AEIOU' else c

    print(''.join(map(new_char, args.text)))
```

定义一个函数，它将返回正确的字符。注意，我正在使用闭包版本，这使得我能够引用“vowel”实参。

使用 map()把 new_char()应用到 args.text 中的所有字符，结果是一个字符列表。可以使用 str.join()把这些字符转变成一个新字符串以供 print()使用。

注意，map()使用不带圆括号的 new_char 作为第一实参。如果添加了圆括号，就会调用 new_char()函数，并且会看到下面的错误：

```
>>> text = ''.join(map(new_char(), text))
Traceback (most recent call last):
  File "<stdin>", line 1, in <module>
TypeError: new_char()missing 1 required positional argument: 'c'
```

如图 8.9 所示，map()从 text 中读取每个字符，并把这个字符作为实参传递给 new_char()函数，该函数决定是返回一个 vowel 还是返回原始字符。这些字符的映射结果是一个新的字符列表，我们在空字符串上用 str.join()连接该列表中的字符，以创建一个新版本的 text。

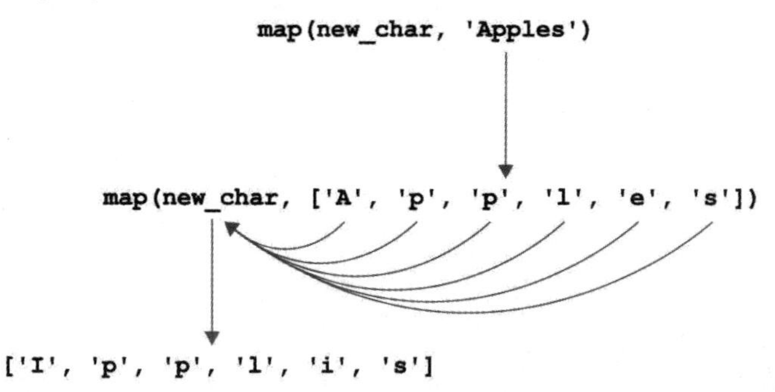

图 8.9　map()将把一个给定函数应用到一个可遍历对象的每个元素。一个字符串将作为一个字符列表被处理

方法 8：使用正则表达式

正则表达式是描述文本模式的一种方式。正则式(也被称为“正则表达式”，regexes)是一门独立的领域专用语言(domain-specific language，DSL)。它们其实与 Python 一点关系也没有。它们有自己的语法和规则，并且被用在许多地方，从命令行工具到数据库。正则表达式强大到不可思议，值得花力气去学习。

为了使用正则表达式，你必须在代码中包含 import re，以导入正则表达式模块：

```
>>> import re
```

在这个示例中，我们试图找到那些是元音的字符，它们可以被定义为字母“a”“e”“i”“o”“u”。为了使用正则表达式来描述这个理念，我们把这些字符放到方括号里：

```
>>> pattern = '[aeiou]'
```

可以使用替换函数 re.sub()来找到所有元音，并把它们替换成给定的 vowel。围绕这些元音'[aeiou]'的方括号表示创建了一个字符类，它与方括号里列出的这些字符之中的某一个相匹配。

第二个实参是一个字符串，在这里是由用户提供 vowel，我们将用它代替所找到的字符串。第三个实参是我们想改变的字符串，也就是来自用户的 text：

```
>>> vowel = 'o'
>>> re.sub(pattern, vowel, 'Apples and bananas!')
'Applos ond bononos!'
```

上面的代码没能替换大写“A”，因此我们需要兼顾处理小写和大写。写法如下：

```
def main():
    args = get_args()
    text = args.text
    vowel = args.vowel
    text = re.sub('[aeiou]', vowel, text)
    text = re.sub('[AEIOU]', vowel.upper(), text)
    print(text)
```

把任何小写元音替换成给定的 vowel(由于 get_args()中的限制，vowel 是小写的)。

把任何大写元音替换成 vowel 的大写版本。

如果愿意，可以把这两种对 re.sub()的调用压缩成一种，正如前文中对 str.replace()的做法：

```
>>> text = 'Apples and Bananas!'
>>> text = re.sub('[AEIOU]', vowel.upper(), re.sub('[aeiou]', vowel, text))
>>> text
'Opplos ond Bononos!'
```

这个解决方案与所有其他解决方案的最大区别在于，使用了正则表达式来描述我们正在寻找的东西不需要写代码来定义这些元音。这更符合“声明式编程”的特点：我们只管声明我们想要的东西，苦差事都扔给计算机！

8.4　用测试进行重构

解决这个问题有许多办法，最重要的一步是让你的程序正确地运行。测试会让你知道何时实现了这一点。此后，可以探索解决这个问题的其他办法，并始终使用测试来确保程序仍然正确。

测试提供了发挥创造力的巨大空间。对于你自己的程序，你要斟酌写什么样的测试，以便在稍后该程序改变时，该测试仍然有效。

有许多方法能够解决这个似乎微不足道的问题。可以采取使用高阶函数和正则表达式的技巧，其中一些是相当高级的技巧。这么做或许就像用开山锻铁的大锤子去敲一枚小钉子，但我的意图是由此向你介绍一些编程理念，这些理念将在后续各章中多次出现。

如果只能真正理解最初几个解决方案，那也不错！你就跟紧我吧。你对这些理念在不同情境中的应用见识得越多，就越能理解它们的意义。

8.5 更进一步

试着编写该程序的另一个版本，把多个相邻的元音转换成单个替换值。例如，“quick”应该成为“qack”而不是“qaack”。

8.6 小结

- 可以使用 argparse 把实参的值限定在一个由你定义的 choices 所组成的 list。
- 字符串不能被直接修改，但 str.replace()和 str.translate()方法能从一个现有字符串创建一个新的、已修改的字符串。
- 对字符串执行 for 循环将迭代该字符串中的各个字符。
- 要想在[ ]内部写 for 循环来创建一个新的 list，列表推导式是一个捷径。
- 函数可以被定义在其他函数内部。这样的函数仅仅在封闭它们的函数内部是可见的。
- 函数可以引用在同一作用域内声明的变量，从而创建一个闭包。
- map()函数与列表推导式相似。它通过将某些函数应用于给定列表的每个成员来创建一个新的、修改过的列表，而原始列表将保持不变。
- 正则表达式提供了借助 re 模块来描述文本模式的语法。re.sub()方法把所找到的模式替换成新文本，而原始文本将保持不变。

第 9 章

拨号诅咒：用单词列表生成随机嘲讽话

“他(或她)是一个黏糊糊的、青蛙嘴的、啃泥巴的、海龟脑子的鼻涕虫。”

——拨号诅咒(Dial-A-Curse)

趣味游戏和字谜的核心是随机事件。人类会很快厌倦总是做同样的事情。人们之所以选择养宠物和孩子，可能就是为了向生活注入一些随机性。因此，让我们学习如何使程序每次运行都有不同的结果，从而让程序更有趣吧。

本练习将向你演示如何从选项列表中随机选择一个或多个元素。为了探索随机性，我们创建一个名为 abuse.py 的程序，它将随机选择形容词和名词来创建诽谤性绰号来嘲讽用户。

不过，为了测试随机性，我们需要控制它。事实证明，计算机上的“随机”事件很少是真正的随机事件，只不过是伪随机事件，这意味着可以使用“随机种子”[1]来控制它们。每次你使用相同的种子，你都会得到相同的“随机”选择！

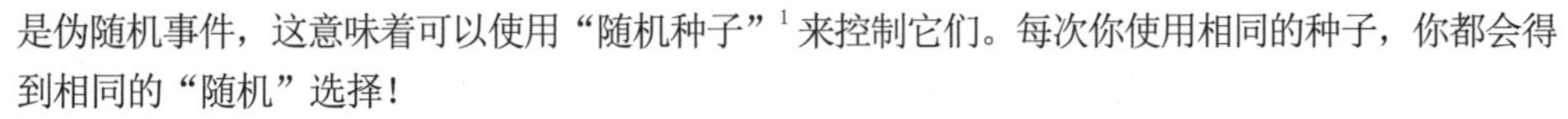

莎士比亚有一些最棒的嘲讽性词汇，因此我们将从莎士比亚著作词汇中抽取。下面是你应该使用的形容词的列表：

bankrupt base caterwauling corrupt cullionly detestable dishonest false filthsome filthy foolish foul gross heedless indistinguishable infected insatiate irksome lascivious lecherous loathsome lubbery old peevish rascaly rotten ruinous scurilous scurvy slanderous sodden-witted thin-faced toad-spotted unmannered vile wall-eyed

下面是你应该使用的名词的列表：

Judas Satan ape ass barbermonger beggar block boy braggart butt carbuncle coward

1 “随机数字的生成太重要了，不能听之任之。”—— Robert R. Coveyou

coxcomb cur dandy degenerate fiend fishmonger fool gull harpy jack jolthead knave liar lunatic maw milksop minion ratcatcher recreant rogue scold slave swine traitor varlet villain worm

编写完成之后，我们的程序可能产生如下内容：

```
$ ./abuse.py
You slanderous, rotten block!
You lubbery, scurilous ratcatcher!
You rotten, foul liar!
```

在本章中，你将学习以下内容

- 使用来自 argparse 的 parser.error()，抛出错误；
- 用随机种子控制随机性；
- 从 Python 列表中随机选择和采样；
- 用 for 循环把一个算法迭代特定次数；
- 对输出字符串进行格式化。

9.1 编写 abuse.py

进入 09_abuse 目录以创建新程序。先看看该程序产生的使用说明：

```
$ ./abuse.py -h
usage: abuse.py [-h] [-a adjectives] [-n insults] [-s seed]

Heap abuse

optional arguments:
  -h, --help            show this help message and exit
  -a adjectives, --adjectives adjectives
                        Number of adjectives (default: 2)
  -n insults, --number insults
                        Number of insults (default: 3)
  -s seed, --seed seed Random seed (default: None)
```

所有参数都是具有默认值的选项，因此我们的程序即使完全没有参数也能够运行。例如，为-n 或--number 选项设置默认值 2，将控制嘲讽话的条数：

```
$ ./abuse.py --number 2
You filthsome, cullionly fiend!
You false, thin-faced minion!
```

而为-a 或--adjectives 选项设置默认值 3，将决定在每句嘲讽话中使用多少个形容词：

```
$ ./abuse.py --adjectives 3
You caterwauling, heedless, gross coxcomb!
You sodden-witted, rascaly, lascivious varlet!
You dishonest, lecherous, foolish varlet!
```

最后，-s或--seed选项将通过设置一个初始值来控制该程序中的随机选择。默认值应该是特殊的

None值，它就像一个未定义的值。

因为该程序使用一个随机种子，所以任何用户在任何时间和任何机器上，都可以精确地再现下面的输出：

```
$ ./abuse.py --seed 1
You filthsome, cullionly fiend!
You false, thin-faced minion!
You sodden-witted, rascaly cur!
```

当不带实参运行时，该程序应该使用默认值生成嘲讽话：

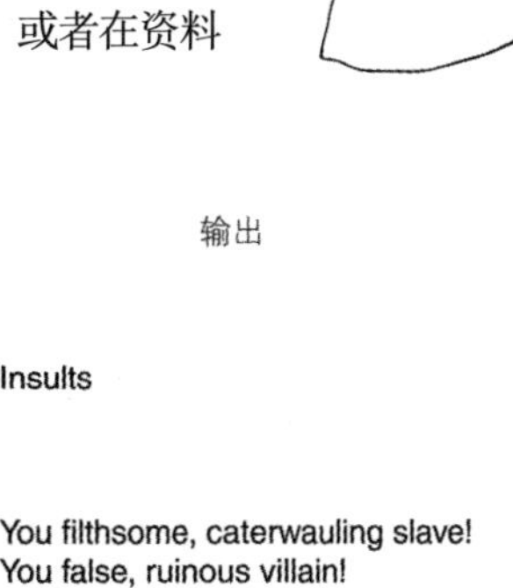

```
$ ./abuse.py
You foul, false varlet!
You filthy, insatiate fool!
You lascivious, corrupt recreant!
```

建议把 template/template.py 文件复制到 abuse/abuse.py，或者在资料库的 09_abuse 目录中使用 new.py 创建 abuse.py 程序。

图 9.1 所示的线图展示了程序的参数。

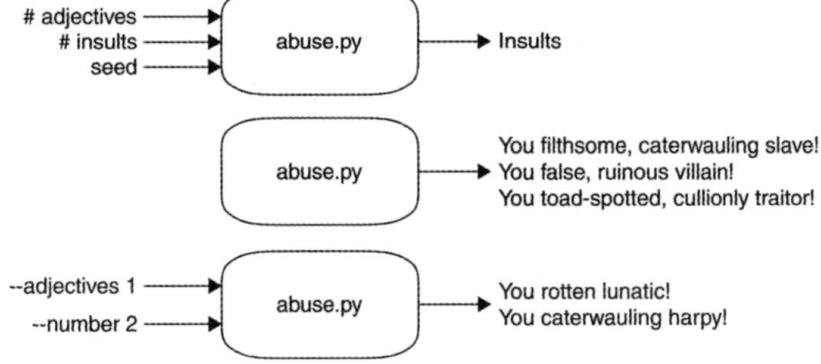

图 9.1　abuse.py 程序将接收下列参数：一个针对要创建的嘲讽话条数的选项，一个针对每句嘲讽的形容词数量的选项，以及一个随机种子值

9.1.1　验证实参

针对嘲讽话条数、形容词的数量以及随机种子的选项，都应该是 int 值。如果使用 type=int(记住，int 不加引号)定义它们，那么 argparse 将处理验证并把实参转换成 int 值。也就是说，单纯通过定义 type=int，在输入一个字符串时，就会生成下面的错误消息：

```
$ ./abuse.py -n foo
usage: abuse.py [-h] [-a adjectives] [-n insults] [-s seed]
abuse.py: error: argument -n/--number: invalid int value: 'foo'
```

该值不仅必须是一个数字，而且必须是一个整型，这意味着它必须是一个整数。因此，如果提供了一个看上去像 float 的值，那么 argparse 将会报错。注意，当你确实想要一个浮点数类型的值时，可以使用 type=float：

```
$ ./abuse.py -a 2.1
```

```
usage: abuse.py [-h] [-a adjectives] [-n insults] [-s seed]
abuse.py: error: argument -a/--adjectives: invalid int value: '2.1'
```

此外，如果--number 或--adjectives 小于 1，那么程序应该给出错误代码和错误消息并退出：

```
$ ./abuse.py -a -4
usage: abuse.py [-h] [-a adjectives] [-n insults] [-s seed]
abuse.py: error: --adjectives "-4" must be > 0
$ ./abuse.py -n -4
usage: abuse.py [-h] [-a adjectives] [-n insults] [-s seed]
abuse.py: error: --number "-4" must be > 0
```

当开始写自己的程序和测试时，建议从已经写好的测试中学习。[1]让我们看看 test.py 中的一个测试，以了解如何测试该程序。

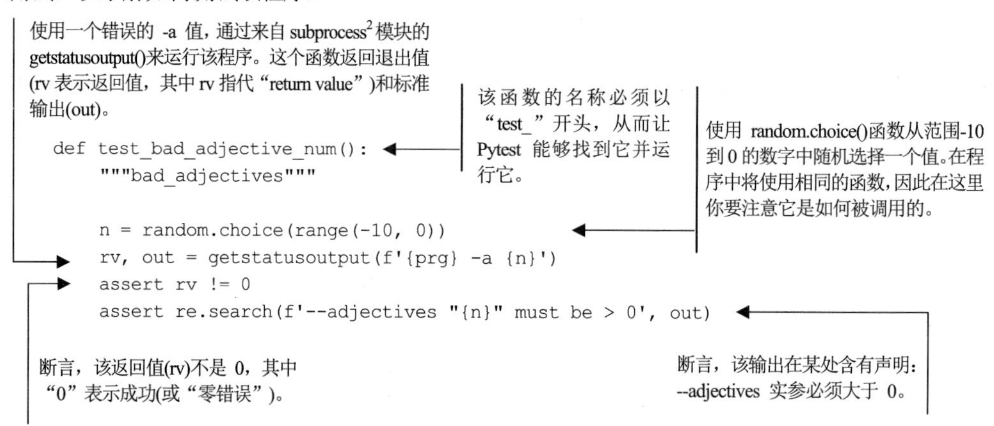

使用一个错误的 -a 值，通过来自 subprocess2 模块的 getstatusoutput()来运行该程序。这个函数返回退出值(rv 表示返回值，其中 rv 指代“return value”)和标准输出(out)。
该函数的名称必须以“test_”开头，从而让 Pytest 能够找到它并运行它。
使用 random.choice()函数从范围-10 到 0 的数字中随机选择一个值。在程序中将使用相同的函数，因此在这里你要注意它是如何被调用的。
def test_bad_adjective_num():
"""bad_adjectives"""
n = random.choice(range(-10, 0))
rv, out = getstatusoutput(f'{prg} -a {n}')
assert rv != 0
assert re.search(f'--adjectives "{n}" must be > 0', out)
断言，该返回值(rv)不是 0，其中“0”表示成功(或“零错误”)。
断言，该输出在某处含有声明：--adjectives 实参必须大于 0。

没有简单的方法能够告诉 argparse 形容词和嘲讽话的数量需要大于零，因此必须亲自检查这些值。我们将使用附录 A.4.7 中的验证理念。附录 A.4.7 中引入了 parser.error()函数，可以在 get_args()函数内部调用它来做下面的事：

(1) 打印简短的使用说明

(2) 给用户打印一个错误消息

(3) 停止执行该程序

(4) 带着非零值退出，以表明存在错误

也就是说，get_args()通常以下面的方式结束：

```
return args.parse_args()
```

类似地，我们将把 args 放到一个变量里，并检查 args.adjectives 的值，看看它是否小于 1。如果它小于 1，那么将调用 parser.error()给出错误消息，从而向用户报告：

```
args = parser.parse_args()

if args.adjectives < 1:
```

---

1 “优秀的作曲家靠借。伟大的作曲家靠偷。”——伊戈尔·斯特拉文斯基

2 subprocess 模块允许从程序内部运行一个命令。subprocess.getoutput()函数将捕获来自该命令的输出，而 subprocess.getstatusoutput()将捕获退出值和来自该命令的输出。

```
    parser.error(f'--adjectives "{args.adjectives}" must be > 0')
```

我们也将针对 args.number 做同样的事。如果 args.adjectives 和 args.number 都没有问题，就可以把实参返回给调用函数：

```
return args
```

9.1.2　导入随机模块并生成种子

一旦已经定义并验证了该程序的所有实参，就做好了向用户输出嘲讽话的准备。首先，我们需要向程序添加 import random，这使得我们能够使用来自 random 模块的函数去选择形容词和名词。最好的做法是，在程序顶部列出所有 import 声明，一次列出一个模块。在 main()中，我们需要做的第一件事是调用 get_args()来获取实参。

下一步是把 args.seed 值传递给 random.seed()函数：

```
def main()
    args = get_args()
    random.seed(args.seed)
```

我们调用 random.seed()函数，来设置 random 模块状态的初始值。random.seed()没有返回值，因为改变仅仅在 random 模块内部发生。

可以在 REPL 中阅读关于 random.seed()函数的帮助文档：

```
>>> import random
>>> help(random.seed)
```

由此你将了解到，该函数将“initialize internal state [of the random module] from hashable object.”(从可哈希的对象开始对[random 模块的]内部状态进行初始化)。也就是说，我们从某个可哈希的 Python 类型开始设置一个初始值。int 类型和 str 类型都是可哈希的，但所写的测试期望你把 seed 实参定义为 int。(记住，字符'1'与整型值 1 是不同的！)

args.seed 的默认值应该是 None。如果用户尚未指定任何种子，那么设置 random.seed(None)与完全不设置种子是相同的。查看 test.py 程序，你会注意到，所有期待特定输出的测试都将传递一个-s 或--seed 实参。下面是针对输出的第一个测试：

```
def test_01():
    out = getoutput(f'{prg} -s 1 -n 1')
    assert out.strip()== 'You filthsome, cullionly fiend!'
```

使用来自 subprocess 模块的 getoutput()运行该程序，使用种子值 1 并请求 1 句嘲讽话。该函数仅仅返回程序的输出。

验证整个输出是预期的嘲讽话。

这意味着 test.py 将运行程序，并把捕获的输出放到 out 变量里：

```
$ ./abuse.py -s 1 -n 1
You filthsome, cullionly fiend!
```

然后它将验证该程序确实选择了所预期的单词、产生了所预期的数量的嘲讽话。

9.1.3　定义形容词和名词

在本章前文中，给出了你应该在程序中使用的形容词和名词的长列表。可以通过把每个单词分别放到引号里来创建一个 list：

```
>>> adjectives = ['bankrupt', 'base', 'caterwauling']
```

也可以使用 str.split()方法，根据空格间隔来将单词拆分开，从 str 创建一个新的 list，由此节省一点打字的力气：

```
>>> adjectives = 'bankrupt base caterwauling'.split()
>>> adjectives
['bankrupt', 'base', 'caterwauling']
```

如果试图建立一个包含所有形容词的巨大字符串，那么这个字符串将非常长，在你的代码编辑器中绕来绕去，看上去很不美观。建议使用三重引号(单引号或双引号)，这将允许你包含新行：

```
>>> """
... bankrupt base
... caterwauling
... """.split()
['bankrupt', 'base', 'caterwauling']
```

一旦已经拥有了针对 adjectives 和 nouns 的变量，就应该检查它们的数量是否正确：

```
>>> assert len(adjectives) == 36
>>> assert len(nouns) == 39
```

注意：为了通过测试，形容词和名词必须按照字母顺序提供。

9.1.4 采集随机样本并选择

除了 random.seed()函数以外，我们还将使用 random.choice()函数和 random.sample()函数。在第 9.1.1 节中的 test_bad_adjective_num 函数中，你看到了使用 random.choice()的一个示例。同样，可以使用它从名词(nouns)构成的 list 中选择一个名词。

harpy
jack
jolthead
knave
liar

注意，这个函数返回单一的条目，因此，给定一个由 str 值构成的 list，它将返回单个 str：

```
>>> random.choice(nouns)
'braggart'
>>> random.choice(nouns)
'milksop'
```

对于形容词(adjectives)，应该使用 random.sample()。阅读 help(random.sample)的输出，你就会看到，这个函数以由诸多条目构成的一些 list 和一个 k 为参数，该 k 参数表示返回多少条目：

```
sample(population, k) method of random.Random instance
    Chooses k unique random elements from a population sequence or set.
```

注意，这个函数返回一个新的 list：

```
>>> random.sample(adjectives, 2)
['detestable', 'peevish']
>>> random.sample(adjectives, 3)
['slanderous', 'detestable', 'base']
```

还有一个 random.choices()函数，它以类似的方式运行，但因为它会进行复位(replacement)采样，所以可能会两次选择同一条目，因此我们不使用它。

9.1.5　对输出进行格式化

该程序的输出是数量为--number 句的嘲讽话，可以使用 for 循环和 range()函数来生成这些话。在这里，range()是否从零开始并不重要。重要的是，它生成三个值：

```
>>> for n in range(3):
...   print(n)
...
0
1
2
```

可以根据需要循环--number 次，选择你的形容词样本和名词样本，然后对输出进行格式化。每句嘲讽话应该以字符串“You”开始，然后把这些形容词用逗号和空格连接，再加上名词，最后以叹号作为结束(见图 9.2)。可以使用 f-string 或 str.format()函数把输出 print()到 STDOUT。

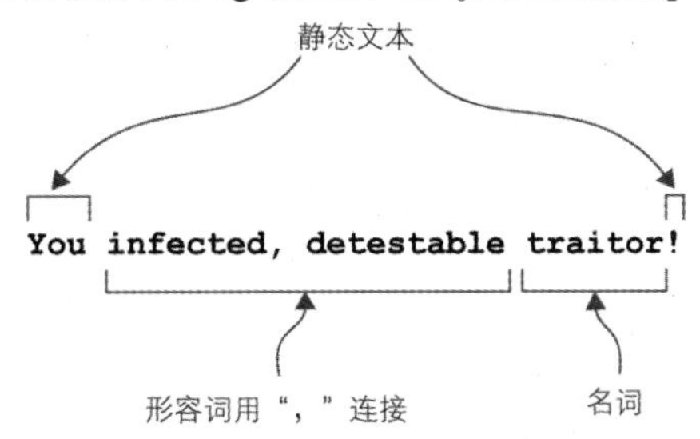

图 9.2　对于每句嘲讽的话，把所选择的形容词用逗号连接，与所选择的名词以及少量静态文本相组合

这里有几个提示：

- 检查 get_args()函数内部的--adjectives 和--number 是否为正值，并使用 parser.error()来抛出错误，同时打印一则消息和使用说明。
- 如果把 args.seed 的默认值设置为 None，并使用 type=int，那么可以把该值直接传递给 random.seed()。当该值是 None 时，效果与不设置该值完全一样。
- 把 for 循环与 range()函数一起使用来创建一个循环，该循环将执行--number 次生成每句嘲讽话。
- 在选择形容词和名词时，要借助 random.sample()和 random.choice()函数的帮助。
- 可以使用三个单引号(''')或三个双引号("""")来创建一个多行字符串，然后使用 str.split()来获取一个字符串列表。这比把一个长列表中的短字符(例如形容词和名词)分别放到引号里更容易。
- 为了构建一个可打印的嘲讽话，可以使用+操作符、str.join()方法或使用格式化手段来串连字符串。

现在，努力尝试完成程序吧，然后再阅读解决方案。

9.2 解决方案

在这个解决方案中，首次使用 parser.error()来增强对实参的验证，还纳入了三重引号字符串，并且引入了 random 模块，这相当有趣。

```
#!/usr/bin/env python3
"""Heap abuse"""

import argparse
import random
```

引入 random 模块，以调用 random 函数。

```
# --------------------------------------------------
def get_args():
    """Get command-line arguments"""

    parser = argparse.ArgumentParser(
        description='Heap abuse',
        formatter_class=argparse.ArgumentDefaultsHelpFormatter)

    parser.add_argument('-a',
                        '--adjectives',
                        help='Number of adjectives',
                        metavar='adjectives',
                        type=int,
                        default=2)
```

定义设定形容词数量的参数，设置 type=int 和默认值。

```
    parser.add_argument('-n',
                        '--number',
                        help='Number of adjectives',
                        metavar='adjectives',
                        type=int,
                        default=3)
```

类似地，把设定嘲讽话数量的参数定义为一个具有默认值的整数。

随机种子的默认值应该是 None。

```
    parser.add_argument('-s',
                        '--seed',
                        help='Random seed',
                        metavar='seed',
                        type=int,
                        default=None)

    args = parser.parse_args()
```

获取命令行实参的解析结果。argparse 模块将处理错误，例如非整数值。

```
    if args.adjectives < 1:
        parser.error('--adjectives "{}" must be > 0'.format(args.adjectives))
```

检查 args.adjectives 是否大于 0。如果有问题，则调用 parser.error()处理错误消息。

```
    if args.number < 1:
       parser.error('--number "{}" must be > 0'.format(args.number))
```

类似地，检查 args.number。

```
    return args
```

此时，用户的所有实参都已经被验证，因此把这些实参返回给调用方。

```
# --------------------------------------------------
def main():
```

```
    """Make a jazz noise here"""

    args = get_args()
    random.seed(args.seed)

    adjectives = """
    bankrupt base caterwauling corrupt cullionly detestable dishonest false
    filthsome filthy foolish foul gross heedless indistinguishable infected
    insatiate irksome lascivious lecherous loathsome lubbery old peevish
    rascaly rotten ruinous scurilous scurvy slanderous sodden-witted
    thin-faced toad-spotted unmannered vile wall-eyed
    """.strip().split()

    nouns = """
    Judas Satan ape ass barbermonger beggar block boy braggart butt
    carbuncle coward coxcomb cur dandy degenerate fiend fishmonger fool
    gull harpy jack jolthead knave liar lunatic maw milksop minion
    ratcatcher recreant rogue scold slave swine traitor varlet villain worm
    """.strip().split()
```

这是该程序实际上开始的地方，因为这是 main()内部的第一个操作。本书偏好先获取实参。

使用由用户传递的值来设置 random.seed()。任何整数值都是有效的，并且 argparse 已经验证了实参，并把该实参转换成了整数。

通过拆解三重引号内包含的非常长的字符串，创建一个形容词列表。

同样创建名词列表。

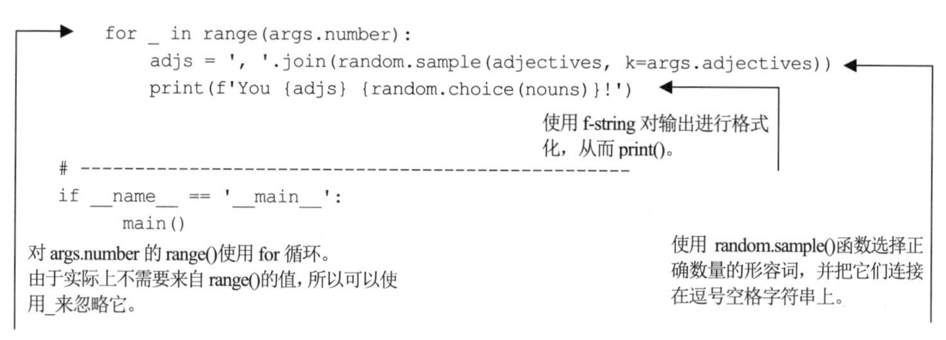

for _ in range(args.number):
adjs = ', '.join(random.sample(adjectives, k=args.adjectives))
print(f'You {adjs} {random.choice(nouns)}!')
使用 f-string 对输出进行格式化，从而 print()。
# --
if __name__ == '__main__':
main()
对 args.number 的 range()使用 for 循环。由于实际上不需要来自 range()的值，所以可以使用_来忽略它。
使用 random.sample()函数选择正确数量的形容词，并把它们连接在逗号空格字符串上。

9.3 讨论

相信你在通过所有测试之前没有偷看解决方案。

9.3.1 定义实参

给出的解决方案中，一半以上的篇幅都在把该程序的实参定义到 argparse。这份努力没有白费。因为解决方案中设置了 type=int，所以 argparse 将确保每个实参都是一个有效的整数值。注意，int 没有加上引号，因为它不是字符串“int”，而是对 Python 中整型类的引用：

```
parser.add_argument('-a',
                    '--adjectives',
                    help='Number of adjectives',
```

短标志。

长标志。

帮助消息。

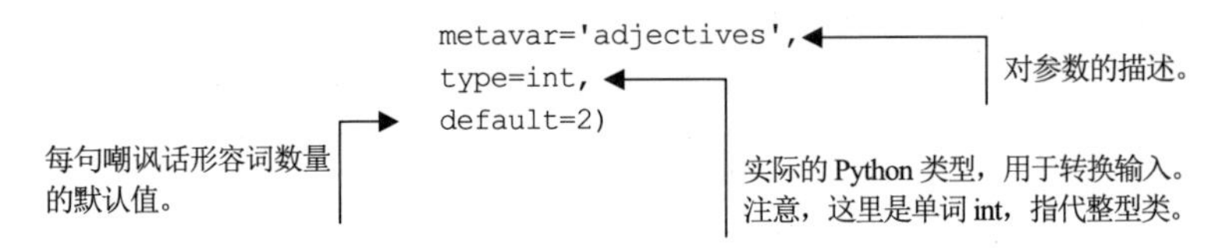
metavar='adjectives',
type=int,
default=2)
对参数的描述。
每句嘲讽话形容词数量的默认值。
实际的 Python 类型，用于转换输入。注意，这里是单词 int，指代整型类。

现在，为该程序的所有选项都设置了合理的默认值，这使得该程序未必需要来自用户的输入。--seed 选项应该默认为 None，这使得默认行为是生成伪随机嘲讽话。这个值仅仅对于测试是重要的。

9.3.2 使用 parser.error()

argparse 模块实在非常好用，因为它节省了大量劳力。尤其是，当实参有问题时，常常会使用 parser.error()。这个函数将做四件事：

(1) 打印该程序的简要使用说明给用户

(2) 打印一个关于该程序出现的问题的特殊消息

(3) 暂停该程序的执行

(4) 返回一个错误代码给操作系统

在这里使用 parser.error()，是因为尽管能要求 argparse 验证给定值是一个 int，但不能轻易判断它必定是一个正值。然而，我们可以亲自审核该值，并在有问题时暂停程序。所有这些事都是在 get_args()内部执行的，这使得程序一旦在 main()函数中得到 args，就知道它们已经被验证了。

强烈建议你把这个窍门塞进贴身锦囊。事实会证明它非常便利，可以节省验证用户输入和生成有价值的错误消息的大量时间。(而且你的程序的未来用户很有可能是你自己，到时候你将真心实意地感激自己的付出。)

9.3.3 程序退出值和 STDERR

需要强调一下程序的退出值。在正常情况下，程序应该带着 0 值退出。在计算机科学中，我们常常把 0 视为 False 值，但在这里，0 的含义非常正面。在这种情况下，应该把它视为“零错误”。

如果在代码中使用 sys.exit()来提前退出程序，那么默认的退出值是 0。如果想向操作系统或某个发出调用的程序表明程序因错误退出，那么应该返回 0 以外的值。也可以用一个字符串调用 sys.exit()函数，该字符串将被打印成一个错误消息，且使 Python 带着值 1 退出。在 REPL 中运行下面的代码，将返回到命令行：

```
>>> import sys
>>> sys.exit('You gross, thin-faced worm!')
You gross, thin-faced worm!
```

此外，所有错误消息通常都不会被打印到 STDOUT，而是会被打印到 STDERR(standard error)。许多命令 shell(比如 Bash)都将使用 1 指代 STDOUT，使用 2 指代 STDERR，以区分这两个输出通道。当使用 Bashshell 时，注意如何使用 2 >把 STDERR 重定向到名为 err 的文件，以使没有内容出现在 STDOUT 上：

```
$ ./abuse.py -a -1 2>err
```

可以验证，所预期的错误消息是否在 err 文件中：

```
$ cat err
usage: abuse.py [-h] [-a adjectives] [-n insults] [-s seed]
abuse.py: error: --adjectives "-1" must be > 0
```

如果打算亲自处理所有这些任务，则需要写如下代码：

```
if args.adjectives < 1:
parser.print_usage()
print(f'--adjectives "{args.adjectives}" must be > 0', file=sys.stderr)
sys.exit(1)
```

打印其简要用法。也可以使用 parser.print_help()为-h 打印更详细的输出。

把错误消息打印到 sys.stderr 文件句柄。这类似于第 5 章使用的 sys.stdout 文件句柄。

以非 0 值退出该程序，表明出现错误。

编写管道

随着编写的程序越来越多，最终你可能会希望把它们链接在一起。通常把链接通道称为管道，因为一个程序的输出被“管道化”，成为下一个程序的输入。如果通道的任何部分出现错误，通常会希望停止整个操作，以便修复问题。对于任何程序而言，非零返回值都是暂停操作的警告标志。

9.3.4　用 random.seed()控制随机性

random 模块中的伪随机事件始于一个给定的起点。也就是说，每次从同一个状态启动，这些事件都将以相同的方式发生。

可以使用 random.seed()函数来设置这个起点。该随机种子值必须是可哈希的。根据 Python 文档(https://docs.python.org/3.1/glossary.html)，“Python 的所有不可变更的内置对象都是可哈希的，而可变更的容器(例如列表或字典)都不可哈希。”在本练习中，需要使用整型值，因为测试是使用整数种子编写的。当你编写自己的程序时，可以选择使用字符串或其他可哈希的类型。

我们的种子默认值是特殊的 None 值，这有点像未定义的状态。调用 random.seed(None)与完全不设置该种子在本质上是相同的，这使得下面的代码是安全的：

```
random.seed(args.seed)
```

9.3.5　用 range()进行迭代并使用抛弃变量

为了生成--number 句嘲讽的话，可以使用 range()函数。因为我们不需要由 range()返回的数字，所以使用下划线(_)作为变量名，以表明这是可抛弃的值：

```
>>> num_insults = 2
>>> for _ in range(num_insults):
...     print('An insult!')
```

```
...
An insult!
An insult!
```

在 Python 中，下划线是一个有效的变量名，可以给它赋值并使用它：

```
>>> _ = 'You indistinguishable, filthsome carbuncle!'
>>> _
'You indistinguishable, filthsome carbuncle!'
```

把下划线作为变量名，是表明我们不打算使用该值的一种常规做法。也就是说，如果已经声明了 for num in range(...)，那么诸如 Pylint 一类的工具会让你看到，num 变量将不会被使用，并且将被作为一个可能的错误(它确实会是一个错误)进行报告。_表明你正在抛弃这个值，这对未来的你、某个其他用户或外部工具而言是一个有用的信息。

注意，可以在同一声明中使用多个_变量。例如，可以拆散一个三元组(3-tuple)，以及获取中间那个值：

```
>>> x = 'Jesus', 'Mary', 'Joseph'
>>> _, name, _ = x
>>> name
'Mary'
```

9.3.6 构建嘲讽语句

为了创建形容词列表，对一个封装在三重引号里的多行长字符串使用 str.split()方法。要想把所有这些字符串输入到程序中，这很可能是最容易的方式。三重引号允许输入换行符，这点是单引号不允许的：

```
>>> adjectives = """
... bankrupt base caterwauling corrupt cullionly detestable dishonest
... false filthsome filthy foolish foul gross heedless indistinguishable
... infected insatiate irksome lascivious lecherous loathsome lubbery old
... peevish rascaly rotten ruinous scurilous scurvy slanderous
... sodden-witted thin-faced toad-spotted unmannered vile wall-eyed
... """.strip().split()
>>> nouns = """
... Judas Satan ape ass barbermonger beggar block boy braggart butt
... carbuncle coward coxcomb cur dandy degenerate fiend fishmonger fool
... gull harpy jack jolthead knave liar lunatic maw milksop minion
... ratcatcher recreant rogue scold slave swine traitor varlet villain worm
... """.strip().split()


>>> len(adjectives)
36
>>> len(nouns)
39
```

由于我们需要一个或多个形容词，因此 random.sample()函数是一个好选择。该函数将返回一个由诸多条目构成的 list，这些条目从一个给定的 list 中随机选择：

```
>>> import random
```

```
>>> random.sample(adjectives, k=3)
['filthsome', 'cullionly', 'insatiate']
```

若仅从列表中选择一个条目(例如用于嘲讽的名词)而言，可以选用 random.choice()函数：

```
>>> random.choice(nouns)
'boy'
```

接下来，就像在第 3 章中针对野餐条目所做的那样，使用', '(一个逗号和一个空格)把这些修饰语串连在一起。str.join()函数是最适合完成这个目标的：

```
>>> adjs = random.sample(adjectives, k=3)
>>> adjs
['thin-faced', 'scurvy', 'sodden-witted']
>>> ', '.join(adjs)
'thin-faced, scurvy, sodden-witted'
```

为了生成嘲讽话，可以使用一个 f-string 把模板中的形容词和名词组合在一起：

```
>>> adjs = ', '.join(random.sample(adjectives, k=3))
>>> print(f'You {adjs} {random.choice(nouns)}!')
You heedless, thin-faced, gross recreant!
```

现在，我们有了一个便利的办法来树敌和影响众人。

9.4 更进一步

- 从文件中读取形容词和名词，将这些形容词和名词作为实参传递。
- 添加测试，验证这些文件是否被正确地处理，新的嘲讽话依然具有威慑力。

9.5 小结

- 使用 parser.error()函数来打印简要的使用说明，报告问题，并带着一个错误值退出该程序。
- 三重引号字符串可以含有换行字符，与普通的单引号字符串或双引号字符串不同。
- 要想由一个长字符串创建一个由字符串值构成的 list，建议使用 str.split()方法。
- 每次运行程序时，可以使用 random.seed()函数建立可复现的伪随机选择。
- random.choice()函数和 random.sample()函数可分别用于从待选 list 中随机选择一个或多个条目。

第10章

电话：随机变更字符串

“现在的情况是交流失败。”

——船长

现在已经对随机性有所了解，就让我们应用这个理念来随机变更字符串。这是很有趣的问题，因为字符串在Python中实际上是不可变的。必须要想办法解决这个问题。

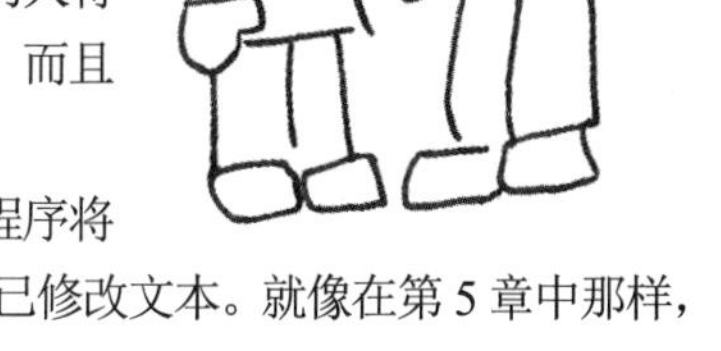

为了探索这个问题，我们编写一个电话游戏程序，在该游戏中，一排或一圈人以耳语方式传播一个秘密消息。每一次传播，该消息通常都会以某个不可预知的方式发生改变。最后一个接收该消息的人将把它大声说出来，并与原始消息进行比较。结果常常是荒谬的，而且很可能很滑稽。

编写一个名为telephone.py的程序来模拟上述游戏。这个程序将打印“You said:”和原始文本，接着打印“I heard:”和该消息的已修改文本。就像在第5章中那样，输入文本可以来自命令行：

```
$ ./telephone.py 'The quick brown fox jumps over the lazy dog.'
You said: "The quick brown fox jumps over the lazy dog."
I heard : "TheMquick brown fox jumps ovMr t:e lamy dog."
```

也可以来自文件：

```
$ ./telephone.py ../inputs/fox.txt
You said: "The quick brown fox jumps over the lazy dog."
I heard : "The quick]b'own fox jumps ovek the la[y dog."
```

这个程序接收-m或--mutations选项，该选项应该是介于0和1之间的一个浮点数，默认值为0.1(10%)。这个浮点数将是被更改的字母数量的百分比。例如，0.5意味着应该更改50%的字母：

```
$ ./telephone.py ../inputs/fox.txt -m .5
You said: "The quick brown fox jumps over the lazy dog."
I heard : "F#eYquJsY ZrHnna"o. Muz/$ Nver t/Relazy dA!."
```

由于使用了random模块，因此将针对-s或--seed选项接收一个int值，这样能够再现伪随机选择：

```
$ ./telephone.py ../inputs/fox.txt -s 1
You said: "The quick brown fox jumps over the lazy dog."
I heard : "The 'uicq brown *ox jumps over the l-zy dog."
```

图 10.1 是该程序的一个线图。

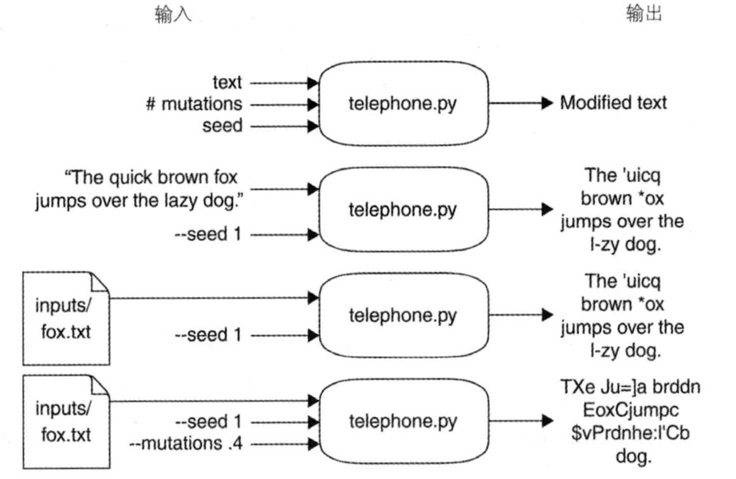

图 10.1　该电话程序将接收文本，可能还接收某个变更百分比，以及一个随机种子。输出将是输入文本的随机变更版本

在本章中，你将学习以下内容：

- 数字取整；
- 使用 string 模块；
- 修改字符串和列表，进行随机变更。

10.1　编写 telephone.py

建议使用 new.py 程序在 10_telephone 目录中创建一个名为 telephone.py 的新程序。可以在资料库的顶层目录执行此操作，代码如下：

```
$ ./bin/new.py 10_telephone/telephone.py
```

也可以把 template/template.py 复制到 10_telephone/telephone.py。修改 get_args()函数，直到-h 输出匹配下面的内容。建议使用 type=float 作为 mutations 参数：

```
$ ./telephone.py -h
usage: telephone.py [-h] [-s seed] [-m mutations] text

Telephone

positional arguments:
  text                  Input text or file
```

```
optional arguments:
  -h, --help            show this help message and exit
  -s seed, --seed seed Random seed (default: None)
  -m mutations, --mutations mutations
                        Percent mutations (default: 0.1)
```

现在运行测试集。至少应该通过最初两个测试(telephone.py 程序存在，以及在使用-h 或--help 运行时打印 usage 使用说明)。

接下来的两个测试检查--seed 和--mutations 选项是否都拒绝非数字值。如果使用 int 和 float 类型定义这些参数，将自动检查输入类型。也就是说，程序行为应该如下：

```
$ ./telephone.py -s blargh foo
usage: telephone.py [-h] [-s seed] [-m mutations] text
telephone.py: error: argument -s/--seed: invalid int value: 'blargh'
$ ./telephone.py -m blargh foo
usage: telephone.py [-h] [-s seed] [-m mutations] text
telephone.py: error: argument -m/--mutations: invalid float value: 'blargh'
```

下一个测试检查该程序是否会拒绝超出范围 0~1(两个端点都包含在内)的--mutations 值。这并不是一个容易向 argparse 描述的检查，因此建议你看看第 9 章中是如何处理 abuse.py 中实参的验证的。在第 9 章中练习 get_args()函数中，我们手动检查实参的值，并使用 parser.error()函数来抛出错误。注意，--mutations 的值可以为 0，在这种情况下，我们将打印出未修改的输入文本。你的程序应该这样响应：

```
$ ./telephone.py -m -1 foobar
usage: telephone.py [-h] [-s seed] [-m mutations] text
telephone.py: error: --mutations "-1.0" must be between 0 and 1
```

这是另一个从命令行或文件接收输入文本的程序，类似第 5 章中的解决方案。在 get_args()函数内部，可以使用 os.path.isfile()检测该文本实参是否是文件。如果是文件，则读取文件的内容，从而获取 text 值。

一旦搞定了程序参数，就该处理 main()函数了，一开始先设置 random.seed()并回显给定的文本：

```
def main():
    args = get_args()
    random.seed(args.seed)
    print(f'You said: "{args.text}"')
    print(f'I heard : "{args.text}"')
```

程序应该处理命令行文本：

```
$ ./telephone.py 'The quick brown fox jumps over the lazy dog.'
You said: "The quick brown fox jumps over the lazy dog."
I heard : "The quick brown fox jumps over the lazy dog."
```

并处理输入文件：

```
$ ./telephone.py ../inputs/fox.txt
You said: "The quick brown fox jumps over the lazy dog."
I heard : "The quick brown fox jumps over the lazy dog."
```

至此，代码应该能够通过 test_for_echo()及之前的测试。接下来的测试开始要求你变更输入，让我们看看如何去做。

10.1.1 计算变更的数量

通过把输入文本的长度乘以 args.mutations 值，可以计算需要被改变的字母的数量。如果想改变“The quick brown fox…”字符串中 20%的字符，我们将发现，这不是一个整数：

```
>>> text = 'The quick brown fox jumps over the lazy dog.'
>>> mutations = .20
>>> len(text) * mutations
8.8
```

可以使用 round()函数来获得最接近的整数值。请阅读 help(round)学习如何把浮点数取成整数：

```
>>> round(len(text) * mutations)
9
```

注意，也可以使用 int 函数把 float 转换成 int，但这种方式仅裁掉数字的分数部分，而不会对数字取整：

```
>>> int(len(text) * mutations)
8
```

稍后会需要这个值，因此把它保存到一个变量中：

```
>>> num_mutations = round(len(text) * mutations)
>>> assert num_mutations == 9
```

10.1.2 变更空间

改变一个字符时，可以把它改变成什么？为此，我们将使用 string 模块。鼓励你引入该模块并阅读 help(string)来查看文档：

```
>>> import string
>>> help(string)
```

例如，可以像下面这样得到全小写的 ASCII 字母。注意，这不是方法调用，因为末尾没有圆括号：

```
>>> string.ascii_lowercase
'abcdefghijklmnopqrstuvwxyz'
```

将返回一个 str：

```
>>> type(string.ascii_lowercase)
<class 'str'>
```

可以在程序中使用 string.ascii_letters 和 string.punctuation 获取所有字母字符串和标点字符串。为了把这两个字符串连接到一起，可以使用+运算符。将从这个字符串中随机选择一个字符来替换另一个字符：

```
>>> alpha = string.ascii_letters + string.punctuation
```

```
>>> alpha
'abcdefghijklmnopqrstuvwxyzABCDEFGHIJKLMNOPQRSTUVWXYZ!"#$%&\'()*+,-
      ./:;<=>?@[\\]^_`{|}~'
```

注意，如果使用的字母次序与示例代码中的不同，那么纵然使用相同的随机种子，也将得到不同的结果。为了确保结果相匹配，需要给 alpha 字符排序，使它们次序一致。

10.1.3　选择要变更的字符

至少有两种方法可用来选择要改变哪些字符：确定性方法，其结果总是保证相同；非确定性方法，结果尽可能地接近目标。让我们首先考察后者。

非确定性的选择

选择要变更的字符的一种方式是模拟第 8 章中的方法 1。

我们应该遍历文本中的每个字符，并选择一个随机数字，以决定是保持原始字符，还是把它改变成某个随机选择的值。如果随机数字小于或等于 mutations 设置，就应该改变该字符：

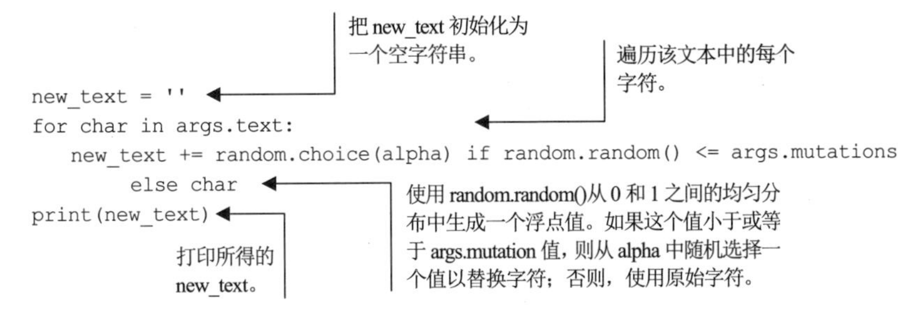

第 9 章中，在 abuse.py 中使用了 random.choice()函数从一个选择列表中随机选择单个值。可以把那个办法用在这里，如果 random.random()值落在 args.mutation 值的范围内(我们知道它也是一个 float)，就从 alpha 中选择一个字符。

这个方法的问题是，for 循环结束时，不能保证已经做了恰好正确数量的改变。也就是说，通过计算得知，当变更率是 20%时，应该改变 44 个字符中的 9 个。我们预期的是，这段代码最终会改变这些字符的大约 20%，因为来自 0 和 1 之间均匀分布的值的随机值有大约 20%的机会小于或等于 0.2。但有时最终可能会仅仅改变 8 个字符，另一些时候我们可能会改变 10 个字符。因为存在这种不确定性，所以这个方法被视为非确定性方法。

尽管如此，这仍是一门非常有意义的技术。想象有一个包含几百万行甚至几十亿行文本的输入文件，你希望在文件中随机采样大约 10%的行，那么上述方法会相当快速和准确。更大样本量将有助于更接近所要求的变更数量。

对字符进行随机采样

要想对百万行的文件采取确定性方法，需要首先读取整个输入来计算行的数量，选择要针对哪些行，然后回溯该文件，从而第二次选取这些行。这个方法耗费的时间比上述方法长得多。根据输入文件的大小，程序的编写方式，以及计算机的内存，该程序甚至有可能让计算机崩溃！

然而，我们的输入相当小，所以可以使用这个算法，因为这个算法具有精确性和可测试性的优点。不过，我们不会关注文本行，而是会考虑字符的索引。第 8 章中介绍了 str.replace()方法，它允许我们把一个字符串的所有实例改变成另一个字符串：

```
>>> 'foo'.replace('o', 'a')
'faa'
```

由于 str.replace()将使某些字符在每次出现时都发生改变，而我们仅仅想在个别时候独立改变字符，因此不能使用 str.replace()。取而代之，可以使用 random.sample()函数来选择该文本中字符的索引。random.sample()的第一实参需要是类似 list 的参数。可以给该列表指定一个 range()，这意味着列表中的元素个数与 text 的长度相等。

假定 text 的长度是 44 个字符：

```
>>> text
'The quick brown fox jumps over the lazy dog.'
>>> len(text)
44
```

可以使用 range()函数创建一个 list，它一共有 44 个元素：

```
>>> range(len(text))
range(0, 44)
```

注意，range()是一个惰性函数。除非强制，否则它不会真的产生 44 个值，可以在 REPL 中使用 list()函数来实现：

```
>>> list(range(len(text)))
```

之前计算过，想要更改 text 的 20%，num_mutations 的值应该是 9。下面是一种可更改的索引：

```
>>> indexes = random.sample(range(len(text)), num_mutations)
>>> indexes
[13, 6, 31, 1, 24, 27, 0, 28, 17]
```

建议使用 for 循环对每一个索引值进行遍历：

```
>>> for i in indexes:
...     print(f'{i:2} {text[i]}')
...
13 w
 6 i
31 t
 1 h
24 s
27 v
 0 T
28 e
17 o
```

应该用一个从 alpha 中随机选择的字符来替换处于每个索引位置的字符：

```
>>> for i in indexes:
...     print(f'{i:2} {text[i]} changes to {random.choice(alpha)}')
```

```
...
13 w changes to b
 6 i changes to W
31 t changes to B
 1 h changes to #
24 s changes to d
27 v changes to :
 0 T changes to C
28 e changes to %
17 o changes to ,
```

现在还有另一个难题——我们不希望替换值与要替换的字符相同。你能想出应如何获取 alpha 的一个子集，让该子集不包含处于该位置的字符吗？

10.1.4 变更字符串

在 Python 中，str 变量是不可变更的，这意味着不能直接修改它们。例如，假设想把处于位置 13 的字符“w”改变成“b”，直接修改 text[13]会很方便，但这将触发一个异常：

```
>>> text[13] = 'b'
Traceback (most recent call last):
  File "<stdin>", line 1, in <module>
TypeError: 'str' object does not support item assignment
```

想修改 text 的 str 值，唯一方式是使用一个新的 str 覆盖它。需要用下面几步创建一个新的 str，如图 10.2 所示：

- text 在给定索引之前的部分
- 从 alpha 中随机选择的值
- text 在给定索引之后的部分

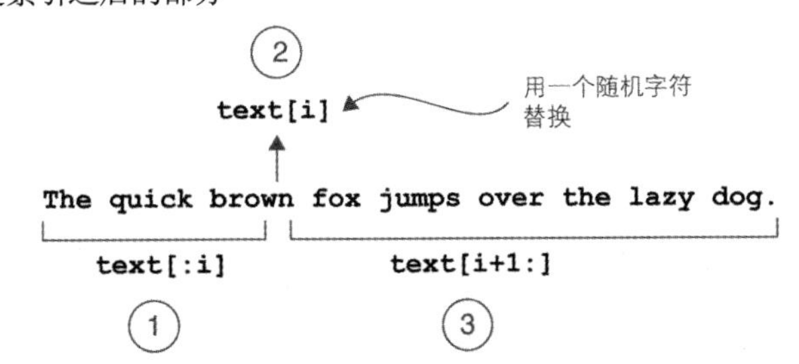

图 10.2　通过选择该字符串在索引之前的部分、一个新字符以及字符串在索引之后的部分，创建一个新字符串

对于上述第一部分和第三部分，可以使用字符串片段。例如，如果索引 i 是 13，那么它前面的部分是：

```
>>> text[:13]
'The quick bro'
```

它后面的部分是

```
>>> text[14:]
'n fox jumps over the lazy dog.'
```

使用之前列出的三个部分，你的 for 循环应该是：

```
for i in index:
    text = 1 + 2 + 3
```

你能想出应如何编写程序吗？

10.1.5 编写程序

好啦，教学部分结束了。现在，你必须编写这个程序了。请善用测试，一次解决一个问题。你一定能做到。

10.2 解决方案

你的解决方案与我的有什么不同？让我们看看一种满足测试的程序：

```
#!/usr/bin/env python3
"""Telephone"""

import argparse
import os
import random
import string          ◄── 导入 string 模块，需要使用该模块来随机选择一个字符。

# --------------------------------------------------
def get_args():
    """Get command-line arguments"""

    parser = argparse.ArgumentParser(
        description='Telephone',
        formatter_class=argparse.ArgumentDefaultsHelpFormatter)

    parser.add_argument('text', metavar='text', help='Input text or file')   ◄── 为该文本定义一个位置实参。可以是一个文本字符串，也可以是一个需要被读取的文件。

    parser.add_argument('-s',          ◄── --seed 参数是一个整型值，默认值为 None。
                        '--seed',
                        help='Random seed',
                        metavar='seed',
                        type=int,
                        default=None)

    parser.add_argument('-m',          ◄── --mutations 参数是一个浮点值，默认值为 0.1。
                        '--mutations',
                        help='Percent mutations',
                        metavar='mutations',
                        type=float,
                        default=0.1)

    args = parser.parse_args()         ◄── 处理来自命令行的实参。如果 argparse 检测到错误，例如有非数字值用于 seed 或 mutations，那么该程序会在此停止运行，且用户会看到一个错误消息。如果调用成功，那么 argparse 已经验证了这些实参并转换了这些值。
```

如果 args.mutations 不处于可接受的范围 0~1 内，就使用 parser.error()来暂停程序，并打印给定的消息。注意，使用反馈机制把错误的 args.mutation 值回显给用户。

```
    if not 0 <= args.mutations <= 1:
        parser.error(f'--mutations "{args.mutations}" must be between 0 and 1')

    if os.path.isfile(args.text):
        args.text = open(args.text).read().rstrip()

    return args
```

如果 args.text 命名了一个现有文件，读取该文件的内容，并覆盖 args.text 的原始值。

把已处理的实参返回给调用方。

```
# --------------------------------------------------
def main():
    """Make a jazz noise here"""

    args = get_args()
    text = args.text
    random.seed(args.seed)
    alpha = ''.join(sorted(string.ascii_letters + string.punctuation))
    len_text = len(text)
    num_mutations = round(args.mutations * len_text)
    new_text = text

    for i in random.sample(range(len_text), num_mutations):
        new_char = random.choice(alpha.replace(new_text[i], ''))
        new_text = new_text[:i] + new_char + new_text[i + 1:]

    print(f'You said: "{text}"\nI heard : "{new_text}"')


# --------------------------------------------------
if __name__ == '__main__':
    main()
```

把 random.seed()设置成用户提供的值。记住，args.seed 的默认值是 None，与不设置种子相同。

生成文本的一个副本。

打印文本。

把变更率乘以该文本的长度，算出 num_mutations。

我们将不止一次地使用 len(text)，所以把它放到一个变量里。

把 alpha 设置成我们要替换的值。sorted()函数将返回一个正确次序的字符所构成的新列表，然后使用 str.join()函数把新列表转换成一个 str 值。

通过串连以下部分来重写该文本：当前索引之前的部分，然后是 new_char，最后是当前索引之后的部分。

使用 random.choice()从字符串中选择一个 new_char，该字符串是通过把 alpha 变量中的当前字符(text[i])替换成空字符来创建的。这确保了新字符不会与我们正在替换的字符相同。

使用 random.sample()获取待改变的 num_mutations 索引。该函数返回一个列表，可以使用 for 循环来遍历列表。

10.3　讨论

在 get_args()中的代码此前都已经介绍过了。--seed 实参是 int，将把它传递给 random.seed()函数，以控制随机性从而对程序进行测试。默认的种子值是 None，因此可以调用

random.seed(args.seed)，其中 None 与不设置种子是相同的。--mutations 参数是一个 float，它具有合理的默认值，如果该值处于不适当的范围内，会通过 parser.error()来产生一个错误消息。和在其他程序中相同，将测试 text 实参是否是文件，如果是文件，则读取它的内容。

10.3.1 变更字符串

你之前已经看到，不能改变 text 字符串：

```
>>> text = 'The quick brown fox jumps over the lazy dog.'
>>> text[13] = 'b'
Traceback (most recent call last):
  File "<stdin>", line 1, in <module>
TypeError: 'str' object does not support item assignment
```

需要使用 i 之前和之后的文本来创建一个新的字符串，可以使用 text[start:stop]，以字符串片段的方式获取这些文本。如果省掉 start，那么 Python 会从 0(该字符串的开头)开始；如果省掉 stop，那么 Python 会在该字符串的末尾结束，因此 text[:]是整个字符串的一个副本。

如果 i 是 13，那么 i 之前的字符位是：

```
>>> i = 13
>>> text[:i]
'The quick bro'
```

i+1 之后的字符位是：

```
>>> text[i+1:]
'n fox jumps over the lazy dog.'
```

现在，来考虑一下应把什么放在中间。之前提到，应该使用 random.choice()从 alpha 中选择一个字符，其中 alpha 是除了当前字符以外的所有 ASCII 字母和标点的组合。使用 str.replace()方法来排除当前字符：

```
>>> alpha = ''.join(sorted(string.ascii_letters + string.punctuation))
>>> alpha.replace(text[i], '')
'!"#$%&\'()*+,-
      ./:;<=>?@ABCDEFGHIJKLMNOPQRSTUVWXYZ[\\]^_`abcdefghijklmnopqrstuvxyz{|}~'
```

然后使用 random.choice()获取一个新字母，新字母不能为正在替代的字符：

```
>>> new_char = random.choice(alpha.replace(text[i], ''))
>>> new_char
'Q'
```

有许多方式可以把字符串连接在一起形成新字符串。最简单的方式或许是使用+操作符：

```
>>> text = text[:i] + new_char + text[i+1:]
>>> text
'The quick broQn fox jumps over the lazy dog.'
```

对索引的 random.sample()中的每个索引都执行此操作，每次都覆盖原有文本。在 for 循环完成以后，输入字符串的所有位置已经完成了变更，并且可以 print()它。

10.3.2　使用 list 代替 str

字符串是不可变更的，但列表不是。已知像 text[13]='b'这样的操作会触发异常，但可以把 text 转换成一个列表，并用相同的语法直接修改它：

```
>>> text = list(text)
>>> text[13] = 'b'
```

通过在空字符串上连接 list，可以把该 list 转换回一个 str：

```
>>> ''.join(text)
'The quick brobn fox jumps over the lazy dog.'
```

下面是使用这个方法的一种 main()函数版本：

```
def main():
    args = get_args()
    text = args.text
    random.seed(args.seed)
    alpha = ''.join(sorted(string.ascii_letters + string.punctuation))
    len_text = len(text)
    num_mutations = round(args.mutations * len_text)
    new_text = list(text)

    for i in random.sample(range(len_text), num_mutations):
        new_text[i] = random.choice(alpha.replace(new_text[i], ''))

    print('You said: "{}"\nI heard : "{}"'.format(text, ''.join(new_text)))
```

把 new_text 初始化为原始文本值的一个 list。

现在可以直接修改 new_text 中的值。

在空字符串上连接 new_list，从而建立一个新的 str。

DNA 中的突变

值得一提的是，这个程序(在某种程度上)模拟了 DNA 是如何随时间而变化的。复制 DNA 的过程会出错，从而随机产生突变。这种变化通常对生物体没有危害。

我们的示例仅仅把一些字符改变成其他字符——生物学家称之为“点突变”“单核苷酸变异”(SNV)或“单核苷酸多态性”(SNP)。类似地，可以写另外一个版本，该版本还会随机删除或插入新字符，这些字符被称为“in-dels”(insertion-deletions，插入删除)。突变(那些不会导致生物体灭亡的突变)发生的速度相当标准，因此，通过计算任何两个生物体的保守区之间的突变的数量，可以估计它们是在多长时间以前由一个共同祖先分化出来的。

尽管两种方法之间并没有明显的优劣，但我个人会选择第二个方法，因为我不喜欢与字符串片段纠缠不休。对我而言，就地修改一个 list 比反反复复切割和拼接一个 str 更有意义。

10.4 更进一步

- 把变更应用到随机选择的单词，而不是整个字符串。
- 在变更以外还可以执行插入和删除，抑或是针对各自的百分比创建实参，并选择以指定频率添加或删除字符。
- 为-o 或--output 添加一个选项，用以为用于写入输出的文件命名。默认值应该被打印到STDOUT。
- 添加一个标志，以将替换限制为仅仅替换字符值(不替换标点)。
- 向 test.py 添加针对每个新特征的测试，并确保程序正常运行。

10.5 小结

- 字符串不能被直接修改，但包含字符串的变量可以反复使用新值覆盖。
- 列表可以被直接修改，因此有时可以把字符串转变为一个 list，修改这个列表，然后使用 str.join()来把列表转换回 str。
- string 模块具有各种字符串的灵活定义。

第 11 章

瓶装啤酒之歌：编写和测试函数

很少有歌曲像《墙上有九十九瓶啤酒》那样烦人。希望你从来没有像我一样被迫在一辆载满爱唱这首歌的中学男生的货车上待好几个小时。这是一首相当简单的歌，可以写一个算法来生成它。可以借此机会练习操作正向计数、反向计数和字符串格式化，以及为这些功能编写的函数及相应测试！

将本练习中的程序命名为bottles.py，并采用一个选项-n或--num，它必须是正的int(默认值为10)。该程序应该打印从--num反向计数到1的所有小节。各个小节之间应该有两个新行，以在视觉上分隔各个小节，但在最后一个小节(一瓶)之后只能有一个新行，且应该打印“No more bottles of beer on the wall”，而不是“0 bottles”：

```
$ ./bottles.py -n 3
3 bottles of beer on the wall,
3 bottles of beer,
Take one down, pass it around,
2 bottles of beer on the wall!

2 bottles of beer on the wall,
2 bottles of beer,
Take one down, pass it around,
1 bottle of beer on the wall!

1 bottle of beer on the wall,
1 bottle of beer,
Take one down, pass it around,
No more bottles of beer on the wall!
```

在本章中，你将学习以下内容：

- 如何产生一个由递减数字构成的列表；
- 编写一个函数来创建这首歌的一个小节，使用测试来验证该小节何时正确；
- 探索如何把for循环写成列表推导式，进而写成map()。

11.1 编写 bottles.py

在 11_bottles_of_beer 目录下编写。一开始，复制 template.py 或使用 new.py 在目录中创建 bottles.py 程序。然后修改 get_args()函数，直到用法和下面的使用说明一致。只需要用 type=int 和 default=10 定义--num 选项：

```
$ ./bottles.py -h
usage: bottles.py [-h] [-n number]

Bottles of beer song

optional arguments:
  -h, --help            show this help message and exit
  -n number, --num number
                        How many bottles (default: 10)
```

如果--num 实参不是 int 值，那么程序应该打印错误消息并带着错误值退出。如果正确地把参数定义到 argparse，那么程序将自动运行：

```
$ ./bottles.py -n foo
usage: bottles.py [-h] [-n number]
bottles.py: error: argument -n/--num: invalid int value: 'foo'
$ ./bottles.py -n 2.4
usage: bottles.py [-h] [-n number]
bottles.py: error: argument -n/--num: invalid int value: '2.4'
```

由于不能唱零个或零个以下的小节，因此需要检查--num 是否小于 1。为此，建议像在前述的练习中一样，在 get_args()函数内部使用 parser.error()：

```
$ ./bottles.py -n 0
usage: bottles.py [-h] [-n number]
bottles.py: error: --num "0" must be greater than 0
```

图 11.1 是一个关于输入和输出的线图。

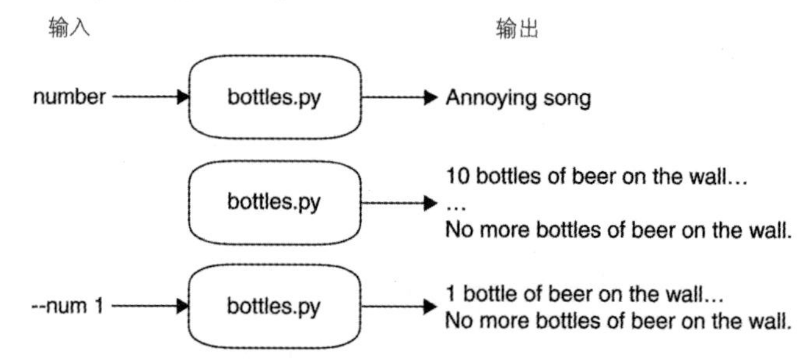

图 11.1　该程序可能会选择某一个数字作为小节的开始，默认从 10 开始唱这首歌

11.1.1 反向计数

这首歌从给定的--num 值(比如 10)开始，并且需要倒着数到 9、8、7，以此类推。如何在 Python 中实现这件事呢？我们已经介绍过使用 range(start, stop)来获取一个值递增的整数列表。如果仅仅提

供一个数字，那么该数字将被视为 stop 值，并且假定 start 值为 0：

```
>>> list(range(5))
[0, 1, 2, 3, 4]
```

因为 range()是一个惰性函数，所以必须在 REPL 中使用 list()函数来强制 range()产生数字。记住，stop 值不会被包含在输出中，因此前面给出的输出停止在 4 而不是 5。

如果给 range()两个数字，那么它们将被视为 start 值和 stop 值：

```
>>> list(range(1, 5))
[1, 2, 3, 4]
```

为了反转这个序列，你可能会想到交换 start 值和 stop 值。不幸的是，如果 start 值大于 stop 值，将会得到一个空列表：

```
>>> list(range(5, 1))
[]
```

第 3 章中使用了 reversed()函数来逆转 list。reversed()是另一个惰性函数，因此需要再次在 REPL 中强制 list()函数以给出这些值：

```
>>> list(reversed(range(1, 5)))
[4, 3, 2, 1]
```

range()函数也可以接收一个可选的第三实参，用于 step(间隔)值。例如，使用 range()函数来隔五计数：

```
>>> list(range(0, 50, 5))
[0, 5, 10, 15, 20, 25, 30, 35, 40, 45]
```

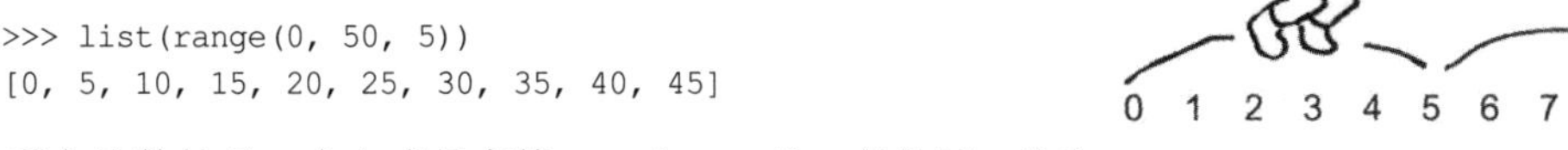

反向计数的另一个方式是交换 start 和 stop 值，并使用-1 作为 step：

```
>>> list(range(5, 0, -1))
[5, 4, 3, 2, 1]
```

因此，有多种方式反向计数。

11.1.2　编写函数

到目前为止，一直建议把所有代码都放入 main()函数。在本练习中，第一次建议你写一个函数。希望你考虑如何编写只唱一个小节的代码。该函数可以读取小节的数字，并返回相应的小节文本。

可以从类似于图 11.2 中所示的例子开始。关键字 def 定义一个函数，后跟该函数的名称。函数名应该只包含字母、数字和下划线，并且不能以数字开头。在函数名之后是圆括号，描述该函数所接收的任何参数。在这里，将函数命名为 verse()，且具有参数 bottle(或 number，随便你怎么称呼它)。在参数之后是一个冒号，表明 def 行的结束。接下来是函数体，所有行缩进至少 4 个空格。

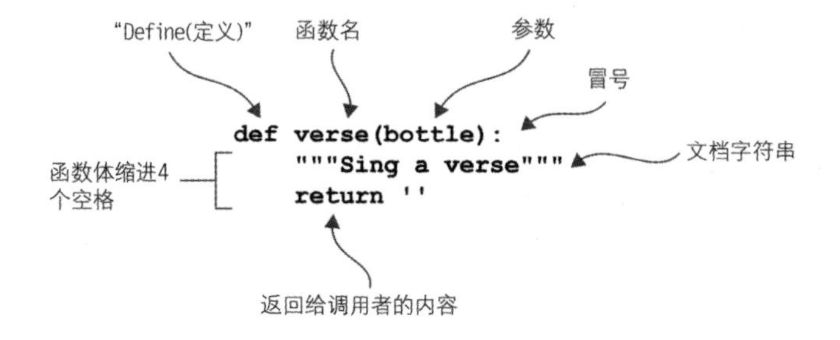

图 11.2 Python 中一个函数定义中的元素

图 11.2 中的文档字符串是紧随函数定义之后的一个字符串。它将出现在函数帮助文档中。可以把下面的内容输入 REPL：

```
>>> def verse(bottle):
...     """Sing a verse"""
...     return ''
...
>>> help(verse)
```

输入后将看到：

```
Help on function verse in module __main__:

verse(bottle)
    Sing a verse
```

return 语句告诉 Python 该函数返回什么。现在还没什么意思，因为函数只返回空字符串：

```
>>> verse(10)
''
```

对哑函数(dummy function)的主体使用 pass 语句也是常见的做法。pass 语句什么也不会做，该函数将返回 None 而不是空字符串，就像上述代码所做的一样。当开始编写自己的函数和测试时，在创建新函数时使用 pass，有帮助于确认确定该函数会做什么。

11.1.3 为 verse()编写测试

基于“测试驱动开发”的理念，让我们在继续前进之前为 verse()写一个测试。
一种可以使用的测试如下。把下面的代码添加到你的 bottles.py 程序，就放在 main()函数之后：

```
def verse(bottle):
    """Sing a verse"""

    return ''

def test_verse():
  """Test verse"""

  last_verse = verse(1)
  assert last_verse == '\n'.join([
      '1 bottle of beer on the wall,', '1 bottle of beer,',
```

```
        'Take one down, pass it around,',
        'No more bottles of beer on the wall!'
    ])

    two_bottles = verse(2)
    assert two_bottles == '\n'.join([
        '2 bottles of beer on the wall,', '2 bottles of beer,',
        'Take one down, pass it around,', '1 bottle of beer on the wall!'
    ])
```

有许多种方式写这个程序。可以使用 verse()函数产生这首歌的单个小节，返回一个新的 str 值，这个 str 是该小节的文本行与新行相连接而成的。

你不必这样编写程序，但希望你思考编写函数和单元测试意味着什么。如果阅读过关于软件测试的文章，你将发现，代码的“单元”有不同的定义。在本书中，把一个函数视为一个单元，因此本书中的单元测试是对个体函数的测试。

尽管这首歌可能有几百个小节，但这两个测试应该能够覆盖需要检查的所有方面。查看这首歌的乐谱(如图 11.3 所示)可能会有帮助，因为它能很好地用图形展示出这首歌的结构，从而展示出程序的结构。

99 Bottles of Beer

Anonymous

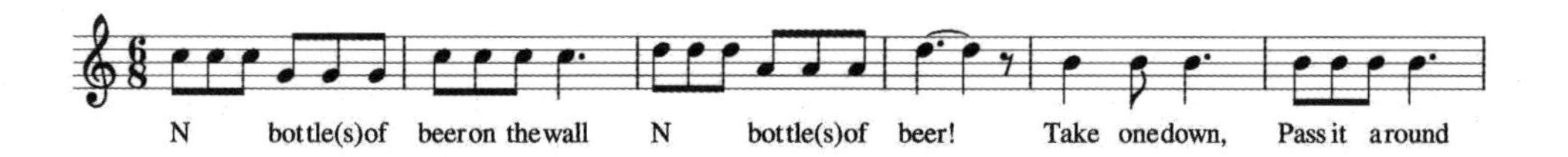

图 11.3　这首歌的乐谱表明有两种情况：一种情况是除了最后一个小节以外的所有小节，另一种情况是最后一个小节

本书对乐谱做了几处变动，混入了一些编程理念。以防你不知道如何阅读乐谱，我简要解释其中的重要部分。N 是当前数字，比如“99”，因此(N-1)是“98”。乐谱小节结束处有个标记为 1-(N-1)，这可能有些费解，因为此式中使用了同样的连字符(-)表示范围和减号，故此处 1-(N-1)指第 1 节到第 N-1 节，即从第一次到倒数第二次重复都使用第一个结尾。第一个结尾中的小节线之前的冒号意味着从开头重复这首歌。在最后一次重复中使用标记为 N 的小节结尾，双竖线表示这首歌/这个程序结束。

从乐谱中可以看到，我们只需要处理两种情况：最后一个小节，以及所有其他小节。因此，首先检查最后一个小节。我们要找的是“1 bottle”(单数)而不是“1 bottles”(复数)。还需要检查最后一行说的是“No more bottles”而不是“0 bottles”。第二个测试针对“2 bottles of beer”，这是为了确保数字是“2 bottles”然后是“1 bottle”。如果能够通过这两个测试，那么程序应该能够处理所有小节。

本书给出了 test_verse()以测试 verse()函数。该函数的名称很重要，因为将使用 pytest 模块来找到代码中所有以 test_开头的函数并运行它们。如果你的bottles.py 程序具有函数 verse()和 test_verse()，那么可以运行 pytest bottles.py。试一试，应该会看到如下内容：

```
$ pytest bottles.py
============================ test session starts =============================
...
collected 1 item

bottles.py F                                                            [100%]

================================== FAILURES ==================================
_________________________________ test_verse _________________________________

      def test_verse():
        """Test verse"""

        last_verse = verse(1)
>       assert last_verse == '\n'.join([
            '1 bottle of beer on the wall,', '1 bottle of beer,',
            'Take one down, pass it around,',
            'No more bottles of beer on the wall!'
        ])
E       AssertionError: assert '' == '1 bottle of beer on the wal...ottles of
    beer on the wall!'
E         + 1 bottle of beer on the wall,
E         + 1 bottle of beer,
E         + Take one down, pass it around,
E         + No more bottles of beer on the wall!

bottles.py:49: AssertionError
========================== 1 failed in 0.10 seconds ==========================
```

用实参 1 调用 verse()函数，得到这首歌的最后一个小节。

“E”行显示了所接收的内容和预期的内容之间的差异。last_verse 的值是空字符串(''), 与预期的字符串“1 bottle of beer…”不匹配，其余同理。

这一行开头的>表示这是错误的来源。该测试检查 last_verse 的值是否等于预期的 str 值。由于不相等，所以这一行触发异常，导致断言失败。

为了通过第一个测试，可以直接从该测试复制针对 last_verse 的期望值的代码。更改 verse()函数，以匹配下面的内容：

```
def verse(bottle):
  """Sing a verse"""

  return '\n'.join([
      '1 bottle of beer on the wall,', '1 bottle of beer,',
      'Take one down, pass it around,',
      'No more bottles of beer on the wall!'
  ])
```

现在，再次运行程序。应该通过第一个测试，但第二个测试失败。相关的错误行如下：

```
================================== FAILURES ==================================
_________________________________ test_verse _________________________________

    def test_verse() -> None:
```

```
    """Test verse"""

    last_verse = verse(1)
    assert last_verse == '\n'.join([
        '1 bottle of beer on the wall,', '1 bottle of beer,',
        'Take one down, pass it around,',
        'No more bottles of beer on the wall!'
    ])

    two_bottles = verse(2)
>   assert two_bottles == '\n'.join([
          '2 bottles of beer on the wall,', '2 bottles of beer,',
          'Take one down, pass it around,', '1 bottle of beer on the wall!'
    ])
E   AssertionError: assert '1 bottle of ... on the wall!' == '2 bottles of
    ... on the wall!'
E     - 1 bottle of beer on the wall,
E     ?^
E     + 2 bottles of beer on the wall,
E     ?^ +
E     - 1 bottle of beer,
E     ?^
E     + 2 bottles of beer,...
E
E     ...Full output truncated (7 lines hidden), use '-vv' to show
```

这个测试通过了。

断言这个小节等于预期的字符串。

用实参 2 调用 verse()，获取“Two bottles…”小节。

这些 E 行展示了程序的问题。verse()函数返回“1 bottle”，但该测试预期是“2 bottles”，其余同理。

回头看看 verse()定义。看看图 11.4，想想哪些部分需要变化——答案是第一行、第二行、第四行。第三行是不变的。你被赋予了一个 bottle 值，它需要被用在前两行中，并匹配正确的“bottle”或“bottles”(取决于 bottle 的值)。(提示：只有在值为 1 时是单数，其他时候都是复数。)第四行需要值 bottle-1，以及恰当的单数或复数量词(取决于 bottle-1 的值)。你能想出如何写代码吗？

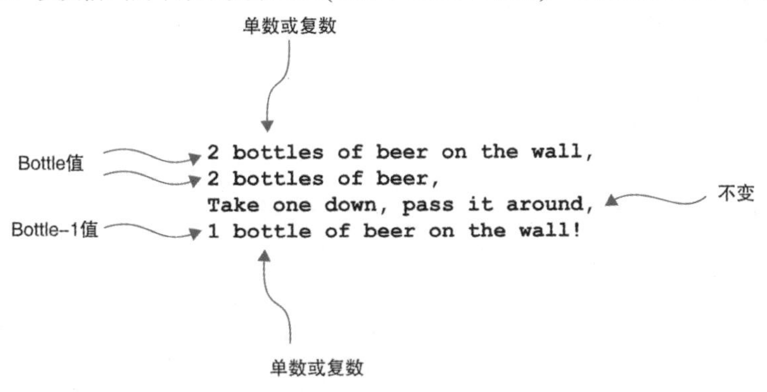

图 11.4　每个小节具有四行，其中前两行和最后一行非常相似。第三行都是相同的。找出不同的部分

尽力通过这两个测试，然后再进入下一阶段：打印整首歌。也就是说，在得到下面的内容之前，不要试图做其他事：

```
$ pytest bottles.py
============================== test session starts ===============================
...
collected 1 item
```

```
bottles.py .                                                             [100%]

========================= 1 passed in 0.05 seconds =========================
```

11.1.4 使用 verse()函数

此时，你知道：

- --num 值是一个大于 0 的有效整型值
- 如何从这个--num 值反向计数到 0
- verse()函数可以正确地打印任何一个小节

现在需要把它们组合在一起。建议你在起步阶段使用 for 循环与 range()函数来反向计数，并使用由此循环得到的每个值生成 verse()。每个小节(除了最后一个小节)之后应该有两个新行。

此时可以使用 pytest -xv test.py(或 make test)测试该程序。以测试用语来说，test.py 是一个集成测试，因为它检查该程序是否整体有效。此后，除了集成测试，我们将专注于如何写单元测试来检查个体函数，以确保所有函数能够良好协作。

一旦能使用 for 循环通过测试集，就尝试使用列表推导式或 map()重写它。比起从头起草，建议你通过向行开头添加#来注释代码，然后尝试用其他方式来写该算法。使用测试来验证现在代码仍然可以通过测试。解决方案用于完成这一目标的代码长度是一行，希望这能激发你使出全身解数。你能写出单行代码来组合 range()和 verse()函数，从而产生期望的输出吗？

下面是几个提示：

- 把--num 实参定义为 int，默认值是 10。
- 使用 parser.error()来获取 argparse，针对负的--num 值打印错误消息。
- 编写 verse()函数。使用 test_verse()函数和 Pytest 使其顺畅地运行。
- 把 verse()函数与 range()组合起来，从而创建所有小节。

请你一定尽力编写程序，然后再阅读解决方案。也可以用完全不同的方式解决这个问题，甚至编写你自己的单元测试。

11.2 解决方案

现在演示一个稍微花哨的使用 map()的版本。稍后还将演示如何使用 for 循环和列表推导式来编写程序。

```
#!/usr/bin/env python3
"""Bottles of beer song"""

import argparse


# --------------------------------------------------
def get_args():
    """Get command-line arguments"""

    parser = argparse.ArgumentParser(
```

```
        description='Bottles of beer song',
        formatter_class=argparse.ArgumentDefaultsHelpFormatter)

    parser.add_argument('-n',
                        '--num',
                        metavar='number',
                        type=int,
                        default=10,
                        help='How many bottles')

    args = parser.parse_args()

    if args.num < 1:
        parser.error(f'--num "{args.num}" must be greater than 0')

    return args
```

把--num 实参定义为 int，默认值为 10。

把命令行实参解析成变量 args。

如果 args.num 小于 1，则使用 parser.error()来显示错误消息并带着错误值退出该程序。

map()函数期望将一个函数作为第一实参，将一些可迭代的对象作为第二实参。这里把来自 range()函数的递减数字返回给 verse()函数。map()的结果是一个新的小节列表，它可以被连接在两个新行上。

```
# --------------------------------------------------
def main():
    """Make a jazz noise here"""

    args = get_args()
    print('\n\n'.join(map(verse, range(args.num, 0, -1))))
```

定义一个能创建单独 verse()的函数。

```
# --------------------------------------------------
def verse(bottle):
    """Sing a verse"""

    next_bottle = bottle - 1
    s1 = '' if bottle == 1 else 's'
    s2 = '' if next_bottle == 1 else 's'
    num_next = 'No more' if next_bottle == 0 else next_bottle
    return '\n'.join([
        f'{bottle} bottle{s1} of beer on the wall,',
        f'{bottle} bottle{s1} of beer,',
        f'Take one down, pass it around,',
        f'{num_next} bottle{s2} of beer on the wall!',
    ])
```

定义 next_bottle，它是当前 bottle 数量减 1。

定义 s1(第一个“s”)，它要么是字符“s”，要么是空字符串，取决于当前 bottle 的值。

为 next_num 定义一个值，该值取决于下一个值是否为 0。

把四行文本链接在新行上，从而创建返回字符串。
在变量中替换，以创建正确的小节。

对 s2(第二个“s”)执行同样的操作，s2 的值取决于 next_bottle 的值。

```
# --------------------------------------------------
def test_verse():
    """Test verse"""

    last_verse = verse(1)
    assert last_verse == '\n'.join([
        '1 bottle of beer on the wall,', '1 bottle of beer,',
        'Take one down, pass it around,',
```

为 verse()函数定义一个名为 test_verse()的单元测试。test_prefix 表示 pytest 模块将找到这个函数并执行它。

用值 1 测试最后一个 verse()。

```
        'No more bottles of beer on the wall!'
    ])

    two_bottles = verse(2)
    assert two_bottles == '\n'.join([
        '2 bottles of beer on the wall,', '2 bottles of beer,',
        'Take one down, pass it around,', '1 bottle of beer on the wall!'
    ])


# --------------------------------------------------
if __name__ == '__main__':
    main()
```

用值 2 测试某一个 verse()。

11.3 讨论

本程序的 get_args()函数中并没有新东西。到目前为止，已经提供了多种用默认实参来定义可选整型参数的选择，并且在用户提供错误的实参时使用 parser.error()暂停程序。通过依靠 argparse 处理多种繁重工作可以节省大量时间，而且确保了有可用的合理数据。

让我们向新任务进发！

11.3.1 反向计数

前面介绍了如何从给定的--num 反向计数，并且已知可以使用 for 循环来进行遍历：

```
>>> for n in range(3, 0, -1):
...     print(f'{n} bottles of beer')
...
3 bottles of beer
2 bottles of beer
1 bottles of beer
```

比起直接在 for 循环内部创建每个小节，建议你创建一个名为 verse()的函数来创建任意给定小节，并把该小节与关于数字的 range()关联在一起使用。到目前为止，我们一直在 main()函数中完成所有工作。不过，随着你成长为一个程序员，你的程序将变得更长——几百行甚至几千行代码。长的程序和函数会非常难以测试和维护，因此应该尝试考虑将其分解成便于理解和测试的小的函数单元。理想情况下，一个函数应该只做一件事。如果理解并信任那些小巧简单的函数，那么就可以安全地把它们组合成更长更复杂的程序。

11.3.2 测试驱动开发

试着为程序添加一个 test_verse()函数，与 Pytest 一起使用，从而创建一个可用的 verse()函数。这个理念遵循 Kent Beck 在他的 *Test-DrivenDevelopment*(Addison-WesleyProfessional, 2002)一书中所描述的原则：

(1) 为未实现的功能单元添加一个新测试。

(2) 运行所有先前写的测试，会看到新添加的测试失败。

(3) 编写可以实现新功能的代码。

(4) 运行所有测试，直到所有测试成功。

(5) 重构(重写以提高可读性或改善结构)。

(6) 从头开始(重复)。

例如，假定需要一个将任何给定数字加 1 的函数。将其命名为 add1()，并把函数主体定义为 pass，以告诉 Python“在这里什么也没看到”：

```
def add1(n):
pass
```

现在写 test_add1()函数，向该函数传递一些实参，并使用 assert 来验证你预期的值：

```
def test_add1():
    assert add1(0) = 1
    assert add1(1) = 2
    assert add1(-1) = 0
```

运行 pytest(或任何你喜欢的测试框架)并验证该函数确实不可行(当然不可行，因为函数只执行 pass)。然后填入一些确实可行的函数代码(使用 return n+1 代替 pass)。传递各种实参，包括什么也不传递、传递一个参数和传递许多个参数。[1]

11.3.3 verse()函数

本书提供了一个 test_verse()函数，它明确地演示了针对实参 1 和 2 的期望值。之所以喜欢首先写测试，是因为这会提供机会考虑想如何使用该代码，想给实参什么值，以及期待得到什么反馈。例如，在给定以下实参的情况下，函数 add1()应该返回什么：

- 无实参
- 多于一个实参
- None 值
- 除了数值类型(int、float 或 complex)以外的任何值，比如 str 值或 dict

可以编写测试来兼顾传递“好”值和“坏”值，并且考虑代码在“顺境”和“逆境”下如何运行。

下面是我写的 verse()函数，它通过了 test_verse()函数：

```
def verse(bottle):
    """Sing a verse"""

    next_bottle = bottle - 1
    s1 = '' if bottle == 1 else 's'
    s2 = '' if next_bottle == 1 else 's'
    num_next = 'No more' if next_bottle == 0 else next_bottle
    return '\n'.join([
        f'{bottle} bottle{s1} of beer on the wall,',
```

1 一位 CS(computer science，计算机科学)教授曾经在办公时告诉我，务必要处理 0、1 和 n (无限)的情况，我贯彻至今。

```
        f'{bottle} bottle{s1} of beer,',
        f'Take one down, pass it around,',
        f'{num_next} bottle{s2} of beer on the wall!',
    ])
```

第 11.2 节中对这段代码进行了解释，但基本上屏蔽了返回字符串的所有变化部分，并且创建了变量用来替换这些位置。使用 bottle 和 next_bottle 来决定在“bottle”字符串之后是否应该有一个“s”。也需要弄清，是应该打印下一瓶的数字，还是打印字符串“No more”(当 next_bottle 为 0 时)。选择 s1、s2 和 num_next 都涉及二选一决策，这意味着它们是在两个值之间进行选择，所以最好使用 if 表达式。

这个函数通过了 test_verse()，因此可以更进一步，利用它生成歌曲。

11.3.4 遍历歌曲小节

可以使用一个 for 循环来反向计数，并 print()每个 verse()：

```
>>> for n in range(3, 0, -1):
...     print(verse(n))
...
3 bottles of beer on the wall,
3 bottles of beer,
Take one down, pass it around,
2 bottles of beer on the wall!
2 bottles of beer on the wall,
2 bottles of beer,
Take one down, pass it around,
1 bottle of beer on the wall!
1 bottle of beer on the wall,
1 bottle of beer,
Take one down, pass it around,
No more bottles of beer on the wall!
```

这段差一点就正确了，但在各个小节之间需要两个空行。可以使用 end 选项来 print，从而为所有大于 1 的值包含两个空行：

```
>>> for n in range(3, 0, -1):
...     print(verse(n), end='\n' * (2 if n > 1 else 1))
...
3 bottles of beer on the wall,
3 bottles of beer,
Take one down, pass it around,
2 bottles of beer on the wall!

2 bottles of beer on the wall,
2 bottles of beer,
Take one down, pass it around,
1 bottle of beer on the wall!

1 bottle of beer on the wall,
1 bottle of beer,
Take one down, pass it around,
No more bottles of beer on the wall!
```

也可以使用 str.join()方法在一个 list 的条目之间放置两个空行。list 的条目是这些小节，并且可以把 for 循环转变成列表推导式，如图 11.5 所示。

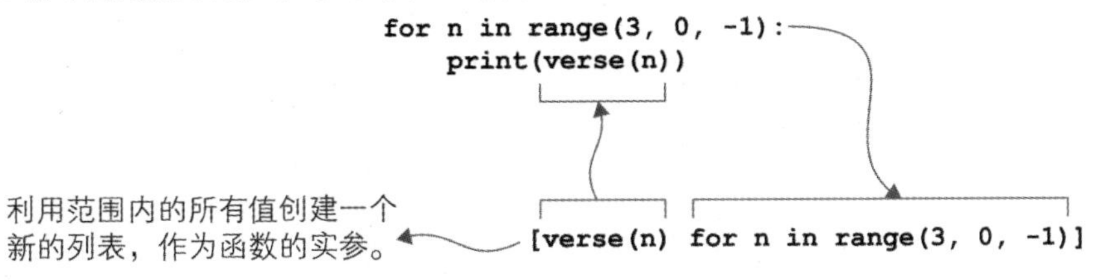

图 11.5　for 循环与列表推导式比较

```
>>> verses = [verse(n) for n in range(3, 0, -1)]
>>> print('\n\n'.join(verses))
3 bottles of beer on the wall,
3 bottles of beer,
Take one down, pass it around,
2 bottles of beer on the wall!

2 bottles of beer on the wall,
2 bottles of beer,
Take one down, pass it around,
1 bottle of beer on the wall!

1 bottle of beer on the wall,
1 bottle of beer,
Take one down, pass it around,
No more bottles of beer on the wall!
```

这是一个很好的解决方案，但注意我们反复看到的一个模式：把函数应用到序列的每个元素，这正是 map()所做的！如图 11.6 所示，使用 map()可以非常简洁地重写我们的列表推导式。

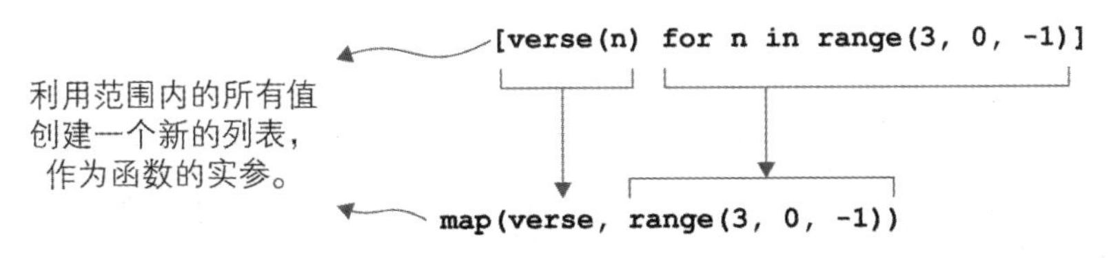

图 11.6　可以用 map()替代列表推导式。它们都返回新的 list

在本例中，序列是一个递减的数字 range()，我们想把 verse()函数应用到每个数字，并收集所产生的小节。这就像第 8 章中的油漆棚的想法一样，其中的函数把单词“blue”添加到字符串开头从而把汽车喷漆成“blue”。当想把函数应用到序列的每个元素时，可能会考虑使用 map()重构代码：

```
>>> verses = map(verse, range(3, 0, -1))
>>> print('\n\n'.join(verses))
3 bottles of beer on the wall,
3 bottles of beer,
Take one down, pass it around,
2 bottles of beer on the wall!
```

```
2 bottles of beer on the wall,
2 bottles of beer,
Take one down, pass it around,
1 bottle of beer on the wall!

1 bottle of beer on the wall,
1 bottle of beer,
Take one down, pass it around,
No more bottles of beer on the wall!
```

每当需要用某个函数转换一些条目序列时，都可以先想想仅有一个条目时如何处理。事实上，编写和测试仅具有一项输入的函数，比编写和测试某个庞大的操作列表要容易得多。列表推导式常常被认为更“Python 化”，但我更喜欢使用 map()，因为这样写出来的代码较短。如果在互联网上搜索“python list comprehension map”，你会发现一些人认为列表推导式比 map()更容易阅读，但 map()可能更快一点。不能说哪种方式更具优势，这实际上取决于个人口味，或许取决于团队成员之间的讨论。

如果想使用 map()，请记住，它需要一个函数作为第一实参，且将一系列的元素作为该函数的实参。verse()函数(你已经测试了！)是第一实参，range()提供了 list。map()函数将传递 range()的每个元素，作为 verse()函数的实参，如图 11.7 所示。其结果是一个新的 list，它包含所有前述函数调用所返回的值。对于多数 for 循环来说，最好是写成：把一个函数映射到一个实参列表上！

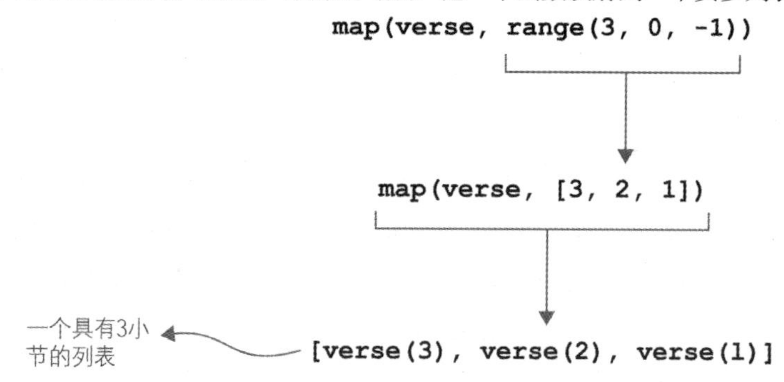

图 11.7　map()函数使用 range()函数产生的每个元素去调用 verse()函数，函数顺沿展开

11.3.5　1500 个其他解决方案

毫不夸张地说，解决这个问题的方式有几百种。“99 瓶啤酒”网站声称有以各种语言写成的 1500 种变体。把你的解决方案与该网站的其他解决方案进行比较。这个程序可能微不足道，但可以让我们用 Python、测试和算法探索一些非常有趣的理念。

11.4　更进一步

- 用文本(one、two、three)替换阿拉伯数字(1、2、3)。

- 添加--step 选项(正整数 int，默认为 1)，它允许用户跳过数字，比如以 2 或以 5 为间隔。
- 添加--reverse 标志来反转这些小节的次序，从小到大计数而不是从大到小计数。

11.5　小结

- 测试驱动开发(TDD)是开发出可靠、可复现的代码的核心。测试总是可以验证新版本能够正常运行，从而能自由重构代码(为了速度或清晰度进行重组和改进)。写代码时一定要写测试！
- 如果交换 start 和 stop 并将第三个可选的 step 值赋值为－1，则 range()函数将反向计数。
- 为了实现更短更简洁的代码，可以把 for 替换成列表推导式或 map()。

第 12 章

赎金条：随机大写文本

辛苦地编写代码的工作让我压力很大。我已经准备好走上犯罪的道路了！我绑架了(kidnapped，或者 cat-napped？)邻居的猫，需要给他们寄赎金条。在此之前，我应该从杂志上剪一些字母作准备，将它们粘贴到一张纸上，以阐明我的要求。但那听起来工作量太大了。因此，我打算编写一个名为 ransom.py 的 Python 程序，它将文本替换为随机大写字母：

```
$ ./ransom.py 'give us 2 million dollars or the cat
     gets it!'
gIVe US 2 milLION DoLlArs or ThE cAt GEts It!
```

如你所见，我的邪恶程序接收了恶毒的输入文本，并将其作为特定位置的实参。由于该程序使用 random 模块，我想增加-s 或--seed 选项，以便重复这个可怕的输出：

```
$ ./ransom.py --seed 3 'give us 2 million dollars or the cat gets it!'
giVE uS 2 MILlioN dolLaRS OR tHe cAt GETS It!
```

位置实参可能是一个邪恶的文本文件，在这种情况下，应该对输入文本进行读取：

```
$ ./ransom.py --seed 2 ../inputs/fox.txt
the qUIck BROWN fOX JUmps ovEr ThE LAZY DOg.
```

如果这个程序不带任何实参运行，则应打印出简短使用说明：

```
$ ./ransom.py
usage: ransom.py [-h] [-s int] text
ransom.py: error: the following arguments are required:
text
```

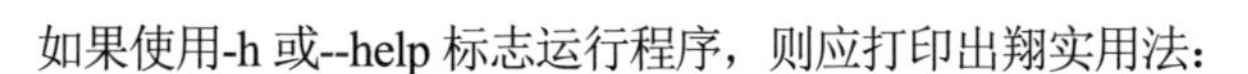

如果使用-h 或--help 标志运行程序，则应打印出翔实用法：

```
$ ./ransom.py -h
usage: ransom.py [-h] [-s int] text

Ransom Note

positional arguments:
  text                Input text or file
```

```
optional arguments:
  -h, --help          show this help message and exit
  -s int, --seed int Random seed (default: None)
```

图 12.1 显示的线图将输入(input)和输出(output)进行了可视化。

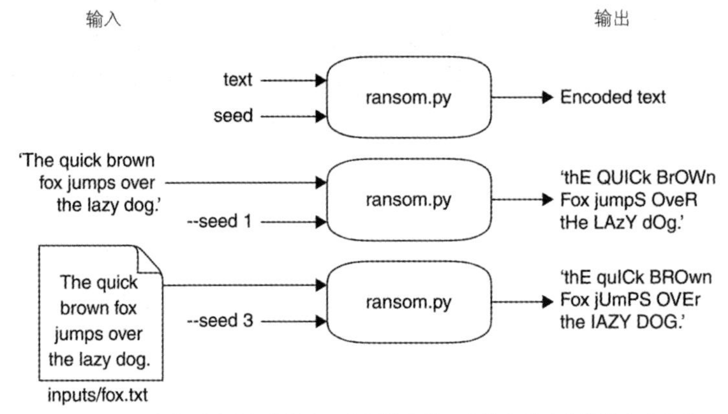

图 12.1　程序会通过随机替换大写字母的方法，将输入的文本转化为赎金条

在本章中，你将学习以下内容：

- 如何使用 random 模块来形象地“掷硬币”，在两个选择之间取舍；
- 探索从现有的字符串中生成新字符串的方法，并与随机决策相结合；
- 研究 for 循环、列表推导和 map()函数的相似性。

12.1　编写 ransom.py

建议从 new.py 开始编写，或复制 template/template.py 文件，以便在 12_ransom 目录中创建 ransom.py。这个程序像前几个程序一样，接收一个必要的位置字符串 text，和一个可选的整数(默认值 None)作为随机种子--seed 选项。另外，和前述的练习一样，text 实参可以是一个文件名，且能够从文件中读取 text 值。

首先，将此代码添加到 main()函数：

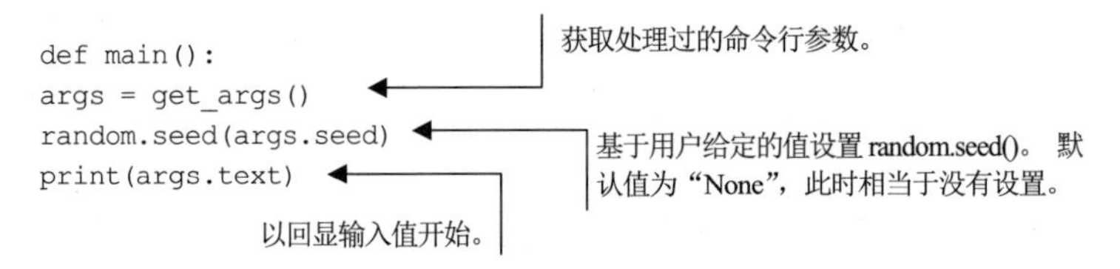

```
def main():
args = get_args()
random.seed(args.seed)
print(args.text)
```

获取处理过的命令行参数。

基于用户给定的值设置 random.seed()。默认值为“None”，此时相当于没有设置。

以回显输入值开始。

运行此程序，结果应是该对命令行输入进行打印回显：

```
$ ./ransom.py 'your money or your life!'
your money or your life!
```

或打印输入文件中的文本：

```
$ ./ransom.py ../inputs/fox.txt
The quick brown fox jumps over the lazy dog.
```

编写程序需要循序渐进。每次更改后，都应该运行程序，手动检查并进行测试，以确认程序是否顺利进行。

完成这项工作后，就该考虑如何将信息的字母随机大写了。

12.1.1　修改文本

之前已经提到不可以直接修改 str 值：

```
>>> text = 'your money or your life!'
>>> text[0] = 'Y'
Traceback (most recent call last):
  File "<stdin>", line 1, in <module>
TypeError: 'str' object does not support item assignmen
```

那么，如何才能随机更改某些字母的大小写呢？

建议先不要考虑如何更改多个字母，而是考虑如何更改一个字母。也就是说，给定一个字母，如何随机返回字母的大写或小写形式？试着创建一个虚拟的 choose()函数，它接收一个字符。现在，使函数返回未经改变的字符：

```
def choose(char):
    return char
```

以下是 choose()函数的测试：

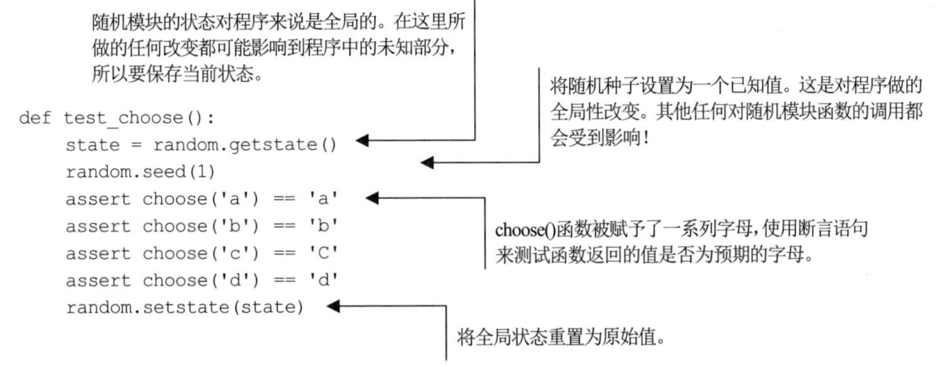


```
def test_choose():
    state = random.getstate()
    random.seed(1)
    assert choose('a') == 'a'
    assert choose('b') == 'b'
    assert choose('c') == 'C'
    assert choose('d') == 'd'
    random.setstate(state)
```

随机种子(Randomseeds)

你是否想知道我是如何知道给定随机种子的 select()结果的？好吧，我承认，我编写了该函数，然后设置了种子，并使用给定的输入来运行它。我把这些结果记录下来，作为你看到的断言。今后，这些结果应该还是一样的。如果它们不一样，说明我改变了一些东西，可能破坏了程序。

12.1.2　掷硬币

需要在返回的所给字符的大写或小写版本之间执行 choose()。这是一个二元选择，意味着我们有两个选项，所以可以用掷硬币来比喻。

正面还是反面？或者，对于程序来说，不是 0 就是 1：

```
>>> import random
>>> random.choice([0, 1])
1
```

如果你喜欢，也可以选择 True 或 False：

```
>>> random.choice([False, True])
True
```

考虑使用 if 表达式，当选择 0 或 False 时返回大写的答案，否则返回小写的答案。我的整个 choose()函数就是这一行。

12.1.3 创建新字符串

现在需要将 choose()函数应用于输入字符串中的每个字符。希望从这里开始你会对这个策略有一种熟悉的感觉。鼓励你从模仿第 8 章中的第一种方法开始，使用 for 循环来对输入文本中的每一个字符遍历，并将所有元音替换为某一个元音。在这个程序中，可以遍历文本中的字符，并将它们作为 choose()函数的实参。结果将是一个包含转换后字符的新的 list(或 str)。一旦能使 for 循环通过测试，就可以尝试把它改写成一个列表解析式，然后改写为 map()函数。

现在可以开始了！编写程序，通过测试。

12.2 解决方案

我们将探索许多方法来处理输入文本中的所有字符。我们将从 for 循环开始建立一个新的列表，但也希望你能体会到列表解析式是一种更好的方式。最后，将演示如何使用 map()来创建一个非常简洁(也许甚至是优雅)的解决方案。

```
#!/usr/bin/env python3
"""Ransom note"""

import argparse
import os
import random


# --------------------------------------------------
def get_args():
    """get command-line arguments"""

    parser = argparse.ArgumentParser(
        description='Ransom Note',
        formatter_class=argparse.ArgumentDefaultsHelpFormatter)

    parser.add_argument('text', metavar='text', help='Input text or file')

    parser.add_argument('-s',
                        '--seed',
```

文本参数是一个位置实参字符串值。

--seed 选项是一个整数，默认为 None。

```
                                 help='Random seed',
                                 metavar='int',
                                 type=int,
                                 default=None)

    args = parser.parse_args()

    if os.path.isfile(args.text):
        args.text = open(args.text).read().rstrip()

    return args


# --------------------------------------------------
def main():
    """Make a jazz noise here"""

    args = get_args()
    text = args.text
    random.seed(args.seed)
    ransom = []
    for char in args.text:
        ransom.append(choose(char))

    print(''.join(ransom))


# --------------------------------------------------
def choose(char):
    """Randomly choose an upper or lowercase letter to return"""

    return char.upper() if random.choice([0, 1]) else char.lower()


# --------------------------------------------------
def test_choose():
    """Test choose"""

    state = random.getstate()
    random.seed(1)
    assert choose('a') == 'a'
    assert choose('b') == 'b'
    assert choose('c') == 'C'
    assert choose('d') == 'd'
    random.setstate(state)

# --------------------------------------------------
if __name__ == '__main__':
    main()
```

将命令行参数处理成 args 变量。

如果 args.text 是一个文件，则使用该文件的内容作为新的 args.text 值。

将参数返回给调用方。

将 random.seed()设置为给定的 args.seed 值。默认值是 None，等同于没有设置。也就是说，当没有给定种子值时，程序将显示为随机的，而当我们提供种子值时，程序将是可验证的。

将选择的字母追加到赎金条列表中。

创建一个空列表来保存新的赎金条信息。

使用 for 循环遍历 args.text 的每个字符。

在空字符串上加入赎金条列表，创建一个新的字符串并打印。

定义一个函数，随机返回给定字符的大写或小写版本。

使用 random.choice()来选择 0 或 1，在 if 表达式的布尔上下文中，取值分别为 False 或 True。

保存随机模块的当前状态。

定义一个将由 Pytest 运行的 test_choose()函数。该函数不接受任何实参。

为便于测试，将 random.seed()设置为一个已知值。

使用断言语句来验证是否从针对已知实参的 choose()中得到了预期的结果。

重置随机模块的状态，这样做出的改变就不会影响程序的其他部分。

12.3 讨论

有很多有趣的方法可以解决这个问题。虽然众所周知 Python 喜欢用“显而易见的方法”来解决问题，但是探索一下别的方法也不错。现在，我们对于 get_args()已经非常熟悉了，所以不再讨论。

12.3.1 遍历序列中的元素

假设有如下信息。

```
>>> text = '2 million dollars or the cat sleeps with the fishes!'
```

我们希望将字母随机转换为大写和小写。如前所述，可以使用 for 循环来遍历每个字符。打印大写版 text 的一种方法是打印每个字母的大写版。

```
for char in text:
print(char.upper(), end='')
```

这样就能得到“2 MILLION DOLLARS OR THE CAT SLEEPS WITH THE FISHES!”(拿来 200 万美金，否则就把猫丢到河里！)现在，可以在 char.upper()和 char.lower()之间随机选择，而不总是选择 char.upper()。为此，将使用 random.choice()在两个值之间进行选择，比如 True 和 False，或 0 和 1：

```
>>> import random
>>> random.choice([True, False])
False
>>> random.choice([0, 1])
0
>>> random.choice(['blue', 'green'])
'blue'
```

按照第 8 章的第一个解决方案，创建了一个新的 list 来存放赎金条信息，并添加了这些随机选择：

```
ransom = []
for char in text:
    if random.choice([False, True]):
        ransom.append(char.upper())
    else:
        ransom.append(char.lower())
```

然后，在空字符串上加入新的字符，打印一个新的字符串：

```
print(''.join(ransom))
```

用 if 表达式来选择是否取大写或小写字符，这样写的代码要少得多，如图 12.2 所示：

```
ransom = []
for char in text:
   ransom.append(char.upper()if random.choice([False, True]) else char.lower())
```

```
ransom.append(char.upper()
    if random.choice([False, True])
    else char.lower())
```

```
if random.choice([False, True]):
    ransom.append(char.upper())
else:
    ransom.append(char.lower())
```

图 12.2　使用 if 表达式写出更简洁的二元 if/else 分支

不必使用实际的布尔值(False 和 True)，可以用 0 和 1 来进行代替：

```
ransom = []
for char in text:
    ransom.append(char.upper()if random.choice([0, 1]) else char.lower())
```

当数字在布尔语境(即在 Python 期望看到一个布尔值的场景)中被估值时，0 被认为是 False，而其他数字都是 True。

12.3.2　编写函数来选择字母

if 表达式是一段代码，可以放到函数中。它在 ransom.append()里面很难读懂。
通过把它放到函数中，可以给它一个描述性的名字，并为它写一个测试。

```
def choose(char):
   """Randomly choose an upper or lowercase letter to return"""

return char.upper()if random.choice([0, 1]) else char.lower()
```

现在可以运行 test_choose()函数来测试函数是否符合预期。
这段代码可读性更强。

```
ransom = []
for char in text:
   ransom.append(choose(char))
```

12.3.3　编写 list.append()的另一种方法

第 12.2 节中的解决方案创建了一个空 list，并使用 list.append()将 choose()的返回值加入列表中。另一种编写 list.append()的方法是使用+=运算符，将右侧的值(要添加的元素)加到左侧(列表)，如图 12.3 所示。

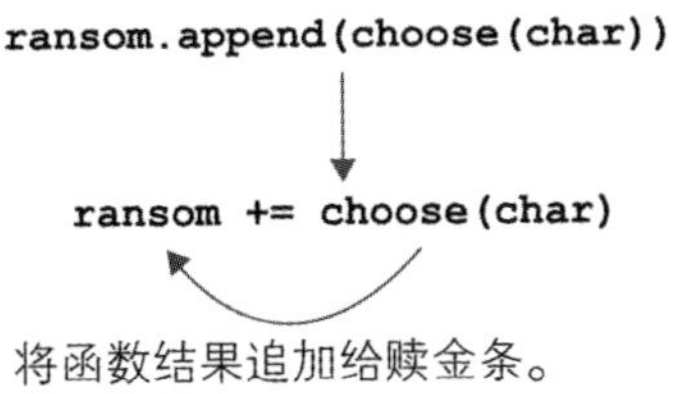
ransom.append(choose(char))
ransom += choose(char)
将函数结果追加给赎金条。

图 12.3　+=运算符是另一种编写 list.append()的方式

这与将字符连接到字符串或将数字加上另一个数字的语法相同。

12.3.4 使用 str 代替 list

前述的两个解决方案要求在空字符串上加入列表，以形成一个新的要打印的字符串。相反，可以从一个空字符串开始，使用+=操作符一次一个字符地建立新字符串。

```
def main():
    args = get_args()
    random.seed(args.seed)

    ransom = ''
    for char in args.text:
        ransom += choose(char)

    print(ransom)
```

刚刚提到的+=操作符是另一种将元素附加到列表中的方法。Python 中字符串和列表的处理通常可以互换，这点一般是隐式的，说不上好坏。

12.3.5 使用列表解析式

前面的模式都是初始化一个空的 str 或 list，然后使用 for 循环构建它。但是，使用列表解析式来表达通常会更好，因为使用 for 循环就是为了返回一个新列表。可以将三行代码压缩为一行代码：

```
def main():
    args = get_args()
    random.seed(args.seed)
    ransom = [choose(char) for char in args.text]
    print(''.join(ransom))
```

或者可以完全跳过创建 ransom 变量。一般来说，只在不止一次使用一个变量或者能使代码更易读的情况下才给变量赋值。

```
def main():
    args = get_args()
    random.seed(args.seed)
    print(''.join([choose(char) for char in args.text]))
```

for 循环的目的是遍历某些序列并产生附带作用，比如打印值或处理文件中的行。如果是为了创建一个新的 list，列表解析式可能是最好的工具。任何将进入 for 循环的主体中对元素进行处理的代码，都最好放在一个带有测试的函数中。

12.3.6 使用 map()函数

之前提到过，map()就像一个列表解析式，不过通常打字量较少。这两种方法都是从一些可迭代的对象中生成一个新的 list，如图 12.4 所示。本练习中，map()生成的列表是通过对 args.text 的每个字符应用 choose()函数来创建的。

```
def main():
    args = get_args()
```

```
    random.seed(args.seed)
    ransom = map(choose, args.text)
    print(''.join(ransom))
```

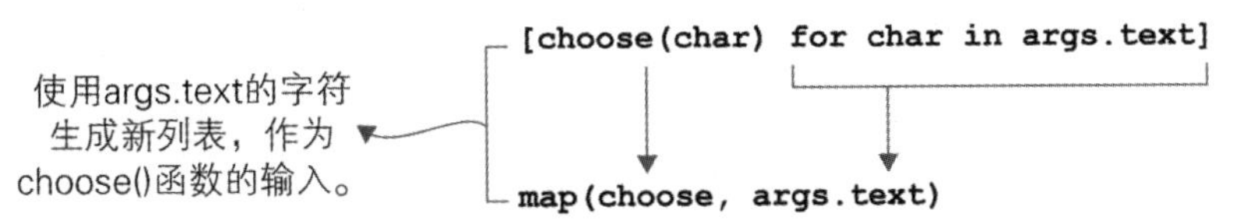
[choose(char) for char in args.text]
使用args.text的字符
生成新列表，作为
choose()函数的输入。
map(choose, args.text)

图 12.4　用 map()可以将列表解析式的思想更简洁地表达出来

或者，也可以不对 ransom 赋值，直接使用 map()返回的 list：

```
def main():
    args = get_args()
    random.seed(args.seed)
    print(''.join(map(choose, args.text)))
```

12.4　方法比较

花这么多时间，使用这么多方法来解决一个本质上微不足道的问题看上去很傻，但本书的目标之一是探索在 Python 中各种可用思想。第 12.2 节中的第一个解决方案是一个非常命令式的解决方案，C 或 Java 程序员可能会写这样的版本。对 Python 来说更惯用使用列表推导式的方法——就像 Pythonistas 工具中所说的那样，它是“Pythonic”。map()的解决方案对于有像 Haskell 这样纯功能型语言基础的人来说，会觉得非常熟悉。

所有这些方法都实现了同样的目标，但它们体现了不同的美学和编程范式。我首选的解决方案是使用 map()的方法，但你应该选择一种对自己最有意义的方法。

MapReduce

2004 年，Google 发布了一篇关于“MapReduce”算法的论文。“map”阶段将一些转换应用于集合中的所有元素，如需要对互联网所有页面进行索引以方便搜索。这些操作可以并行进行，也就是说，可以用很多台机器，按照任何顺序分别处理页面。然后，“reduce”阶段将所有处理过的元素重新聚集在一起，可能会将结果放到一个统一的数据库中。

在 ransom.py 程序中，“map”部分为给定的字母选择一个随机的大小写，而“reduce”部分则把所有这些比特位重新组合成一个新的字符串。可以想象，map()可以利用多个处理器并行运行函数，而不是按顺序串行运行(像 for 循环一样)，这可能会缩短生成结果的时间。

可以在很多地方找到 map/reduce 的思想，从互联网的索引到我们的赎金条程序。

对我来说，学习 MapReduce 有点像学习一种新的鸟类的名字。我以前甚至从来没有注意过那种鸟，但是，一旦得知了它的名字，就会在各种地方都发现这种鸟。一旦你理解了这种模式，你就会开始在很多地方注意到它。

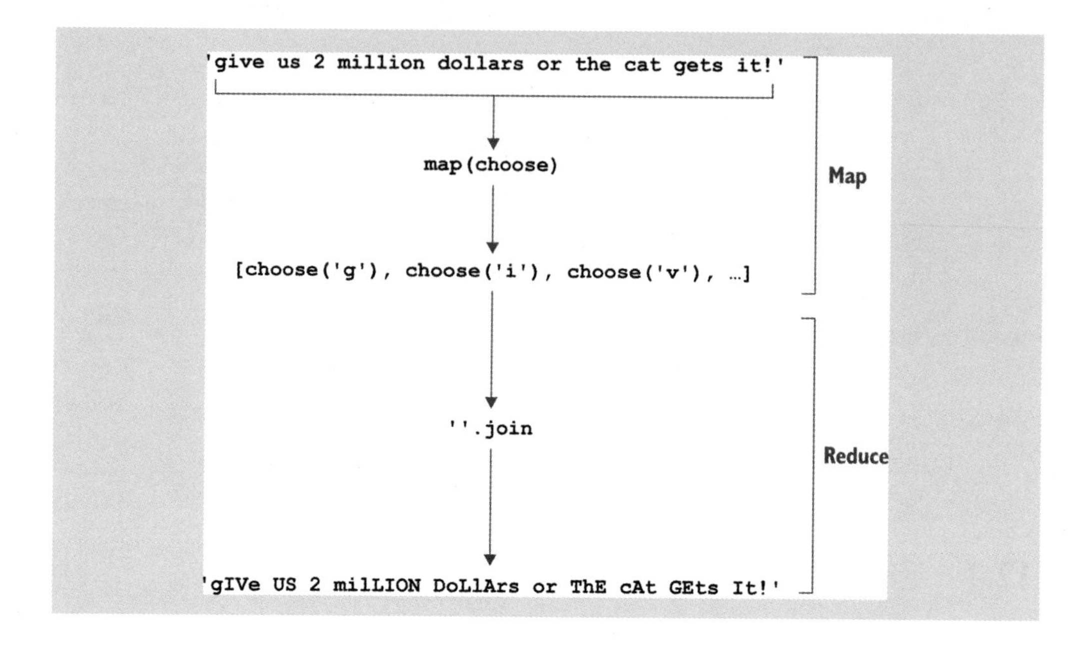

12.5　更进一步

编写另一个 ransom.py 版本，以其他方式表示字母，例如下示的组合 ASCII 字符。可任意构建自己的替代方案，但要确保更新测试。

```
A  4    K  |<
B  |3   L  |_
C  (    M  |\/|
D  |)   N  |\|
E  3    P  |`
F  |=   S  5
G  (-   T  +
H  |-|  V  \/
I  1    W  \/\/
J  _1
```

12.6　小结

- 当有很多事情要处理时，试着想一想该如何处理其中的一件事。
- 写一个测试，帮助你想象希望如何使用函数来处理一个条目。你会输入什么，希望得到什么输出？
- 编写函数来通过测试。一定要想好如何处理好的输入和坏的输入。
- 要将函数应用于输入中的每个元素，可以使用 for 循环、列表推导式或 map()函数。

第 13 章

圣诞节的十二天：算法设计

《圣诞节的十二天》也许是迄今为止最糟糕的歌曲之一，它绝对会毁掉我的圣诞情绪。它就不能停一停？那些鸟儿是怎么了？不过，如果能编写算法为给定的天数生成一首歌，这将十分有趣，因为添加每个小节时必须正向计数(天数)，并且反向计数以回顾前几天的礼物。基于为《九十九瓶啤酒》写程序时学到的知识，可以构建这个算法。

本章中的程序将命名为twelve_days.py，它将生成直到给定日期的《圣诞节的十二天》，这一天由-n 或--num 实参指定(默认为12)。注意，在两个小节之间应该有两个空行，但在末尾只有一个空行：

```
$ ./twelve_days.py -n 3
On the first day of Christmas,
My true love gave to me,
A partridge in a pear tree.

On the second day of Christmas,
My true love gave to me,
Two turtle doves,
And a partridge in a pear tree.

On the third day of Christmas,
My true love gave to me,
Three French hens,
Two turtle doves,
And a partridge in a pear tree.
```

除非有-o 或--outfile 实参(在这种情况下文本应该被放到一个具有给定名称的文件内)，否则该文本将被打印到 STDOUT。注意，整首歌应该有 113 行文本：

```
$ ./twelve_days.py -o song.txt
$ wc -l song.txt
    113 song.txt
```

在本章中，你将学习以下内容：

- 创建一个算法，用 1~12 范围内的给定天数生成《圣诞节的十二天》；
- 逆序排列一个列表；

- 使用 range()函数；
- 把文本写到一个文件或写到 STDOUT。

13.1 编写 twelve_days.py

一如既往，建议你通过运行new.py或通过复制template/template.py文件来创建程序。这个程序必须命名为twelve_days.py，并位于13_twelve_days目录中。

程序应该有两个选项：

- -n 或--num —— 一个默认为 12 的 int
- -o 或--outfile —— 一个可选的文件名，用于写入输出

对于第二个选项，可以回顾第 5 章，看看在 Howler 解决方案中如何处理。如果提供了给定的文件名，Howler 程序会把输出写到给定的文件，否则将写到 sys.stdout。对于本程序，建议你使用 type=argparse.FileType('wt')来声明--outfile，以表明 argparse 需要实参来命名可写入的文本文件。如果用户提供了一个有效实参，那么 args.outfile 将是一个打开的、可写的文件句柄。如果使用默认的 sys.stdout，那么将快速处理两个选项：写入文本文件或写到 STDOUT！

这个办法的唯一缺点是，在描述--outfile 参数的默认值时，相应的使用说明看起来有点可笑：

```
$ ./twelve_days.py -h
usage: twelve_days.py [-h] [-n days] [-o FILE]

Twelve Days of Christmas

optional arguments:
  -h, --help            show this help message and exit
  -n days, --num days  Number of days to sing (default: 12)
  -o FILE, --outfile FILE
                        Outfile (default: <_io.TextIOWrapper name='<stdout>'
                        mode='w' encoding='utf-8'>)
```

一旦完成了编写使用说明，程序就应该能够通过最初两个测试。

图 13.1 展示了一个令人愉悦的线图，让你有心情编写该程序的剩余部分。

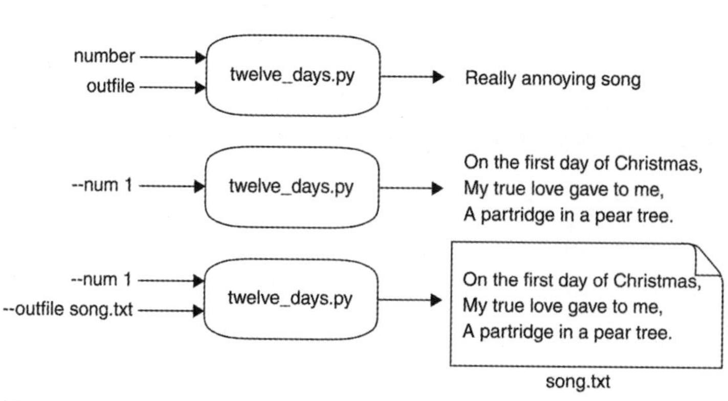

图 13.1 twelve_days.py 程序可以选择从哪一天开始，并选择一个待写入的输出文件

如果--num 值不在 1~12 范围内，则该程序应该给出警告。建议你在 get_args()函数内部检查这一点，并在出现错误的消息和使用方法时使用 parser.error()来处理暂停：

```
$ ./twelve_days.py -n 21
usage: twelve_days.py [-h] [-n days] [-o FILE]
twelve_days.py: error: --num "21" must be between 1 and 12
```

只要处理了错误的--num，程序就应该能够通过最初三个测试。

13.1.1 计数

在《九十九瓶啤酒》中，我们需要从一个给定数字反向计数。在本练习中，则需要正向计数到--num，然后反过来倒序计数，历数所有礼物。range()函数会给出需要的数字，但必须记住应从 1 开始计数，因为这首歌不会以“在圣诞节的第零天”作为开头。要记住，区间的上限不被包含在该范围内：

```
>>> num = 3
>>> list(range(1, num))
[1, 2]
```

无论--num 得到什么数字，都需要加 1：

```
>>> list(range(1, num + 1))
[1, 2, 3]
```

让我们先打印点东西吧，比如每个小节的第一行：

```
>>> for day in range(1, num + 1):
...     print(f'On the {day} day of Christmas,')
...
On the 1 day of Christmas,
On the 2 day of Christmas,
On the 3 day of Christmas,
```

现在，回想一下《九十九瓶啤酒》是如何编写的。在该练习中，我们最终创建了一个 verse()函数，它会生成任何单个小节。然后，我们使用 str.join()把所有小节放到一起，形成两个新行。建议在这里试试同一方法，把 for 循环内部的代码移到独立的函数中：

```
def verse(day):
    """Create a verse"""
    return f'On the {day} day of Christmas,'
```

注意，该函数不会 print()该字符串，而是会 return 这一小节，因此可以测试这一点：

```
>>> assert verse(1) == 'On the 1 day of Christmas,'
```

下面看看如何使用 verse()函数：

```
>>> for day in range(1, num + 1):
...     print(verse(day))
...
On the 1 day of Christmas,
On the 2 day of Christmas,
On the 3 day of Christmas,
```

一个简单的 test_verse()函数如下，可以从该测试开始：

```
def test_verse():
    """ Test verse """
    assert verse(1) == 'On the 1 day of Christmas,'
    assert verse(2) == 'On the 2 day of Christmas,'
```

当然，这是不正确的，因为应该说“On the *first* day”或“*second* day”，而不是“1 day”或“2 day”。不过，这只是一个起点。把 verse()函数和 test_verse()函数添加到 twelve_days.py 程序，然后运行 pytest twelve_days.py，以验证测试是否生效。

13.1.2 创建序数值

要做的第一件事也许是把数字值改成对应的序数词，即“1”改成“first”，“2”改成“second”。可以使用字典，像在“跳过五”章节(第 4 章)中那样，把每个 int 值 1~12 关联到其 str 值。也就是说，可以创建一个新 dict，命名为 ordinal：

```
>>> ordinal = {} # what goes here?
```

然后可以得到如下结果：

```
>>> ordinal[1]
'first'
>>> ordinal[2]
'second'
```

也可以使用一个 list，并考虑如何使用 range()中的每个 day，根据索引进入一个序数字符串 list 内部。

```
>>> ordinal = [] # what goes here?
```

使用这种方式的 verse()函数可能看起来像这样：

```
def verse(day):
    """Create a verse"""
    ordinal = [] # something here!
    return f'On the {ordinal[day]} of Christmas,'
```

可以用期望的值更新测试：

```
def test_verse():
    """ Test verse """
    assert verse(1) == 'On the first day of Christmas,'
    assert verse(2) == 'On the second day of Christmas,'
```

一旦通过测试，就应该能够重现如下内容：

```
>>> for day in range(1, num + 1):
...     print(verse(day))
...
On the day first day of Christmas,
On the day second day of Christmas,
On the day third day of Christmas,
```

如果把 test_verse()函数放到 twelve_days.py 程序内部，则可以通过运行 pytest twelve_days.py 来验证 verse()函数是否正常工作。pytest 模块将运行任何以 test_开头命名的函数。

屏蔽

你或许想使用 ord 命名变量，且 Python 也允许这样做。问题是，Python 有一个名为 ord()的函数，它返回"单字符字符串的 Unicode 代码点"：

```
>>> ord('a')
97
```

如果用名称 ord 来定义一个变量或另一个函数，Python 不会给出警告：

```
>>> ord = {}
```

因此可以这样做：

```
>>> ord[1]
'first'
```

但这覆盖了实际的 ord 函数，从而破坏了函数调用：

```
>>> ord('a')
Traceback (most recent call last):
  File "<stdin>", line 1, in <module>
TypeError: 'dict' object is not callable
```

这被称为"屏蔽"，是相当危险的。屏蔽范畴内的任何代码都会受到影响。

像 Pylint 这样的工具可以帮助你在程序中发现类似问题。假定你有如下代码：

```
$ cat shadow.py
#!/usr/bin/env python3

ord = {}
print(ord('a'))
```

Pylint 得到的结果是：

```
$ pylint shadow.py
************* Module shadow
shadow.py:3:0: W0622: Redefining built-in 'ord' (redefined-builtin)
shadow.py:1:0: C0111: Missing module docstring (missing-docstring)
shadow.py:4:6: E1102: ord is not callable (not-callable)

-------------------------------------
Your code has been rated at -25.00/10
```

用像 Pylint 和 Flake8 这样的工具复查你的代码才是良策！

13.1.3 制作小节

既然已经有了该程序的基础结构，现在专注于创建正确的输出吧。用针对最初两个小节的实际值更新 test_verse()。当然，也可以添加更多测试，但理论上，如果能实现最初的 2 种天数，就能实现所有其他天数：

```
def test_verse():
    """Test verse"""

    assert verse(1) == '\n'.join([
        'On the first day of Christmas,', 'My true love gave to me,',
        'A partridge in a pear tree.'
    ])

    assert verse(2) == '\n'.join([
        'On the second day of Christmas,', 'My true love gave to me,',
        'Two turtle doves,', 'And a partridge in a pear tree.'
    ])
```

把以上代码添加到 twelve_days.py 程序，并运行 pytest twelve_days.py，来看看 verse()函数是如何没能通过测试的：

```
================================== FAILURES ===================================
_________________________________ test_verse __________________________________

    def test_verse():
        """Test verse"""

>       assert verse(1) == '\n'.join([
            'On the first day of Christmas,', 'My true love gave to me,',
            'A partridge in a pear tree.'
        ])
E       AssertionError: assert 'On the first...of Christmas,' == 'On the first
    ... a pear tree.'
E       - On the first day of Christmas,
E       + On the first day of Christmas,
E       ?                               +
E       + My true love gave to me,
E       + A partridge in a pear tree.

twelve_days.py:88: AssertionError
========================== 1 failed in 0.11 seconds ===========================
```

前导>表示这是触发异常的代码。我们正在运行 verse(1)并询问它是否等于预期的小节。

这是实际产生的 verse(1)的文本，它仅仅是该小节的第一行。

接下来的行是预期的小节。

现在，需要针对每个小节提供剩余的歌词。每个小节都有相同的开头：

```
On the {ordinal[day]} day of Christmas,
My true love gave to me,
```

接下来我们需要针对每一天添加下列礼物：

(1) A partridge in a pear tree(一只梨树上的鹧鸪)

(2) Two turtle doves(两只斑鸠)

(3) Three French hens(三只法国母鸡)

(4) Four calling birds(四只鸣叫的鸟)

(5) Five gold rings(五枚金戒指)

(6) Six geese a laying(六只下蛋的鹅)

(7) Seven swans a swimming(七只游泳的天鹅)

(8) Eight maids a milking(八个挤奶的女佣)

(9) Nine ladies dancing(九个跳舞的女士)

(10) Ten lords a leaping(十个跳跃的领主)

(11) Eleven pipers piping(十一个吹笛的吹笛手)

(12) Twelve drummers drumming(十二个击鼓的鼓手)

注意，对于大于 1 的每一天，最后一行将从“*A* partridge…”变成“*And a* partridge in a pear tree”。每个小节都需要从该给定 day 反向计数。例如，如果该 day 是 3，则该小节列出：

(1) Three French hens

(2) Two turtle doves

(3) And a partridge in a pear tree

第 3 章介绍了如何用 list.reverse()方法或 reversed()函数来逆转一个 list。第 11 章也使用这些理念把啤酒从墙上取了下来，因此，以下代码应该不陌生：

```
>>> day = 3
>>> for n in reversed(range(1, day + 1)):
... print(n)
...
3
2
1
```

试着让该函数返回最初两行，然后对这些天数反向计数：

```
>>> print(verse(3))
On the third day of Christmas,
My true love gave to me,
3
2
1
```

然后，添加实际的礼物，取代 3 2 1：

```
>>> print(verse(3))
On the third day of Christmas,
My true love gave to me,
Three French hens,
Two turtle doves,
And a partridge in a pear tree.
```

如果能做到这一点，就应该能够通过 test_verse()测试。

13.1.4　使用 verse()函数

一旦上面的程序生效，就可以考虑调用 verse()的最终结构。该结构可以是一个 for 循环：

```
verses = []
for day in range(1, args.num + 1):
     verses.append(verse(day))
```

对于创建包含这些小节的 list，列表推导式是较好的选择：

```
verses = [verse(day) for day in range(1, args.num + 1)]
```

也可以选择 map()：

```
verses = map(verse, range(1, args.num + 1))
```

13.1.5 打印

一旦得到了所有这些小节，就可以使用 str.join()方法打印输出。默认打印到标准输出(STDOUT)，但该程序也可以选择--outfile，以命名文件并写入输出。可以照搬第 2 章执行的操作，但花时间学习如何使用 type=argparse.FileType('wt')声明输出文件也是很值得的。甚至可以把默认设置为 sys.stdout，这样就无需亲自 open()输出文件！

13.1.6 开始编程

无需以我所描述的方式解决问题。那个你编写、理解并且通过了测试集的解决方案，就是“正确的”解决方案。如果愿意为 verse()创建一个函数，并且使用所提供的测试，这自然是很好的。如果想使用其他方式，也是很好的，但一定试着考虑写小型函数及测试来解决局部问题，然后组合它们来解决更大的问题。

如果需要好几次，甚至需要好几天来通过这些测试，也不要着急。有时，走一圈或睡一觉能为解决问题创造奇迹。不要小看你的吊床[1]或一杯好茶。

13.2 解决方案

在这首歌里，一个人会收到差不多两百只鸟！不管怎样，以下是一个使用 map()的解决方案。后续你将看到使用 for 和列表推导式的解决方案。

```
#!/usr/bin/env python3
"""Twelve Days of Christmas"""

import argparse
import sys


# --------------------------------------------------
def get_args():
    """Get command-line arguments"""

    parser = argparse.ArgumentParser(
        description='Twelve Days of Christmas',
        formatter_class=argparse.ArgumentDefaultsHelpFormatter)

    parser.add_argument('-n',
```

--num 选项是一个 int，默认为 12。

1 在互联网上搜索由 Clojure 语言的创造者 Rich Hickey 发起的话题：“Hammock Driven Development”(吊床驱动开发)。

```
                                '--num',
                                help='Number of days to sing',
                                metavar='days',
                                type=int,
                                default=12)

    parser.add_argument('-o',
                                '--outfile',
                                help='Outfile',
                                metavar='FILE',
                                type=argparse.FileType('wt'),
                                default=sys.stdout)

    args = parser.parse_args()

    if args.num not in range(1, 13):
        parser.error(f'--num "{args.num}" must be between 1 and 12')

    return args


# --------------------------------------------------
def main():
    """Make a jazz noise here"""

    args = get_args()
    verses = map(verse, range(1, args.num + 1))
    print('\n\n'.join(verses), file=args.outfile)


# --------------------------------------------------
def verse(day):
    """Create a verse"""

    ordinal = [
        'first', 'second', 'third', 'fourth', 'fifth', 'sixth', 'seventh',
        'eighth', 'ninth', 'tenth', 'eleventh', 'twelfth'
    ]

    gifts = [
        'A partridge in a pear tree.',
        'Two turtle doves,',
        'Three French hens,',
        'Four calling birds,',
        'Five gold rings,',
        'Six geese a laying,',
        'Seven swans a swimming,',
        'Eight maids a milking,',
        'Nine ladies dancing,',
        'Ten lords a leaping,',
        'Eleven pipers piping,',
        'Twelve drummers drumming,',
```

该--outfile 选项 type=argparse.FileType('wt')，默认为 sys.stdout。如果用户提供值，则它必须是可写文件的名称，在这种情况下 argparse 将打开该文件并写入数据。

检查给定的 args.num 是否在所允许的 1~12 范围内，区间的上下限被包含在该范围内。

把命令行实参的解析结果传递给 args 变量。

如果 args.num 无效，则使用 parser.error()，把一个简短的使用说明以及错误消息打印到 STDERR，并带着错误值退出该程序。注意，该错误消息包含对于用户而言不合适的值，并且明确指出合适的值应该在 1~12 范围内。

针对给定天数的 args.num 生成小节。

获取命令行实参。记住，所有实参验证都发生在 get_args()内部。如果调用成功，就得到了来自用户的正确实参。

在两个新行上连接这些小节，并打印到 args.outfile(一个打开的文件句柄)，或 sys.stdout。

定义一个函数，使用给定数字创建任一小节。

这些序数值是一个 str 值列表。

这些针对天数的礼物是一个 str 值列表。

```
    ]

    lines = [
        f'On the {ordinal[day - 1]} day of Christmas,',
        'My true love gave to me,'
    ]

    lines.extend(reversed(gifts[:day]))

    if day > 1:
        lines[-1] = 'And ' + lines[-1].lower()

    return '\n'.join(lines)
```

每个小节都有相同的开头行，要替换给定天数的序数值。

使用 list.extend()方法添加礼物(这是从给定天数开始的一个切片)，然后 reversed()。

检查天数是否大于 1。

在最后一行开头添加“And”，附加到该行的小写版本。

返回在新行上连接的歌词。

```
# --------------------------------------------------
def test_verse():
    """Test verse"""

    assert verse(1) == '\n'.join([
        'On the first day of Christmas,', 'My true love gave to me,',
        'A partridge in a pear tree.'
    ])

    assert verse(2) == '\n'.join([
        'On the second day of Christmas,', 'My true love gave to me,',
        'Two turtle doves,', 'And a partridge in a pear tree.'
    ])


# --------------------------------------------------
if __name__ == '__main__':
    main()
```

针对 verse()函数的单元测试。

13.3 讨论

get_args()中没有太多新东西，因此我们将一笔带过。--num 选项是一个默认为 12 的 int 值，而如果用户提供了一个不合适的值，我们将使用 parser.error()来暂停该程序。不过--outfile 选项有点不同，因为我们用 type=argparse.FileType('wt')来声明它，以表明该值必须是一个可写的文件。这意味着从 argparse 获取的值是一个打开的、可写的文件。默认路径设置为 sys.stdout，它也是一个打开的、可写的文件。因此，仅凭 argparse 就省时地处理了这两个输出选项！

13.3.1 制作一个小节

创建一个名为 verse()的函数，它以一个表示给定 day 的 int 值，创建任一小节：

```
def verse(day):
   """Create a verse"""
```

使用 list 来表示该 day 的 ordinal 值：

```
ordinal = [
    'first', 'second', 'third', 'fourth', 'fifth', 'sixth', 'seventh',
    'eighth', 'ninth', 'tenth', 'eleventh', 'twelfth'
]
```

由于 day 从 1 开始计数，但 Python 列表的索引从 0 开始(见图 13.2)，因此必须减去 1：

```
>>> day = 3
>>> ordinal[day - 1]
'third'
```

```
                    索引   Day
ordinal = [
    'first'          0     1
    'second'         1     2
    'third'          2     3
    'fourth'         3     4
    'fifth'          4     5
    'sixth'          5     6
    'seventh'        6     7
    'eighth'         7     8
    'ninth'          8     9
    'tenth'          9     10
    'eleventh'       10    11
    'twelfth'        11    12
]
```

图 13.2　天数从 1 开始计数，但 Python 索引从 0 开始计数

也可以使用一个 dict：

```
ordinal = {
    1: 'first', 2: 'second', 3: 'third', 4: 'fourth',
    5: 'fifth', 6: 'sixth', 7: 'seventh', 8: 'eighth',
    9: 'ninth', 10: 'tenth', 11: 'eleventh', 12: 'twelfth',
}
```

此时不需要对天数减去 1。无论哪种办法，能生效就可以：

```
>>> ordinal[3]
'third'
```

针对 gifts，也使用一个 list：

```
gifts = [
    'A partridge in a pear tree.',
    'Two turtle doves,',
    'Three French hens,',
    'Four calling birds,',
    'Five gold rings,',
    'Six geese a laying,',
    'Seven swans a swimming,',
    'Eight maids a milking,',
    'Nine ladies dancing,',
```

```
    'Ten lords a leaping,',
    'Eleven pipers piping,',
    'Twelve drummers drumming,',
]
```

这种方法更好一些，便于使用列表切片来获取针对给定 day 的 gifts(见图 13.3)：

```
>>> gifts[:3]
['A partridge in a pear tree.',
 'Two turtle doves,',
 'Three French hens,']
```

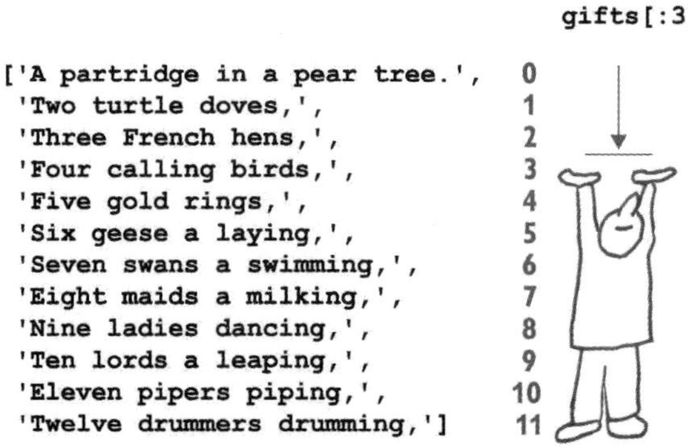

```
                                          gifts[:3]
['A partridge in a pear tree.',   0
 'Two turtle doves,',             1
 'Three French hens,',            2
 'Four calling birds,',           3
 'Five gold rings,',              4
 'Six geese a laying,',           5
 'Seven swans a swimming,',       6
 'Eight maids a milking,',        7
 'Nine ladies dancing,',          8
 'Ten lords a leaping,',          9
 'Eleven pipers piping,',         10
 'Twelve drummers drumming,']     11
```

图 13.3　礼物按照天数以递增次序排列

但我们想让礼物逆转次序。reversed()是惰性函数，因此需要使用 REPL 中的 list()函数，以强制列出这些值：

```
>>> list(reversed(gifts[:3]))
['Three French hens,',
 'Two turtle doves,',
 'A partridge in a pear tree.']
```

任意小节的最初两行都是相同的，替换的只是针对 day 的 ordinal 值：

```
lines = [
    f'On the {ordinal[day - 1]} day of Christmas,',
    'My true love gave to me,'
]
```

需要把这两个 lines 与 gifts 放到一起。由于每个小节都由多个行组成，所以可以使用一个 list 来表达整个小节。

需要把 gifts 添加到 lines 中，可以使用 list.extend()方法来实现：

```
>>> lines.extend(reversed(gifts[:day]))
```

现在有了 5 个 lines：

```
>>> lines
['On the third day of Christmas,',
 'My true love gave to me,',
 'Three French hens,',
 'Two turtle doves,',
```

```
 'A partridge in a pear tree.']
>>> assert len(lines) == 5
```

注意，不能使用 list.append()方法。list.append()方法容易与 list.extend()方法混淆。list.extend()方法将另一个 list 作为实参展开，并把所有个体元素添加到原始 list。list.append()方法是向 list 添加一个元素，因此，如果给它一个 list，它会把该 list 整体附加到原始列表的末尾！

本例中，reversed()迭代器将被添加到 lines 的末尾，使得 lines 将具有 3 个元素，而不是所需的 5 个：

```
>>> lines.append(reversed(gifts[:day]))
>>> lines
['On the third day of Christmas,',
 'My true love gave to me,',
 <list_reverseiterator object at 0x105bc8588>]
```

也许你会想，是否可以用 list()函数强制列出 reversed()的每一项？但只是想想而已，年轻人，唉，这仍将把一个新 list 添加到末尾：

```
>>> lines.append(list(reversed(gifts[:day])))
>>> lines
['On the third day of Christmas,',
 'My true love gave to me,',
 ['Three French hens,', 'Two turtle doves,', 'A partridge in a pear tree.']]
```

而现在仍然只有 3 个 lines 而不是 5 个：

```
>>> len(lines)
3
```

如果 day 大于 1，那么需要把最后一行变成“And a”而不是“A”：

```
if day > 1:
    lines[-1] = 'And ' + lines[-1].lower()
```

注意，这是采用 list 表示 line 的另一个充分理由，因为 list 的元素是可变更的。原本可以把 lines 表示为一个 str，但字符串是不可变更的，因此改变最后一行会困难得多。

希望从该函数返回单个 str 值，因此用一个新行连接这些 line：

```
>>> print('\n'.join(lines))
On the third day of Christmas,
My true love gave to me,
Three French hens,
Two turtle doves,
A partridge in a pear tree.
```

现在，函数返回已连接的 line，并且将通过 test_verse()函数的测试。

13.3.2　生成小节

有了 verse()函数，就可以通过从 1 到给定--num 的迭代，创建需要的所有小节。可以把它们收集到 verses 的一个 list 中：

```
day = 3
verses = []
for n in range(1, day + 1):
    verses.append(verse(n))
```

测试小节数量是否正确：

```
>>> assert len(verses) == day
```

每当看到这个模式(创建一个空 str 或 list，然后使用 for 循环来添加它)时，就可以考虑用列表推导式替代该方法：

```
>>> verses = [verse(n) for n in range(1, day + 1)]
>>> assert len(verses) == day
```

比起列表推导式，我个人更喜欢使用 map()。观察图 13.4，回顾这三种方法是如何结合在一起的。需要在 REPL 中使用 list()函数来强制列出惰性函数 map()的结果，但这点不必体现在程序代码中：

```
>>> verses = list(map(verse, range(1, day + 1)))
>>> assert len(verses) == day
```

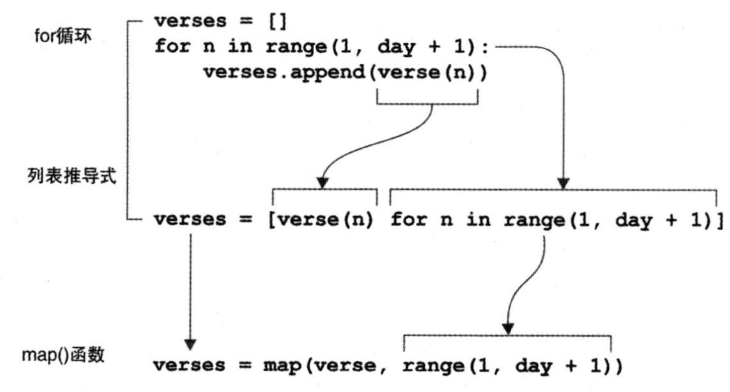

图 13.4 使用 for 循环、列表推导式，和 map()函数来建立 list

所有这些方法都将产生正确数量的小节。选择你最能理解的那个方法。

13.3.3 打印小节

正如第 11 章中对《九十九瓶啤酒》的操作，我想用两个新行 print()这些小节。str.join()方法是一个明智的选择：

```
>>> print('\n\n'.join(verses))
On the first day of Christmas,
My true love gave to me,
A partridge in a pear tree.

On the second day of Christmas,
My true love gave to me,
Two turtle doves,
And a partridge in a pear tree.
```

```
On the third day of Christmas,
My true love gave to me,
Three French hens,
Two turtle doves,
And a partridge in a pear tree.
```

可以使用带有可选的 file 实参的 print()函数，把文本放到打开的文件句柄内。args.outfile 值要么是用户指定的文件，要么是 sys.stdout：

```
print('\n\n'.join(verses), file=args.outfile)
```

或者可以使用 fh.write()方法，但需要记得添加后续的新行，使 print()增加该内容：

```
args.outfile.write('\n\n'.join(verses) + '\n')
```

编写这个算法有成百上千种方式，《九十九瓶啤酒》也是如此。如果写出一种与解决方案完全不同的方式并通过了测试，那简直太棒了！在你成功之后，也请与我分享一下。我想强调的是编写、测试和使用单个 verse()函数的方法，但也期待看到其他方式！

13.4　更进一步

安装 emoji 模块(https://pypi.org/project/emoji/)，并且针对各种礼物打印表情符号以替代文本。例如，针对每一只鸟比如 hen 或 dove，可以使用':bird:'打印一个🐦。下文示例中还使用了':man:'、':woman:'和':drum:'等，可以使用任意你喜欢的表情符号：

```
On the twelfth day of Christmas,
My true love gave to me,
Twelve 🥁s drumming,
Eleven 👨s piping,
Ten 👨s a leaping,
Nine 👩s dancing,
Eight 👩s a milking,
Seven 🐦s a swimming,
Six 🐦s a laying,
Five gold 💍s,
Four calling 🐦s,
Three French 🐦s,
Two turtle 🐦s,
And a 🐦 in a pear tree.
```

13.5　小结

- 执行重复性任务的算法有许多编码方式。在解决方案的版本中，编写并测试了一个函数来处理某个任务，然后把某一个范围的输入值映射到它的输入参数表。

- range()函数将返回处于给定的起始值与终止值之间的 int 值，后者不包含在该范围内。
- 可以使用 reversed()函数来逆转由 range()返回的值。
- 如果使用 type=argparse.FileType('wt')来定义一个带有 argparse 的实参，你会得到一个文件句柄，它是打开的，用于写入文本。
- sys.stdout 文件句柄始终是打开的，可供写入。
- 把 gift 建模为 list，便于使用列表切片获取所有针对给定天数的礼物。使用 reversed()函数，把它们按这首歌的正确次序排列。
- 把 lines 建模为 list，因为 list 是可变的，用于当天数大于 1 时改变最后一行。
- 屏蔽变量或函数将重用现有的变量或函数名称。例如，如果创建了一个变量，该变量具有已存在的函数名称，那么这个函数将由于屏蔽而被有效地隐藏。为了避免屏蔽，可以使用像 Pylint 这样的工具来查找这个问题，以及其他常见的编码问题。

第 14 章

押韵机：使用正则表达式创建押韵单词

在电影《公主新娘》中，角色 Inigo 和 Fezzik 经常会玩一个押韵游戏，尤其是当他们残暴的老板 Vizzini 冲他们吼叫时。押韵游戏的玩法如下：

Inigo: That Vizzini, he can fuss.

Fezzik: I think he likes to scream at us.

Inigo: Probably he means no harm.

Fezzik: He's really very short on charm.

第 7 章编写 alternate.txt 时，我会想出一个单词，如“cyanide”，并琢磨可以用什么词与它押韵。我会从脑海中字母表的第一个辅音开始考虑：用“b”替换为“byanide”，跳过“c”(因为它已经是这个词的首字母了)，然后用“d”替换为“dyanide”，以此类推。这是有效的，却也很乏味。因此，我决定写一个程序来做这件事。

这个程序基本上是另一个“找到并替换”(find-and-replace)型程序，类似于第 4 章中的交换一个字符串中的所有数字，或者第 8 章中的交换一个字符串中的所有元音。在写那些程序时，使用了手动、强制性的方法，比如：遍历一个字符串的所有字符，把它们与某个想要的值进行比较，并可能返回一个新值。

第 8 章的最终解决方案中简要提及了“正则表达式”(也称为正则式，regexes)。正则表达式是描述文本模式的一个声明性(declarative)方式。本章中的内容可能有点难度，但目的其实是想帮助你深入挖掘正则表达式，看看它们能做什么。

在本章中，我们将选取给定单词，并创建与它押韵的“单词”。例如，单词“bake”与“cake”“make”“thrake”等单词押韵，最后一个单词其实并不存在于字典中，而是通过把“bake”中的“b”替换成“thr”而创建的一个新字符串。

使用算法把一个单词拆解成初始辅音和剩余部分，因此

“bake”被拆解成“b”和“ake”。我们将把“b”替换成字母表中的所有其他辅音以及下列辅音连缀：

```
bl br ch cl cr dr fl fr gl gr pl pr sc sh sk sl sm sn sp st
sw th tr tw thw wh wr sch scr shr sph spl spr squ str thr
```

程序针对“cake”产生的前三个单词如下：

```
$ ./rhymer.py cake | head -3
bake
blake
brake
```

最后三个单词如下：

```
$ ./rhymer.py cake | tail -3
xake
yake
zake
```

确保输出按字母表次序排列，这对测试很重要。

将用其他辅音的一个列表替换前导辅音，以创建总共 56 个单词：

```
$ ./rhymer.py cake | wc -l
      56
```

注意，应替换前导辅音的所有字母，而不仅仅替换第一个字母。例如，对于单词“chair”，需要替换“ch”：

```
$ ./rhymer.py chair | tail -3
xair
yair
zair
```

像“apple”这样的单词不是以辅音开头的，故把所有辅音附着到开头，以创建像“bapple”和“shrapple”这样的单词。

```
$ ./rhymer.py apple | head -3
bapple
blapple
brapple
```

对于以元音开头的单词，因为自身没有辅音供替换，所以将产生 57 个押韵单词：

```
$ ./rhymer.py apple | wc -l
      57
```

为了让这项任务更容易一点，即使输入有大写字母，也总是输出全小写的单词：

```
$ ./rhymer.py GUITAR | tail -3
xuitar
yuitar
zuitar
```

如果一个单词除了辅音别无所有，则将打印一个消息，说明该单词不能被押韵：

```
$ ./rhymer.py RDNZL
Cannot rhyme "RDNZL"
```

有了正则表达式，找到初始辅音会变得更容易。

在本章中，你将学习以下内容：

- 编写和使用正则表达式；
- 把守卫语句(guard)用在列表推导式中；
- 探索带有守卫语句的列表推导式与 filter()函数的相似性；
- 在布尔语境中评估 Python 类型时，考虑“真实性”。

14.1　编写 rhymer.py

该程序采用单个位置实参，即要押韵的字符串。图 14.1 展示了该程序的线图。

如果没有给予实参或者有-h 或--help 标记，则打印一个使用说明：

```
$ ./rhymer.py -h
usage: rhymer.py [-h] word

Make rhyming "words"

positional arguments:
  word        A word to rhyme

optional arguments:
-h, --help show this help message and exit
```

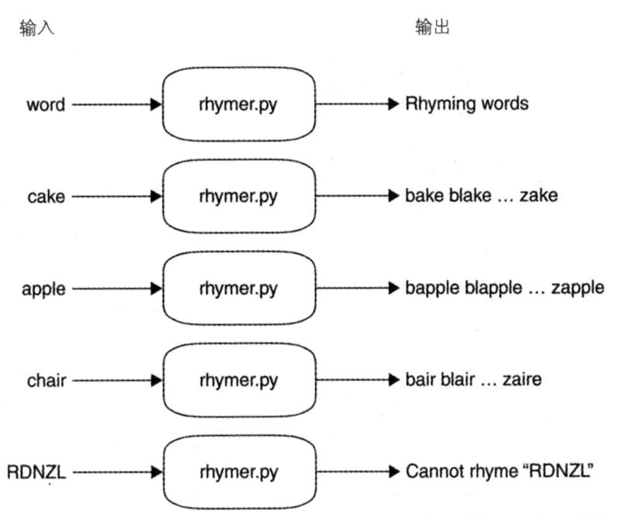

图 14.1　rhymer 程序的输入应该是一个单词，输出将是一个押韵单词列表，或是一个错误

14.1.1　分解单词

在我看来，该程序主要需要解决的问题是，把给定的单词分解成前导辅音和剩余部分——剩余部分可看作该单词的“词干”(stem)。

一开始，可以为 stemmer()函数定义一个占位符，该函数现在什么都不做：

```
def stemmer():
    """Return leading consonants (if any), and 'stem' of word"""
    pass
```

pass 语句什么都不做。由于该函数不返回值，所以 Python 默认返回 None。

然后，可以定义一个 test_stemmer()函数，以帮助我们考虑可能会赋给该函数的值，以及预期该函数返回什么。我们想要使用恰当的值用来测试，例如，“cake”和“apple”这样能押韵的值，以及空字符串或数字这样不能押韵的值。

```
def test_stemmer():
""" Test stemmer """
   assert stemmer('') == ('', '') ①
② assert stemmer('cake') == ('c', 'ake')
   assert stemmer('chair') == ('ch', 'air') ③
④ assert stemmer('APPLE') == ('', 'apple')
   assert stemmer('RDNZL') == ('rdnzl', '') ⑤
⑥ assert stemmer('123') == ('123', '')
```

这些测试覆盖了以下正确输入和错误输入：

① 空字符串

② 具有单个前导辅音的单词

③ 具有前导辅音连缀的单词

④ 没有初始辅音的单词；以及大写单词，因此这里检查是否返回小写

⑤ 没有元音的单词

⑥ 完全不是单词的值

stemmer()函数将总是返回该单词的二元组(start, rest)，也可以写一个其他的函数，但一定要修改测试以匹配函数。能用来创建押韵单词的是元组的第二部分，即 rest。例如，单词“cake”产生了元组('c', 'ake')，而“chair”被拆解成('ch', 'air')。实参“APPLE”没有 start，只有小写的 rest。

在写测试时，通常会试着向函数和程序提供好坏两种数据。测试值中有三种不能押韵：空字符串(' ')、没有元音的字符串('RDNZL')以及没有字母的字符串('123')。对于这些情况，stemmer()函数仍将返回一个元组，该元组在第一位置含有该单词的小写版本，在第二位置含有该空字符串作为该单词的 rest。没有可押韵部分的单词，将取决于调用代码决定处理结果。

14.1.2　使用正则表达式

当然可以不用正则表达式编写这个程序，但这里希望你能看到，使用正则表达式与手动编写“搜索并替换”代码有多么巨大的不同。

一开始，需要导入 re 模块：

```
>>> import re
```

鼓励你阅读 help(re)，了解正则表达式能完成的事情。正则表达式是一个深奥的主题，有许多书籍和完整的学术分支都在研究它(推荐阅读 Jeffrey Friedl 所著的 *Mastering Regular Expressions* (O'Reilly,2006))。许多网站会进一步解释正则表达式，有些可以帮助你编写正则表达式(例如 https://regexr.com/)。本书将仅仅浅谈用正则表达式能做什么。

在本程序中，目标是写一个正则表达式，在一个字符串的开头找到辅音。可以把辅音定义为英语字母表中不是元音("a" "e" "i" "o" 和 "u")的字符。stemmer()函数将只返回小写字母，因此我们只需要定义 21 个辅音。可以把这 21 个逐个写出来，但我更想少写一点代码！

可以从 string.ascii_lowercase 开始：

```
>>> import string
>>> string.ascii_lowercase
'abcdefghijklmnopqrstuvwxyz'
```

接下来，可以使用一个带有"guard"子句的列表推导式来滤除元音。由于我们想要包含辅音的 str，而不是 list，因此可以使用 str.join()来制作一个新的 str 值：

```
>>> import string as s
>>> s.ascii_lowercase
'abcdefghijklmnopqrstuvwxyz'
>>> consonants = ''.join([c for c in s.ascii_lowercase if c not in 'aeiou'])
>>> consonants
'bcdfghjklmnpqrstvwxyz'
```

还有一个较长的写法，使用 for 循环和 if 语句，如下(见图 14.2)：

```
consonants = ''
for c in string.ascii_lowercase:
    if c not in 'aeiou':
        consonants += c
```

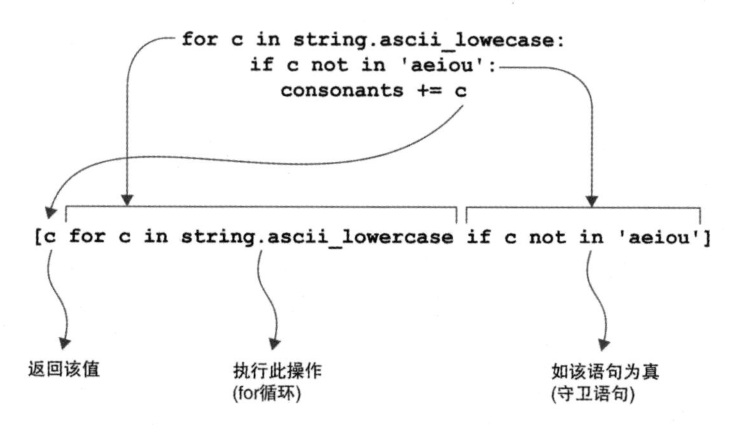

图 14.2　for 循环(上方)可以被写成列表推导式(下方)。这个列表推导式包含一个守卫语句，使得只有辅音被选择，就像上方的 if 语句那样

第 8 章创建了一个“字符类”，通过在方括号中列出元音(比如'[aeiou]')来匹配元音。在这里，可以对 consonants 做相同的事，比如：

```
>>> pattern = '[' + consonants + ']'
>>> pattern
'[bcdfghjklmnpqrstvwxyz]'
```

re 模块有两个搜索型函数，名为 re.match()和 re.search()，这两种函数很容易搞混。它们都在某个 text 中寻找 pattern(第一实参)，但 re.match()函数从该 text 的开头开始匹配，而 re.search()函数可以从该 text 的任何位置开始匹配。

re.match()恰好适合这种情况，因为我们是在一个字符串的开头搜寻辅音(见图 14.3)。

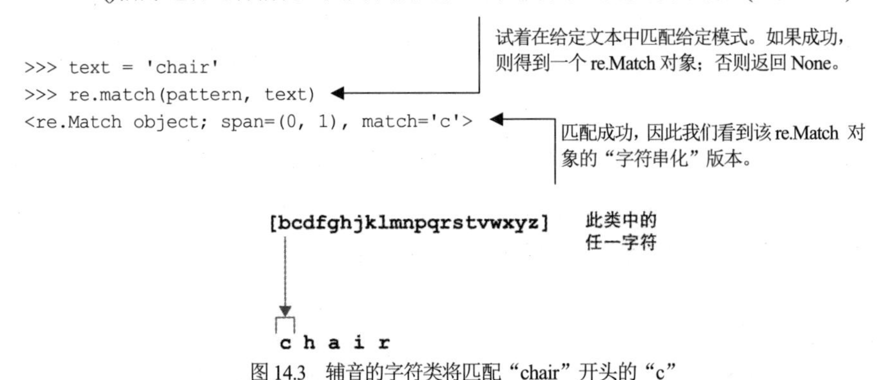

图 14.3　辅音的字符类将匹配“chair”开头的“c”

match='c'表示该正则表达式在开头找到了字符串'c'。re.match()和 re.search()函数在成功匹配时都将返回 re.Match 对象。可以阅读 help(re.Match)，学习如何用它们完成更多很酷的任务：

```
>>> match = re.match(pattern, text)
>>> type(match)
<class 're.Match'>
```

如何让正则表达式匹配字母'ch'呢？可以在该字符类之后放一个'+'号，表示我们想要一个或多个字符(如图 14.4 所示)(这听起来是不是有点像 nargs='+'表示一个或多个实参？)。在这里使用 f-string 来创建该模式：

```
>>> re.match(f'[{consonants}]+', 'chair')
<re.Match object; span=(0, 2), match='ch'>
```

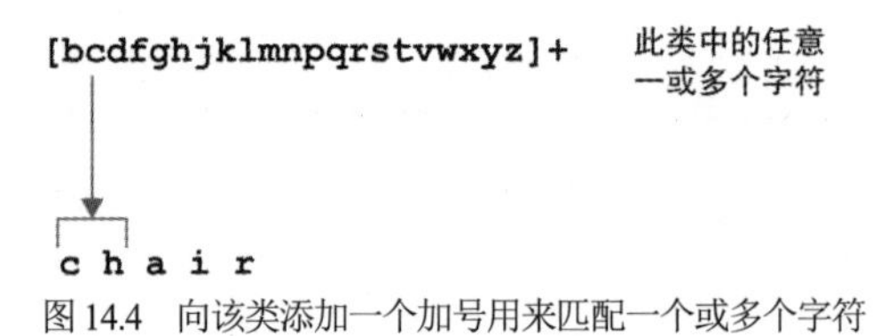

图 14.4　向该类添加一个加号用来匹配一个或多个字符

对于没有前导辅音的字符串(比如“apple”，如图 14.5 所示)，将得到什么？

```
>>> re.match(f'[{consonants}]+', 'apple')
```

图 14.5　正则表达式没有匹配到以辅音开头的单词

看起来没有得到任何反馈。那么返回值的 type()是什么？

```
>>> type(re.match(f'[{consonants}]+', 'apple'))
<class 'NoneType'>
```

re.match()函数和 re.search()函数都返回 None，以说明没有匹配任何文本。我们知道并非所有单词都有前导辅音，因此这并不意外。马上将介绍如何让没有前导辅音的字符串成为一个可选的匹配。

14.1.3　使用捕获组

无论是否找到前导辅音都是正常的，但这里的目标是将 text 拆解成两部分：辅音(如果有辅音的话)和该单词的剩余部分。

可以把该正则表达式的各部分封装在圆括号中，以创建“捕获组”(capture groups)。如果该正则表达式匹配成功，那么可以使用 re.Match.groups()方法来恢复这些部分(见图 14.6)：

```
>>> match = re.match(f'([{consonants}]+)', 'chair')
>>> match.groups()
('ch',)
```

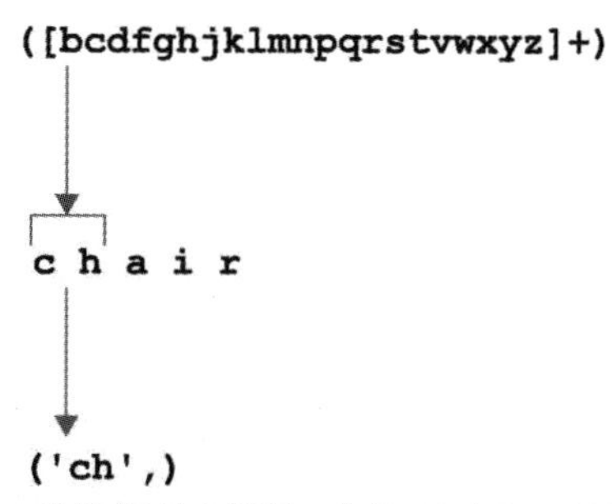

图 14.6　为模式添加圆括号，使得匹配文本可以用作捕获组

为了捕获辅音之后的所有内容，可以使用一个句号(.)来匹配任何东西，并且添加一个加号(+)来表示一个或多个。把它放到圆括号中，以便捕获(见图 14.7)：

```
>>> match = re.match(f'([{consonants}]+)(.+)', 'chair')
>>> match.groups()
('ch', 'air')
```

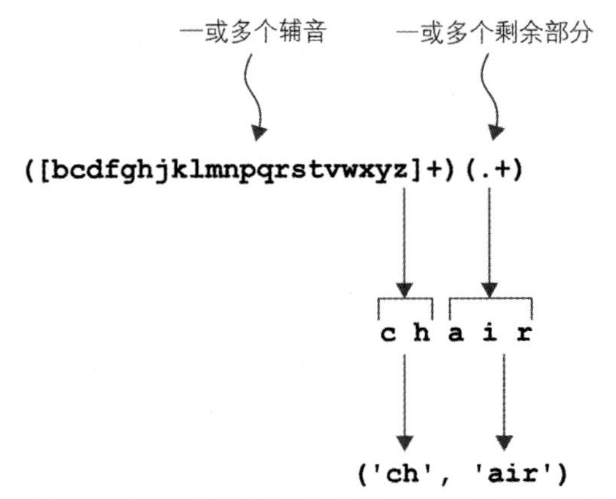

图 14.7 定义两个捕获组，用来访问前导辅音及剩余部分

当把以上代码应用到“apple”时，会发生什么？程序对辅音没有实现第一次匹配，因此整个匹配失败，并返回 None(见图 14.8)：

```
>>> match = re.match(f'([{consonants}]+)(.+)', 'apple')
>>> match.groups()
Traceback (most recent call last):
  File "<stdin>", line 1, in <module>
AttributeError: 'NoneType' object has no attribute 'groups'
```

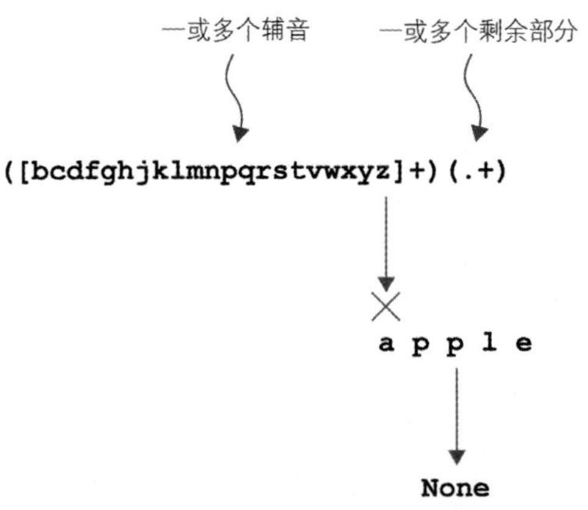

图 14.8 当文本以元音开头时，该模式仍然匹配失败

记住，re.match()在没有找到模式时返回 None。可以在 consonants 模式的末尾添加一个问号(?)来让该模式成为可选的(见图 14.9)：

```
>>> match = re.match(f'([{consonants}]+)?(.+)', 'apple')
>>> match.groups()
(None, 'apple')
```

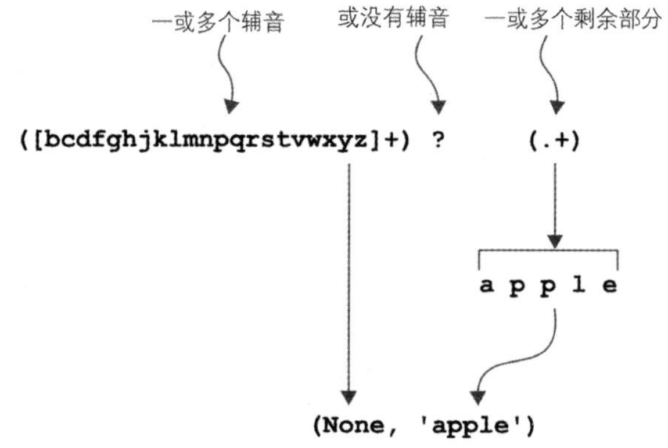

图 14.9　模式之后的问号让模式成为可选项

针对由圆括号创建的每个组，match.groups()函数返回一个含有匹配项的元组。也可以使用带有组号的 match.group()函数(group 为单数)来获取特定组。注意，组号从 1 开始编号：

```
>>> match.group(1)
>>> match.group(2)
'apple'
```

对“apple”而言，没有对应于第一组的匹配项，所以这里得到 None。

第二组捕获了整个单词。

如果对“chair”进行匹配，那么这两个组都有对应的值：

```
>>> match = re.match(f'([{consonants}]+)?(.+)', 'chair')
>>> match.group(1)
'ch'
>>> match.group(2)
'air'
```

至此，仅仅处理了小写文本，因为程序提供的是小写值。尽管如此，还是先探索一下，当匹配大写文本时会发生什么：

```
>>> match = re.match(f'([{consonants}]+)?(.+)', 'CHAIR')
>>> match.groups()
(None, 'CHAIR')
```

不出所料，失败了。我们的模式仅仅定义了小写字符。可以选择添加所有大写辅音，但更简单的处理办法是，使用 re.match()的第三个可选实参，表示不区分大小写的搜索：

```
>>> match = re.match(f'([{consonants}]+)?(.+)', 'CHAIR', re.IGNORECASE)
>>> match.groups()
('CH', 'AIR')
```

或者可以强制让正在搜索的文本转化为小写的：

```
>>> match = re.match(f'([{consonants}]+)?(.+)', 'CHAIR'.lower())
>>> match.groups()
('ch', 'air')
```

当对全部是辅音的文本进行搜索时，会得到什么？

```
>>> match = re.match(f'([{consonants}]+)?(.+)', 'rdnzl')
>>> match.groups()
('rdnz', 'l')
```

你预期的是不是第一组包含所有辅音，第二组空无一物？结果似乎有点奇怪，程序把“l”拆解到第二组中，如图 14.10 所示，因此我们必须严格地逐字分析正则表达式引擎的工作机制。我们描述了一个可选的组，该组包含一个或多个辅音，后面必须跟着一个或多个其他字符。程序将“l”算作一个或多个其他字符，所以该正则表达式匹配的结果恰恰是我们请求的。

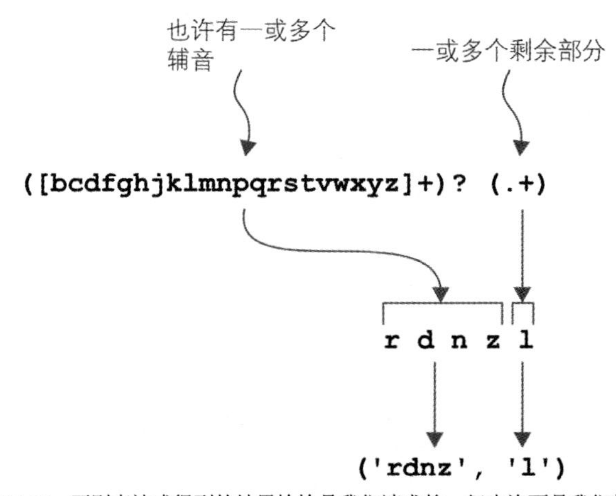

图 14.10 正则表达式得到的结果恰恰是我们请求的，但也许不是我们想要的

如果把(.+)改为(.*)来表示零个或多个，那么结果将如我们所愿：

```
>>> match = re.match(f'([{consonants}]+)?(.*)', 'rdnzl')
>>> match.groups()
('rdnzl', '')
```

我们的正则表达式不太完备，因为它无法处理数字 123 之类的匹配情况。也就是说，它匹配得太过了，因为句号(.)能匹配我们并不想要的数字：

```
>>> re.match(f'([{consonants}]+)?(.*)?', '123')
<re.Match object; span=(0, 3), match='123'>
```

需要指出，在辅音之后应该有至少一个元音，元音之后可以后跟任何其他字符。可以使用另一个字符类来描述元音。由于需要捕获元音，因此将把它放到圆括号里，如([aeiou])所示。可以后跟零或多个需要被捕获的任何字符，所以使用(.*)，如图 14.11 所示。

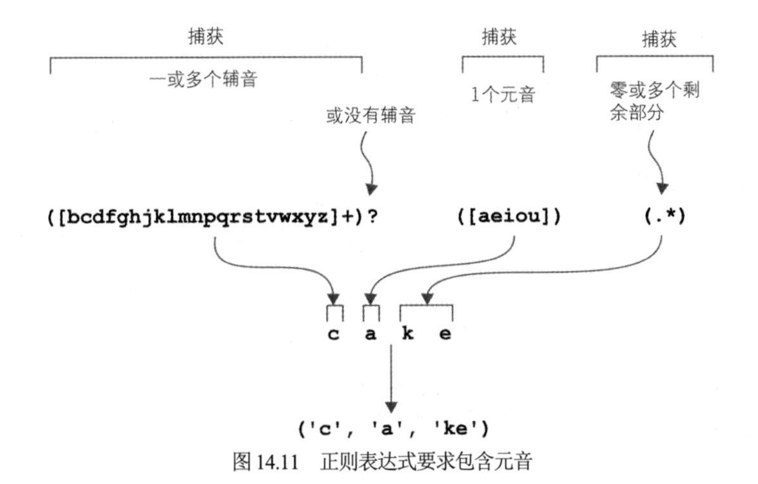

图 14.11　正则表达式要求包含元音

回到上面的问题，对期待得到的值试一试这个办法：

```
>>> re.match(f'([{consonants}]+)?([aeiou])(.*)', 'cake').groups()
('c', 'a', 'ke')
>>> re.match(f'([{consonants}]+)?([aeiou])(.*)', 'chair').groups()
('ch', 'a', 'ir')
>>> re.match(f'([{consonants}]+)?([aeiou])(.*)', 'apple').groups()
(None, 'a', 'pple')
```

如你所见，当字符串不含元音或字母时，不能匹配：

```
>>> type(re.match(f'([{consonants}]+)?([aeiou])(.*)', 'rdnzl'))
<class 'NoneType'>
>>> type(re.match(f'([{consonants}]+)?([aeiou])(.*)', '123'))
<class 'NoneType'>
```

14.1.4　真实性

已知程序可能收到一些不能押韵的输入，那么 stemmer()函数该如何处理它们？有些人喜欢在这类情况下使用异常。我们已经见到过一些异常，比如请求不存在的列表索引或字典键。如果异常没有被捕捉到并处理，就将导致程序崩溃！

我尽量避免写出触发异常的代码。stemmer()函数定义要求返回一个二元组(start, rest)，使用空字符串而非 None 来标示缺失的值。用来返回这些元组的代码如下：

如果正则表达式失败，那么匹配结果将是 None，即“假”。如果正则表达式成功，那么匹配项将是“真”。

可以把三个捕获组放到三个变量中。要想确保不返回任何 None 值，可以使用“or”来评估左侧为“真”，并且当左侧不为“真”时提取右侧的空字符串。

```
if match:
p1 = match.group(1) or ''
p2 = match.group(2) or ''
p3 = match.group(3) or ''
return (p1, p2 + p3)
else:
return (word, '')
```

返回一个元组，它具有该单词的第一部分(辅音或没有辅音)和该单词的“剩余部分”(元音以及其他字符)。

如果匹配结果是 None，那么返回该单词的一个元组以及一个空字符串，以表示该单词没有押韵的“剩余部分”。

花一点时间考虑 or 运算符，它用于在运算符两边的东西之间抉择。or 将返回第一个“真”值，它某种意义上等同于布尔语境中的 True：

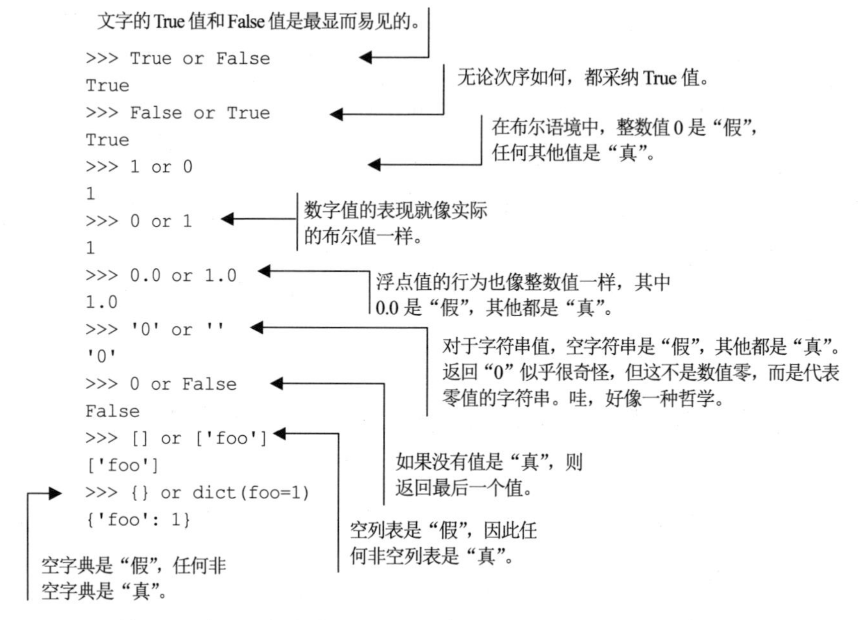

文字的 True 值和 False 值是最显而易见的。
>>> True or False
True
>>> False or True
True
>>> 1 or 0
1
>>> 0 or 1
1
>>> 0.0 or 1.0
1.0
>>> '0' or ''
'0'
>>> 0 or False
False
>>> [] or ['foo']
['foo']
>>> {} or dict(foo=1)
{'foo': 1}
无论次序如何，都采纳 True 值。
在布尔语境中，整数值 0 是“假”，任何其他值是“真”。
数字值的表现就像实际的布尔值一样。
浮点值的行为也像整数值一样，其中 0.0 是“假”，其他都是“真”。
对于字符串值，空字符串是“假”，其他都是“真”。返回“0”似乎很奇怪，但这不是数值零，而是代表零值的字符串。哇，好像一种哲学。
如果没有值是“真”，则返回最后一个值。
空列表是“假”，因此任何非空列表是“真”。
空字典是“假”，任何非空字典是“真”。

运用这些理念，应该能够编写一个通过 test_stemmer()测试的 stemmer()函数。记住，如果这两个函数都在 rhymer.py 程序中，可以这样运行 test_functions：

```
$ pytest -xv rhymer.py
```

14.1.5 创建输出

让我们回顾一下，程序应该做什么：

(1) 接收一个位置字符串实参。

(2) 尝试把该单词拆解成两部分：前导辅音以及该单词的剩余部分。

(3) 如果该拆解成功，则把该单词的“剩余部分”(实际上，如果没有前导辅音，“剩余部分”可能是整个单词)与所有其他辅音结合在一起。但是要确保不包含原始辅音，并且按字母顺序给押韵字符串排序。

(4) 如果不能拆解该单词，则打印消息：Cannot rhyme"<word>"。

现在，该开始编写程序了。冲进城堡，享受闯关的乐趣吧！

14.2 解决方案

“No more rhymes now, I mean it!”(现在没有更多韵脚了，真的！)

“Anybody want a peanut?”(有谁想要花生吗？)

让我们看看解决这个问题的一种方法。与你的解决方案有何不同？

```
#!/usr/bin/env python3
"""Make rhyming words"""

import argparse
import re
import string


# --------------------------------------------------
def get_args():
    """get command-line arguments"""

    parser = argparse.ArgumentParser(
        description='Make rhyming "words"',
        formatter_class=argparse.ArgumentDefaultsHelpFormatter)

    parser.add_argument('word', metavar='word', help='A word to rhyme')

    return parser.parse_args()


# --------------------------------------------------
def main():
    """Make a jazz noise here"""

    args = get_args()
    prefixes = list('bcdfghjklmnpqrstvwxyz') + (
        'bl br ch cl cr dr fl fr gl gr pl pr sc '
        'sh sk sl sm sn sp st sw th tr tw thw wh wr '
        'sch scr shr sph spl spr squ str thr').split()

    start, rest = stemmer(args.word)
    if rest:
        print('\n'.join(sorted([p + rest for p in prefixes if p != start])))
    else:
        print(f'Cannot rhyme "{args.word}"')


# --------------------------------------------------
def stemmer(word):
    """Return leading consonants (if any), and 'stem' of word"""

    word = word.lower()
    vowels = 'aeiou'
    consonants = ''.join(
        [c for c in string.ascii_lowercase if c not in vowels])

    pattern = (
        '([' + consonants + ']+)?' # capture one or more, optional
        '([' + vowels + '])' # capture at least one vowel
        '(.*)' # capture zero or more of anything
```

re 模块用于正则表达式。

检查该单词是否有一部分能用来创建押韵字符串。

获取命令行实参。

定义所有前缀，添加前缀以创建押韵单词。

把该单词实参拆解成两个可能的部分。由于stemmer()函数总是返回一个二元组，因此可以把该二元组拆散成两个变量。

如果有，则使用列表推导式遍历所有前缀，并把它们添加到该单词的词干前。使用 guard(守卫)来确保任何给定前缀都与该单词的开头不同。为所有值排序，在新行上连接它们并打印。

如果该单词的“剩余部分”没有任何能用来创建押韵单词的东西，则告知用户。

该单词为小写。由于将不止一次使用这些元音，所以把它们赋给一个变量。

辅音是非元音字母。将只匹配小写字母。

将单词转化为小写。

该模式是使用串连的文字字符串定义的，Python 将把这些字符串连接到一起，形成一个字符串。通过把这些片段分解到不同的行上，对正则表达式的每个部分进行注释。

```
    )

    match = re.match(pattern, word)
    if match:
        p1 = match.group(1) or ''
        p2 = match.group(2) or ''
        p3 = match.group(3) or ''
        return (p1, p2 + p3)
    else:
        return (word, '')

# --------------------------------------------------
def test_stemmer():
    """test the stemmer"""

    assert stemmer('') == ('', '')
    assert stemmer('cake') == ('c', 'ake')
    assert stemmer('chair') == ('ch', 'air')
    assert stemmer('APPLE') == ('', 'apple')
    assert stemmer('RDNZL') == ('rdnzl', '')
    assert stemmer('123') == ('', '')


# --------------------------------------------------
if __name__ == '__main__':
    main()
```

使用 re.match()函数从该单词的开头开始匹配。

如果模式不能匹配，则 re.match() 函数将返回 None，因此检查该匹配项是否为“真”(非 None)。

把每个组放在一个变量中，确保使用空字符串，而不是 None。

返回一个新元组，该元组具有单词的“第一部分”(可能是前导辅音)以及该单词的“剩余部分”(元音以及其他字符)。

如果匹配失败，则返回单词以及针对该单词“剩余部分”的一个空字符串，以表示没有任何字符可押韵。

针对 stemmer()函数的测试。我通常喜欢把单元测试直接放在它们测试的函数之后。

14.3 讨论

有很多方式可以编写这段代码，但是一如既往，我喜欢把问题分解成一些便于编写和测试的单元。对我而言，问题可以分解为把单词拆解成一个可能存在的前导辅音以及该单词的剩余部分。如果能做到这件事，就能创建押韵字符串；如果不能做到，就需要提醒用户。

14.3.1 取单词词干

就本程序的目的而言，一个单词的“词干”是初始辅音之后的部分。使用一个列表推导式来定义词干，该列表推导式用 guard(守卫)来选取非元音字母：

```
>>> vowels = 'aeiou'
>>> consonants = ''.join([c for c in string.ascii_lowercase if c not in vowels])
```

很多章中都演示了列表推导式是生成列表的一个简洁方式，比使用 for 循环来附加到现有的列表更可取。本例中，添加了一个 if 语句，从而只获取不是元音的字符。这被称为 guard(守卫)语句，只有被评估为“真”的元素才会被包含在结果 list 中。

我们至今已经见过 map()好几次了，并且讨论了它之所以是一个高阶函数(HOF)，是因为它将另一个函数作为第一个实参，并将把该实参应用于某个可遍历/可迭代对象(比如 list)的所有元素。在这里，我想介绍另一个 HOF，名为 filter()，它也接收一个函数和一个可迭代对象(见图 14.2)。与带有 guard(守卫)的列表推导式的情况一样，只有从该函数返回“真”值的元素才被允许出现在结果 list 中。

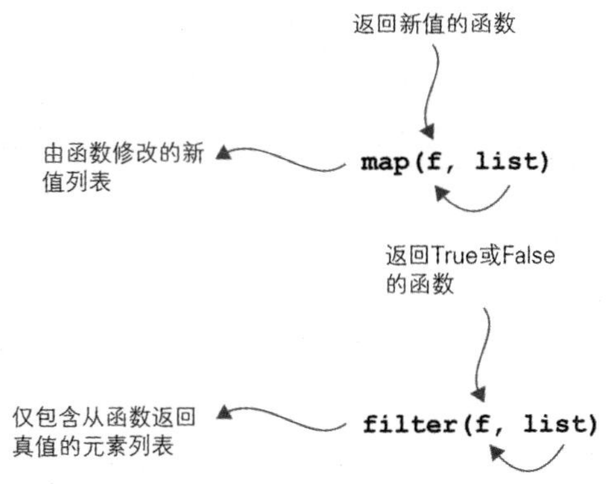

图 14.12　map()和 filter()函数都接收函数和可迭代对象，并且都产生新列表。

写该列表推导式的另一种方法是使用 filter()，代码如下：

```
>>> consonants = ''.join(filter(lambda c: c not in vowels,
     string.ascii_lowercase))
```

与 map()的情况一样，使用 lambda 关键字来创建一个匿名函数。c 是一个变量，它将承载实参，在这种情况下，该实参是来自 string.ascii_lowercase 的每个字符。该函数的整个主体是关于 c not in vowels 的评估。为此，每个元音都将返回 False：

```
>>> 'a' not in vowels
False
```

而每个辅音都将返回 True：

```
>>> 'b' not in vowels
True
```

因此，只有辅音被允许通过 filter()。回顾为汽车刷蓝色油漆的例子，写一个 filter()，它只接收以字符串“blue”开头的汽车：

```
>>> cars = ['blue Honda', 'red Chevy', 'blue Ford']
>>> list(filter(lambda car: car.startswith('blue '), cars))
['blue Honda', 'blue Ford']
```

当该 car 变量具有值“red Chevy”时，lambda 返回 False，且这个值被拒绝：

```
>>> car = 'red Chevy'
>>> car.startswith('blue ')
False
```

注意，如果来自原始可迭代对象的元素都没有被接收，那么 filter()将产生一个空 list([ ])。例如，可以 filter()大于 10 的数字。注意，filter()是另一个惰性函数，必须使用 REPL 中的 list()函数来强制它运行：

```
>>> list(filter(lambda n: n > 10, range(0, 5)))
[]
```

列表推导式也会返回空列表：

```
>>> [n for n in range(0, 5) if n > 10]
[]
```

图 14.13 展示了创建名为 consonants 的新 list 三个方法之间的关系：使用强制性 for 循环；惯用的带有 guard(守卫)的列表推导式；以及纯粹功能性的使用 filter()的方法。这些方法全都可以良好运行，尽管列表推导式可能是最具 Python 风格的技巧。for 循环对于 C 或 Java 程序员来说是非常熟悉的，而 filter()可被 Haskell 程序员，甚至是使用类似 Lisp 的语言的人立即识别出来。filter()可能比列表推导式慢，尤其是在可迭代对象很大的情况下。可以选择适合自己的风格和应用的方式。

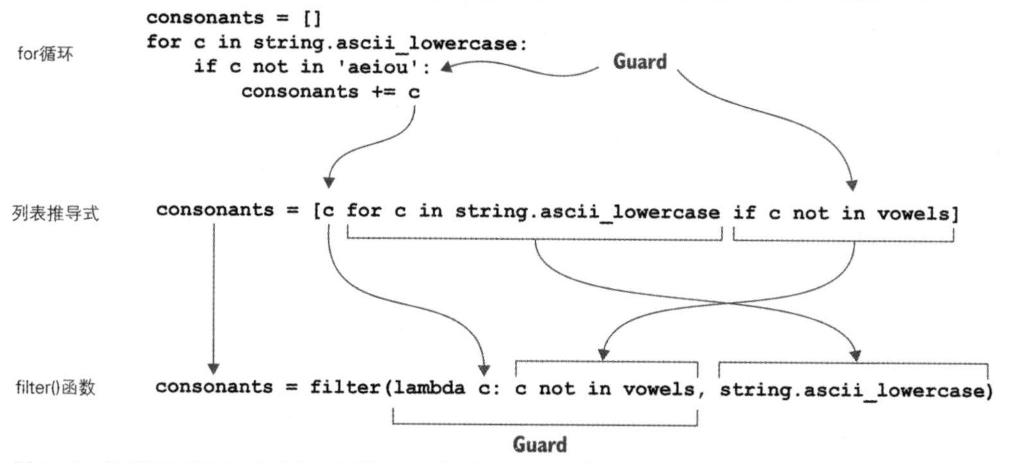

图 14.13　创建辅音列表的三个方式：使用带有 if 语句的 for 循环；带有 guard (守卫)的列表推导式；以及 filter()函数

14.3.2　对正则表达式进行格式化和注释

引言中谈到了最终使用的正则表达式的各个部分。可以花一点时间了解一下在代码中对正则表达式进行格式化的方式。我使用了 Python 解释器的一个有趣技巧，它将隐蔽地串连相邻的字符串文字。看看这四个字符串如何变为一个：

```
>>> this_is_just_to_say = ('I have eaten '
... 'the plums '
... 'that were in '
... 'the icebox')
>>> this_is_just_to_say
'I have eaten the plums that were in the icebox'
```

注意，在字符串之后没有逗号，因为逗号会导致创建一个具有四个独立字符串的元组：

```
>>> this_is_just_to_say = ('I have eaten ',
... 'the plums ',
... 'that were in ',
... 'the icebox')
>>> this_is_just_to_say
('I have eaten ', 'the plums ', 'that were in ', 'the icebox')
```

将正则表达式分成几行来写可以便于添加注释来帮助读者理解每一个部分：

```
pattern = (
    '([' + consonants + ']+)?' # capture one or more, optional
    '([' + vowels     + '])'   # capture at least one vowel
    '(.*)'                     # capture zero or more of anything
)
```

这些独立字符串将被 Python 串连成单个字符串：

```
>>> pattern
'([bcdfghjklmnpqrstvwxyz]+)?([aeiou])(.*)'
```

原本可以把整个正则表达式写在一行上，但问问你自己，你更愿意阅读和维护哪个版本，是上面的版本还是下面的版本[1]：

```
pattern = f'([{consonants}]+)?([{vowels}])(.*)'
```

14.3.3　在程序之外使用 stemmer()函数

Python 代码中非常有趣的事情之一是，rhymer.py 程序某种意义上也是一个可共享的代码模块。也就是说，在把它明确写成可重用(且已测试！)函数的容器之前，它就已经是一个可共享的代码模块。甚至可以从 REPL 内部运行这些函数。

为了实现这一点，要确保在 rhymer.py 代码所在的目录内运行 python3：

```
>>> from rhymer import stemmer
```

现在，可以手动运行并测试 stemmer()函数：

```
>>> stemmer('apple')
('', 'apple')
>>> stemmer('banana')
('b', 'anana')
>>> import string
>>> stemmer(string.punctuation)
('!"#$%&\'()*+,-./:;<=>?@[\\]^_`{|}~', '')
```

if__name__=='__main__'的更深含义：

注意，如果打算把 rhymer.py 的最后两行从这样：

```
if__name__=='__main__':
    main()
```

改成这样：

```
main()
```

那么 main()函数会在你尝试导入下列模块时运行：

```
>>> from rhymer import stemmer
usage: [-h] str
: error: the following arguments are required: str
```

1 “看着自己两星期前写的代码，就像在看第一次见到的代码。”——Dan Hurvitz

这是因为，import rhymer 会使 Python 把 rhymer.py 文件执行到底。如果模块的最后一行调用了 main()，那么 main()就将运行！

当 rhymer.py 作为程序运行时，__name__变量被设置成'__main__'。这是 main()被执行的唯一时机。当该模块被另一个模块导入时，__name__等同于 rhymer。

如果没有显式地 import 一个函数，那么可以通过把模块名称添加到前面，来使用完全限定的函数名称：

```
>>> import rhymer
>>> rhymer.stemmer('cake')
('c', 'ake')
>>> rhymer.stemmer('chair')
('ch', 'air')
```

相较于写一个庞杂的程序，写许多个小型函数有很多优势。其中一个优势是，小型函数更容易编写、理解和测试。另一个优势是，可以把整洁的、已测试的函数放入模块，并将它们共享到你的不同程序中。

随着你写的程序越来越多，你将发现自己在重复解决一些相同的问题。创建带有可重用代码的模块要远胜于从一个程序向另一个程序复制代码。如果曾经在一个共享函数中找到 bug，可以一次性修复它，而共享该函数的所有程序都会得到修复。不然，就只能在每个程序中找到重复的代码并改变它(这有可能引入更多问题，因为该代码与其他代码会牵连在一起)。

14.3.4　创建押韵字符串

针对任何给定单词，让 stemmer()函数总是返回二元组(start, rest)。于是，可以这把这两个值拆散成两个变量：

```
>>> start, rest = stemmer('cat')
>>> start
'c'
>>> rest
'at'
```

如果有值与 rest 对应，那么可以把所有的 prefixes 添加到开头：

```
>>> prefixes = list('bcdfghjklmnpqrstvwxyz') + (
...     'bl br ch cl cr dr fl fr gl gr pl pr sc '
...     'sh sk sl sm sn sp st sw th tr tw wh wr'
...     'sch scr shr sph spl spr squ str thr').split()
```

使用另一个带有 guard(守卫)的列表推导式来跳过任何与单词的 start 部分相同的前缀。结果将是一个新 list，把它传递给 sorted()函数，以获取按正确次序排列的字符串：

```
>>> sorted([p + rest for p in prefixes if p != start])
['bat', 'blat', 'brat', 'chat', 'clat', 'crat', 'dat', 'drat', 'fat',
```

```
'flat', 'frat', 'gat', 'glat', 'grat', 'hat', 'jat', 'kat', 'lat',
'mat', 'nat', 'pat', 'plat', 'prat', 'qat', 'rat', 'sat', 'scat',
'schat', 'scrat', 'shat', 'shrat', 'skat', 'slat', 'smat', 'snat',
'spat', 'sphat', 'splat', 'sprat', 'squat', 'stat', 'strat', 'swat',
'tat', 'that', 'thrat', 'thwat', 'trat', 'twat', 'vat', 'wat',
'what', 'wrat', 'xat', 'yat', 'zat']
```

print()该 list，将其连接到新行。如果给定单词没有 rest 部分，那么 print()一个消息，表明该单词不能押韵：

```
if rest:
    print('\n'.join(sorted([p + rest for p in prefixes if p != start])))
else:
    print(f'Cannot rhyme "{args.word}"')
```

14.3.5　不带正则表达式的 stemmer()

当然可以写一个不使用正则表达式的解决方案。可以先在给定字符串中找到元音的第一个位置。如果存在元音，那么可以使用列表切片来返回该字符串到该位置为止的部分，以及从该位置开始的部分：

让给定单词成为小写，以避免处理大写字母。

过滤单词中的元音“aeiou”，然后把存在的元音映射到 word.index 从而找到它们的位置。存在一种罕见的情况，因为下一个 if 语句需要一个具体的值，所以需要使用 list()函数强制让 Python 给惰性函数 map()估值。

```
def stemmer(word):
    """Return leading consonants (if any), and 'stem' of word"""
    word = word.lower()
    vowel_pos = list(map(word.index, filter(lambda v: v in word, 'aeiou')))

    if vowel_pos:
        first_vowel = min(vowel_pos)
        return (word[:first_vowel], word[first_vowel:])
    else:
        return (word, '')
```

检查该单词中是否存在元音。

通过从这些位置选取最小值来找到第一个元音的索引。

返回截止到第一个元音的一个元组，和从第一个元音开始的另一个元组。

否则，在该单词中没有找到元音。

返回该单词的二元组以及空字符串，以表明该单词没有用来押韵的剩余部分。

这个函数也将通过 test_stemmer()函数的测试。通过为这个函数编写测试，以及用预期的各种值训练它，能够自由地重构代码。在我看来，stemmer()函数是一个黑盒子。调用该函数的代码不关心该函数内部发生了什么。只要该函数通过测试，它就是“正确”的(对于特定“正确”值而言)。

小型函数及其测试使得我们可以自由地改进程序。首先，让某个程序正常运行，并使它变漂亮。然后，尝试让它变得更好，使用测试来确保它按预期继续运行。

14.4 更进一步

- 添加一个--output 选项，把这些单词写到一个给定文件。默认应该写到 STDOUT。
- 读取一个输入文件，为该文件中的所有单词创建押韵单词。可以借用第 6 章中的程序来读取文件并把它分解成单词，然后迭代每个单词，并为每个单词的押韵单词创建一个输出文件。
- 写一个新程序，找到英语词典里的所有独特辅音。(我提供了 inputs/words.txt.zip，它是来自我的机器的一个字典压缩版本。解压该文件以使用 useinputs/words.txt。)按字母表顺序打印输出，并使用它们扩展这个程序的辅音。
- 更改你的程序，让它仅仅发现在系统字典(例如 inputs/words.txt)中找到的单词。
- 写一个程序来创建 Pig Latin(儿童用语，即故意颠倒英语字母顺序拼凑而成的行话)，其中把初始辅音从单词的开头移到末尾，并添加“-ay”，使得“cat”成为“at-cay”。如果一个单词以元音开头，则向末尾添加“-yay”，使得“apple”成为“apple-yay”。
- 写一个程序来创建首音互换(spoonerisms)，其中相邻单词的初始辅音被交换，因此将由“crushing blow”得到“blushing crow”。

14.5 小结

- 正则表达式允许你声明希望找到的模式。正则表达式引擎将查出该模式是否被找到。这是一个声明性编程方法，不同于亲自写代码进行手动搜寻模式的强制性方法。
- 可以把该模式的各个部分封装在圆括号中，从而把它们“捕获”成组，可以从 re.match()或 re.search()的结果中获取这些组。
- 为避免从可迭代对象中选择某些元素，可以向列表推导式添加 guard(守卫)。
- 编写带有 guard(守卫)的列表推导式的另一个方法是使用 filter()函数。filter()函数像 map()一样是惰性的高阶函数，它接收另一个函数作为参数，该函数将被应用到可迭代对象的每个元素。只有被该函数确认为“真”的元素才被返回。
- Python 可以在布尔语境中评估许多类型，包括字符串、数字、列表和字典，以达成某种意义上的“真实性”。也就是说，不局限于 if 表达式中的 True 和 False。空字符串' '、int0、float 0.0、空 list[ ]和空 dict{}都被认为是“假”，因此这些类型的任何非假值，比如非空的 str、list 或 dict，或者任何非零数值，都将被认为是“真”。
- 可以在代码中将长字符串拆解成较短的相邻字符串，从而让 Python 把它们连接成独个长字符串。建议把长的正则表达式分解成较短的字符串，并对每行添加注释以记录每个模式的功能。
- 编写小型函数和测试，并在模块中共享它们。每个.py 文件都可以是一个模块，可以在模块中 import 函数。共享小型的、已测试的函数胜过编写冗长的程序并复制/粘贴代码。

第 15 章

肯德基修士：关于正则表达式的更多故事

我在美国的南部腹地长大，那里的人们往往会省掉以“ing”结尾的单词末尾的“g”，比如我们说“cookin”而不是“cooking”。对于第二人称复数代词，我们往往说“y'all”，这是有意义的，因为标准英语缺少区分第二人称单复数的单词。在本练习中，我将写一个名为friar.py的程序，它接收某个输入作为单个位置实参，并以如下方式转化文本：对于以“ing”结尾的双音节单词，用撇号(')替换末尾的“g”，并将“you”改变成“y'all”。当然，我们无法知道改变的是单数还是复数的“you”，无论如何，这构成了一个有趣的挑战。

图 15.1 所示的线图将帮助你理解输入和输出。当程序不带实参或-h、--help 标志位运行时，应该显示下面的使用说明：

```
$ ./friar.py -h
usage: friar.py [-h] text

Southern fry text

positional arguments:
  text        Input text or file

optional arguments:
  -h, --help show this help message and exit
```

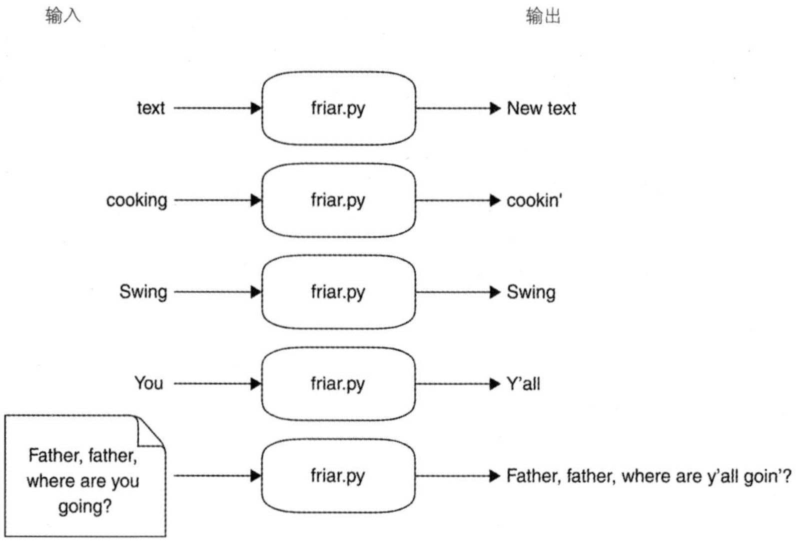

图 15.1　程序将修改输入文本，使之具有一种南部腔调

仅改变具有两个音节的“-ing”单词，因此“cooking”会变成“cookin”，但“swing”将保持原样。识别双音节“-ing”单词的思路是，检查该单词在“-ing”结尾之前的部分，看看它是否包含元音(在本例中，元音包括“y”)。可以把“cooking”拆解成“cook”和“ing”，且由于“cook”中有“o”，应该省掉末尾的“g”：

```
$ ./friar.py Cooking
Cookin'
```

当从“swing”中删除“ing”之后，剩下的“sw”不含元音，因此该单词保持原样：

```
$ ./friar.py swing
swing
```

当把“you”改成“y'all”时，要记得保持第一个字母的大小写状态不变。例如，“You”应该成为“Y'all”：

```
$ ./friar.py you
y'all
$ ./friar.py You
Y'all
```

和之前的练习一样，输入可以是命名文件，在这种情况下，应该读取文件作为输入文本。为了通过测试，需要保持与输入相同的行结构，因此建议你逐行读取文件。假设有如下输入：

```
$ head -2 inputs/banner.txt
O! Say, can you see, by the dawn's early light,
What so proudly we hailed at the twilight's last gleaming -
```

输出应该具有相同的换行：

```
$ ./friar.py inputs/banner.txt | head -2
O! Say, can y'all see, by the dawn's early light,
What so proudly we hailed at the twilight's last gleamin' -
```

对我来说，以这种方式转变文本相当有趣，但也许只是因为我很古怪：

```
$ ./friar.py inputs/raven.txt
Presently my soul grew stronger; hesitatin' then no longer,
"Sir," said I, "or Madam, truly your forgiveness I implore;
But the fact is I was nappin', and so gently y'all came rappin',
And so faintly y'all came tappin', tappin' at my chamber door,
That I scarce was sure I heard y'all" - here I opened wide the door: -
Darkness there and nothin' more.
```

在本章中，你将学习以下内容：

- 学习更多关于使用正则表达式的知识；
- 分别使用 re.match()和 re.search()查找锚定于字符串开头或字符串中任意位置的模式；
- 了解正则表达式中的$符号如何把模式锚定于字符串末尾；
- 学习如何使用 re.split()来拆解字符串；
- 探索如何编写找到双音节“-ing”单词或单词“you”的手动解决方案。

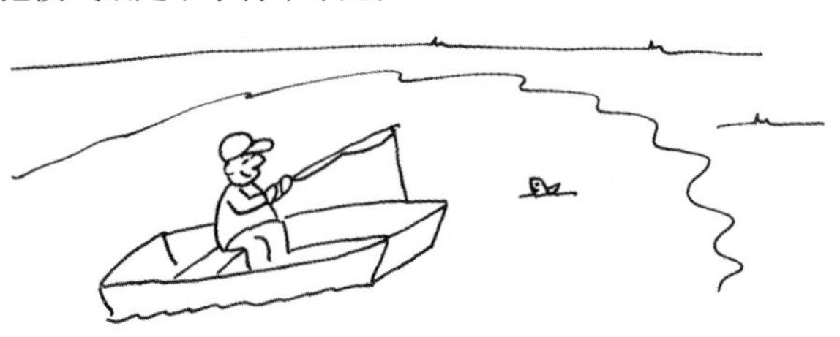

15.1　编写 friar.py

一如既往，建议你以 new.py friar.py 开始，或把 template/template.py 文件复制到 15_friar/friar.py。建议从简单版本的程序开始，该版本回显来自命令行的输入：

```
$ ./friar.py cooking
cooking
```

或者是来自文件的输入：

```
$ ./friar.py inputs/blake.txt
Father, father, where are you going?
 Oh do not walk so fast!
Speak, father, speak to your little boy,
 Or else I shall be lost.
```

我们需要处理输入，首先逐行处理，然后逐字处理。可以使用 str.splitlines()方法获取输入的每一行，然后使用 str.split()方法，按照空格把行分解成似词单元。下面的代码：

```
for line in args.text.splitlines():
    print(line.split())
```

应该产生如下输出：

```
$ ./friar.py tests/blake.txt
['Father,', 'father,', 'where', 'are', 'you', 'going?']
['Oh', 'do', 'not', 'walk', 'so', 'fast!']
['Speak,', 'father,', 'speak', 'to', 'your', 'little', 'boy,']
['Or', 'else', 'I', 'shall', 'be', 'lost.']
```

仔细观察会发现，某些似词单元是很难处理的，因为它们还附着旁边的标点，比如'Father,'和'going?'。按照空格拆解文本是不够的，因此接下来将演示如何使用正则表达式来拆解文本。

15.1.1 使用正则表达式拆解文本

和第 14 章一样，需要 import re 以使用正则表达式：

```
>>> import re
```

出于示范的目的，把 text 设置成第一行：

```
>>> text = 'Father, father, where are you going?'
```

str.split()默认按照空格分隔文本。注意，无论是什么文本，用作分隔工具后都会被排除在结果之外，因此该结果中没有空格：

```
>>> text.split()
['Father,', 'father,', 'where', 'are', 'you', 'going?']
```

可以向 str.split()传递一个可选值，用作拆解字符串的工具。如果选择逗号作为分隔工具，将得到三个字符串，而不是六个。注意，该结果列表中没有逗号，因为逗号是 str.split()的实参：

```
>>> text.split(',')
['Father', ' father', ' where are you going?']
```

re 模块拥有一个名为 re.split()的函数，运行方式与 str.split()类似。建议你阅读 help(re.split)，了解这个强大且灵活的函数。像在第 14 章中使用 re.match()一样，re.split()函数至少需要获取一个 pattern 和一个 string。可以将逗号传给 re.split()，来得到与上文 str.split()相同的输出，并同样将逗号排除在结果之外：

```
>>> re.split(',', text)
['Father', ' father', ' where are you going?']
```

15.1.2 简写类

我们寻找的是看起来像“单词”的东西，它们由在单词中常见的字符组成。我们不想拆解在单词中不常见的字符(如标点)。此前你已经看到，可以通过把文字值放在方括号内来创建字符类，比如针对元音的'[aeiou]'。如果创建一个字符类来枚举所有非字母字符会怎么样？比如，可以这样做：

```
>>> import string
>>> ''.join([c for c in string.printable if c not in string.ascii_letters])
'0123456789!"#$%&\'()*+,-./:;<=>?@[\\]^_`{|}~ \t\n\r\x0b\x0c'
```

但并不是一定要这样做，因为正则表达式引擎的几乎每个实现方案都定义了简写字符类。表 15.1 列出了一些最常见的简写类，以及它们的简要写法。

表 15.1　正则表达式简写类

字符类	简写	该类的其他写法
数字	\d	[0123456789], [0-9]
空格	\s	[\t\n\r\x0b\x0c]，与 string.whitespace 相同
单词字符	\w	[a-zA-Z0-9_-]

注意：正则表达式语法有一种基础风格，可以被各种工具识别，从像 awk 这样的 Unix 命令行工具，到像 Perl、Python 和 Java 这样的内部支持正则表达式的语言。某些工具给正则表达式添加了扩展，这些扩展可能无法被其他工具理解。例如，Perl 的正则表达式引擎添加了许多新理念，最终成为一种方言，也就是 “PCRE” (Perl-Compatible Regular Expressions)。不是每个理解正则表达式的工具都能理解正则表达式的每一种风格，但在我编写和使用正则表达式的这些年里，很少觉得这会造成问题。

简写\d 表示任何数字字符，等同于'[0123456789]'。可以使用 re.search()方法在字符串中的任何位置查找任何数字。在下面的示例中，程序将在字符串'abc123!'中找到字符'1'，因为'1'是该字符串中的第一个数字(见图 15.2)：

```
>>> re.search('\d', 'abc123!')
<re.Match object; span=(3, 4), match='1'>
```

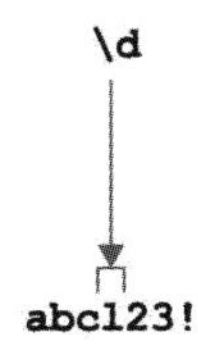

图 15.2　数字简写将匹配任何单个数字

这与使用非简写版本是相同的(见图 15.3)：

```
>>> re.search('[0123456789]', 'abc123!')
<re.Match object; span=(3, 4), match='1'>
```

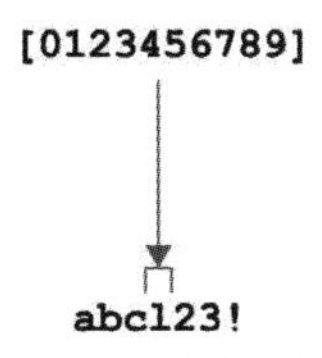

图 15.3　也可以创建一个枚举所有数字的字符类

这与使用字符范围'[0-9]'的版本也是相同的(见图 15.4)：

```
>>> re.search('[0-9]', 'abc123!')
<re.Match object; span=(3, 4), match='1'>
```

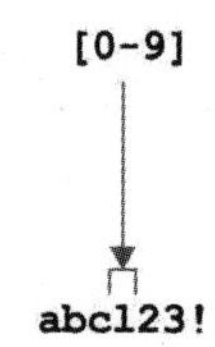

图 15.4　字符类可以选择一个连续整数值的范围，比如 0~9

为了找到一行中的一个或多个数字，可以添加+(见图 15.5)：

```
>>> re.search('\d+', 'abc123!')
<re.Match object; span=(3, 6), match='123'>
```

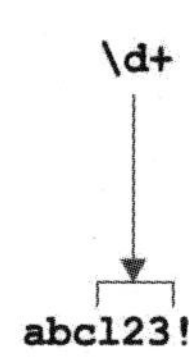

图 15.5　加号意味着匹配前述表达式中的一个或多个字符

简写\w 意味着“任何像单词的字符”。它包括所有阿拉伯数字、英语字母表中的字母、破折号('-')和下划线('_')。该字符串中的第一个匹配项是'a'(见图 15.6)：

```
>>> re.search('\w', 'abc123!')
<re.Match object; span=(0, 1), match='a'>
```

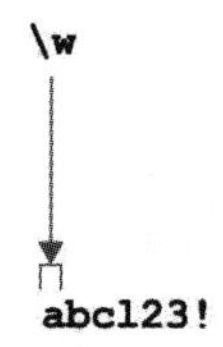

图 15.6　单词字符的简写是 \w

如果像图 15.7 中那样添加+，它会匹配一行中的一个或多个单词字符，包括 abc123，但不包括叹号(!)。

```
>>> re.search('\w+', 'abc123!')
<re.Match object; span=(0, 6), match='abc123'>
```

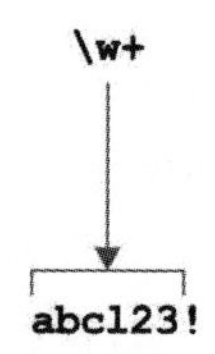

图 15.7　添加加号以匹配一个或多个单词字符

15.1.3　否定简写类

通过在字符类内部直接放入补注符(^)，可以补足或“否定”该字符类，如图 15.8 所示。任何一或多个非数字字符为'[^0-9]+'。用它就能找到'abc'：

```
>>> re.search('[^0-9]+', 'abc123!')
<re.Match object; span=(0, 3), match='abc'>
```

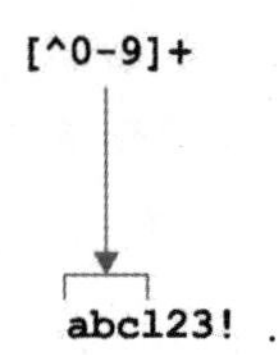

图 15.8　字符类内部的补注符将否定或补足这些字符。这个正则表达式匹配非数字

非数字的简写类[^0-9]+也可以被写成 \D+，如图 15.9 所示：

```
>>> re.search('\D+', 'abc123!')
<re.Match object; span=(0, 3), match='abc'>
```

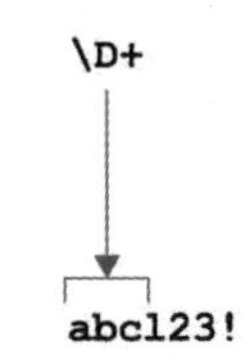

图 15.9　简写\D+匹配一或多个非数字

非单词字符的简写是\W，它将匹配叹号，如图 15.10 所示：

```
>>> re.search('\W', 'abc123!')
<re.Match object; span=(6, 7), match='!'>
```

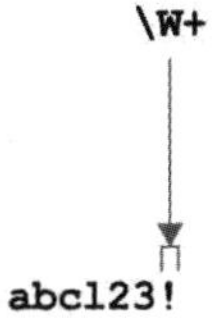

图 15.10　\W 将匹配任何不是字母、数字、下划线或破折号的文本

表 15.2 总结了这些简写类以及它们的扩展写法。

表 15.2　否定正则表达式简写类

字符类	简写	该类的其他写法
非数字	\D	[^0123456789], [^0-9]
非空白	\S	[^ \t\n\r\x0b\x0c]
非单词字符	\W	[^a-zA-Z0-9_-]

15.1.4　使用带有已捕获的正则表达式的 re.split()

可以使用\W 作为 re.split()的实参：

```
>>> re.split('\W', 'abc123!')
['abc123', '']
```

注意：如果在程序的正则表达式中使用'\W'，那么 Pylint 将提出警告，并返回消息“Anomalous backslash in string:'\W'.String constant might be missing an r prefix.”(字符串中存在异常的反斜杠：'\W'。字符串常量可能缺失 r 前缀。)可以使用 r 前缀来创建“生”(raw)字符串，Python 在生字符串中不会试图解释\W，但会解释例如\n 表示新行或\r 表示回车。稍后，将使用 r-string 语法来创建生字符串。

不过，还存在一个问题，re.split()的结果省略了那些匹配该模式的字符串。在本例中，我们丢失了叹号！如果仔细阅读 help(re.split)，就可以找到解决方案：

如果在模式中使用了捕获组，那么符合该模式的所有组的文本也将被返回，作为结果列表的一部分。

第 14 章使用了捕获组来告诉正则表达式引擎“记住”特定模式，比如辅音、元音和单词的剩余部分。当正则表达式匹配时，能够使用 match.groups()取回由这些模式找到的字符串。在这里，我们将使用围绕该模式的小括号来 re.split()，使得匹配该模式的字符串也被返回：

```
>>> re.split(r'(\W)', 'abc123!')
['abc123', '!', '']
```

如果用在 text 上，结果将是一个 list，含有匹配和不匹配该正则表达式的字符串：

```
>>> re.split(r'(\W)', text)
['Father', ',', '', ' ', 'father', ',', '', ' ', 'where', ' ', 'are', ' ',
'you', ' ', 'going', '?', '']
```

我喜欢通过向该正则表达式添加+，把所有非单词字符放到一起(见图 15.11)。

```
>>> re.split(r'(\W+)', text)
['Father', ', ', 'father', ', ', 'where', ' ', 'are', ' ', 'you', ' ', 'going
', '?', '']
```

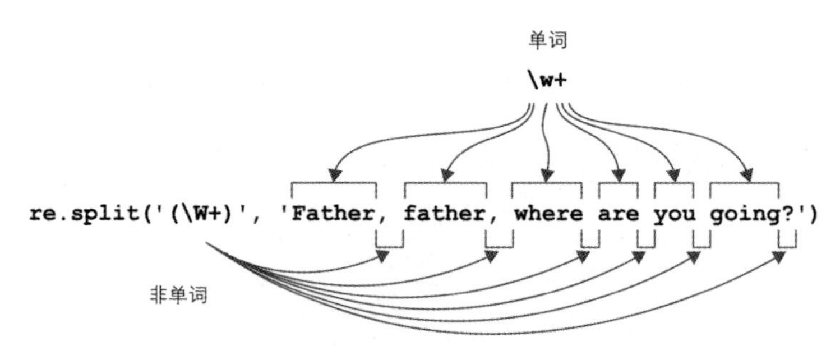

图 15.11　re.split()函数可以使用带捕获组的正则表达式，来返回匹配该正则表达式的部分和不匹配该正则表达式的部分

这太酷了！现在我们有办法来处理每个实际单词以及它们之间的比特位。

15.1.5　编写 fry()函数

下一步是编写一个函数，该函数将决定是否及如何修改仅仅一个单词。也就是说，我们将考虑如何一次处理一个单词，而不是一次性处理所有文本。可以把这个函数命名为 fry()。

为了思考这个函数应该如何运行，让我们先写 test_fry()函数以及一个针对实际 fry()函数的桩(stub)，该 fry()函数只包含单个命令 pass，它告诉 Python 什么也不做。一开始，可以把下列代码粘贴到程序中：

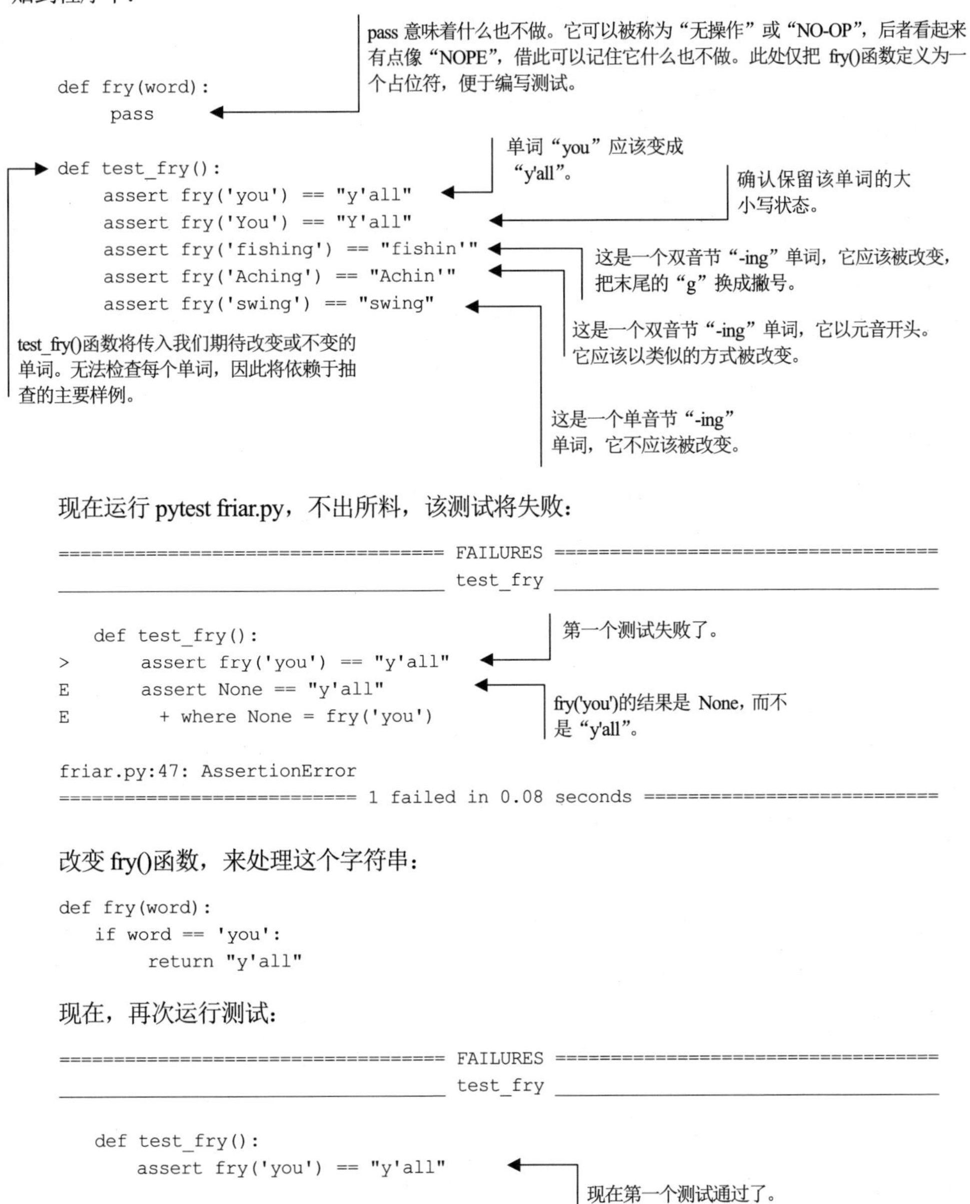


```
def fry(word):
    pass

def test_fry():
    assert fry('you') == "y'all"
    assert fry('You') == "Y'all"
    assert fry('fishing') == "fishin'"
    assert fry('Aching') == "Achin'"
    assert fry('swing') == "swing"
```

现在运行 pytest friar.py，不出所料，该测试将失败：

```
=================================== FAILURES ===================================
___________________________________ test_fry ___________________________________

    def test_fry():
>       assert fry('you') == "y'all"
E       assert None == "y'all"
E        + where None = fry('you')

friar.py:47: AssertionError
=========================== 1 failed in 0.08 seconds ===========================
```

改变 fry()函数，来处理这个字符串：

```
def fry(word):
    if word == 'you':
        return "y'all"
```

现在，再次运行测试：

```
=================================== FAILURES ===================================
___________________________________ test_fry ___________________________________

    def test_fry():
        assert fry('you') == "y'all"
```

```
>        assert fry('You') == "Y'all"
E        assert None == "Y'all"
E         + where None = fry('You')

friar.py:49: AssertionError
========================== 1 failed in 0.16 seconds ===========================
```

第二个测试失败了，因为“You”是大写的。

该函数返回 None，但期望中应返回 “Y'all”。

让我们处理一下遇到的问题：

```
def fry(word):
    if word == 'you':
       return "y'all"
    elif word == 'You':
       return "Y'all"
```

现在运行测试，将看到最初两个测试通过了。然而，我绝对不会感到高兴。这个解决方案存在很多重复代码。能不能找到一个更优雅的方式来兼顾匹配“you”和“You”，并且仍返回具有正确大小写状态的答案？是的，我们能！

```
def fry(word):
     if word.lower()== 'you':
        return word[0] + "'all"
```

更好的方法是，写一个正则表达式！在“you”与“You”之间的区别在于“y”或“Y”，可以使用字符类'[yY]'来表示(见图 15.12)。下面的代码将匹配小写版本：

```
>>> re.match('[yY]ou', 'you')
<re.Match object; span=(0, 3), match='you'>
```

“y” 或 “Y”

[yY]

y　Y

图 15.12　可以使用字符类来匹配小写 y 和大写 Y

也可以匹配大写版本(见图 15.13)：

```
>>> re.match('[yY]ou', 'You')
<re.Match object; span=(0, 3), match='You'>
```

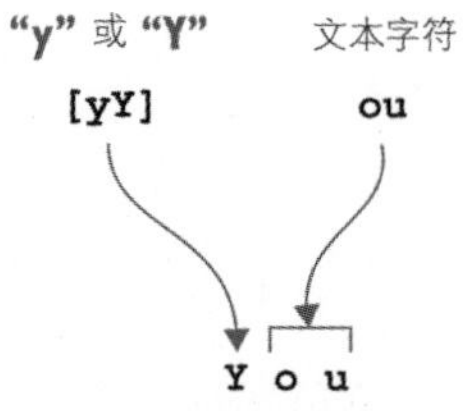

图 15.13　这个正则表达式将匹配“you”和“You”

现在，我们想在返回值中重用首字符(“y”或“Y”)。可以通过把它放进圆括号中来捕获它。尝试使用这个理念重写 fry()函数，并再次通过最初两个测试，再继续推进：

```
>>> match = re.match('([yY])ou', 'You')
>>> match.group(1) + "'all"
"Y'all"
```

下一步是处理像“fishing”这样的单词：

```
================================== FAILURES ==================================
__________________________________ test_fry __________________________________

   def test_fry():
       assert fry('you') == "y'all"
       assert fry('You') == "Y'all"
>      assert fry('fishing') == "fishin'"
E      assert None == "fishin'"
E       + where None = fry('fishing')

friar.py:52: AssertionError
========================== 1 failed in 0.10 seconds ==========================
```

第三个测试失败了。

来自 fry('fishing') 的返回是 None，但预期的值是“fishin'”。

如何识别以“ing”结尾的单词？可以使用 str.endswith()函数：

```
>>> 'fishing'.endswith('ing')
True
```

用于在字符串末尾找到“ing”的正则表达式，会在该表达式末尾使用$(发音为“dollar”)，把表达式锚定到字符串末尾(见图 15.14)：

```
>>> re.search('ing$', 'fishing')
<re.Match object; span=(4, 7), match='ing'>
```

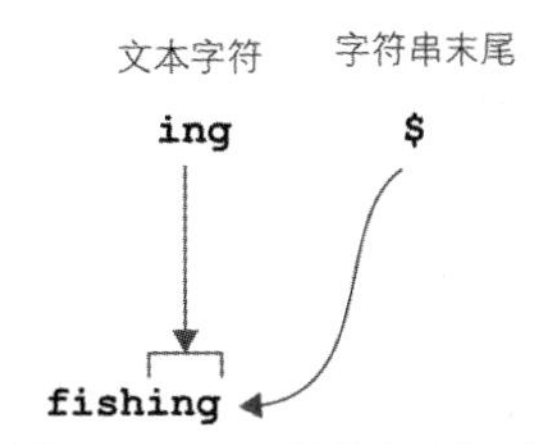

图 15.14 dollar 符号表示单词的末尾

如图 15.15 所示，可以使用一个字符串切片来获取从开头直到索引 -1 处的最后一个字符，并附着一个撇号。

```
f i s h i n g
           -1
word[:-1] + "'" → fishin'
```

图 15.15 使用字符串片段来获取最后一个字母之前的所有字母，并添加撇号

把以上代码添加到 fry()函数，看看能通过多少个测试：

```
if word.endswith('ing'):
return word[:-1] + "'"
```

或者，可以使用正则表达式内的捕获组来获得该单词的第一部分(见图 15.16)：

```
>>> match = re.search('(.+)ing$', 'fishing')
>>> match.group(1) + "in'"
"fishin'"
```

捕获一个或多个字符

(.+)

文本字符

ing

字符串结尾

$

f i s h i n g

图 15.16　使用捕获组来访问匹配字符串

应该能够得到如下结果：

```
==================================== FAILURES ====================================
____________________________________ test_fry ____________________________________

    def test_fry():
        assert fry('you') == "y'all"
        assert fry('You') == "Y'all"
        assert fry('fishing') == "fishin'"
        assert fry('Aching') == "Achin'"
>       assert fry('swing') == "swing"
E       assert "swin'" == 'swing'
E         - swin'
E         ?     ^
E         + swing
E         ?     ^

friar.py:59: AssertionError
=========================== 1 failed in 0.10 seconds ============================
```

这个测试失败了。

fry('swing') 的结果是“swin'”，但期望中应是“swing”。

有时测试结果能够凸显确切的失败点。这里显示，在本应是“g”的地方是撇号(')。

需要想一个办法来识别具有两个音节的单词。之前提到过一个思路，在该单词以“ing”结尾之前的部分中寻找元音'[aeiouy]'，如图 15.17 所示。另一个正则表达式可以做到这一点：

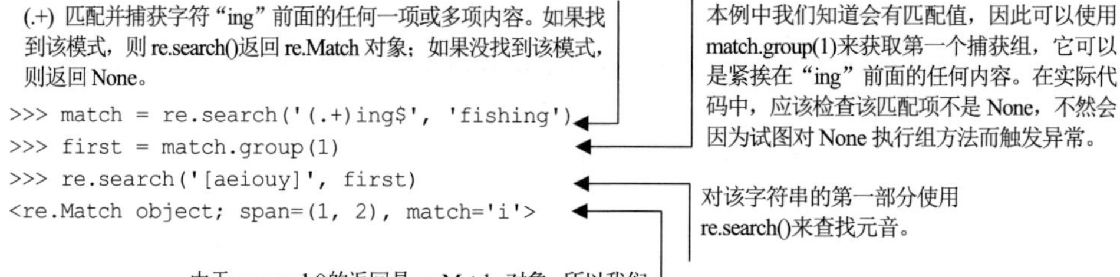

(.+) 匹配并捕获字符“ing”前面的任何一项或多项内容。如果找到该模式，则 re.search()返回 re.Match 对象；如果没找到该模式，则返回 None。
本例中我们知道会有匹配值，因此可以使用 match.group(1)来获取第一个捕获组，它可以是紧挨在“ing”前面的任何内容。在实际代码中，应该检查该匹配项不是 None，不然会因为试图对 None 执行组方法而触发异常。
>>> match = re.search('(.+)ing$', 'fishing')
>>> first = match.group(1)
>>> re.search('[aeiouy]', first)
<re.Match object; span=(1, 2), match='i'>
对该字符串的第一部分使用 re.search()来查找元音。
由于 re.search()的返回是 re.Match 对象，所以我们知道该第一部分中存在元音，从而得知该单词具有两个音节。

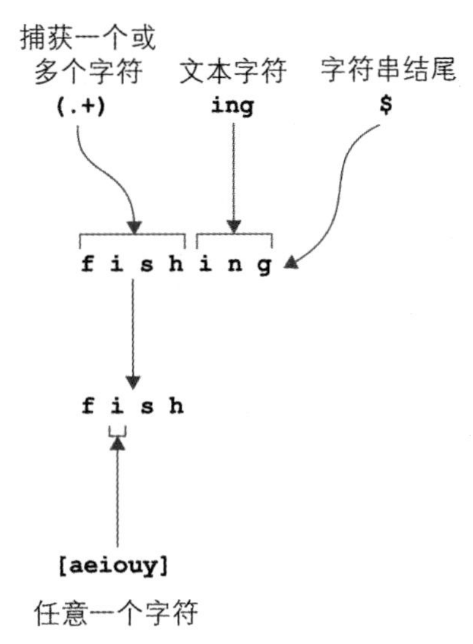

图 15.17　找到以“ing”结尾的双音节单词，一种可能的办法是在该单词的第一部分中寻找元音

如果单词匹配这个测试，则返回把单词末尾的“g”替换成撇号的版本；否则原样返回该单词。建议你通过所有 test_fry()之后再继续推进。

15.1.6　使用 fry()函数

现在你的程序应该能够：

(1) 从命令行或文件读取输入

(2) 逐行读取输入

(3) 把每一行拆解成单词和非单词

(4) fry()任何个体单词

下一步是把 fry()函数应用到所有似词单元。希望你能注意到，一个熟悉的模式出现了——把一个函数应用到一个列表的所有元素！可以使用 for 循环：

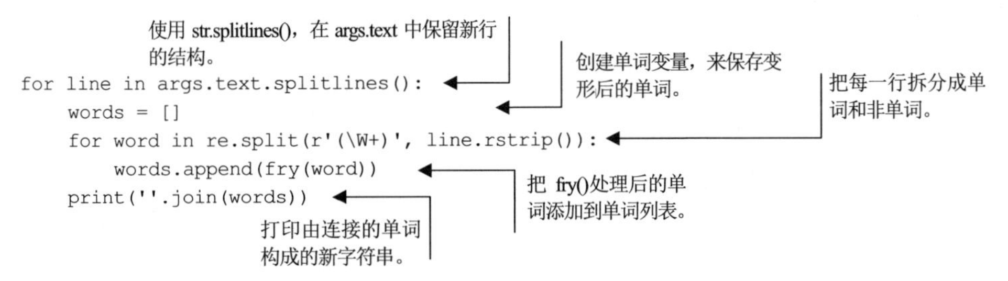


```
for line in args.text.splitlines():
    words = []
    for word in re.split(r'(\W+)', line.rstrip()):
        words.append(fry(word))
    print(''.join(words))
```

这段代码(或类似代码)应该足以通过测试。一旦具备了正常运行的版本，就可以试着把 for 循环重写成一个列表推导式和一个 map()。

好了！是时候全力以赴去编写程序了。

15.2　解决方案

我不禁想起罗宾汉的队友 Tuck 修士(Friar Tuck)被诺丁汉警长抓获时的情景。这位修士被判处烹刑，对此他回应："You can't boil me, I'm a friar!"(你不能煮我，我是修士！【译者注：friar 修士谐音 Frier 油炸食品】)

```
#!/usr/bin/env python3
"""Kentucky Friar"""

import argparse
import os
import re


# --------------------------------------------------
def get_args():
    """get command-line arguments"""
    parser = argparse.ArgumentParser(
        description='Southern fry text',
        formatter_class=argparse.ArgumentDefaultsHelpFormatter)

    parser.add_argument('text', metavar='text', help='Input text or file')

    args = parser.parse_args()

    if os.path.isfile(args.text):
       args.text = open(args.text).read()

    return args


# --------------------------------------------------
def main():
    """Make a jazz noise here"""

    args = get_args()

    for line in args.text.splitlines():
      print(''.join(map(fry, re.split(r'(\W+)', line.rstrip()))))


# --------------------------------------------------
def fry(word):
    """Drop the `g` from `-ing` words, change `you` to `y'all`"""

    ing_word = re.search('(.+)ing$', word)
    you = re.match('([Yy])ou$', word)

    if ing_word:
        prefix = ing_word.group(1)
```

注释：

- 把正则表达式拆解的文本片段映射到 fry()函数，fry()函数按需修改并返回单词。使用 str.join()把结果列表转化为待打印的字符串。
- 如果该实参是一个文件，则用文件的内容替换文本值。
- 使用 str.splitlines()方法来保留输入文本中的换行。
- 获取命令行实参。此刻，文本值将要么是命令行文本，要么是一个文件的内容。
- 定义一个 fry()函数，用来处理单个单词。
- 锚定到单词的末尾，搜寻"ing"。使用捕获组来记住该字符串在"ing"之前的部分。
- 从单词开头开始搜寻"you"或"You"。把替换项 [yY] 捕获到一个组中。
- 检查对"ing"的搜索是否返回匹配值。
- 获取前缀("ing"之前的比特位)，它在一号组中。

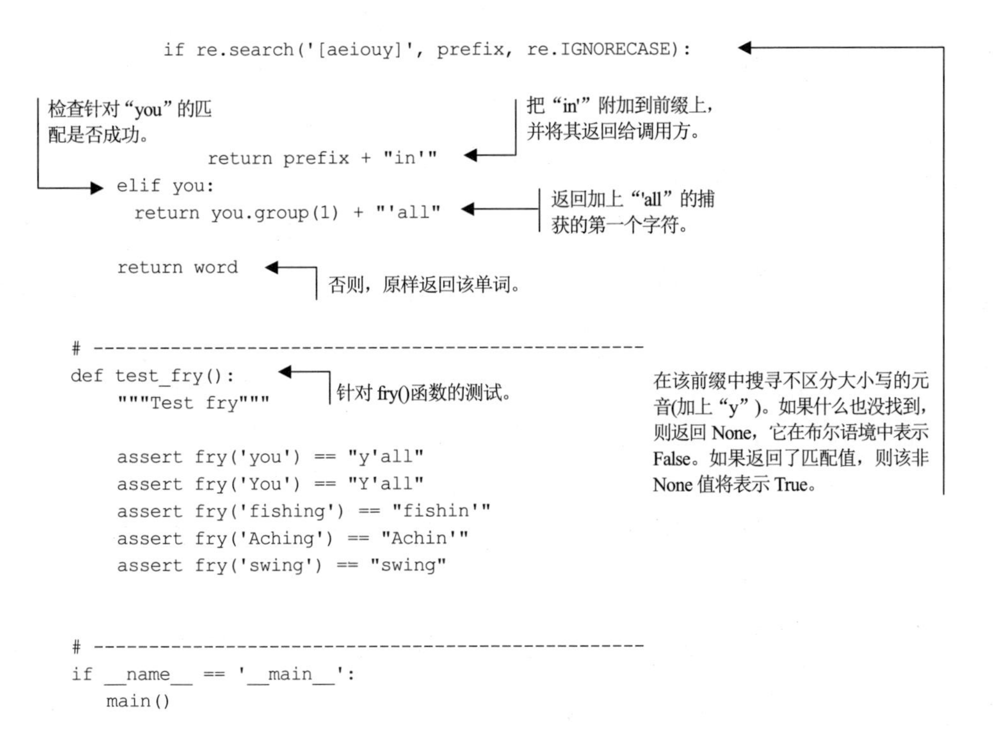

if re.search('[aeiouy]', prefix, re.IGNORECASE):
检查针对“you”的匹配是否成功。
把“in'”附加到前缀上，并将其返回给调用方。
return prefix + "in'"
elif you:
return you.group(1) + "'all"
返回加上“'all”的捕获的第一个字符。
return word
否则，原样返回该单词。
# --
def test_fry():
"""Test fry"""
针对 fry()函数的测试。
assert fry('you') == "y'all"
assert fry('You') == "Y'all"
assert fry('fishing') == "fishin'"
assert fry('Aching') == "Achin'"
assert fry('swing') == "swing"
在该前缀中搜寻不区分大小写的元音(加上“y”)。如果什么也没找到，则返回 None，它在布尔语境中表示 False。如果返回了匹配值，则该非 None 值将表示 True。
# --
if __name__ == '__main__':
main()

15.3　讨论

这里 get_args()中依然没有新内容，因此直接讨论把文本分解成行的技巧。在前几章的练习中，使用了把输入文件读取到 args.text 的技巧。如果该输入来自文件，则将用一些空行分隔每一行文本。建议使用 for 循环来处理由 str.splitlines()返回的每一行输入文本，从而在输出中保留这些空行。也建议你先使用第二个 for 循环来处理由 re.split()返回的每个似词单元：

```
for line in args.text.splitlines():
    words = []
    for word in re.split(r'(\W+)', line.rstrip()):
        words.append(fry(word))
    print(''.join(words))
```

这里是五行代码，但如果用列表推导式来替换第二个 for，就可以缩少为两行代码：

```
for line in args.text.splitlines():
    print(''.join([fry(w) for w in re.split(r'(\W+)', line.rstrip())]))
```

或者，使用 map()，代码可以更短一点：

```
for line in args.text.splitlines():
    print(''.join(map(fry, re.split(r'(\W+)', line.rstrip()))))
```

使用 re.compile()函数来编译正则表达式也可以稍微提高代码的可读性。当在 for 循环内部使用 re.split()函数时，每次迭代都必须重新编译该正则表达式。事先编译正则表达式，使得编译行为只发生一次，可以使代码变得更快(也许只快了一点)。不过，更重要的是，这使得代码更容易阅读，而当正则表达式更复杂时，收获的益处也更大：

```
splitter = re.compile(r'(\W+)')
for line in args.text.splitlines():
    print(''.join(map(fry, splitter.split(line.rstrip()))))
```

15.3.1 手动编写 fry()函数

当然，并非必须要写一个 fry()函数。无论怎样编写解决方案，我都希望你为解决方案编写测试！

下面的版本非常接近本章前文中提出的一些建议。这个版本不使用正则表达式：

```
def fry(word):
    """Drop the `g` from `-ing` words, change `you` to `y'all`"""

    if word.lower()== 'you':
        return word[0] + "'all"

    if word.endswith('ing'):
        if any(map(lambda c: c.lower()in 'aeiouy', word[:-3])):
            return word[:-1] + "'"
        else:
            return word

    return word
```

强制将单词小写，并看它是否匹配"you"。

检查直到"ing"后缀之前，单词中是否存在元音。

如果匹配，则返回第一个字符(保留大小写状态)，并加上"'all"。

检查该单词是否以"ing"结尾。

如果是，则返回该单词直到最后的索引为止的部分，加上撇号。

否则，原样返回该单词。

如果该单词既不是"ing"单词也不是"you"单词，则原样返回该单词。

让我们花一点时间欣赏 any()函数，因为它是我最喜欢的函数之一。前述代码使用 map()来检查每个元音是否存在于该 word 以"ing"结尾之前的部分：

```
>>> word = "cooking"
>>> list(map(lambda c: (c, c.lower()in 'aeiouy'), word[:-3]))
[('c', False), ('o', True), ('o', True), ('k', False)]
```

"cooking"的第一个字符是"c"，而它没有出现在元音字符串中。接下来的两个字符("o")确实出现在元音字符串中，但"k"没有出现。

用 True/False 值归纳这种情况：

```
>>> list(map(lambda c: c.lower()in 'aeiouy', word[:-3]))
[False, True, True, False]
```

现在，可以使用 any 来告诉我们，这些值之中是否有任何值为 True：

```
>>> any([False, True, True, False])
True
```

这与用 or 连接值是相同的：

```
>>> False or True or True or False
True
```

只有当所有这些值都为真时，all()函数才返回 True：

```
>>> all([False, True, True, False])
False
```

这与用 and 连接值是相同的：

```
>>> False and True and True and False
False
```

如果这些元音之一出现在 word 的第一部分中(即该事件为 True)，则能够确定这(很可能)是一个双音节单词，那么返回将该 word 末尾的“g”替换成撇号的版本。否则，原样返回 word：

```
if any(map(lambda c: c.lower()in 'aeiouy', word[:-3])):
   return word[:-1] + "'"
else:
   return word
```

这个方法运行良好，但它是完全手动的，需要写很多代码来找到模式。

15.3.2 编写带有正则表达式的 fry()函数

回顾使用正则表达式的 fry()函数版本：

re.match()从给定单词的开头开始匹配，寻找大写或小写的“y”，接着是“ou”，然后是该字符串的末尾($)。

使用 re.search()，在该前缀的任意位置，以不区分大小写的方式寻找元音(此处将“y”也视为元音)。re.match()会从单词开头开始匹配，所以它不是我们想要的函数。

模式 '(.+)ing$' 匹配“ing”前面的一个或多个字符。dollar 符号把该模式锚定到字符串的末尾，因此这是在寻找以“ing”结尾的字符串，但字符串不能单纯是“ing”，还需要在“ing”之前有至少一个字符。圆括号捕获“ing”之前的内容。

```
def fry(word):
    """Drop the `g` from `-ing` words, change `you` to `y'all`"""

    ing_word = re.search('(.+)ing$', word)
    you = re.match('([Yy])ou$', word)

    if ing_word:
        prefix = ing_word.group(1)
        if re.search('[aeiouy]', prefix, re.IGNORECASE):
          return prefix + "in'"
    elif you:
       return you.group(1) + "'all"

    return word
```

返回前缀并加上字符串“in'”，省掉末尾的“g”。

如果针对“you”模式的 re.match()失败，则“you”将是 None。如果它不是 None，则实现了匹配，并且“you”是 re.Match 对象。

该前缀是“ing”之前的比特位，我们把它封装在圆括号中。因为它是第一对圆括号，所以可以用 ing_word.group(1)获取它。

使用圆括号来捕获第一个字符，从而保持大小写状态。也就是说，如果该单词是“You”，则我们想返回“Y'all”。在这里，返回第一组并加上字符串“'all”。

如果 ing_word 是 None，则意味着没能匹配。如果它不是 None(即“真”)，则意味着它是我们能使用的 re.Match 对象。

如果该单词既不匹配双音节“ing”模式也不匹配单词“you”，则原样返回该单词。

我使用正则表达式已经有差不多二十年了，因此这个版本对我来说似乎比手动版本简单得多。你可能有不同的想法。如果对正则表达式一无所知，请相信我，它非常值得努力去研究。要是没有正则表达式，我的工作有一大部分都无法完成了。

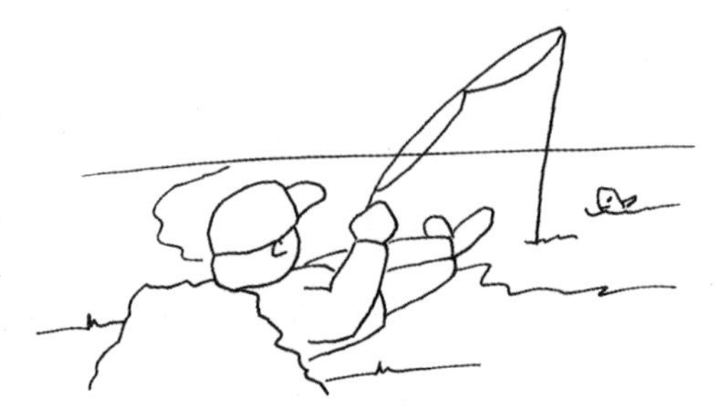

15.4 更进一步

- 也可以把“your”替换成“y'all's”。例如，“Where are your britches?”可以替换为“Where are y'all's britches?”。
- 把“getting ready”或“preparing”改成“fixin'”，比如，把“I'm getting ready to eat”改成“I'm fixin' to eat”。也可以把“think”改成“reckon”，比如，把“I think this is funny”改成“I reckon this is funny”。同时，也应该把“thinking”改成“reckoning”，最终它应该成为“reckonin'”。这意味着你要么需要为此运行两遍，要么一次性发现“think”和“thinking”二者。
- 做出针对另一种地方口音的程序版本。我在波士顿住了一阵子，热衷于用“wicked”替代“very”，比如“IT'S WICKED COLD OUT!”(外面非常冷！)。

15.5 小结

- 正则表达式可以被用来在文本中找到模式。这些模式可能相当复杂，比如位于多组单词字符之间的一组非单词字符。
- re 模块具有一些极其便捷的函数，比如，re.match()用于在文本开头找到一个模式，re.search()用于在文本中任意位置找到一个模式，re.split()用于按照一个模式分解文本，而 re.compile()用于编译正则表达式，以便于反复使用正则表达式。
- 如果在 re.split()的模式上使用了捕获组的括号时，那么所捕获的模式将包含在所返回的值中。这使得可以用该模式描述的字符串来重构原始字符串。

第 16 章

扰码器：随机重排单词中部

Yuor brian is an azinamg cmiobiaontn of hdarware and sftraowe. Yoru'e rdineag this rhgit now eevn thgouh the wrdos are amses, but yuor biran can mkae snese of it bceause the frsit and lsat ltrtees of ecah wrod hvae saeytd the smae. Yuor biran de'onst atlaulcy raed ecah lteetr of each wrod but rades wlohe wdors. The scamrbeld wrdos difteienly solw you dwon, but y'roue not rlleay eevn tyinrg to ulsrmbance the lrttees, are you? It jsut hnaepps!

(译：你的大脑是硬件与软件的惊人组合。尽管你正在阅读的这段文字里面的单词乱七八糟，但你的大脑能够理解它们的意思，因为每个单词的第一个和最后一个字母保持不变。你的大脑实际上不会阅读每个单词的每个字母，而是阅读单词整体。打乱的单词确实降低了你的速度，但你其实并没有努力解除这些字母的干扰，不是吗？解扰就这么自然地发生了！)

在本章中，将编写一个名为 scrambler.py 的程序，它对实参给出的文本中每个单词进行扰码。该扰码应该只对具有四个或四个以上个字符的单词起作用，并且应该只扰乱单词中部的字母，保持第一个和最后一个字符不变。该程序使用-s 或--seed 选项(int 类型，默认为 None)传递 random.seed()。

程序可以处理命令行文本：

```
$ ./scrambler.py --seed 1 "foobar bazquux"
faobor buuzaqx
```

或者处理来自文件的文本：

```
$ cat ../inputs/spiders.txt
Don't worry, spiders,
I keep house
casually.
$ ./scrambler.py ../inputs/spiders.txt
D'not wrory, sdireps,
I keep hsuoe
csalluay.
```

图 16.1 展示了一个线图来帮助你思考。

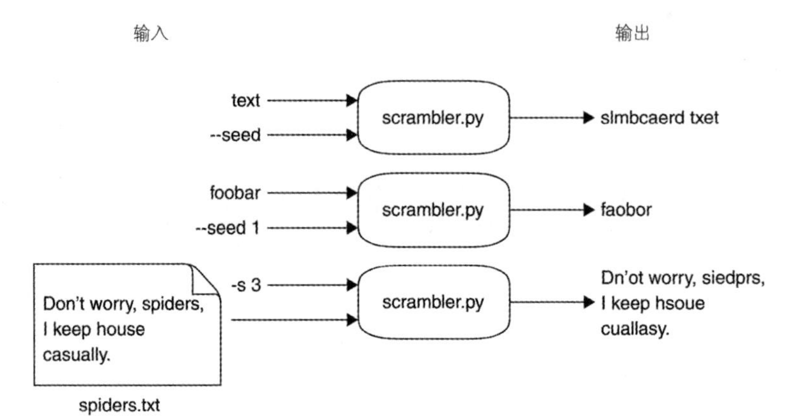

图 16.1　程序将从命令行或文件获得输入文本，并将具有四个或四个以上字符的单词中的字母进行扰码

在本章中，你将学习以下内容：

- 使用正则表达式把文本拆解成单词；
- 使用 random.shuffle()函数将 list 打乱；
- 创建单词的扰码版本，使得单词中间的字母被打乱，但第一个字母和最后一个字母保持不变。

16.1　编写 scrambler.py

建议你在 16_scrambler 目录中使用 new.py scrambler.py 创建程序。或者，把 template/template.py 复制到 16_scrambler/scrambler.py。可以参考前文比如第 5 章中的练习，来回忆如何处理位置实参，该位置实参可能是文本，也可能是要读取的文本文件。

当不带实参运行或者标志位-h 或--help 运行时，scrambler.py 应该给出这样的使用说明：

```
$ ./scrambler.py -h
usage: scrambler.py [-h] [-s seed] text

Scramble the letters of words

positional arguments:
  text                  Input text or file
optional arguments:
  -h, --help            show this help message and exit
  -s seed, --seed seed Random seed (default: None)
```

程序的使用说明与上文一致后，按如下方式修改 main()定义：

```
def main():
    args = get_args()
    print(args.text)
```

然后验证程序能回显来自命令行的文本：

```
$ ./scrambler.py hello
hello
```

或者来自输入文件的文本：

```
$ ./scrambler.py ../inputs/spiders.txt
Don't worry, spiders,
I keep house
casually.
```

16.1.1　把文本分解成行和单词

像第 15 章中一样，我们想通过使用 str.splitlines()来保留输入文本的换行：

```
for line in args.text.splitlines():
    print(line)
```

比如，spiders.txt 中的俳句第一行如下：

```
>>> line = "Don't worry, spiders,"
```

需要把该 line 拆分成单词。在第 6 章中，我们使用了 str.split()，但这个办法会让标点附在单词上——worry 和 spiders 都带着逗号：

```
>>> line.split()
["Don't", 'worry,', 'spiders,']
```

在第 15 章中，使用了带有正则表达式 (\W+)的 re.split()函数，把文本拆解成一个或多个非单词字符。让我们试试：

```
>>> re.split('(\W+)', line)
['Don', "'", 't', ' ', 'worry', ', ', 'spiders', ',', '']
```

这个方法无法奏效，因为它会把 Don't 拆解成三个部分：Don、'和 t。

或许可以使用\b 按照单词边界进行分解。注意，需要在第一个引文 r'\b'开头放置 r"，来表明它是一个“生”字符串。

这仍然无法奏效，因为\b 认为撇号是一个单词边界，于是拆开了缩略词：

```
>>> re.split(r'\b', "Don't worry, spiders,")
['', 'Don', "'", 't', ' ', 'worry', ', ', 'spiders', ',']
```

当在互联网上搜索正则表达式以便正确地拆解该文本时，我在一个 Java 讨论区里发现了下面的模式。它完美地区分了单词和非单词[1]：

```
>>> re.split("([a-zA-Z](?:[a-zA-Z']*[a-zA-Z])?)", "Don't worry, spiders,")
['', "Don't", ' ', 'worry', ', ', 'spiders', ',']
```

正则表达式的美妙之处在于，它们自成一种语言，这种语言可以在许多其他语言(从 Perl 到 Haskell)内部应用。让我们深入研究这个模式，如图 16.2 所示。

1　我想强调，我很大一部分工作内容都是在查找答案，不仅在书中，而且在互联网上！

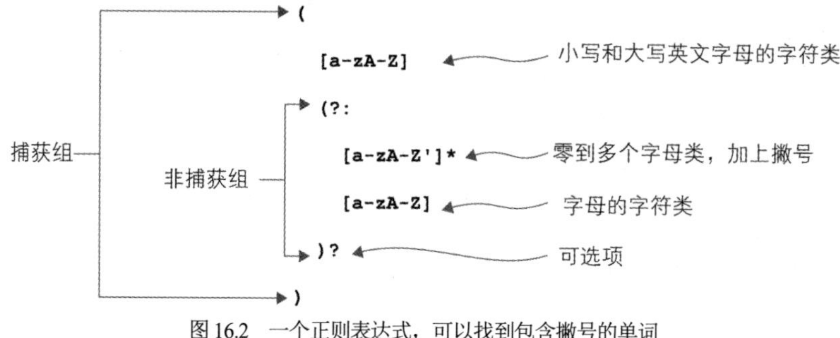

图 16.2　一个正则表达式，可以找到包含撇号的单词

16.1.2　捕获组、非捕获组和可选组

在图 16.2 中，你能看到，组可以包含其他组。例如，下面是一个正则表达式，它可以捕获整个字符串“foobarbaz”以及子字符串“bar”：

```
>>> match = re.match('(foo(bar)baz)', 'foobarbaz')
```

捕获组按照其左圆括号的位置进行编号。由于第一个左圆括号开始了从“f”持续到“z”的捕获，它就是一号组(group1)：

```
>>> match.group(1)
'foobarbaz'
```

第二个左圆括号在“b”之前开始捕获，持续到“r”：

```
>>> match.group(2)
'bar'
```

通过使用开始序列(?:，也可以让一个组成为非捕获组。如果对二号组使用开始序列，则意味着不再捕获子字符串“bar”：

```
>>> match = re.match('(foo(?:bar)baz)', 'foobarbaz')
>>> match.groups()
('foobarbaz',)
```

当分组的目的主要是让它成为可选时，常常使用非捕获组，实现方式是在右圆括号之后放置一个?。例如，可以让“bar”成为可选的，于是不仅匹配“foobarbaz”：

```
>>> re.match('(foo(?:bar)?baz)', 'foobarbaz')
<re.Match object; span=(0, 9), match='foobarbaz'>
```

而且匹配“foobaz”：

```
>>> re.match('(foo(?:bar)?baz)', 'foobaz')
<re.Match object; span=(0, 6), match='foobaz'>
```

16.1.3　编译正则表达式

在第 15 章中，提到了 re.compile()函数，让正则表达式的编译只发生一次。每当使用像 re.search()

或 re.split()这样的函数，正则表达式引擎必将把为正则表达式提供的 str 值解析成它可以理解和使用的东西。每次调用函数时，这个解析步骤都会发生。若编译正则表达式并把它赋给变量时，解析步骤早在调用该函数之前就完成了，从而改善了性能。

我尤其喜欢使用 re.compile()把正则表达式赋成有意义的变量名，并且/或者在代码里多次重用该正则表达式。下面的正则表达式又长又复杂，把它赋给一个名为 splitter(拆解)的变量会让代码更具可读性，splitter 这个名字会帮助我记起它的使用方式：

```
>>> splitter = re.compile("([a-zA-Z](?:[a-zA-Z']*[a-zA-Z])?)")
>>> splitter.split("Don't worry, spiders,")
['', "Don't", ' ', 'worry', ', ', 'spiders', ',']
```

16.1.4　对一个单词进行扰码

现在，我们有了一个办法去处理文本行和单词，接下来，来想想如何对仅仅一个单词进行扰码。为了通过测试，你和我需要使用相同的算法对单词进行扰码，规则如下：

- 如果该单词是三个字符的或更短，则原样返回该单词。
- 使用字符串切片来复制字符，不包括第一个和最后一个字符。
- 使用 random.shuffle()方法打乱中部的字母。
- 通过组合头部、中部和尾部，返回新的“单词”。

建议你创建一个叫做 scramble()的函数来完成所有这些操作，并且为它创建一个测试。别客气，把下列代码添加到你的程序：

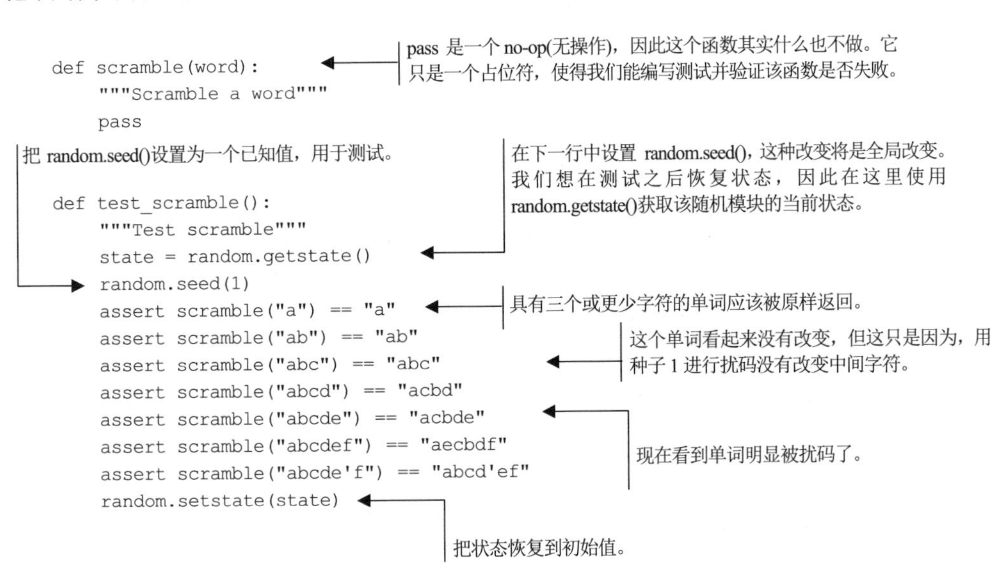

在 scramble()函数内部，也处理像“worry”这样的单词。可以使用列表切片来提取一个字符串的局部。由于 Python 从 0 开始编号，因此使用 1 来表示第二个字符：

```
>>> word = 'worry'
>>> word[1]
'o'
```

任何字符串的最后一个索引都是 - 1：

```
>>> word[-1]
'y'
```

为了得到切片，使用 list[start:stop]语法。由于 stop 位置不包含在该区间内，可以使用如下方式获取 middle：

```
>>> middle = word[1:-1]
>>> middle
'orr'
```

可以 import random，来访问 random.shuffle()函数。像 list.sort()和 list.reverse()方法一样，该实参被就地打乱，函数将返回 None。也就是说，可能要像下面这样写代码：

```
>>> import random
>>> x = [1, 2, 3]
>>> shuffled = random.shuffle(x)
```

shuffled 的值是什么？它是类似于[3, 1, 2]的东西，还是 None？

```
>>> type(shuffled)
<class 'NoneType'>
```

shuffled 值现在是 None，同时 x 列表已经被就地打乱(见图 16.3)：

```
>>> x
[2, 3, 1]
```

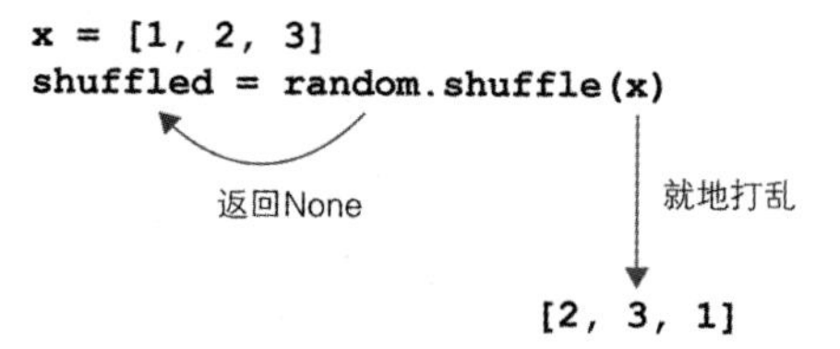

图 16.3　random.shuffle()的返回是值 None，因此 shuffled 被赋值为 None

如果一路跟下来，就会发现，我们不能像下面这样打乱 middle：

```
>>> random.shuffle(middle)
Traceback (most recent call last):
  File "<stdin>", line 1, in <module>
  File "/Users/kyclark/anaconda3/lib/python3.7/random.py", line 278, in shuffle
    x[i], x[j] = x[j], x[i]
TypeError: 'str' object does not support item assignment
```

middle 变量是一个 str：

```
>>> type(middle)
<class 'str'>
```

random.shuffle()函数试图就地修改 str 值，但 str 值在 Python 中是不可变的。一个变通方案是，把 middle 转换为由 word 的字符构成的一个新 list：

```
>>> middle = list(word[1:-1])
>>> middle
['o', 'r', 'r']
```

这个是可以打乱的：

```
>>> random.shuffle(middle)
>>> middle
['r', 'o', 'r']
```

然后要做的是，用原始的第一个字母、已打乱的中部和原始的最后一个字母创建一个新字符串。这留给你去编程实现。

使用 pytest scrambler.py，让 Pytest 执行 test_scramble()函数，看看程序是否正确运行。每一次对程序做出改变之后，都运行这个测试命令。确保程序总是被编译并正确地运行。每次只做一个改变，然后保存程序并运行测试。

16.1.5 对所有单词进行扰码

和在前述几个练习中一样，现在把 scramble()函数应用到所有单词。你能看到熟悉的模式吗？

```
splitter = re.compile("([a-zA-Z](?:[a-zA-Z']*[a-zA-Z])?)")
for line in args.text.splitlines():
   for word in splitter.split(line):
       # what goes here?
```

已经讨论过如何把一个函数应用到序列中的每个元素。可以尝试 for 循环、列表推导式，或许还可以尝试 map()。想想如何把文本拆解成单词，传递给 scramble()函数，然后把它们重新连接在一起以重构该文本。

注意，这个方法会把单词和非单词(各个单词之间的比特位)都传递给 scramble()函数。既然你不想修改非单词，就需要一个方式来确认该实参看起来像单词。也许可以使用正则表达式。

这些信息应该足以让你继续推进了。写出你的解决方案吧，并使用随附的测试来检查程序。

16.2 解决方案

对我来说，该程序可以归结为适当地拆解单词，并造出 scramble()函数，然后应用该函数重构文本。

```
#!/usr/bin/env python3
"""Scramble the letters of words"""

import argparse
import os
import re
import random
```

```
# --------------------------------------------------
def get_args():
    """Get command-line arguments"""

    parser = argparse.ArgumentParser(
        description='Scramble the letters of words',
        formatter_class=argparse.ArgumentDefaultsHelpFormatter)

    parser.add_argument('text', metavar='text', help='Input text or file')

    parser.add_argument('-s',
                        '--seed',
                        help='Random seed',
                        metavar='seed',
                        type=int,
                        default=None)

    args = parser.parse_args()

    if os.path.isfile(args.text):
        args.text = open(args.text).read().rstrip()

    return args


# --------------------------------------------------
def main():
    """Make a jazz noise here"""

    args = get_args()
    random.seed(args.seed)
    splitter = re.compile("([a-zA-Z](?:[a-zA-Z']*[a-zA-Z])?)")

    for line in args.text.splitlines():
        print(''.join(map(scramble, splitter.split(line))))


# --------------------------------------------------
def scramble(word):
    """For words over 3 characters, shuffle the letters in the middle"""

    if len(word) > 3 and re.match(r'\w+', word):
        middle = list(word[1:-1])
        random.shuffle(middle)
        word = word[0] + ''.join(middle) + word[-1]

    return word
```

该文本实参可以是命令行上的纯文本，也可以是要读取的文件名。

种子选项是一个 int 类型，默认为 None。

获取实参，检查文本值。

如果 args.text 命名了一个现有文件，则把 args.text 的值替换成打开并读取该文件内容的结果。

把实参返回给调用方。

把已编译的 regex 保存成一个变量。

获取命令行实参。

使用 args.seed 来设置 random.seed()值。如果 args.seed 是默认的 None,，则相当于没有设置种子。

使用拆解器(splitter)把该行分解成一个新列表，map()将把该新列表传递给 scramble()函数。在空字符串上连接所得到的列表，创建一个新 str 以供打印。

使用 str.splitlines()来保留输入文本中的换行。

定义一个函数来 scramble()单词。

只对具有四个或四个以上字符的单词(如果它们含有单词字符)进行扰码。

把该单词的第二个字符到倒数第二个字符复制到一个名为 middle 的新列表中。

打乱 middle 中的字母。

返回该单词，它可能已经被更改(如果符合条件)。

把该单词设置为：第一个字符加上中间部分，再加上最后一个字符。

```
# --------------------------------------------------
def test_scramble():
    """Test scramble"""

    random.seed(1)
    assert scramble("a") == "a"
    assert scramble("ab") == "ab"
    assert scramble("abc") == "abc"
    assert scramble("abcd") == "acbd"
    assert scramble("abcde") == "acbde"
    assert scramble("abcdef") == "aecbdf"
    assert scramble("abcde'f") == "abcd'ef"
    random.seed(None)


# --------------------------------------------------
if __name__ == '__main__':
   main()
```

针对 scramble()函数的测试。

16.3　讨论

get_args()中没有新内容，因此相信你可以理解这部分代码。如果想回顾处理来自命令行或文件的 args.text 的方法，可以参考第 5 章。

16.3.1　处理文本

如本章前文所述，可以把已编译的正则表达式赋给变量。在这里，对 splitter 就执行了这样的操作：

```
splitter = re.compile("([a-zA-Z](?:[a-zA-Z']*[a-zA-Z])?)")
```

我喜欢使用 re.compile()的另一个原因是，它能让代码更具可读性。如果没有它，就需要写：

```
for line in args.text.splitlines():
   print(''.join(map(scramble, re.split("([a-zA-Z](?:[a-zA-Z']*[a-zAZ])?)",line))))
```

这样最终会创建一行 86 个字符宽的代码，而 PEP 8 风格指导(www.python.org/dev/peps/pep-0008/)建议我们“limit all lines to a maximum of 79 characters”(把所有行的长度限制到最多 79 个字符)。下面的代码明显更易于阅读：

```
splitter = re.compile("([a-zA-Z](?:[a-zA-Z']*[a-zA-Z])?)")
for line in args.text.splitlines():
    print(''.join(map(scramble, splitter.split(line))))
```

你可能仍然觉得该代码有些费解。图 16.4 展示了数据流图：

① 首先，Python 拆解字符串"Don’t worry, spiders,"。

② 拆解器(splitter)创建一个新列表，它由单词(匹配正则表达式)和非单词(单词之间的比特位)组成。

③ map()函数将把 scramble()函数应用到列表的每个元素。

④ map()的结果是一个新列表，包含了每次调用 scramble()函数的结果。

⑤ str.join()的结果是一个新字符串，它是 print()的实参。

图 16.4　数据通过 map()函数变动的可视化图

用 for 循环可以写一个较长的代码版本，可能如下所示：

```
for line in args.text.splitlines():
    words = []
    for word in splitter.split(line):
        words.append(scramble(word))
    print(''.join(words))
```

使用 str.splitlines()保留原始分行。

对于输入的每一行，创建一个空列表来保存已扰码的单词。

使用拆解器来拆解行。

把 scramble(word)的结果添加到单词列表。

在空字符串上连接这些单词，并把结果传递给 print()。

因为目标是创建一个新列表，所以最好写成列表推导式：

```
for line in args.text.splitlines():
   words = [scramble(word) for word in splitter.split(line)]
   print(''.join(words))
```

也可以使用另一种方法，把所有 for 循环都替换成 map()：

```
print('\n'.join(
   map(lambda line: ''.join(map(scramble, splitter.split(line))),
      args.text.splitlines())))
```

上述的最后一个解决方案让我想起，一位曾与我共事的程序员开玩笑说："如果程序很难写，就应该很难读！"这种现象在重新排列代码之后会更明显。注意，Pylint 将对 lambda 的赋值进行警告，但我无法认同：

```
scrambler = lambda line: ''.join(map(scramble, splitter.split(line)))
print('\n'.join(map(scrambler, args.text.splitlines())))
```

写出正确的、已测试的、可理解的代码是一门技术，同样是一门艺术。选择你(和你的队友！)认为最具可读性的版本。

16.3.2　对单词进行扰码

仔细看看 scramble()函数。我的编写方式让该函数容易被纳入 map()：

检查给定的单词是不是应该扰码的单词。首先，它必须多于三个字符。其次，它必须含有一个或多个单词字符，因为该函数将兼顾传递"单词"和"非单词"字符串。如果上述任一检查返回 False，则将原样返回该单词。r'\w+' 被用来创建"生"字符串。注意，不论它是不是原始字符串，正则表达式都会正常运行，但如果它不是生字符串，Pylint 会警告"invalid escape character"(非法逃逸字符)。

把该单词的中间部分复制到一个名为middle的新列表中。

```
def scramble(word):
    """For words over 3 characters, shuffle the letters in the middle"""
    if len(word) > 3 and re.match(r'\w+', word):
        middle = list(word[1:-1])
        random.shuffle(middle)
        word = word[0] + ''.join(middle) + word[-1]
    return word
```

就地打乱中间部分。记住，该函数返回 None。

将单词的第一个字符、打乱的中间部分和最后一个字符连接在一起，从而重构该单词。

返回单词，它可能被打乱，也可能保持原样。

16.4　更进一步

- 写一个程序版本，其中 scramble()函数按字母表顺序对中间字母进行排序，而不是打乱它们。
- 写一个程序版本，颠倒每个单词，而不是对它们进行扰码。
- 写一个解扰的程序。为此，需要有一本英语词典，可以使用在 inputs/words.txt.zip 提供的版本。需要把已扰码的文本拆解成单词和非单词，然后把每个"单词"与词典中的单词进行比较。建议你先对变位词(anagrams)进行比较(它们具有相同的字母构成/频率)，然后使用第一个和最后一个字母识别已解扰的单词。

16.5 小结

- 把文本拆解成单词的正则表达式相当复杂，但它也准确地满足了我们的需要。如果不用这个正则表达式，写该程序会困难得多。正则表达式复杂而艰深，却是极其强大的黑魔法，它能让程序惊人地灵活和有效。
- random.shuffle()函数接收 list，该列表被就地改变。
- 列表推导式和 map()通常可以产生更紧凑的代码，但过度使用会降低可读性。应理性地选择编程方法。

第 17 章

疯狂填词：使用正则表达式

当我还是毛头小子时，常常会花好几个钟头玩“疯狂填词”(Mad Libs)。提醒你，这是在有计算机、电视和收音机以前，甚至在有纸以前的游戏！不不不，别在意这一句，这其实是有纸以后的游戏。无论如何，重点是，那时我只有“疯狂填词”可玩，并且我爱它！而现在，你必须要玩了！

在本章中，要写一个名为 mad.py 的程序，它读取位置实参给出的文件，并且找到所有位于尖括号内的占位符，比如<verb>或<adjective>。针对每个占位符，我们向用户提示所需的词性，比如“Give me a verb”和“Give me an adjective”(注意，需要使用正确的冠词，正如在第 2 章中介绍的那样)。然后，用户输入的每个值将替换文本中的占位符，因此，如果用户针对动词说“drive”，则该文本中的<verb>将被替换成 drive。当所有占位符都被用户的输入替换后，将打印出新文本。

可以使用 17_mad_libs/inputs 目录中的示例文件，但也鼓励你创建自己的文件。例如，使用“fox”的版本如下：

```
$ cd 17_mad_libs
$ cat inputs/fox.txt
The quick <adjective> <noun> jumps <preposition> the lazy <noun>.
```

当程序用这个文件作为输入来运行时，将请求每个占位符，然后打印出下面的荒谬文本：

```
$ ./mad.py inputs/fox.txt
Give me an adjective: surly
Give me a noun: car
Give me a preposition: under
Give me a noun: bicycle
The quick surly car jumps under the lazy bicycle.
```

默认情况下，这是一个交互式程序，使用 input()提示符向用户索要答案，但出于测试的目的，我们将使用-i 或--inputs 选项，因此这套测试集可以测试通过所有的答案并绕过交互式的 input()调用：

```
$ ./mad.py inputs/fox.txt -i surly car under bicycle
```

```
The quick surly car jumps under the lazy bicycle.
```

在本章中，你将学习以下内容：

- 使用 sys.exit()暂停程序并提示错误状态；
- 学习用正则表达式进行贪婪匹配；
- 使用 re.findall()为正则表达式找到所有匹配项；
- 使用 re.sub()把找到的模式替换成新文本；
- 探索不使用正则表达式的解决方案。

17.1 编写 mad.py

开始创建程序 mad.py，可以在 17_mad_libs 目录中使用 new.py，或把 template/template.py 复制到 17_mad_libs/mad.py。现在，你应该能很好地运用 type=argparse.FileType('rt')把位置实参 file 定义为一个可读文本文件。-i 或--inputs 选项使用 nargs='*'来定义由零个或多个 str 值构成的一个 list。

当没有给予实参或者带-h 或--help 标志位时，程序会产生一个使用说明：

```
$ ./mad.py -h
usage: mad.py [-h] [-i [input [input ...]]] FILE

Mad Libs

positional arguments:
  FILE                  Input file

optional arguments:
  -h, --help            show this help message and exit
  -i [input [input ...]], --inputs [input [input ...]]
                        Inputs (for testing) (default: None)
```

如果给定的 file 实参不存在，那么程序应该报错：

```
$ ./mad.py blargh
usage: mad.py [-h] [-i [str [str ...]]] FILE
mad.py: error: argument FILE: can't open 'blargh': \
[Errno 2] No such file or directory: 'blargh'
```

如果 file 实参的文本中不含< >占位符，那么该程序应该打印一个消息，并带着错误值(即除了 0 以外的值)退出。注意，这个错误不需要打印使用说明，因此无须像在前述的练习中那样使用 parser.error()：

```
$ cat no_blanks.txt
This text has no placeholders.
$ ./mad.py no_blanks.txt
"no_blanks.txt" has no placeholders.
```

图 17.1 展示了一个有助于可视化理解该程序的线图。

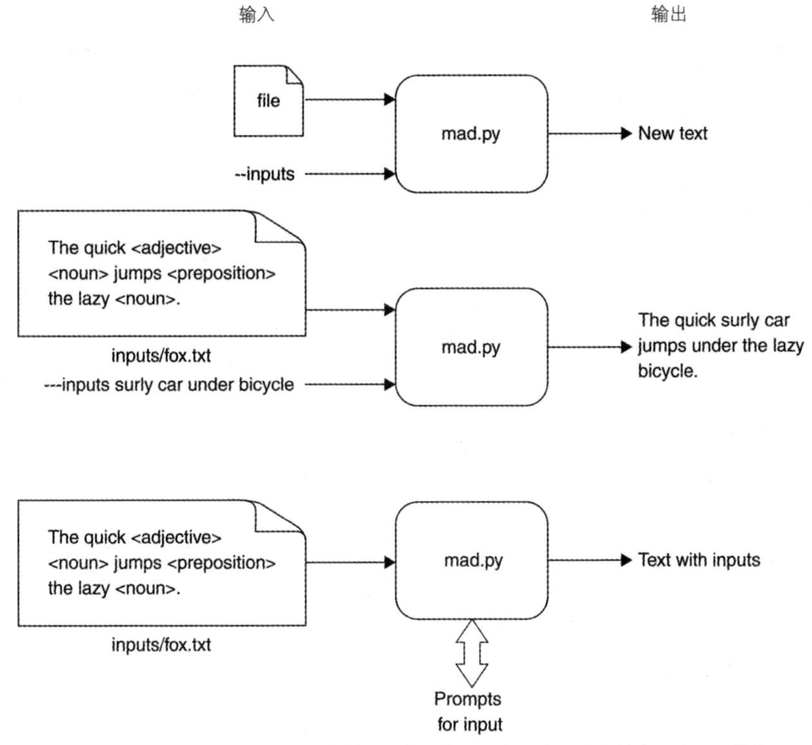

图 17.1　“疯狂填词”程序必须具有输入文件。它还可能具有一个字符串列表用于替换，否则程序将交互式地向用户索要值

17.1.1　使用正则表达式找到尖括号

前文中已经讨论过把整个文件读取到内存的潜在危险。在本程序中，因为要解析文本来找到所有<...>比特位，实际上，需要一次性读取整个文件整体。可以通过把适当的函数链接在一起来实现这件事，代码如下：

```
>>> text = open('inputs/fox.txt').read().rstrip()
>>> text
'The quick <adjective> <noun> jumps <preposition> the lazy <noun>.'
```

我们要寻找尖括号内文本的模式，因此使用了正则表达式。以如下方式能够找到一个文本<字符(见图 17.2)：

```
>>> import re
>>> re.search('<', text)
<re.Match object; span=(10, 11), match='<'>
```

```
                  <
                  |
                  v
The quick <adjective> <noun> jumps <preposition> the lazy <noun>.
```

图 17.2　匹配一个文本小于号

现在，让我们找到该尖括号的另一半。正则表达式中的“.”表示“任何东西”，可以在它之后添加一个+，来表示“一个或多个”。捕获尖括号匹配项，使它更容易被找到：

```
>>> match = re.search('(<.+>)', text)
>>> match.group(1)
'<adjective> <noun> jumps <preposition> the lazy <noun>'
```

如图 17.3 所示，程序一路匹配到该字符串的末尾，而不是停止在第一个可用的>。使用*或+表示零个、一个或多个，正则表达式引擎在“或多个”部分变得“贪婪”是很常见的情况。该模式的匹配超出了我们想要的范围，但它在技术上精确地匹配了我们描述的东西。记住，“.”表示任何东西，而右尖括号(或大于号)就是我们要找的“任何东西”。正则表达式将匹配尽可能多的字符，直到找到最后一个右尖括号为止，这就是该模式被称为“贪婪”的原因。

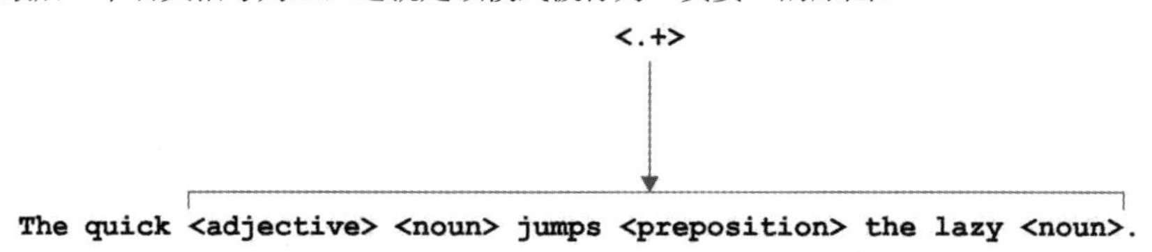

图 17.3　加号表示的“匹配一个或多个”是贪婪匹配，它匹配尽可能多的字符

可以通过把+改成+?，使得该正则表达式尽可能匹配最短的字符串，让该正则表达式“不贪婪”(见图 17.4)：

```
>>> re.search('<.+?>', text)
<re.Match object; span=(10, 21), match='<adjective>'>
```

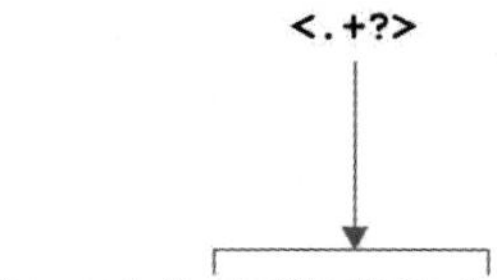

The quick <adjective> <noun> jumps <preposition> the lazy <noun>.

图 17.4　加号之后的问号让正则表达式停止在尽可能最短的匹配位置

相比使用.表示“任何东西”，我们其实是想要匹配除了左右尖括号以外的一个或多个任何字符。字符类[<>]会匹配左右尖括号中任何一个。可以通过放置补注号(^)作为第一个字符，来否定(或补足)该类，从而出现了[^<>](见图 17.5)。这样将匹配除了左右尖括号以外的任何字符。

```
>>> re.search('<[^<>]+>', text)
<re.Match object; span=(10, 21), match='<adjective>'>
```

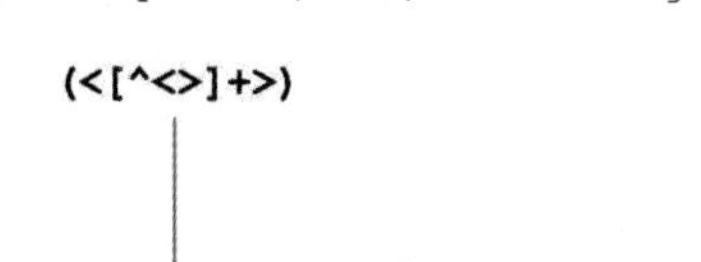

The quick <adjective> <noun> jumps <preposition> the lazy <noun>.

图 17.5　一个否定字符类，它匹配尖括号以外的任何字符

为什么该否定类中需要兼有左右尖括号？难道右尖括号不就够了吗？好吧，这是为了防范不对称的尖括号。如果只有右尖括号，则它会匹配下面的文本(见图 17.6)：

```
>>> re.search('<[^>]+>', 'foo <<bar> baz')
<re.Match object; span=(4, 10), match='<<bar>'>
```

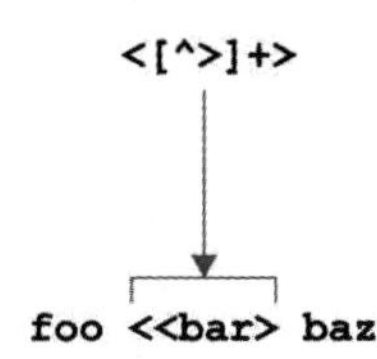

图 17.6　这个正则表达式埋下了匹配不对称尖括号的可能性隐患

但是，如果否定类中兼有左右尖括号，则它会找到正确的、对称的一对尖括号(见图 17.7)：

```
>>> re.search('<[^<>]+>', 'foo <<bar> baz')
<re.Match object; span=(5, 10), match='<bar>'>
```

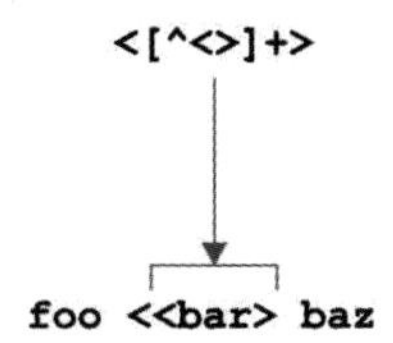

图 17.7　这个正则表达式找到了正确的、对称的尖括号及尖括号内所含文本

我们将添加两套圆括号()。第一套将捕获整个占位符模式(见图 17.8)：

```
>>> match = re.search('(<([^<>]+)>)', text)
>>> match.groups()
('<adjective>', 'adjective')
```

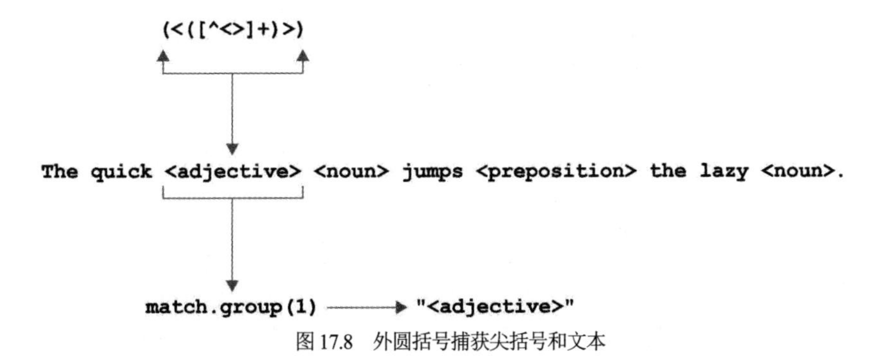

图 17.8　外圆括号捕获尖括号和文本

另一套用于`<>`内的字符串(见图 17.9)：

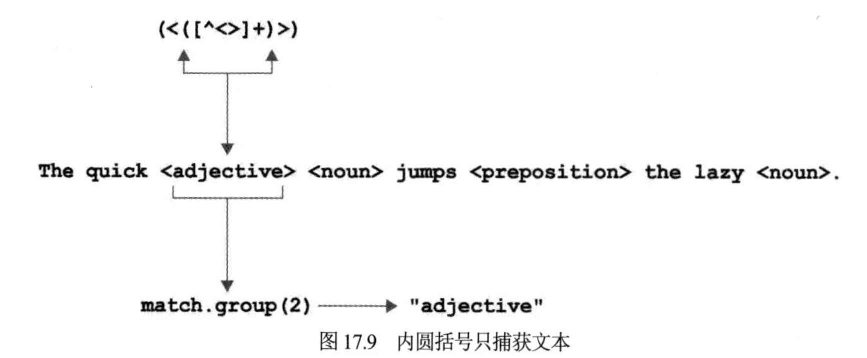
(<([^<>]+)>)
The quick <adjective> <noun> jumps <preposition> the lazy <noun>.
match.group(2)
"adjective"
图 17.9　内圆括号只捕获文本

有一个非常便捷的函数 re.findall()，它返回由所有匹配文本组作为元组值组成的一个 list：

```
>>> from pprint import pprint
>>> matches = re.findall('(<([^<>]+)>)', text)
>>> pprint(matches)
[('<adjective>', 'adjective'),
 ('<noun>', 'noun'),
 ('<preposition>', 'preposition'),
 ('<noun>', 'noun')]
```

注意，这些捕获组是按照它们左圆括号的次序被返回的，因此每个元组的第一个成员是整个占位符，第二个成员是所含的文本。可以迭代这个 list，将元组拆成多个变量(见图 17.10)：

```
>>> for placeholder, name in matches:
...     print(f'Give me {name}')
...
Give me adjective
Give me noun
Give me preposition
Give me noun
```

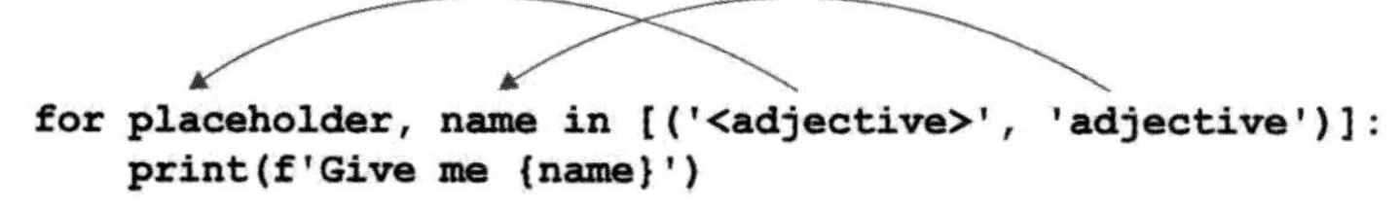
for placeholder, name in [('<adjective>', 'adjective')]:
    print(f'Give me {name}')
图 17.10　由于该列表含有二元组，可以在 for 循环中把它们拆散成两个变量

应该插入正确的冠词(“a”或“an”，像在第 2 章中做的那样)，用在 input()的提示里。

17.1.2　停止并打印错误

如果发现该文本中没有占位符，那么需要打印一个错误消息。通常会把错误消息打印到 STDERR(标准错误)，而 print()函数允许指定一个 file 实参。我们将使用 sys.stderr，正如在第 9 章中那样。为此，需要导入 sys 模块：

```
import sys
```

sys.stderr 就像一个已经打开的文件句柄，因此不必 open()它：

```
print('This is an error!', file=sys.stderr)
```

如果没有占位符，则应该带着一个错误值退出该程序，该错误值向操作系统表明该程序没能正确地运行。由于程序的正常退出值是 0(意思是“零错误”)，因此需要带着非 0 的某个 int 值退出。我常常使用 1：

```
sys.exit(1)
```

测试中的一项会检查程序是否能检测出缺失的占位符，以及是否正确地退出。

也可以用一个字符串值调用 sys.exit()，在这种情况下，字符串将被打印到 sys.stderr，并且程序带着值 1 退出：

```
sys.exit('This will kill your program and print an error message!')
```

17.1.3　获取值

文本中的每个词性都需要一个值，该值要么来自--inputs 实参，要么直接来自用户。如果没有--inputs 提供的值，可以使用 input()函数让用户给出答案。

input()函数用一个 str 值作为提示符：

```
>>> value = input('Give me an adjective: ')
Give me an adjective: blue
```

无论用户在按 Return 键之前输入了什么，input()函数都返回一个 str 值：

```
>>> value
'blue'
```

如果有输入值，就可以使用这些值而不必操心 input()函数。我只是出于测试的目的，让你了解如何处理--inputs 选项。可以放心地认为，总是存在与占位符数量相同的输入(见图 17.11)。

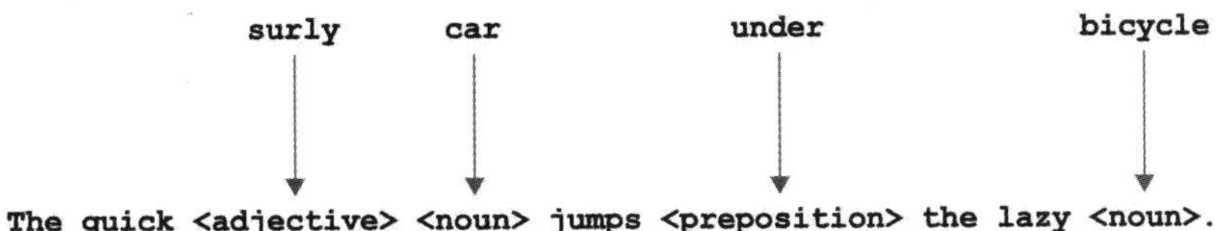

图 17.11　从命令行给出输入，它们将匹配该文本中的占位符

例如，对于 fox.txt 范例，你可能有下列内容作为程序的--inputs 选项：

```
>>> inputs = ['surly', 'car', 'under', 'bicycle']
```

需要从 inputs 中删除并返回第一个字符串，“surly”。需要使用 list.pop()方法，但它默认删除最后一个元素：

```
>>> inputs.pop()
'bicycle'
```

list.pop()方法需要一个可选的实参来表示想删除的元素的索引。你能想办法实现这一点吗？如果思路卡住了，一定要去阅读 help(list.pop)。

17.1.4 替换文本

当每个占位符都有值时，就需要把它们替换进文本。建议你研究一下 re.sub()(替换)函数，它将把匹配给定正则表达式的任何文本替换成其他值。强烈建议你阅读 help(re.sub)：

```
sub(pattern, repl, string, count=0, flags=0)
    Return the string obtained by replacing the leftmost
    non-overlapping occurrences of the pattern in string by the
    replacement repl.
```

我不想透露结果，但需要使用与前面相似的模式来把每个<placeholder>替换成对应的 value。

注意，不一定非要使用 re.sub()函数来解决这个问题。事实上，不妨试着写一个完全不使用 re 模块的解决方案。现在开始编写程序吧，并使用测试作为引导！

17.2 解决方案

你是不是越来越习惯使用正则表达式了？我知道它们很复杂，但真正理解它们将给你意想不到的帮助。

```
#!/usr/bin/env python3
"""Mad Libs"""

import argparse
import re
import sys


# --------------------------------------------------
def get_args():
    """Get command-line arguments"""

    parser = argparse.ArgumentParser(
        description='Mad Libs',
        formatter_class=argparse.ArgumentDefaultsHelpFormatter)

    parser.add_argument('file',
                        metavar='FILE',
                        type=argparse.FileType('rt'),
                        help='Input file')
```

该文件实参应该是一个可读的文本文件。

```
    parser.add_argument('-i',
                        '--inputs',
                        help='Inputs (for testing)',
                        metavar='input',
                        type=str,
                        nargs='*')
```

该--inputs 选项具有零或多个字符串。

```
    return parser.parse_args()
```

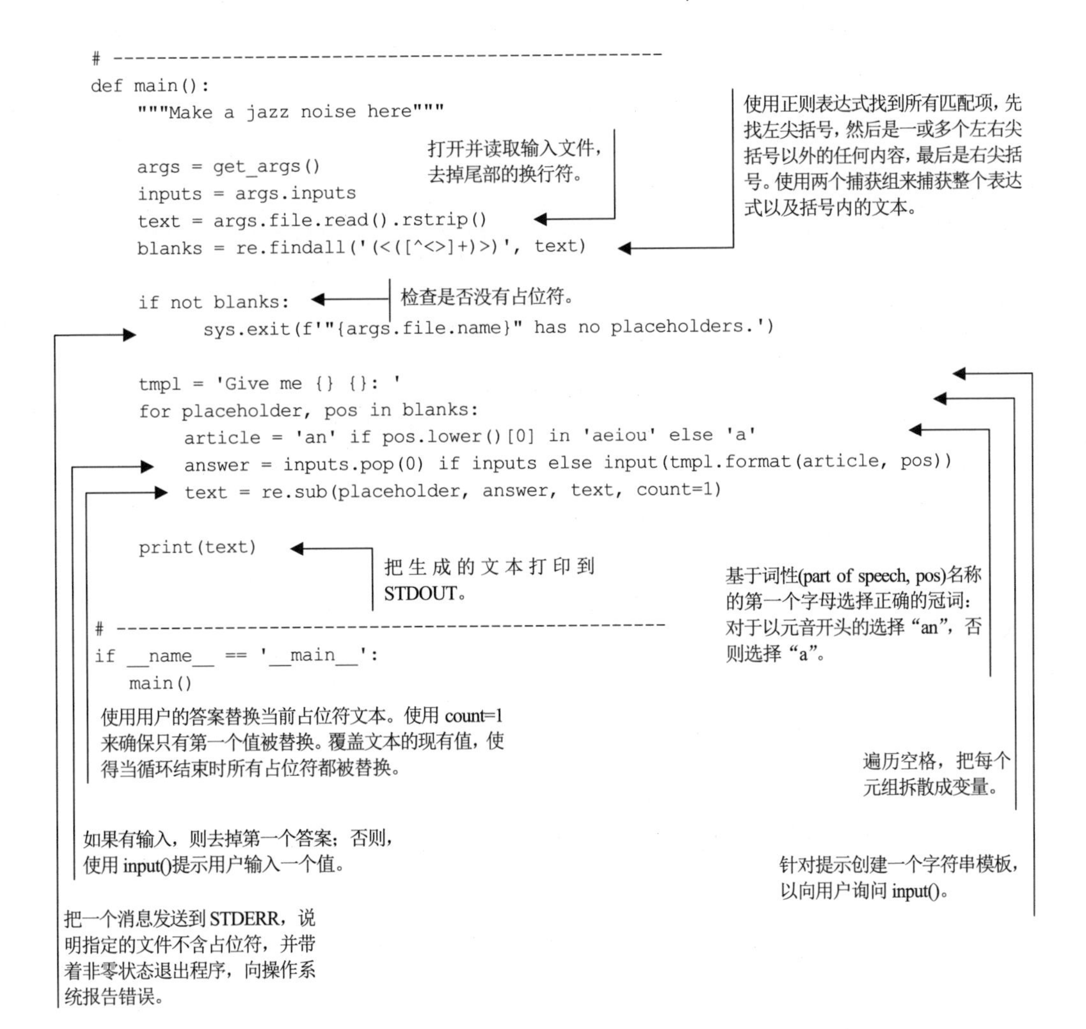

# --
def main():
"""Make a jazz noise here"""
args = get_args()
inputs = args.inputs
text = args.file.read().rstrip()
blanks = re.findall('(<([^<>]+)>)', text)
if not blanks:
sys.exit(f'"{args.file.name}" has no placeholders.')
tmpl = 'Give me {} {}: '
for placeholder, pos in blanks:
article = 'an' if pos.lower()[0] in 'aeiou' else 'a'
answer = inputs.pop(0) if inputs else input(tmpl.format(article, pos))
text = re.sub(placeholder, answer, text, count=1)
print(text)
# --
if __name__ == '__main__':
main()
打开并读取输入文件，去掉尾部的换行符。
使用正则表达式找到所有匹配项，先找左尖括号，然后是一或多个左右尖括号以外的任何内容，最后是右尖括号。使用两个捕获组来捕获整个表达式以及括号内的文本。
检查是否没有占位符。
把生成的文本打印到STDOUT。
基于词性(part of speech, pos)名称的第一个字母选择正确的冠词：对于以元音开头的选择“an”，否则选择“a”。
使用用户的答案替换当前占位符文本。使用 count=1 来确保只有第一个值被替换。覆盖文本的现有值，使得当循环结束时所有占位符都被替换。
遍历空格，把每个元组拆散成变量。
如果有输入，则去掉第一个答案；否则，使用 input()提示用户输入一个值。
针对提示创建一个字符串模板，以向用户询问 input()。
把一个消息发送到 STDERR，说明指定的文件不含占位符，并带着非零状态退出程序，向操作系统报告错误。

17.3　讨论

首先要好好定义实参。应该使用 type=argparse.FileType('rt')声明输入 file，使得 argparse 验证该实参是可读取的文本文件。--inputs 是可选的，因此可以使用 nargs='*'表示零或多个字符串。如果没有提供输入，默认值将是 None，因此一定不要假定输入是一个 list，以防止对 None 尝试列表操作。

17.3.1　用正则表达式进行替换

在 re.sub()的使用中，可能会出现一个微妙的错误。假设已经把第一个<adjective>替换成“blue”：

```
>>> text = 'The quick blue <noun> jumps <preposition> the lazy <noun>.'
```

现在想把<noun>替换成“dog”，因此尝试：

```
>>> text = re.sub('<noun>', 'dog', text)
```

现在检查 text 的值：

```
>>> text
'The quick blue dog jumps <preposition> the lazy dog.'
```

由于字符串<noun>出现的位置有两处，所以两处都被“dog”替换，如图 17.12 所示。

```
re.sub('<noun>', 'dog', 'The quick blue <noun> jumps <preposition> the lazy <noun>.')
```

图 17.12　re.sub()函数将替换所有匹配项

必须使用 count=1 来确保只有第一个出现的位置发生改变(见图 17.3)：

```
>>> text = 'The quick blue <noun> jumps <preposition> the lazy <noun>.'
>>> text = re.sub('<noun>', 'dog', text, count=1)
>>> text
'The quick blue dog jumps <preposition> the lazy <noun>.'
```

```
re.sub('<noun>', 'dog', 'The quick blue <noun> jumps <prepositlon> the lazy <noun>.', count=1)
```

图 17.13　对 re.sub()使用 count 选项，限制替换的数量

现在可以继续替换其他占位符。

17.3.2　不用正则表达式找到占位符

相信本章前文中对正则表达式解决方案已经解释得很充分了。那个解决方案相当优雅，但当然也可以不使用正则表达式来解决这个问题。下面给出了手动解决这个问题的方法。

首先，需要一个办法从文本中搜寻<...>。先写一个测试，它帮助设想给函数什么输入，以及期待什么样的好值和坏值。

判定当模式缺失时返回 None，当模式存在时返回索引元组(start, stop)：

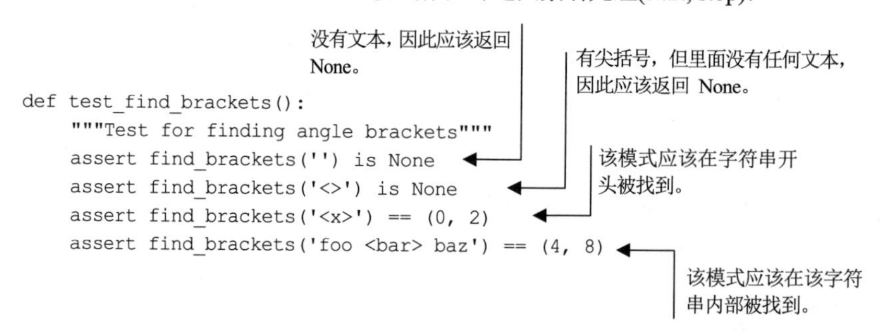

没有文本，因此应该返回 None。
有尖括号，但里面没有任何文本，因此应该返回 None。
该模式应该在字符串开头被找到。
该模式应该在该字符串内部被找到。

```
def test_find_brackets():
    """Test for finding angle brackets"""
    assert find_brackets('') is None
    assert find_brackets('<>') is None
    assert find_brackets('<x>') == (0, 2)
    assert find_brackets('foo <bar> baz') == (4, 8)
```

现在需要编写满足这个测试的代码。代码如下：

如果在该文本中找到一个左尖括号，则找到该左尖括号的索引。

```
def find_brackets(text):
    """Find angle brackets"""
    start = text.index('<') if '<' in text else -1
```

```
    stop = text.index('>') if start >= 0 and '>' in text[start + 2:] else -1
    return (start, stop) if start >= 0 and stop >= 0 else None
```

如果从该左尖括号之后的两个位置之后找到了一个右尖括号，则找到该右尖括号的索引。

如果左右尖括号都被找到，则返回记录它们起始和终止位置的元组；否则返回 None。

这个函数运行良好，足以通过给定的测试，但它不太正确，因为它可能返回一个含有不对称尖括号的区域：

```
>>> text = 'foo <<bar> baz'
>>> find_brackets(text)
[4, 9]
>>> text[4:10]
'<<bar>'
```

这似乎不尽如人意，但我选择尖括号是为了让你想到 HTML 标签，比如<head>和<img>。HTML 类似的错误可谓臭名昭著，这也许是因为它是由某个搞混标签的人手动生成的，或者是因为一些生成 HTML 的工具出现了漏洞。重点是，大多数网络浏览器在解析 HTML 时相当宽松，看到格式错误的标签，比如<<head>而非正确的<head>并不意外。

另一方面，正则表达式版本通过使用类[^<>]来定义不含任何尖括号的文本，能够专门防范匹配不对称的括号。可以再写一个只找到对称括号的 find_brackets()，但是说实话，这不值得。通过这个函数可以看出，正则表达式引擎的优势之一就是，它能找到局部匹配(第一个左尖括号)，如果发现无法实现完全匹配，将(从下一个左尖括号)重新开始。手动实现这一点会很乏味，并且不太有趣。

尽管如此，这个函数仍对所有给定的测试输入有效。注意，它每次仅返回一套尖括号。将在找到每套尖括号之后更改文本，这很可能会改变后续尖括号的起始和终止位置，因此最好一次只处理一套尖括号。

下面展示如何把这个函数纳入 main()函数：

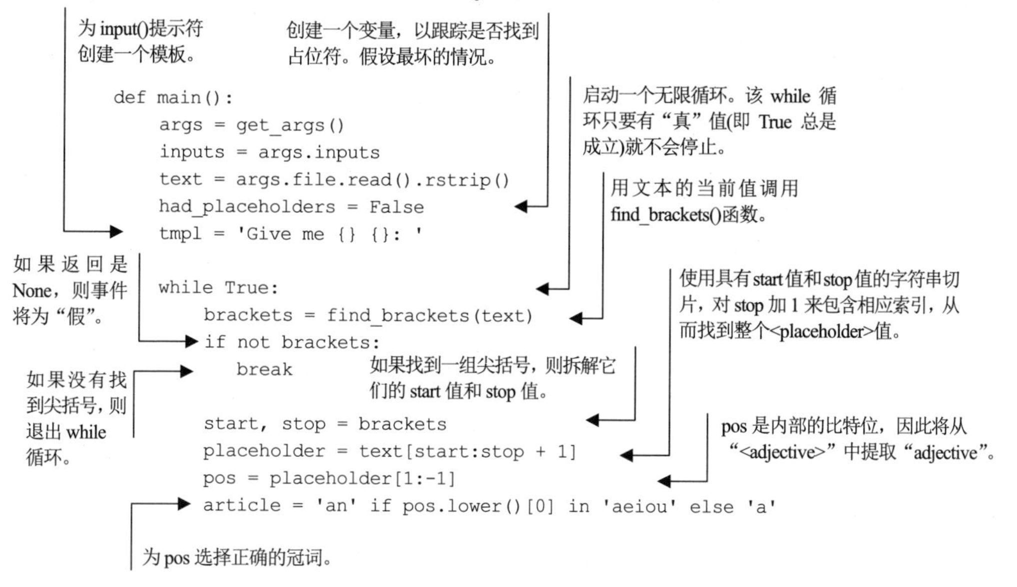

```
def main():
    args = get_args()
    inputs = args.inputs
    text = args.file.read().rstrip()
    had_placeholders = False
    tmpl = 'Give me {} {}: '

    while True:
        brackets = find_brackets(text)
        if not brackets:
            break

        start, stop = brackets
        placeholder = text[start:stop + 1]
        pos = placeholder[1:-1]
        article = 'an' if pos.lower()[0] in 'aeiou' else 'a'
```

为 input()提示符创建一个模板。
创建一个变量，以跟踪是否找到占位符。假设最坏的情况。
启动一个无限循环。该 while 循环只要有“真”值(即 True 总是成立)就不会停止。
用文本的当前值调用 find_brackets()函数。
如果返回是 None，则事件将为“假”。
使用具有 start 值和 stop 值的字符串切片，对 stop 加 1 来包含相应索引，从而找到整个<placeholder>值。
如果没有找到尖括号，则退出 while 循环。
如果找到一组尖括号，则拆解它们的 start 值和 stop 值。
pos 是内部的比特位，因此将从“<adjective>”中提取“adjective”。
为 pos 选择正确的冠词。

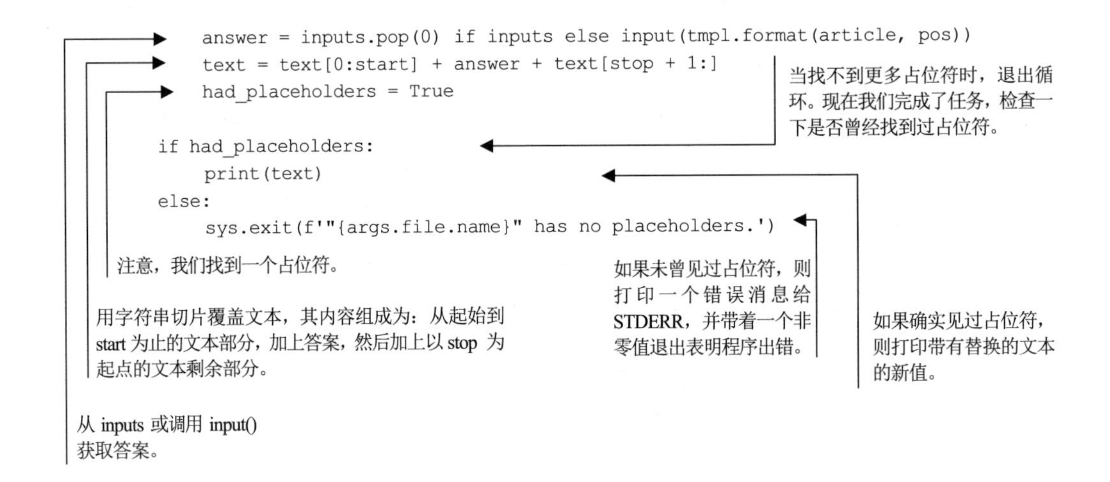

17.4 更进一步

- 扩展代码，在从互联网下载的网页中找到<…>和</…>内封装的所有 HTML 标签。
- 写一个程序，寻找不对称的，开放/封闭的成对圆括号()、方括号[]和花括号{}。创建具有对称和不对称文本的输入文件，并写测试来验证你的程序能识别这两种文件。

17.5 小结

- 正则表达式就像函数一样，可以描述想找到的模式。正则表达式引擎可以尝试找到模式，处理误匹配，并反复在文本中找到模式。
- 带有*或+的正则表达式模式是“贪婪”的，因为它们匹配尽可能多的字符。在*或+符号之后添加?使得它们匹配尽可能少的字符，让它们变得“不贪婪”。
- re.findall()函数将针对给定模式返回由所有匹配字符串或捕获组构成的 list。
- re.sub()函数将用新的文本替换旧文本中的模式。
- 可以使用 sys.exit()函数随时暂停程序。如果没有给予实参，那么退出值将是 0，以表明没有发生错误。如果希望表明存在错误，就使用非零值例如 1。也可以使用字符串值，该字符串值将被打印到 STDERR，并且将自动选用一个非零退出值。

第 18 章

希伯来数：使用 ASCII 值对文本进行数字编码

希伯来数(Gematria)是一个系统，它把单词中的每个字符的数值加和，从而为该单词分配一个数字(https://en.wikipedia.org/wiki/Gematria)。在标准编码(Mispar hechrechi)中，为希伯来字母表中的每个字符分配了一个 1 到 400 之间的数值，但是还有几十种其他方法可以为这些字母计算数值。为了对单词进行编码，将每个字符的数值被加到一起。《基督教圣经启示录》13:18 中写到：“让有智慧的人计算野兽的数量，因为这是人的数字，它的数目是 666。”一些学者认为，666 这个数字是由尼禄·凯撒的名字和头衔的字符进行编码得出的，因此它被用作一种隐晦地提及罗马皇帝的方式。

我们将编写一个名为 gematria.py 的程序，像上文所述的那样把每个单词中的字符对应的数值相加，从而以数值方式对给定文本中的每个单词进行编码。我们有许多方式可以赋值。例如，可以给“a”赋值 1，给“b”赋值 2，以此类推。不过，我们将使用 ASCII 表(https://en.wikipedia.org/wiki/ASCII)来得出英语字母表字符对应的数值。对于非英语字符，可以考虑使用 Unicode 值，但本练习只针对 ASCII 字母进行处理。

输入文本可以通过命令行输入：

```
$ ./gematria.py 'foo bar baz'
324 309 317
```

输入文本也可以是一个文件：

```
$ ./gematria.py ../inputs/fox.txt
289 541 552 333 559 444 321 448 314
```

图18.1所示的线图展示了该程序应该如何运行。

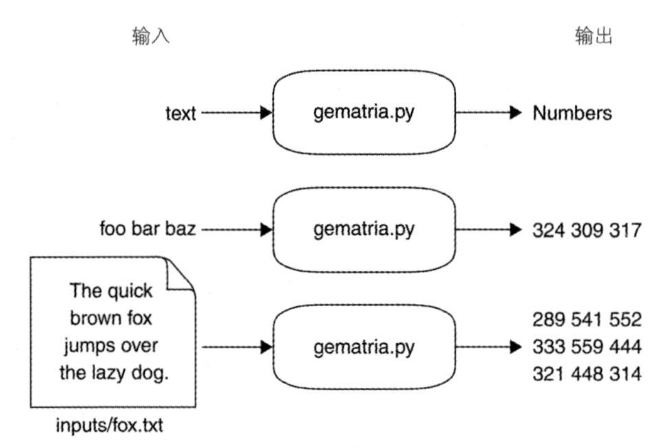

图 18.1　希伯来数程序(gematria.py)接收输入文本，并为每个单词产生一个数值编码。

在本章中，你将学习以下内容：

- 了解 ord()和 chr()函数
- 探索字符在 ASCII 表中的组织方式
- 理解正则表达式中使用的字符范围
- 使用 re.sub()函数
- 学习如何在不用 lambda 的情况下写 map()
- 使用 sum()函数，看它与 reduce()的关系
- 学习如何执行不区分大小写的字符串排序

18.1　编写 gematria.py

始终建议你避免用手敲样板文本的方式开始写程序。请使用以下方式开始创建程序：把 template/template.py 复制到 18_gematria/gematria.py，或者在 18_gematria 目录中使用命令 new.pygematria.py。

修改该程序，直到它在没有被给予任何实参或者带有-h 或--help 标志位的情况下，可以打印下面的使用说明：

```
$ ./gematria.py -h
usage: gematria.py [-h] text

Gematria

positional arguments:
  text        Input text or file
optional arguments:
  -h, --help show this help message and exit
```

像在前述的练习中一样，输入可以来自命令行或文件。建议复制第 5 章中的代码来处理这件事，然后修改 main()函数如下：

```
def main():
```

```
    args = get_args()
    print(args.text)
```

验证程序可以打印来自命令行的文本：

```
$ ./gematria.py 'Death smiles at us all, but all a man can do is smile back.'
Death smiles at us all, but all a man can do is smile back.
```

或打印来自文件的文本：

```
$ ./gematria.py ../inputs/spiders.txt
Don't worry, spiders,
I keep house
casually.
```

18.1.1　清洁单词

接下来，看看单个单词如何编码，因为这会影响下一节中文本拆解的方法。为了确保只处理 ASCII 值，删除任何非大小写英语字母表字符或者阿拉伯数字 0~9 的内容。这类字符可以用正则表达式[A-Za-z0-9]来定义。

可以使用第 17 章中用过的 re.findall()函数来找到 word 中所有匹配该类的字符。例如，应该在单词“Don't”中找到撇号以外的所有字符(见图 18.2)：

```
>>> re.findall('[A-Za-z0-9]', "Don't")
['D', 'o', 'n', 't']
```

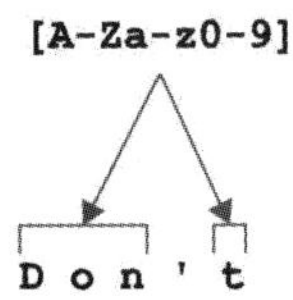

图 18.2　这个字符类仅仅匹配字母数字值

如果放置一个补注号(^)作为该类的第一个字符，比如[^A-Za-z0-9]，将找到除这些字符以外的任何东西。现在，将期望设置为只匹配撇号(见图 18.3)：

```
>>> import re
>>> re.findall('[^A-Za-z0-9]', "Don't")
["'"]
```

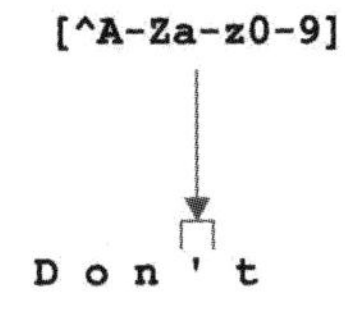

图 18.3　补注号将找到字符类的补集，也就是任何非字母数字字符

可以使用 re.sub()函数把第二个类中的任何字符替换成空字符串。像第 17 章中一样，除非使用 count=n 选项，否则将在该模式出现的所有位置进行替换：

```
>>> word = re.sub('[^A-Za-z0-9]', '', "Don't")
```

```
>>> word
'Dont'
```

我们想使用这个操作来清洁待编码的每个单词，如图 18.4 所示。

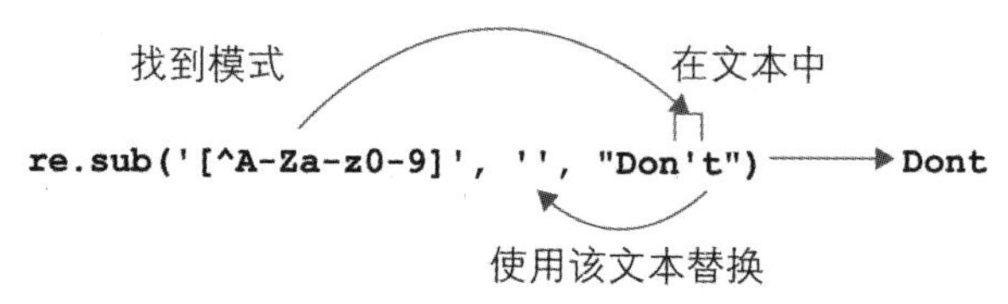

图 18.4 re.sub()函数将把匹配某个模式的所有文本替换成另一个值

18.1.2 序数字符值和范围

通过把每个字符转换成数值然后把它们加到一起，为像“Dont”这样的字符串编码。让我们先搞清楚如何对单个字符进行编码。

Python 有一个名为 ord()的函数，它将把一个字符转换成相应的“序数”值。对于目前使用的所有字母数值，相应的“序数”值等同于该字符在美国信息交换标准代码(ASCII，发音类似“as-kee”)表中的位置：

```
>>> ord('D')
68
>>> ord('o')
111
```

chr()函数则把数字转换成字符：

```
>>> chr(68)
'D'
>>> chr(111)
'o'
```

下面是 ASCII 表。为了简明起见，对于索引 31 以下的值显示“NA” (not available)，因为它们是不可打印的。

```
$ ./asciitbl.py
  0 NA    16 NA    32 SPACE 48 0    64 @    80 P     96 `    112 p
  1 NA    17 NA    33 !     49 1    65 A    81 Q     97 a    113 q
  2 NA    18 NA    34 "     50 2    66 B    82 R     98 b    114 r
  3 NA    19 NA    35 #     51 3    67 C    83 S     99 c    115 s
  4 NA    20 NA    36 $     52 4    68 D    84 T    100 d    116 t
  5 NA    21 NA    37 %     53 5    69 E    85 U    101 e    117 u
  6 NA    22 NA    38 &     54 6    70 F    86 V    102 f    118 v
  7 NA    23 NA    39 '     55 7    71 G    87 W    103 g    119 w
  8 NA    24 NA    40 (     56 8    72 H    88 X    104 h    120 x
  9 NA    25 NA    41 )     57 9    73 I    89 Y    105 i    121 y
 10 NA    26 NA    42 *     58 :    74 J    90 Z    106 j    122 z
 11 NA    27 NA    43 +     59 ;    75 K    91 [    107 k    123 {
 12 NA    28 NA    44 ,     60 <    76 L    92 \    108 l    124 |
```

```
13  NA    29 NA   45  -     61 =   77 M    93 ]    109 m    125 }
14  NA    30 NA   46  .     62 >   78 N    94 ^    110 n    126 ~
15  NA    31 NA   47  /     63 ?   79 O    95 _    111 o    127 DEL
```

注意：已经把 asciitbl.py 程序放在了源代码资料库的 18_gematria 目录中。

可以使用 for 循环遍历字符串中的所有字符：

```
>>> word = "Dont"
>>> for char in word:
...       print(char, ord(char))
...
D 68
o 111
n 110
t 116
```

注意，大写字母和小写字母具有不同的 ord()值。这是有理由的，因为它们是两个不同的字母：

```
>>> ord('D')
68
>>> ord('d')
100
```

通过找到相应的 ord()值，可以遍历从“a”到“z”的值：

```
>>> [chr(n) for n in range(ord('a'), ord('z') + 1)]
['a', 'b', 'c', 'd', 'e', 'f', 'g', 'h', 'i', 'j', 'k', 'l', 'm',
'n', 'o', 'p', 'q', 'r', 's', 't', 'u', 'v', 'w', 'x', 'y', 'z']
```

如在前面的 ASCII 表所示，字母“a”到“z”连续排布。同样地，“A”到“Z”以及“0”到“9”也连续排布，这就是我们能使用[A-Za-z0-9]作为正则表达式的原因。

注意，大写字母的序数值低于相应的小写字母，因此不能使用范围[a-Z]。在 REPL 中尝试使用范围[a-Z]，并观察产生的错误：

```
>>> re.findall('[a-Z]', word)
```

如果在 REPL 中执行上述函数，错误的最后一行如下：

```
re.error: bad character range a-Z at position 1
```

然而，可以使用范围[A-z]：

```
>>> re.findall('[A-z]', word)
['D', 'o', 'n', 't']
```

但注意，“Z”和“a”不是相邻的：

```
>>> ord('Z'), ord('a')
(90, 97)
```

它们之间有其他字符：

```
>>> [chr(n) for n in range(ord('Z') + 1, ord('a'))]
['[', '\\', ']', '^', '_', '`']
```

如果尝试打印范围[A-z]的所有字符，那么你将看到，其中也匹配了不是字母的字符：

```
>>> import string
>>> re.findall('[A-z]', string.printable)
['a', 'b', 'c', 'd', 'e', 'f', 'g', 'h', 'i', 'j', 'k', 'l', 'm',
 'n', 'o', 'p', 'q', 'r', 's', 't', 'u', 'v', 'w', 'x', 'y', 'z',
 'A', 'B', 'C', 'D', 'E', 'F', 'G', 'H', 'I', 'J', 'K', 'L', 'M',
 'N', 'O', 'P', 'Q', 'R', 'S', 'T', 'U', 'V', 'W', 'X', 'Y', 'Z',
 '[', '\\', ']', '^', '_', '`']
```

可见，最安全的是用三个单独的范围[A-Za-z0-9]指定我们想要的字符，你可能会听到有人说“A 到 Z，a 到 z，0 到 9”，这种说法假定你理解两个“a 到 z”根据大小写状态区分的范围。

18.1.3　求和与归约

再次提醒本练习的目标：转换单词中的所有字符，然后把这些值相加。有一个便捷的 Python 函数 sum()，它将把一个 list 中的数字相加：

```
>>> sum([1, 2, 3])
6
```

通过对每个字母调用 ord()，可以手动对字符串“Dont”进行编码，并把结果作为 list 传递给 sum()：

```
>>> sum([ord('D'), ord('o'), ord('n'), ord('t')])
405
```

问题是，如何把函数 ord()应用到 str 中的所有字符，并把 list 传递给 sum()。现在，你已经见过这个模式许多次了。你将首先采用什么工具？可以先选择便捷的 for 循环：

```
>>> word = 'Dont'
>>> vals = []
>>> for char in word:
...     vals.append(ord(char))
...
>>> vals
[68, 111, 110, 116]
```

你能理解如何使用列表推导式来让代码缩短到单行吗？

```
>>> vals = [ord(char) for char in word]
>>> vals
[68, 111, 110, 116]
```

下面，试着使用 map()：

```
>>> vals = map(lambda char: ord(char), word)
>>> list(vals)
[68, 111, 110, 116]
```

在这里，我想指出，这个 map()版本不需要 lambda 声明，因为 ord()函数需要单一值，而 map()恰好给出单一值。一个更好的写法如下：

```
>>> vals = map(ord, word)
```

```
>>> list(vals)
[68, 111, 110, 116]
```

这真是一段漂亮的代码！

现在可以把它们 sum()起来，以得到 word 的最终值：

```
>>> sum(map(ord, word))
405
```

验证得知，这是正确的：

```
>>> sum([68, 111, 110, 116])
405
```

18.1.4　使用 functools.reduce

如果 Python 有 sum()函数，那么你可能会认为也有一个 product()函数，用于把一个列表的数字乘在一起。可惜，product()不是一个内置函数，但 Python 确实提出了一个普遍理念：把值的列表归约(reduce)为单个值。

来自 functools 模块的 reduce()函数提供了对列表归约的一个通用办法。让我们在文档中看看如何使用它：

```
>>> from functools import reduce
>>> help(reduce)
reduce(...)
    reduce(function, sequence[, initial]) -> value

    Apply a function of two arguments cumulatively to the items of a sequence,
    from left to right, so as to reduce the sequence to a single value.
    For example, reduce(lambda x, y: x+y, [1, 2, 3, 4, 5]) calculates
    ((((1+2)+3)+4)+5). If initial is present, it is placed before the items
    of the sequence in the calculation, and serves as a default when the
    sequence is empty.
```

reduce()也是一个高阶函数，需要另一个函数作为第一个实参，就像 map()和 filter()一样。该文档演示了如何编写我们自己的 sum()函数：

```
>>> reduce(lambda x, y: x + y, [1, 2, 3, 4, 5])
15
```

如果把+操作符改成*，就得到如下乘法：

```
>>> reduce(lambda x, y: x * y, [1, 2, 3, 4, 5])
120
```

可以为此写如下函数：

```
def product(vals):
    return reduce(lambda x, y: x * y, vals)
```

现在可以调用该函数：

```
>>> product(range(1,6))
```

```
120
```

不需要编写自己的 lambda，而可以使用任何需要两个参数的函数。operator.mul 函数符合这个要求：

```
>>> import operator
>>> help(operator.mul)
mul(a, b, /)
   Same as a * b.
```

因此这样写会更简单一些：

```
def product(vals):
     return reduce(operator.mul, vals)
```

幸运的是，math 模块还含有一个 prod()函数可供使用：

```
>>> import math
>>> math.prod(range(1,6))
120
```

可想而知，str.join()方法也是把字符串的 list 归约为单个 str 值。可以编写自己的代码如下：

```
def join(sep, vals):
     return reduce(lambda x, y: x + sep + y, vals)
```

比起 str.join()函数，我更喜欢调用下面的 join 函数的语法：

```
>>> join(', ', ['Hey', 'Nonny', 'Nonny'])
'Hey, Nonny, Nonny'
```

每当想把 list 的值合并成单个值时，就可以考虑使用 reduce()函数。

18.1.5 对单词进行编码

光是把各个字符的序数值求和就已经是大工作量了，然而，这也很引人入胜。不过，还是让我们回到正轨吧。

可以创建一个函数来封装以下构想：把一个单词转换成由各个字符的序数值加和得出的数值。将该函数命名为 word2num()，输入测试如下：

```
def test_word2num():
    """Test word2num"""
    assert word2num("a") == "97"
    assert word2num("abc") == "294"
    assert word2num("ab'c") == "294"
    assert word2num("4a-b'c,") == "346"
```

注意，该函数返回一个 str 值，而不是一个 int。这是因为我想把加和的结果用到 str.join()函数，该函数只接收 str 值，于是返回值是'405'而不是 405：

```
>>> from gematria import word2num
>>> word2num("Don't")
'405'
```

总之，word2num()函数接收一个单词，可以删除不想要的字符，并把剩下的字符转换成 ord()值，最后返回一个这些值 sum()的 str。

18.1.6　拆解文本

这些测试需要你维持与原始文本相同的换行，因此建议你像在其他练习中一样使用 str.splitlines()。第 15 章和第 16 章中使用了不同的正则表达式，把每一行拆解成“单词”，这个过程在从事自然语言处理(NLP)的程序中有时被称为“分词”(tokenization)。如果写的 word2num()函数能够通过提供的测试，那么就能使用 str.split()按照空格拆解一行，因为该函数将忽略任何不是字符或数字的东西。当然，欢迎使用任何你喜欢的手段来把行拆解为单词。

下面的代码将保留换行并重构该文本。你能修改并添加 word2num()函数，使得它打印出如图 18.5 所示的已编码单词吗？

```
def main():
    args = get_args()
    for line in args.text.splitlines():
        for word in line.split():
            # what goes here?
            print(' '.join(line.split()))
```

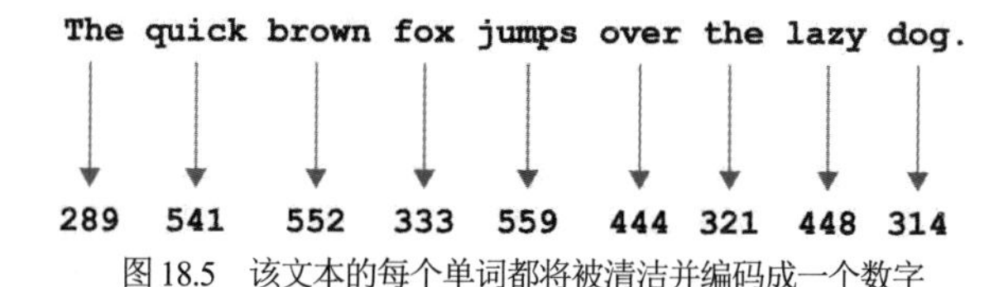

图 18.5　该文本的每个单词都将被清洁并编码成一个数字

输出将是与单词一一对应的数字：

```
$ ./gematria.py ../inputs/fox.txt
289 541 552 333 559 444 321 448 314
```

现在该写解决方案了。一定要使用测试集啊！

18.2　解决方案

我其实很欣赏加密和信息编码的理念，而本程序(在某种程度上)正是以不可逆的方式对输入文本进行加密。不过，思考用其他方式处理文本并将文本变形为其他值也是一种乐趣。

```
#!/usr/bin/env python3
"""Gematria"""

import argparse
import os
import re


# --------------------------------------------------
```

```
def get_args():
    """Get command-line arguments"""

    parser = argparse.ArgumentParser(
        description='Gematria',
        formatter_class=argparse.ArgumentDefaultsHelpFormatter)

    parser.add_argument('text', metavar='text', help='Input text or file')

    args = parser.parse_args()

    if os.path.isfile(args.text):
        args.text = open(args.text).read().rstrip()

    return args


# --------------------------------------------------
def main():
    """Make a jazz noise here"""

    args = get_args()

    for line in args.text.splitlines():
        print(' '.join(map(word2num, line.split())))


# --------------------------------------------------
def word2num(word):
    """Sum the ordinal values of all the characters"""

    return str(sum(map(ord, re.sub('[^A-Za-z0-9]', '', word))))


# --------------------------------------------------
def test_word2num():
    """Test word2num"""

    assert word2num("a") == "97"
    assert word2num("abc") == "294"
    assert word2num("ab'c") == "294"
    assert word2num("4a-b'c,") == "346"


# --------------------------------------------------
if __name__ == '__main__':
    main()
```

该文本实参是一个字符串，它可能是文件名。

获取已解析的命令行实参。

检查该文本实参是否是已经存在的文件。

用该文件的内容覆盖 args.text 文本。

返回实参。

获取已解析的实参。

按照换行符拆解 args.text，以保留换行。

按照空格拆解文本行，把结果映射到 word2num()，然后用空格连接结果。

定义一个函数，用来把单词转换成数字。

使用re.sub()来删除不是字母数字的任何字符。把所得到的字符串映射到 ord()，将这些函数的序数值加和，并返回代表总和的一个 str。

定义一个函数，用来测试 word2num()函数。

18.3 讨论

相信你已经理解了 get_args()，因为同样的代码我们已经用过好几次。

让我们开始讨论 word2num()函数。

18.3.1　编写 word2num()

本可以像下面这样编写该函数：

```
def word2num(word):
    vals = []
    for char in re.sub('[^A-Za-z0-9]', '', word):
        vals.append(ord(char))

    return str(sum(vals))
```

- `vals = []`：初始化一个空列表，以保存序数值。
- `for char in re.sub(...)`：对从 re.sub()返回的所有字符进行迭代。
- `vals.append(ord(char))`：把字符转换成一个序数值，并把序数值附加到该列表。
- `return str(sum(vals))`：把这些值加和，并返回代表总和的一个字符串。

这里有四行代码，而解决方案中只有一行。使用列表推导式，可以把三行代码压缩成一行：

```
def word2num(word):
    vals = [ord(char) for char in re.sub('[^A-Za-z0-9]', '', word)]
    return str(sum(vals))
```

这段代码也可以写在一行中，但可读性恐怕不好：

```
def word2num(word):
    return str(sum([ord(char) for char in re.sub('[^A-Za-z0-9]', '', word)]))
```

我仍认为 map()版本最兼具可读性和简洁：

```
def word2num(word):
    return str(sum(map(ord, re.sub('[^A-Za-z0-9]', '', word))))
```

图 18.6 展示了这三个方法是如何彼此关联的。

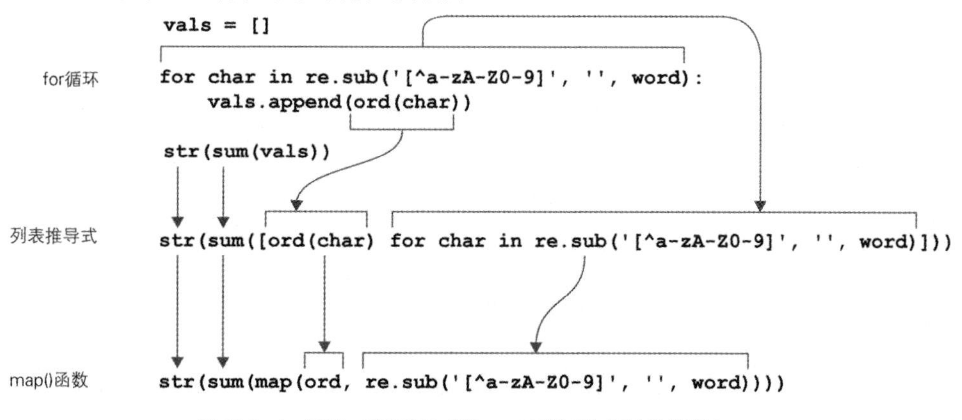

图 18.6　for 循环、列表推导式和 map()函数是如何彼此关联的

图 18.7 将帮助你理解，数据是如何从 map()版本的字符串“Don’t”变化得到的。

① re.sub()函数将用空字符串替换不在该字符类中的字符。这将把像“Don’t”这样的单词转变成“Dont”(没有撇号)。

② map()将把给定函数 ord()应用到序列中的每个元素。这里说的“序列”是一个 str，因此它将应用到该单词的每个字符。

③ map()的结果是一个新 list，其中来自“Dont”的每个字符都被传递给 ord()函数。

④ 调用 ord()将返回 int 值的一个 list，list 中的每个字母对应一个 int 值。

⑤ sum()函数将把一个列表的所有数字加到一起，从而使该列表归约到单个值。

⑥ 我们的函数最终值要求是一个 str，因此使用 str()函数把 sum()的返回值转变成代表该数字的字符串。

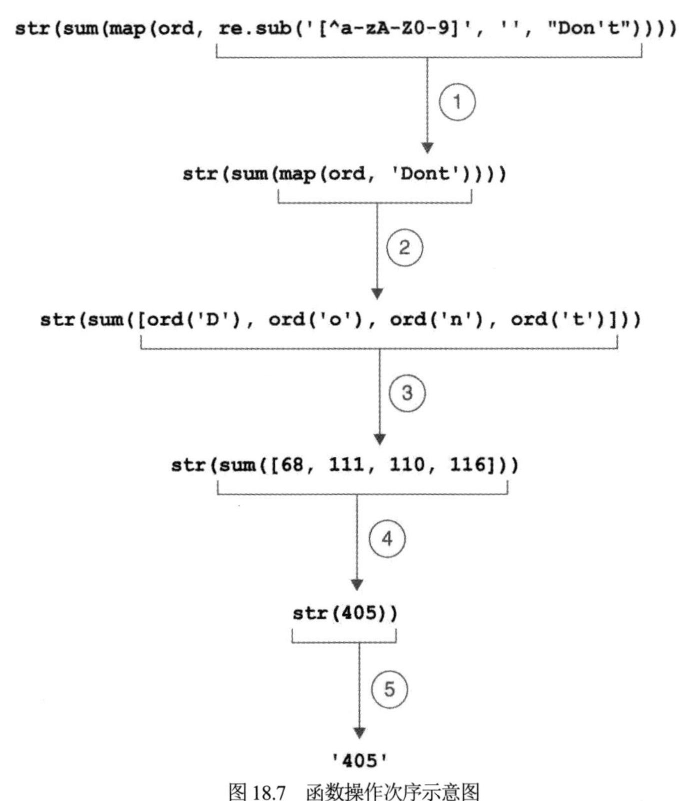

图 18.7　函数操作次序示意图

18.3.2　排序

本练习的重点不在于 ord()和 chr()函数，而在于探索正则表达式、函数应用，以及字符在像 Python 这样的编程语言内部是如何表示的。

例如，字符串的排序是大小写敏感的，这是由于字符的 ord()值有相对次序(因为在 ASCII 表中大写字母的定义先于小写字母)。注意，以大写字母开头的单词被排在以小写字母开头的单词之前：

```
>>> words = 'banana Apple Cherry anchovies cabbage Beets'
>>> sorted(words)
['Apple', 'Beets', 'Cherry', 'anchovies', 'banana', 'cabbage']
```

这是因为所有大写字母的序数值都小于小写字母的序数值。为了对字符串执行大小写不敏感的排序，可以使用 key=str.casefold。str.casefold()函数将返回“a version of the string suitable for caseless comparisons”(该字符串的一个适合进行不区分大小写比较的版本)。在这里，我们使用该函数的名称时不带圆括号，因为我们在传递该函数本身，以作为 key 的实参：

```
>>> sorted(words, key=str.casefold)
['anchovies', 'Apple', 'banana', 'Beets', 'cabbage', 'Cherry']
```

如果添加圆括号，则将触发异常。这与把函数作为实参传递给 map()和 filter()的方式完全相同：

```
>>> sorted(words, key=str.casefold())
Traceback (most recent call last):
   File "<stdin>", line 1, in <module>
TypeError: descriptor 'casefold' of 'str' object needs an argument
```

该选项对于 list.sort()也是一样，如果更喜欢就地对该列表排序，则可以使用下面的代码：

```
>>> words.sort(key=str.casefold)
>>> words
['anchovies', 'Apple', 'banana', 'Beets', 'cabbage', 'Cherry']
```

对于上述字符，像 sort 程序这样的命令行工具也能得到相同结果。假如有一个由上述单词构成的文件：

```
$ cat words.txt
banana
Apple
Cherry
anchovies
cabbage
Beets
```

我的 Mac[1] 上的 sort 程序将首先对大写单词排序，然后对小写单词排序：

```
$ sort words
Apple
Beets
Cherry
anchovies
banana
cabbage
```

必须借助 mansort 阅读 sort 手册来找到-f 标志位，从而执行不区分大小写的排序：

```
$ sort -f words
anchovies
Apple
banana
Beets
cabbage
Cherry
```

1　我的 Linux 机器上的 GNU coreutils 8.30 版本默认执行不区分大小写的排序。你的 sort 如何工作？

18.3.3 测试

我想花一点时间说明我多么频繁地使用测试。每次我编写一个函数或程序的替代版本的，都运行测试来确认我有没有不小心写出有 bug 的代码。拥有一整套测试集让我能够自由和充满信心地去扩展重构程序，因为我知道，我能够检查自己的工作。如果在代码中发现了一个 bug，就添加一个测试来确认该 bug 是否存在。然后，我会修复该 bug 并确认它已经被处理。我知道，哪怕不小心重新引入这个 bug，测试也将捕捉到它。

为了实现本书的宗旨，我尽量不写超过 100 行的程序。但程序代码通常会增长到数千行，横跨几十个模块。我建议，无论你的起点多么低，都应该开始编写并运用测试。这是一个应该尽早养成的好习惯，当编写更长的代码时，测试会给你更大帮助。

18.4 更进一步

- 分析文本文件，找到总和为值 666 的其他单词。它们是特别可怕的词吗？
- 给定某文本输入，找到 word2num()中最频繁出现的值，并找到所有归约到这个值的单词。
- 创建一个版本，使用你自己对每个字符的数值定义。例如，每个字母可以根据它在字母表中的位置被编码，使得“A”和“a”是 1，“B”和“b”是 2，以此类推。也可以决定给每个辅音权重 1，给每个元音权重 - 1。创建你自己的体系，并写测试来确保程序的表现符合预期。

18.5 小结

- ord()函数将返回一个字符的 Unicode 代码点(code point)。就字母数值而言，序数值对应于它们在 ASCII 表中的位置。
- chr()函数将针对一个给定序数值返回字符。
- 当这些字符的序数值连续排布时(例如在 ASCII 表中)，可以在正则表达式中使用像 a-z 这样的字符范围。
- re.sub()函数将用新值替换字符串中匹配的文本模式，例如用空字符串替换所有非字符，从而删除标点和空白。
- 如果 map()函数需要单个位置实参，那么可以引用函数而不是 lambda 来写 map()函数。
- sum()函数使用加法对数字列表归约。可以使用 functools.reduce()函数手动编写一个版本。
- 想要对字符串值执行不区分大小写的排序，可以把 key=str.casefold 选项与 sorted()和 list.sort()函数一起使用。

第 *19* 章

每日健身：解析 CSV 文件，创建文本表输出

几年前，我加入了一个健身小组。我们每星期在教练的土车道上会合几次，练习推举重物和跑圈，只为努力再多活一天。我不是什么大力士和塑身达人，但加入健身小组是一个锻炼和会友的好方式。我最喜欢的内容之一，是教练会在板子上写“Workout of the Day”(每日健身)或“WOD”。它写什么，我就做什么。不管那天我是否真的想做 200 个俯卧撑，我都会不惜时间完成它们[1]。

本着这个精神，我们将编写一个名为 wod.py 的程序，来帮助我们创建一个随机的每日健身活动清单，这些健身活动是我们必须做的，不容反驳：

```
$ ./wod.py
Exercise            Reps
------------------ ------
Pushups              40
Plank                38
Situps               99
Hand-stand pushups    5
```

注意：每当程序运行，就必须立即执行所有这些健身项目。哎呀，光是读一读这些健身项目就意味着你必须完成它们啦。就像现在。对不起，规则可不是我制定的。你最好赶快去做仰卧起坐！

我们将从健身项目列表中进行选择，该列表存储在一个带分隔符的文本文件里。在本例中，分隔符是逗号，它将分隔每个字段值。使用逗号作为分隔符的数据文件经常被称作逗号分隔值文件或 CSV 文件。通常，该文件的第一行命名表格的各列，每个后续行指代表格中的一行：

```
$ head -3 inputs/exercises.csv
```

1　见 Barry Schwartz 所著的 *More Isn't Always Better*。他指出，增加给人们选择的数量实际上会造成更多苦恼和不满，与人们做出了什么选择无关。想象一家冰淇淋店有三种口味：巧克力、香草和草莓。如果选择了巧克力，你很可能会感到高兴。现在想象这家商店有 60 种口味的冰淇淋，包括 20 种不同的水果奶油和香草，以及 12 种不同的巧克力(从 Rocky Road 到 Fudgetastic Caramel Tiramisu Ripple)。现在，当你选择了一种“巧克力”，你可能会因为无法选择其他 11 种而带着悔恨离开。有时，别无选择反而提供了平静感。大概这就叫认命吧。

```
exercise,reps
Burpees,20-50
Situps,40-100
```

在本章中，你将学习以下内容：

- 使用 csv 模块解析带分隔符的文本文件；
- 强制将文本值转换为数字；
- 使用 tabulate 模块打印表格数据(tabular data)；
- 处理缺失的和格式错误的数据。

本章和下一章将在挑战性上更上一层楼。你将应用在前面各章中学到的众多技能，所以做好准备吧！

19.1 编写 wod.py

在 19_wod 目录中创建一个称作 wod.py 的程序。让我们先来看看当它带着-h 或--help 运行时应该打印的使用说明。修改程序的参数，直到它产生如下内容：

```
$ ./wod.py -h
usage: wod.py [-h] [-f FILE] [-s seed] [-n exercises] [-e]

Create Workout Of (the) Day (WOD)

optional arguments:
  -h, --help            show this help message and exit
  -f FILE, --file FILE CSV input file of exercises (default:
                        inputs/exercises.csv)
  -s seed, --seed seed Random seed (default: None)
  -n exercises, --num exercises
                        Number of exercises (default: 4)
  -e, --easy            Halve the reps (default: False)
```

程序读取一个输入-f 或--file，它应该是一个可读的文本文件(默认为 inputs/exercises.csv)。输出是健身的次数-n 或--num(默认为 4)。还可能有一个-e 或--easy 标志位来表示每个健身项目的重复次数应该被减半。由于我们使用 random 模块来选择健身项目，出于测试目的，需要接收一个-s 或--seed 选项(int，默认为 None)以传递给 random.seed()。

19.1.1 读取带分隔符的文本文件

使用 csv 模块来解析输入文件。csv 是一个标准模块，它应该已经安装在你的系统上。要想验证这一点，可以打开一个 python3 REPL，并尝试导入 csv 模块。如果运行正常，则证明它已经被安装了：

```
>>> import csv
```

查看很可能需要安装的其他两个模块：

- csvkit 模块，该模块的工具用于在命令行上查看输入文件

- tabulate 模块，用于对输出表进行格式化

运行下面的命令来安装这些模块：

```
$ python3 -m pip install csvkit tabulate
```

还有一个 requirements.txt 文件，常用于记录程序的依存关系。如果不使用上述命令，可以用下面的命令安装所有这些模块：

```
$ python3 -m pip install -r requirements.txt
```

尽管 csvkit 模块名称中有“csv”，其实它能处理任何带分隔符的文本文件。例如，通常也使用制表符(\t)作为分隔符。csvkit 模块包含许多工具，可以阅读其文档以做了解(https://csvkit.readthedocs.io/en/1.0.3/)。在 19_wod/inputs 目录中包含了几个带分隔符的文件，可以用它们来测试你的程序。

安装 csvkit 之后，应该能够使用 csvlook 把 inputs/exercises.csv 文件解析成一个表结构，该表结构显示如下各列：

```
$ csvlook --max-rows 3 inputs/exercises.csv
| exercise | reps   |
| -------- | ------ |
| Burpees  | 20-50  |
| Situps   | 40-100 |
| Pushups  | 25-75  |
| ...      | ...    |
```

输入文件的“reps”列有由破折号分隔的两个数字，比如，10-20 意味着“重复 10 到 20 次”。为了选择用于 reps 的最终值，使用 random.randint()函数来选择一个在低值与高值之间的整数值。当使用种子参数运行时，你的输出应该完全匹配如下内容：

```
$ ./wod.py --seed 1 --num 3
Exercise      Reps
----------  ------
Pushups         32
Situps          71
Crunches        27
```

当带着--easy 标志位运行时，reps 应该被减半：

```
$ ./wod.py --seed 1 --num 3 --easy
Exercise      Reps
----------  ------
Pushups         16
Situps          35
Crunches        13
```

--file 选项默认为 inputs/exercises.csv 文件，也可以指向一个不同的输入文件：

```
$ ./wod.py --file inputs/silly-exercises.csv
Exercise             Reps
-----------------  ------
Hanging Chads          46
Squatting Chinups      46
```

```
Rock Squats          38
Red Barchettas       32
```

图 19.1 所示的线图可以帮助你思考。

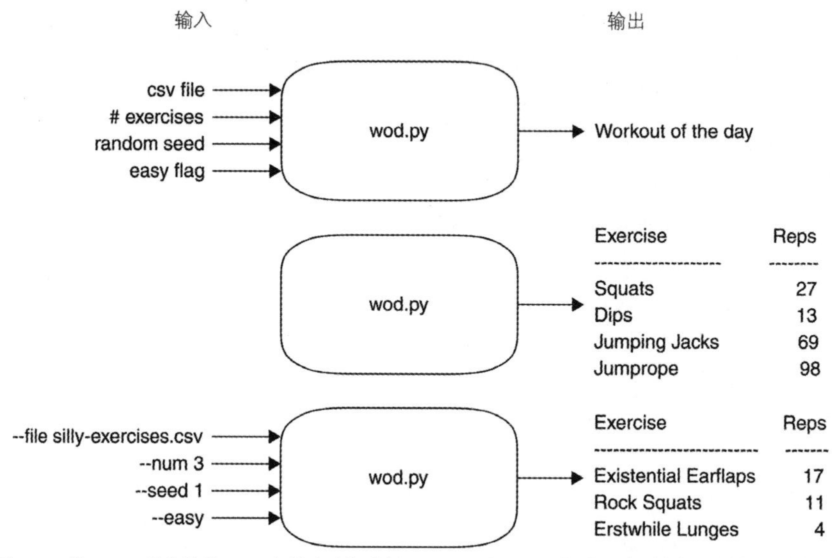

图 19.1　该 WOD 程序将从 CSV 文件中随机选择 exercises 和 reps，创建一个列出每天健身活动的表格

19.1.2　手动读取 CSV 文件

首先，将向你演示如何把来自 CSV 文件的每个记录手动解析成一个字典列表，然后将演示如何使用 csv 模块来更快地完成这件事。之所以想把每条记录制作成字典，是因为这让我们能获取每个健身项目的值以及 reps(重复次数，或对给定的健身项目重复做多少次)的数值。我们需要把 reps 拆解成最低值和最高值，由此得到一个数字范围，从中随机选择 reps 的数值。最后，随机选择一些健身项目及其 reps 来做健身。哇，仅仅对此描述就好像是一种健身了！

注意，reps 的形式是一个从低到高的数字范围，最低值与最高值由破折号分隔：

```
$ head -3 inputs/exercises.csv
exercise,reps
Burpees,20-50
Situps,40-100
```

把这些内容作为字典列表来读取会很方便，其中第一行中的列名与每一行数据组合在一起，如下：

```
$ ./manual1.py
[{'exercise': 'Burpees',  'reps': '20-50'},
 {'exercise': 'Situps',   'reps': '40-100'},
 {'exercise': 'Pushups',  'reps': '25-75'},
 {'exercise': 'Squats',   'reps': '20-50'},
 {'exercise': 'Pullups', 'reps': '10-30'},
 {'exercise': 'Hand-stand pushups', 'reps': '5-20'},
 {'exercise': 'Lunges',   'reps': '20-40'},
```

```
 {'exercise': 'Plank',    'reps': '30-60'},
 {'exercise': 'Crunches', 'reps': '20-30'}]
```

对于只含有两列的记录，使用字典似乎是小题大做，但通常会遇到需要处理含有几十到几百列的记录的情况，因此字段名称必不可少。实际上，字典是处理大多数带分隔符的文本文件的唯一明智的方法，不妨通过如下的一个小示例来明确这一点。

让我们看看 manual1.py 的代码：

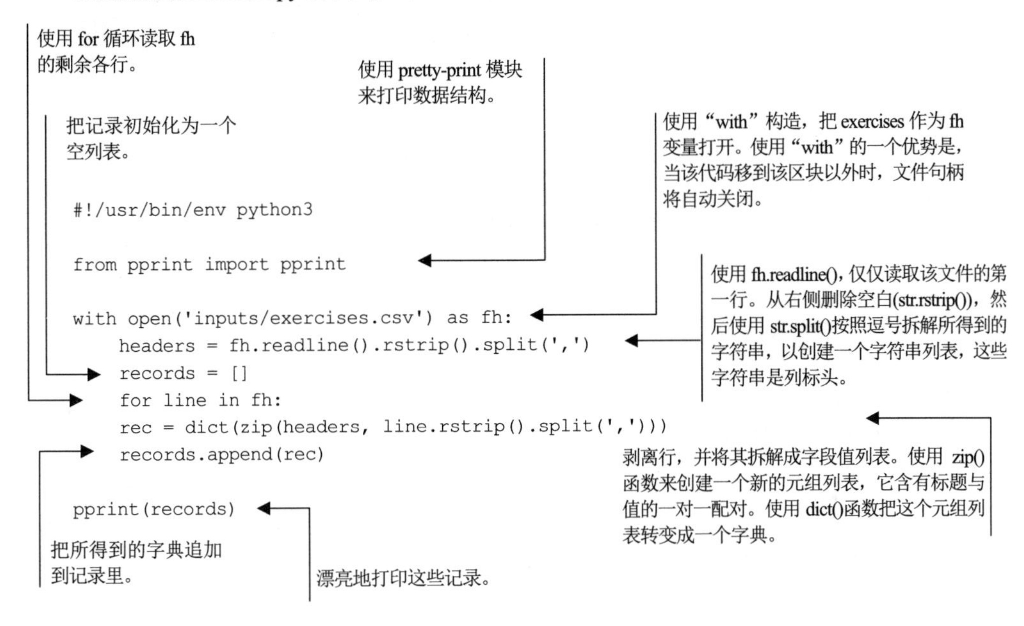

使用 for 循环读取 fh 的剩余各行。
使用 pretty-print 模块来打印数据结构。
把记录初始化为一个空列表。
使用“with”构造，把 exercises 作为 fh 变量打开。使用“with”的一个优势是，当该代码移到该区块以外时，文件句柄将自动关闭。
#!/usr/bin/env python3
from pprint import pprint
with open('inputs/exercises.csv') as fh:
headers = fh.readline().rstrip().split(',')
records = []
for line in fh:
rec = dict(zip(headers, line.rstrip().split(',')))
records.append(rec)
pprint(records)
使用 fh.readline()，仅仅读取该文件的第一行。从右侧删除空白(str.rstrip())，然后使用 str.split()按照逗号拆解所得到的字符串，以创建一个字符串列表，这些字符串是列标头。
剥离行，并将其拆解成字段值列表。使用 zip()函数来创建一个新的元组列表，它含有标题与值的一对一配对。使用 dict()函数把这个元组列表转变成一个字典。
把所得到的字典追加到记录里。
漂亮地打印这些记录。

让我们进一步分解来看。首先 open()该文件并读取第一行：

```
>>> fh = open('exercises.csv')
>>> fh.readline()
'exercise,reps\n'
```

该行仍粘连着一个换行符，因此可以使用 str.rstrip()函数来将其删除：

```
>>> fh = open('exercises.csv')
>>> fh.readline().rstrip()
'exercise,reps'
```

注意：为了演示，需要反复重新打开该文件，否则 fh.readline()的每次后续调用都会读取文本的下一行。

现在使用 str.split()按照逗号拆解该行，从而得到一个字符串 list：

```
>>> fh = open('exercises.csv')
>>> headers = fh.readline().rstrip().split(',')
>>> headers
['exercise', 'reps']
```

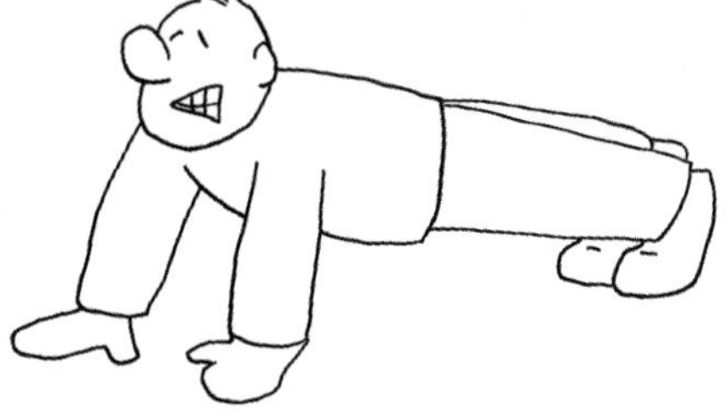

可以使用类似方法读取该文件的下一个 line，从而得到一个由字段值组成的 list：

```
>>> line = fh.readline().rstrip().split(',')
>>> line
['Burpees', '20-50']
```

接下来，使用 zip()函数把这两个列表合并成一个列表，其中每个列表中的元素都与另一个列表中处于同一位置的元素配对。这看起来很复杂，但想象一场婚礼的结尾，当新娘和新郎转身面对人群，通常他们将携手走下过道离开会场。想象三个伴郎('G')和三个伴娘('B')分别站在新郎侧和新娘侧，彼此面对：

```
>>> groomsmen = 'G' * 3
>>> bridesmaids = 'B' * 3
```

如果有两行，每行三个人，那么最终会得到含有三对成员的单个行：

```
>>> pairs = list(zip(groomsmen, bridesmaids))
>>> pairs
[('G', 'B'), ('G', 'B'), ('G', 'B')]
>>> len(pairs)
3
```

也可以想想两行汽车汇合离开停车场的情况。通常，来自一条车道的一辆汽车(比如说“A”)汇入车流，然后来自另一条车道的一辆汽车(比如说“B”)汇入车流。这些汽车像锯齿一样啮合，结果是“A”“B”“A”“B”，以此类推。

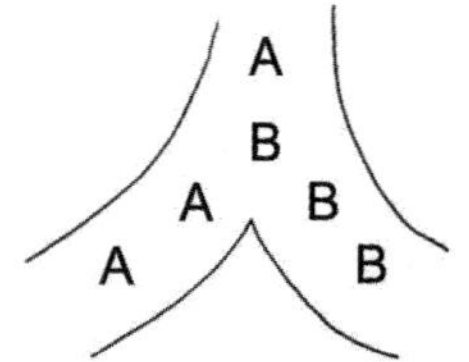

zip()函数将把这些列表的元素组织成元组。先把所有处于第一位置的元素组织在一起，然后把所有处于第二位置的元素组织在一起，以此类推，如图 19.2 所示。注意，zip()是另一个惰性函数，因此需要在 REPL 中使用 list 来强制执行它：

```
>>> list(zip('abc', '123'))
[('a', '1'), ('b', '2'), ('c', '3')]
```

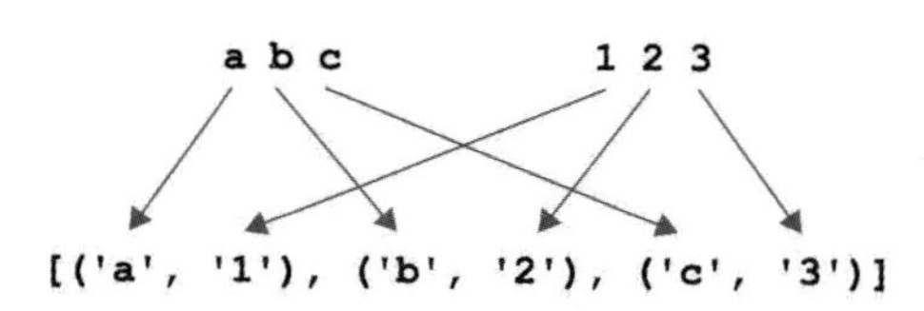

图 19.2 把两个列表啮合在一起，创建一个具有成对元素的新列表

zip()函数也可以处理两个以上的列表。但需要注意，它将只针对最短的列表创建分组。在下面的示例中，前两个列表各有四个元素(“abcd”和“1234”)，但最后一个列表只有三个元素(“xyz”)，因此只有三个元组被创建：

```
>>> list(zip('abcd', '1234', 'xyz'))
[('a', '1', 'x'), ('b', '2', 'y'), ('c', '3', 'z')]
```

在本练习的数据中，zip()将把标头“exercises”与值“Burpees”结合，然后把标头“reps”与值“20–50”结合(见图 19.3)：

```
>>> list(zip(headers, line))
[('exercise', 'Burpees'), ('reps', '20-50')]
```

```
zip(['exercise', 'reps'], ['Burpees', '20-50'])

[('exercise', 'Burpees'), ('reps', '20-50')]
```

图 19.3 把标头与值啮合在一起，创建一个元组列表

这样创建了元组值的一个 list。如果不使用 list()，也可以使用 dict()来创建一个字典：

```
>>> rec = dict(zip(headers, line))
>>> rec
{'exercise': 'Burpees', 'reps': '20-50'}
```

回忆一下，dict.items()函数会把一个 dict 转变为一个由成对元组(键/值)构成的 list，因此可以认为这两个数据结构一定程度上是可互换的：

```
>>> rec.items()
dict_items([('exercise', 'Burpees'), ('reps', '20-50')])
```

用列表推导式代替 for 循环，可以显著缩短代码：

```
with open('inputs/exercises.csv') as fh:
    headers = fh.readline().rstrip().split(',')
    records = [dict(zip(headers, line.rstrip().split(','))) for line in fh]
    pprint(records)
```

仍需要通过读取第一行把标头剥离出来。

把 for 循环的三行代码合并成单行的列表推导式。

也可以使用 map()写出等效代码：

```
with open('inputs/exercises.csv') as fh:
    headers = fh.readline().rstrip().split(',')
    mk_rec = lambda line: dict(zip(headers, line.rstrip().split(',')))
    records = map(mk_rec, fh)
    pprint(list(records))
```

Flake8 将会对赋值给 lambda 表达式发出警告。一般我会避免写出产生警告的代码，但我确实不太同意这个警告提示。我相当喜欢使用 lambda 赋值来写单行函数。

下一节将演示如何使用 csv 模块来处理大部分代码，你可能会奇怪，为什么要费心演示如何亲自处理它。这是因为，我经常需要对付格式糟糕的数据，比如第一行不是标头，或者在标头行与实际数据之间有其他行信息。当你看过和我一样多的格式糟糕的 Excel 文件之后，就会明白，有时只能亲自解析文件。

19.1.3 用 csv 模块进行解析

用 csv 解析带分隔符的文本文件是极其常见的，但不必在每次需要解析文件时都编写或复制这

部分代码。csv 模块是 Python 默认安装的一个标准模块，它可以非常优雅地处理这一切。

如果使用 csv.DictReader()(见资料库中的 using_csv1.py)，我们的代码将发生如下改变：

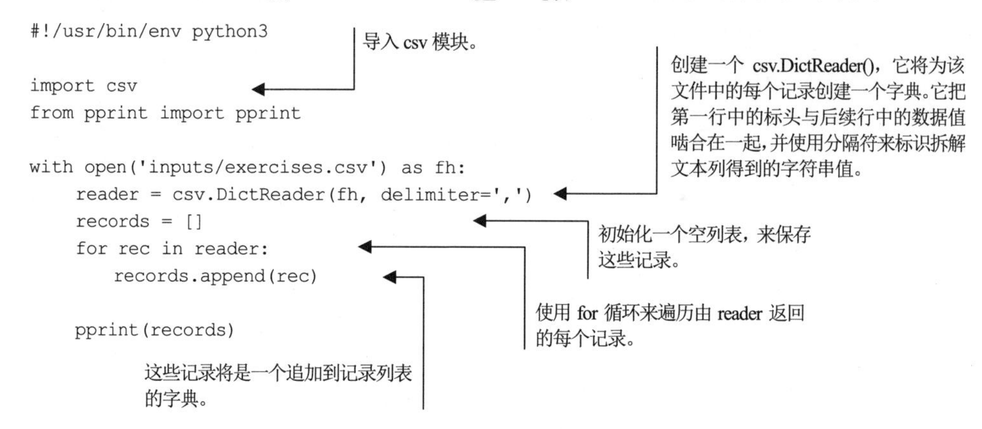

上面的代码创建了与前文相同的 dict 值 list，但使用的代码少得多。注意，每个记录都显示为一个 OrderedDict，它是一种字典类型，其中的键按插入次序维护：

```
$ ./using_csv1.py
[OrderedDict([('exercise', 'Burpees'), ('reps', '20-50')]),
 OrderedDict([('exercise', 'Situps'), ('reps', '40-100')]),
 OrderedDict([('exercise', 'Pushups'), ('reps', '25-75')]),
 OrderedDict([('exercise', 'Squats'), ('reps', '20-50')]),
 OrderedDict([('exercise', 'Pullups'), ('reps', '10-30')]),
 OrderedDict([('exercise', 'Hand-stand pushups'), ('reps', '5-20')]),
 OrderedDict([('exercise', 'Lunges'), ('reps', '20-40')]),
 OrderedDict([('exercise', 'Plank'), ('reps', '30-60')]),
 OrderedDict([('exercise', 'Crunches'), ('reps', '20-30')])]
```

可以删除整个 for 循环，并使用 list()函数来强制转换 reader，以提供相同的 list。此代码(在 using_csv2.py 中)将打印相同的输出：

```
with open('inputs/exercises.csv') as fh:
    reader = csv.DictReader(fh, delimiter=',')
    records = list(reader)
    pprint(records)
```

打开文件。

创建一个 csv.DictReader()来读取 fh，使用逗号作为分隔符。

使用 list()函数强制转换来自 reader 的所有值。

漂亮地打印出这些记录。

19.1.4 创建读取 CSV 文件的函数

试着想想如何编写和测试一个用于读入数据的函数，该函数可命名为 read_csv()。让我们从函数的占位符以及 test_read_csv()定义开始：

```
def read_csv(fh):
    """Read the CSV input"""
    pass

def test_read_csv():
    """Test read_csv"""
    text = io.StringIO('exercise,reps\nBurpees,20-50\nSitups,40-100')
    assert read_csv(text) == [('Burpees', 20, 50), ('Situps', 40, 100)]
```

使用 io.StringIO()创建一个模拟文件句柄，它封装着一个有效文本，可以从文件读取该文本。\n 代表换行符，输入数据的各个行被新行隔开，且每一行输入数据的各个字段被逗号隔开。在第 5 章程序的低内存版本中，我们曾经使用了 io.StringIO()。

确认预期中的 read_csv()文件会把文本转变成一个元组值列表，该列表包含健身项目名称和重复次数，重复次数已经被拆解成最低值和最高值。注意，这些值已经被转换成整数。

嘿，我们做了这么多工作以得到一个 dict 的 list，那么为什么我建议现在创建一个元组的 list 呢？实际上，我是在预先考虑如何使用 tabulate 模块来打印结果，因此相信我吧，这会是一个好办法！

回到使用 csv.DictReader()解析文件这个话题，并想想该如何把 reps 值分解成最低值和最高值的 int：

```
reader = csv.DictReader(fh, delimiter=',')
exercises = []
for rec in reader:
    name, reps = rec['exercise'], rec['reps']
    low, high = 0, 0 # what goes here?
    exercises.append((name, low, high))
```

你手上有好几样工具。比如对于下面的 reps：

```
>>> reps = '20-50'
```

str.split()函数可以把 reps 分解成两个字符串，“20”和“50”：

```
>>> reps.split('-')
['20', '50']
```

那么，如何把每个 str 值转变成整数呢？

另一个办法是使用正则表达式。记住，\d 将匹配一个数字，因此\d+将匹配一个或多个数字。(回顾第 15 章，\d 可作为通往整数字符类的一条捷径。)可以把这个表达式封装在圆括号中，以捕获最低值和最高值：

```
>>> match = re.match('(\d+)-(\d+)', reps)
>>> match.groups()
('20', '50')
```

你能写一个 read_csv()函数，并让它通过前述的 test_read_csv()吗？

19.1.5　选择健身项目

至此，希望你已经弄懂了 get_args()，且你的 read_csv()已经通过了给定的测试。现在，可以开始在 main()，打印出如下数据结构：

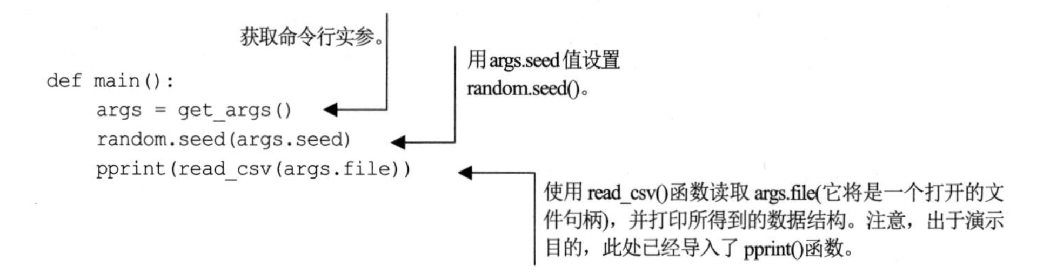
获取命令行实参。
用args.seed值设置
random.seed()。
def main():
args = get_args()
random.seed(args.seed)
pprint(read_csv(args.file))
使用 read_csv()函数读取 args.file(它将是一个打开的文件句柄)，并打印所得到的数据结构。注意，出于演示目的，此处已经导入了 pprint()函数。

如果运行上述代码，应该看到：

```
$ ./wod.py
[('Burpees', 20, 50),
 ('Situps', 40, 100),
 ('Pushups', 25, 75),
 ('Squats', 20, 50),
 ('Pullups', 10, 30),
 ('Hand-stand pushups', 5, 20),
 ('Lunges', 20, 40),
 ('Plank', 30, 60),
 ('Crunches', 20, 30)]
```

使用 random.sample()函数来选择用户指定的健身项目的--num 数量。向程序添加 importrandom，并修改 main()，以匹配如下内容：

```
def main():
    args = get_args()
    random.seed(args.seed)
    exercises = read_csv(args.file)
    pprint(random.sample(exercises, k=args.num))
```

总是在调用随机函数之前设置随机种子。

读取输入文件。

随机选择给定数量的健身项目。

现在，它应该打印一个具有正确数量的健身项目的随机样本，而不是打印所有健身项目。此外，如果设置 random.seed()值，你的采样应该完全匹配如下输出：

```
$ ./wod.py -s 1
[('Pushups', 25, 75),
 ('Situps', 40, 100),
 ('Crunches', 20, 30),
 ('Burpees', 20, 50)]
```

我们需要遍历该样本，并使用 random.randint()函数来选择单个“reps”值。第一个健身项目是俯卧撑，reps 范围是 25 到 75：

```
>>> import random
>>> random.seed(1)
>>> random.randint(25, 75)
33
```

如果 args.easy 为 True，那么需要对这个值取半。不幸的是，rep 不能为小数：

```
>>> 33/2
16.5
```

可以使用 int()函数对该数取整：

```
>>> int(33/2)
16
```

19.1.6　格式化输出

修改程序，直到它能再现如下输出：

```
$ ./wod.py -s 1
[('Pushups', 56), ('Situps', 88), ('Crunches', 27), ('Burpees', 35)]
```

使用来自 tabulate 模块的 tabulate()函数，把这个元组的 list 格式化成一个文本表：

```
>>> from tabulate import tabulate
>>> wod = [('Pushups', 56), ('Situps', 88), ('Crunches', 27), ('Burpees', 35)]
>>> print(tabulate(wod))
-------- --
Pushups   56
Situps    88
Crunches  27
Burpees   35
-------- --
```

阅读 help(tabulate)，将看到有一个 headers 选项，在其中可以指定一个字符串 list 用作标头：

```
>>> print(tabulate(wod, headers=('Exercise', 'Reps')))
Exercise     Reps
----------  ------
Pushups        56
Situps         88
Crunches       27
Burpees        35
```

综合所有这些理念，你应该能够通过所提供的测试了。

19.1.7　处理无效数据

所有测试都不会给程序输入无效数据，但我在 19_wod/inputs 目录中提供了几个“脏”的 CSV 文件，你可能有兴趣去搞清楚应该如何处理：

- bad-headers-only.csv 格式良好，但没有数据。它只有标头。
- bad-empty.csv 是空的。即，它是使用 touchbad-empty.csv 创建的一个零长度文件，其中完全没有数据。
- bad-headers.csv 的标头大写了，即是“Exercise”而不是“exercise”，是“Reps”而不是“reps”。
- bad-delimiter.tab 使用制表符(\t)代替逗号(,)作为字段分隔符。
- bad-reps.csv 含有的重复次数 reps 不是 x-y 格式的，或者不是数字值或整数值。

一旦通过了给定的测试，就尝试用“脏”文件运行程序，看看程序如何被中断(break)。当没有可用数据时，你的程序应该做什么？当遇到无效的或缺失的值时，它究竟应该打印错误消息，还是应该安静地忽略错误而仅仅打印可用数据？这些都是你将遇到的真实世界的问题，你将自行决定你的程序将做什么。在展示解决方案之后，我将向你演示我处理这些文件的一些办法。

19.1.8 编程时间

好了，多说无益。是时候编写这个程序了。每次你找到一个 bug，必须做 10 个俯卧撑！

下面是几个提示：

- 使用 csv.DictReader()解析输入的 CSV 文件。
- 用-分隔 reps 字段，将最低值/最高值强制转化成 int 值，然后使用 random.randint()来选择该范围内的一个随机整数。
- 使用 random.sample()选择正确数量的健身项目。
- 使用 tabulate 模块把输出格式化为一个文本表。

19.2 解决方案

程序写得怎么样？你成功修改代码来优雅地处理所有无效的输入文件了吗？

```
#!/usr/bin/env python3
"""Create Workout Of (the) Day (WOD)"""

import argparse
import csv
import io
import random
from tabulate import tabulate        <-- 导入 tabulate 函数，我们将用它对输出表进行格式化。


# --------------------------------------------------
def get_args():
    """Get command-line arguments"""

    parser = argparse.ArgumentParser(
        description='Create Workout Of (the) Day (WOD)',
        formatter_class=argparse.ArgumentDefaultsHelpFormatter)

    parser.add_argument('-f',
                        '--file',
                        help='CSV input file of exercises',
                        metavar='FILE',
                        type=argparse.FileType('rt'),    <-- 如果提供了--file 选项，则其必须是一个可读的文本文件。
                        default='exercises.csv')

    parser.add_argument('-s',
                        '--seed',
                        help='Random seed',
                        metavar='seed',
                        type=int,
                        default=None)
```

```
    parser.add_argument('-n',
                        '--num',
                        help='Number of exercises',
                        metavar='exercises',
                        type=int,
                        default=4)

    parser.add_argument('-e',
                        '--easy',
                        help='Halve the reps',
                        action='store_true')

    args = parser.parse_args()

    if args.num < 1:
        parser.error(f'--num "{args.num}" must be greater than 0')

    return args


# --------------------------------------------------
def main():
    """Make a jazz noise here"""

    args = get_args()
    random.seed(args.seed)
    wod = []
    exercises = read_csv(args.file)

    for name, low, high in random.sample(exercises, k=args.num):
        reps = random.randint(low, high)
        if args.easy:
            reps = int(reps / 2)
        wod.append((name, reps))

    print(tabulate(wod, headers=('Exercise', 'Reps')))


# --------------------------------------------------
def read_csv(fh):
    """Read the CSV input"""

    exercises = []
    for row in csv.DictReader(fh, delimiter=','):
        low, high = map(int, row['reps'].split('-'))
        exercises.append((row['exercise'], low, high))

    return exercises
```

确保 args.num 是一个正值。

为 reps 随机选择一个处于所提供范围内的值。

随机采样给定数量的 exercises，结果将是一个元组列表，每个元组含有三个值，该列表可以被直接拆散成变量名称以及最低值和最高值。

把 wod 初始化为一个空列表。

把输入文件读取到 exercises 列表中。

把含有 exercise 的名称和 reps 的元组追加到 wod。

如果 args.easy 为“真”，则将 reps 减半。

使用 tabulate()函数把 wod 格式化成一个具有正确标头的文本表。

定义函数来读取打开的 CSV 文件句柄。

使用 csv.DictReader()遍历文件句柄，并创建一个字典，该字典结合了来自第一排的标头名称与来自文件剩余部分的字段值。使用逗号作为字段分隔符。

按照破折号拆解“reps”列，把这些值转变成整数，并赋给 low 变量和 high 变量。

把 exercises 初始化为一个空列表。

把 low 值和 high 值追加到含有 exercise 名称的元组。

把 exercises 列表返回给调用方。

```
# --------------------------------------------------
def test_read_csv():
    """Test read_csv"""

    text = io.StringIO('exercise,reps\nBurpees,20-50\nSitups,40-100')
    assert read_csv(text) == [('Burpees', 20, 50), ('Situps', 40, 100)]


# --------------------------------------------------
if __name__ == '__main__':
main()
```

定义一个函数，Pytest 将使用它来测试 read_csv()函数。

验证 read_csv()能处理有效的输入数据。

创建一个含有有效样本数据的模拟文件句柄。

19.3 讨论

该程序几乎半数代码都在 get_args()函数内！尽管没有新东西要讨论，但我实在想指出，为了验证输入、提供默认值、创建使用说明等功能做了多少工作。让我们从 read_csv()函数开始深入挖掘该程序。

19.3.1 读取 CSV 文件

在本章前文中，我给你留了一行注释，拆解 reps 列并把这些值转换成整数。一个解决方法如下：

```
def read_csv(fh):
    exercises = []
    for row in csv.DictReader(fh, delimiter=','):
        low, high = map(int, row['reps'].split('-'))
        exercises.append((row['exercise'], low, high))

    return exercises
```

按照破折号拆解 reps 字段，把这些值映射到 int()函数，并赋给 low 和 high。

注释行以如下方式运行。假定有如下的 reps 值：

```
>>> '20-50'.split('-')
['20', '50']
```

需要把这里每一个值转变成 int 值，int()函数可用于实现这件事。可以使用列表推导式：

```
>>> [int(x) for x in '20-50'.split('-')]
[20, 50]
```

但 map()的代码短得多，并且更易于阅读：

```
>>> list(map(int, '20-50'.split('-')))
[20, 50]
```

这次恰好产生了两个值，因此可以把它们赋给两个变量：

```
>>> low, high = map(int, '20-50'.split('-'))
```

```
>>> low, high
(20, 50)
```

19.3.2　潜在的运行错误

此代码做了许多许多假定，这将导致它将在数据不符合预期时一败涂地。例如，如果 reps 字段不含破折号，会发生什么？它将产生单个值：

```
>>> list(map(int, '20'.split('-')))
[20]
```

当我们试图把单个值赋给两个变量时，将触发运行异常：

```
>>> low, high = map(int, '20'.split('-'))
Traceback (most recent call last):
  File "<stdin>", line 1, in <module>
ValueError: not enough values to unpack (expected 2, got 1)
```

如果这些值之中的一个或多个不能被强制转换为 int 时，会发生什么呢？这也将触发异常，而且只有用无效数据运行该程序时，才会发现问题：

```
>>> list(map(int, 'twenty-thirty'.split('-')))
Traceback (most recent call last):
  File "<stdin>", line 1, in <module>
ValueError: invalid literal for int()with base 10: 'twenty'
```

如果该记录中没有 reps 字段会发生什么呢，比如字段名称是大写的情况下？

```
>>> rec = {'Exercise': 'Pushups', 'Reps': '20-50'}
```

此时，字典访问 rec['reps']时会触发异常：

```
>>> list(map(int, rec['reps'].split('-')))
Traceback (most recent call last):
  File "<stdin>", line 1, in <module>
KeyError: 'reps'
```

看起来只要给read_csv()函数传递格式良好的数据，它就能运行正常，但真实世界并不总会给我们干净的数据集。事实上，很不幸，我的一大部分工作就是找到并纠正像这样的错误。

本章前文建议你使用正则表达式从 reps 字段中提取最低值和最高值。正则表达式有一个优势是，它检查整个字段，确保其看起来是正确的。下面是一种更稳健的实现 read_csv()的方式：

```
def read_csv(fh):
    exercises = []
    for row in csv.DictReader(fh, delimiter=','):
        name, reps = row.get('exercise'), row.get('reps')
        if name and reps:
```

把 exercises 初始化为一个空列表。

遍历该数据的各行。

检查针对健身项目名称和 reps 是否有“真”值。

使用 dict.get()函数尝试检索针对“exercise”和“reps”的值。

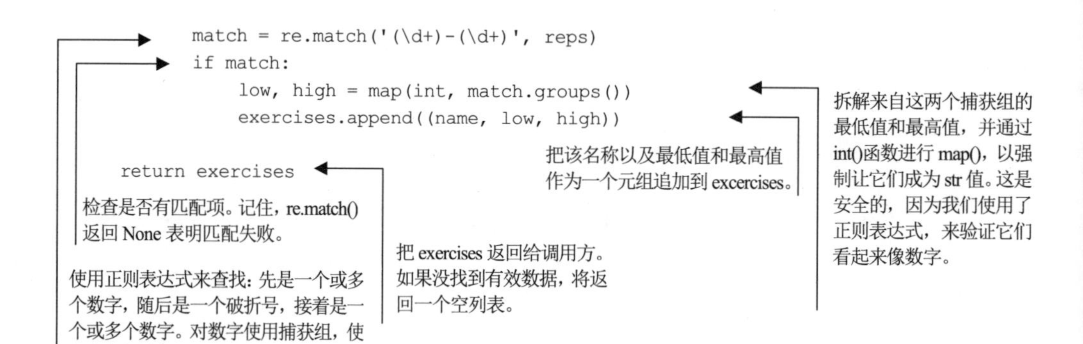

match = re.match('(\d+)-(\d+)', reps)
if match:
low, high = map(int, match.groups())
exercises.append((name, low, high))
return exercises
拆解来自这两个捕获组的最低值和最高值，并通过int()函数进行map()，以强制让它们成为str值。这是安全的，因为我们使用了正则表达式，来验证它们看起来像数字。
把该名称以及最低值和最高值作为一个元组追加到excercises。
检查是否有匹配项。记住，re.match()返回None表明匹配失败。
把exercises返回给调用方。如果没找到有效数据，将返回一个空列表。
使用正则表达式来查找：先是一个或多个数字，随后是一个破折号，接着是一个或多个数字。对数字使用捕获组，使得它们能被提取出来。

19.3.3 使用pandas.read_csv()解析文件

许多熟悉统计学和数据科学的人可能知道名为pandas的Python模块，它效仿了许多来自R编程语言的理念。我特地选取了名为read.csv()的函数，因为它类似于R中的一个名为read.csv的内置函数，read.csv反过来被用作针对pandas.read_csv()函数的模型。R和pandas都倾向于从“数据框架”方面考虑带分隔符的文件/CSV文件中的数据，其中，数据框架是一个二维对象，可以处理成列的和成行的数据。

为了运行using_pandas.py版本，需要按如下方式安装pandas：

```
$ python3 -m pip install pandas
```

现在，可以试着运行这个程序：

```
import pandas as pd

df = pd.read_csv('inputs/exercises.csv')
print(df)
```

然后将看到如下输出：

```
$ ./using_pandas.py
              exercise      reps
0              Burpees     20-50
1               Situps    40-100
2              Pushups     25-75
3               Squats     20-50
4              Pullups     10-30
5   Hand-stand pushups      5-20
6               Lunges     20-40
7                Plank     30-60
8             Crunches     20-30
```

学习如何使用pandas远远超出了本书的范畴。这里是为了让你意识到，这是解析带分隔符的文本文件的一个非常流行的方式，尤其是当你打算在各种数据列上运行统计分析时。

19.3.4 对表进行格式化

让我们看看该解决方案中包含的 main()函数。你可能会注意到这里潜藏着一个运行异常：

```
def main():
    args = get_args()
    random.seed(args.seed)
    wod = []
    exercises = read_csv(args.file)

    for name, low, high in random.sample(exercises, k=args.num):
        reps = random.randint(low, high)
        if args.easy:
            reps = int(reps / 2)
        wod.append((name, reps))

    print(tabulate(wod, headers=('Exercise', 'Reps')))
```

如果 args.num 大于 exercises 中元素的数量(例如 read_csv()返回 None 或空列表)，则该行将失败。

如果用 bad-headers-only.csv 文件测试该解决方案，将看到如下错误：

```
$ ./wod.py -f inputs/bad-headers-only.csv
Traceback (most recent call last):
  File "./wod.py", line 93, in <module>
    main()
  File "./wod.py", line 62, in main
    for name, low, high in random.sample(exercises, k=args.num):
  File "/Library/Frameworks/Python.framework/Versions/3.8/lib/python3.8/rando
    m.py", line 363, in sample
    raise ValueError("Sample larger than population or is negative")
  ValueError: Sample larger than population or is negative
```

处理这个问题的一个更安全的方式是，检查 read_csv()是否能够返回足够的数据以传递给 random.sample()。有两个可能的错误：

- 在输入文件中没找到可用数据。
- 试图对来自该文件的太多记录进行采样。

这里有一个可以处理这些问题的可行方法。谨记，用字符串值调用 sys.exit()将导致程序打印消息给 sys.stderr 并带着值 1(错误值)退出：

```
def main():
  """Make a jazz noise here"""

  args = get_args()
  random.seed(args.seed)
  exercises = read_csv(args.file)

  if not exercises:
     sys.exit(f'No usable data in --file "{args.file.name}"')

  num_exercises = len(exercises)
  if args.num > num_exercises:
```

把输入文件读取到 exercises 中。该函数应该只返回列表，可能是空列表。

检查 exercises 是否为“假”，例如空列表。

检查是否试图对太多记录进行采样。

```
    sys.exit(f'--num "{args.num}" > exercises "{num_exercises}"')

wod = []
for name, low, high in random.sample(exercises, k=args.num):
    reps = random.randint(low, high)
    if args.easy:
        reps = int(reps / 2)
    wod.append((name, reps))

print(tabulate(wod, headers=('Exercise', 'Reps')))
```

在验证确实有足够的有效数据之后，再继续运行。

solution2.py 中的版本具有上述更新的函数，并且优雅地处理了所有无效的输入文件。注意，我把 test_read_csv()函数移到了 unit.py 文件中，因为随着用各种无效输入进行测试，该函数变得越来越长。

可以运行 pytest –xv unit.py 来执行单元测试。让我们研究一下更严密的测试方案 unit.py：

```
import io
from wod import read_csv


def test_read_csv():
    """Test read_csv"""

    good = io.StringIO('exercise,reps\nBurpees,20-50\nSitups,40-100')
    assert read_csv(good) == [('Burpees', 20, 50), ('Situps', 40, 100)]

    no_data = io.StringIO('')
    assert read_csv(no_data) == []

    headers_only = io.StringIO('exercise,reps\n')
    assert read_csv(headers_only) == []

    bad_headers = io.StringIO('Exercise,Reps\nBurpees,20-50\nSitups,40-100')
    assert read_csv(bad_headers) == []

    bad_numbers = io.StringIO('exercise,reps\nBurpees,20-50\nSitups,forty-100')
    assert read_csv(bad_numbers) == [('Burpees', 20, 50)]

    no_dash = io.StringIO('exercise,reps\nBurpees,20\nSitups,40-100')
    assert read_csv(no_dash) == [('Situps', 40, 100)]

    tabs = io.StringIO('exercise\treps\nBurpees\t20-40\nSitups\t40-100')
    assert read_csv(tabs) == []
```

记住，可以把你自己的模块中的函数导入其他程序。在这里，引入我们的 read_csv()函数。如果使用了 import wod 代替，则可以调用 wod.read_csv()。

原始的有效输入。

完全不用数据进行测试。

格式良好的文件(具有正确的标头和分隔符)，但没有数据。

标头是大写的，但我们只需要小写标头。

字符串(“forty”)不能用 int()强制转换成为数值。

“reps”值(“20”)缺失了破折号。

格式良好的数据，带有正确的标头，但使用制表符作为分隔符。

19.4 更进一步

- 添加一个选项，以使用不同的分隔符，或者当输入文件扩展名是“.tab”时，猜测该分隔符是制表符，就像在 bad-delimiter.tab 文件中那样。
- tabulate 模块支持许多表格式，包括 plain、simple、grid、pipe、orgtbl、rst、mediawiki、latex、latex_raw 和 latex_booktabs。添加一个选项以选择不同的 tabulate 格式，使用上述格式作为有效选择。选择合理的默认值。

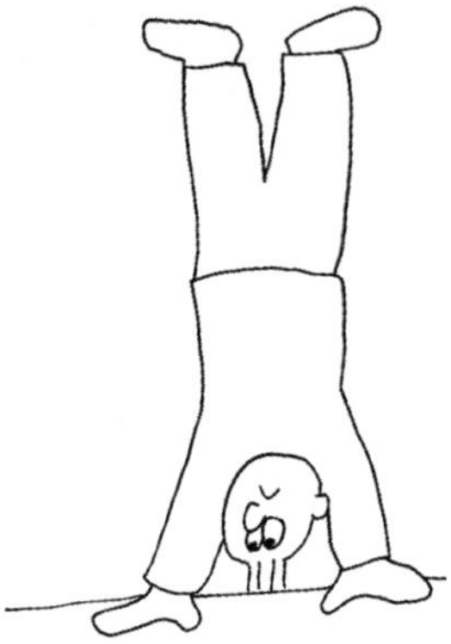

19.5 小结

- csv 模块用于解析带分隔符的文本数据，例如 CSV 文件和制表符分隔文件。
- 代表数量的文本值必须用 int()或 float()强制转换为数值类型，才能在程序内作为数值使用。
- tabulate 模块可以用来创建文本表，从而对 tabular 输出进行格式化。
- 对无效的和缺失的数据值进行预测和处理要非常小心。测试可以帮助你设想代码各种可能的失败之处。

第 20 章

密码强度：生成安全且容易记忆的密码

创建既难以猜测又容易记忆的密码并不简单。一部 XKCD 漫画描述了一种产生兼具安全性和易记忆性的密码的算法，即令密码由“四个随机的普通单词”组成[1]。例如，该漫画建议由单词“correct”“horse”“battery”和“staple”组成密码，这个密码强度能达到“大约 44 比特的熵”，猜出它需要用一台计算机在每秒执行 1 000 次的情况下，大约计算 550 年。

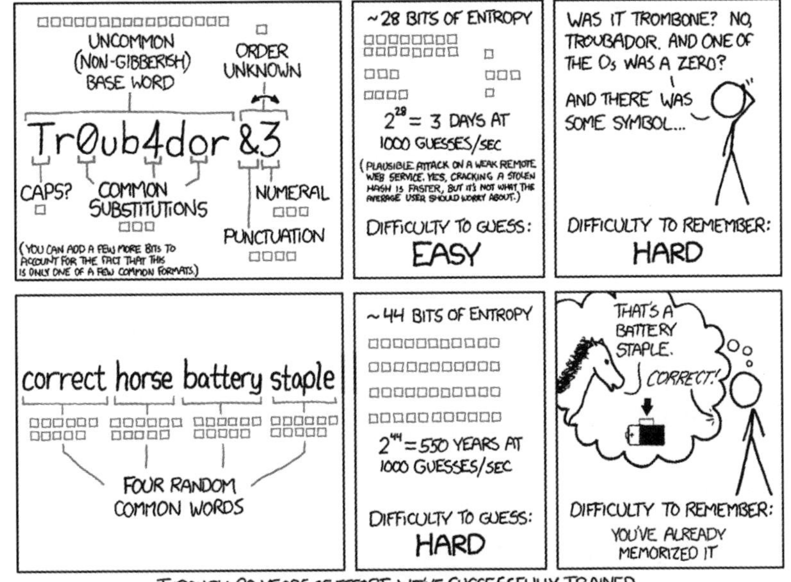

THROUGH 20 YEARS OF EFFORT, WE'VE SUCCESSFULLY TRAINED EVERYONE TO USE PASSWORDS THAT ARE HARD FOR HUMANS TO REMEMBER, BUT EASY FOR COMPUTERS TO GUESS.

我们将编写一个 password.py 程序，通过随机组合来自输入文件的单词以创建密码。许多计算机都包含一个列出几千个英语单词的文件，其中每个单词为独立一行。在我的计算机里，该文件存在/usr/share/dict/words 路径下，而且含有超过 235 000 个单词！由于该文件可能会随系统不同而各

1　此图经 xkcd.com 许可使用。

异，所以我添加了一个副本到资料库(repo)，使得你和我能使用相同的文件。这个文件有点大，因此我压缩成 inputs/words.txt.zip。你应该在使用之前进行解压：

```
$ unzip inputs/words.txt.zip
```

现在，我们有了相同的 inputs/words.txt 文件，因此可以再现如下内容：

```
$ ./password.py ../inputs/words.txt --seed 14
CrotalLeavesMeeredLogy
NatalBurrelTizzyOddman
UnbornSignerShodDehort
```

呃，它们太不容易记忆！是不是应该更审慎地选取单词源？我们正在从超过 200 000 个单词的池中抽取，但平均一个人日常往往只使用 20 000 到 40 000 个单词。

可以从一篇现有的英语文本中抽取单词，从而生成更容易记忆的密码。注意，为此需要从输入文本中删除任何标点，如前述的练习所做的那样：

```
$ ./password.py --seed 8 ../inputs/const.txt
DulyHasHeadsCases
DebtSevenAnswerBest
ChosenEmitTitleMost
```

生成易记忆单词的另一个策略可以是，把单词池限制在比较有趣的词汇里，比如从小说或诗歌这样的文本中提取名词、动词和形容词。在目录里已经添加了一个我编写的程序，名为 harvest.py，它使用 Python 中的一个名为 spaCy(https://spacy.io)的自然语言处理库，把词汇提取到文件中，从而用作本章程序的输入文件。如果想把这个程序用于处理自己的输入文件，需要确定安装了如下模块：

```
$ python3 -m pip install spacy
```

对一些文本运行 harvest.py，并把输出放进源代码资料库的 20_password 目录。例如，从上面的英语文本中的名词构成的池中抽取的结果输出如下：

```
$ ./password.py --seed 5 const/nouns.txt
TaxFourthYearList
TrialYearThingPerson
AidOrdainFifthThing
```

下面的密码是使用纳撒尼尔•霍桑的《红字》中的动词生成的：

```
$ ./password.py --seed 1 scarlet/verbs.txt
CrySpeakBringHold
CouldSeeReplyRun
WearMeanGazeCast
```

下面的密码是使用威廉•莎士比亚的十四行诗中的形容词生成的：

```
$ ./password.py --seed 2 sonnets/adjs.txt
BoldCostlyColdPale
FineMaskedKeenGreen
BarrenWiltFemaleSeldom
```

如果没能产生足够强度的密码，我们还提供一个--l33t 标志位来进一步混淆文本，混淆的方法如下：

(1) 把所生成的密码传递给第 12 章中的 ransom.py 算法
(2) 用一个给定的表替换各种字符，类似在第 4 章的 jump_the_five.py 中用到的那样
(3) 把随机选择的标点字符添加到末尾
用这个编码方法生成的莎士比亚式密码的样子如下：

```
$ ./password.py --seed 2 sonnets/adjs.txt --l33t
B0LDco5TLYColdp@l3,
f1n3M45K3dK3eNGR33N[
B4rReNW1LTFeM4l3seldoM/
```

在本章中，你将学习以下内容：

- 把一个或多个输入文件的列表作为位置实参；
- 使用正则表达式删除非单词字符；
- 按照某个最小长度要求来过滤单词；
- 使用单词集(sets)来创建唯一列表；
- 组合给定数量的随机选择的单词，生成给定数量的密码；
- 选择之前写过的算法的组合来对文本进行编码。

20.1　编写 password.py

将程序创建在 20_password 目录中，命名为 password.py。它将创建--num 数量的密码(默认为 3)，每个密码都是从唯一的单词集中随机选择--num_words 数量的单词(默认为 4)来创建的，该单词集来自于一个或多个输入文件。该程序使用 random 模块，它将接收一个随机的--seed 实参，该实参应该是一个整数值，默认为 None。删除所有非字符之后来自这些输入文件的单词的长度应介于最小长度--min_word_len(默认为 3)和最大长度--max_word_len(默认为 6)之间。

一如既往，首要事项是整理出程序的输入。继续推进之前，先让你的程序生成带-h 或--help 标志位的使用说明，并能通过最初的 8 个测试：

```
$ ./password.py -h
usage: password.py [-h] [-n num_passwords] [-w num_words] [-m minimum]
                   [-x maximum] [-s seed] [-l]
                   FILE [FILE ...]

Password maker

positional arguments:
  FILE                  Input file(s)

optional arguments:
  -h, --help            show this help message and exit
  -n num_passwords, --num num_passwords
                        Number of passwords to generate (default: 3)
  -w num_words, --num_words num_words
                        Number of words to use for password (default: 4)
  -m minimum, --min_word_len minimum
                        Minimum word length (default: 3)
```

```
  -x maximum, --max_word_len maximum
                        Maximum word length (default: 6)
  -s seed, --seed seed Random seed (default: None)
  -l, --l33t           Obfuscate letters (default: False)
```

这些来自输入文件的单词应是首字母大写的(第一个字母大写，其余小写)，可以使用 str.title()方法来实现这一点。这使得我们更容易看到并记住输出中的各个单词。注意，可以更改每个密码中包含的单词的数量，以及所生成的密码的数量：

```
$ ./password.py --num 2 --num_words 3 --seed 9 sonnets/*
QueenThenceMasked
GullDeemdEven
```

--min_word_len 实参将帮助滤除较短的、不太有趣的单词，比如“a”“I”“an”“of”等，而--max_word_len 实参防止密码变得过于冗长。如果把这两个值变大，密码就会显著变化：

```
$ ./password.py -n 2 -w 3 -s 9 -m 10 -x 20 sonnets/*
PerspectiveSuccessionIntelligence
DistillationConscienceCountenance
```

--l33t 标志位是对“leet”网络用语的认可，其中，31337 H4X0R 意味着“ELITE HACKER”[1]。当该标志位存在时，对每个密码以两种方式编码。首先，将单词作为参数传递给第 12 章中的 ransom()算法：

```
$ ./ransom.py MessengerRevolutionImportune
MesSENGeRReVolUtIonImpoRtune
```

然后，使用下面的查询表来替换字符，就像在第 4 章那样：

```
a => @
A => 4
O => 0
t => +
E => 3
I => 1
S => 5
```

最后，使用 random.choice()从 string.punctuation 中选择一个字符，并将其添加到末尾：

```
$ ./password.py --num 2 --num_words 3 --seed 9 --min_word_len 10 --max_word_len
    20 sonnets/* --l33t
p3RsPeC+1Vesucces5i0niN+31L1Genc3$
D1s+iLl@+ioNconsc1eNc3coun+eN@Nce^
```

图 20.1 是一个汇总以上输入的线图。

1 关于“leet”，见维基百科页面(https://en.wikipedia.org/wiki/Leet)。

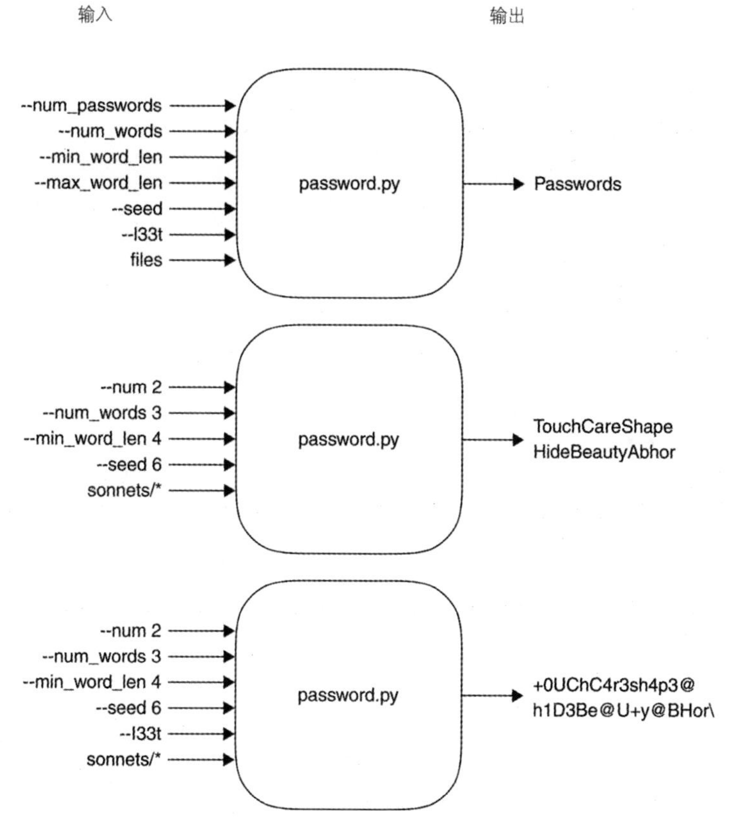

图 20.1　程序有许多选项，但仅需要一个或几个输入文件。输出结果将是不易被破解的密码

20.1.1　创建唯一的单词列表

我们的程序从打印每个输入文件的名字开始：

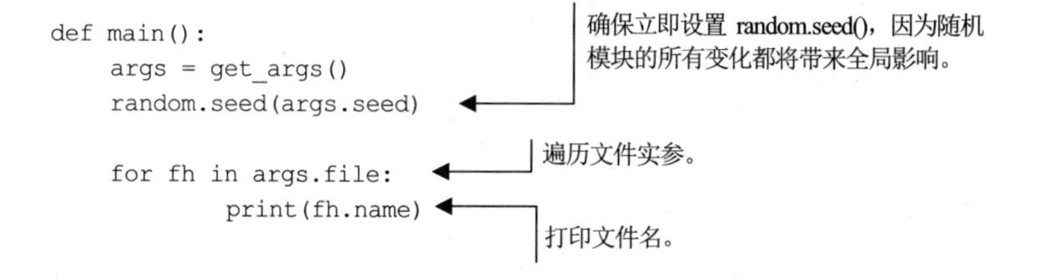

使用 words.txt 文件测试一下：

```
$ ./password.py ../inputs/words.txt
../inputs/words.txt
```

现在，用其他输入测试一下：

```
$ ./password.py scarlet/*
scarlet/adjs.txt
```

```
scarlet/nouns.txt
scarlet/verbs.txt
```

我们的第一个目标是，创建一个唯一的单词列表，以用来采样。至此，本书已经使用过列表来保存像字符串和数字这样的有序集合，只不过列表中的元素不是唯一的。我们还使用过字典来创建键值对，而字典的键是唯一的。由于我们不关心值，所以可以把字典的每个键的取值设置为任意值，比如 1：

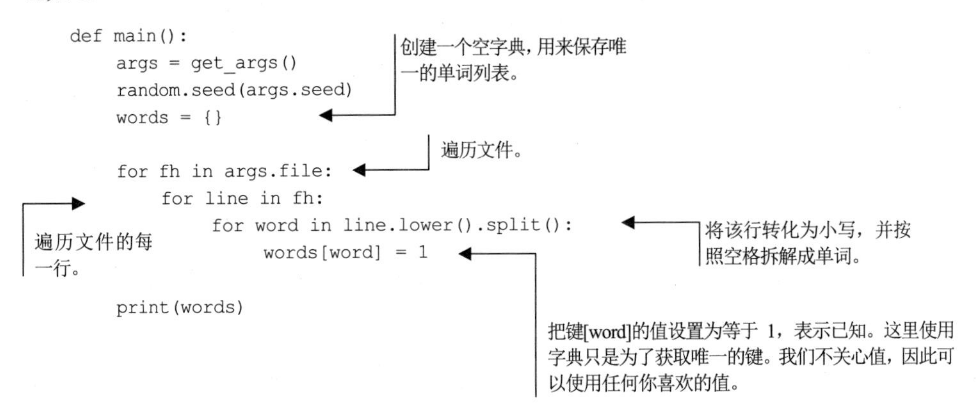
def main():
args = get_args()
random.seed(args.seed)
words = {}
for fh in args.file:
for line in fh:
for word in line.lower().split():
words[word] = 1
print(words)
创建一个空字典，用来保存唯一的单词列表。
遍历文件。
遍历文件的每一行。
将该行转化为小写，并按照空格拆解成单词。
把键[word]的值设置为等于 1，表示已知。这里使用字典只是为了获取唯一的键。我们不关心值，因此可以使用任何你喜欢的值。

如果对一篇现有的英语文本运行该程序，应该看到一个相当大的单词列表(这里省略了一些输出)：

```
$ ./password.py ../inputs/const.txt
{'we': 1, 'the': 1, 'people': 1, 'of': 1, 'united': 1, 'states,': 1, ...}
```

但是，这里存在一个问题，单词“states,”附有一个逗号。在 REPL 中试试宪法开头的一段文本，可以发现该问题：

```
>>> 'We the People of the United States,'.lower().split()
['we', 'the', 'people', 'of', 'the', 'united', 'states,']
```

如何去掉标点呢？

20.1.2 清洁文本

我们已经多次发现，按照空格拆解文本会留下标点，但按照非单词字符拆解文本可能会破坏缩略词，比如把“Don't”拆解成两个单词。我们需要一个函数来 clean()单词。

首先考虑针对该函数的测试。注意，在本练习中，将把所有单元测试放到一个名为 unit.py 的文件中，可以用 pytest –xv unit.py 来运行该文件。

下面是针对 clean()函数的测试：

```
def test_clean():
    assert clean('') == ''
    assert clean("states,") == 'states'
    assert clean("Don't") == 'Dont'
```

应该进行空跑测试，以确保该测试正常。

该函数应该删除位于字符串末尾的标点。

该函数不应该把一个缩略词拆解成两个单词。

想把这个函数应用到从每一行拆解出的所有单词，有一个好办法是使用 map()。在编写 map()时，我们经常使用 lambda，如图 20.2 所示。

```
map(lambda word: clean(word), 'We the People of the United States,'.lower().split())

map(lambda word: clean(word), ['we', 'the', 'people', 'of', 'the', 'united', 'states,'])
```

图 20.2　使用 lambda 编写 map()，接收从字符串拆解出的每个单词

本练习中，实际上不需要使用 lambda 编写 map()，因为 clean()函数需要单个实参，如图 20.3 所示。

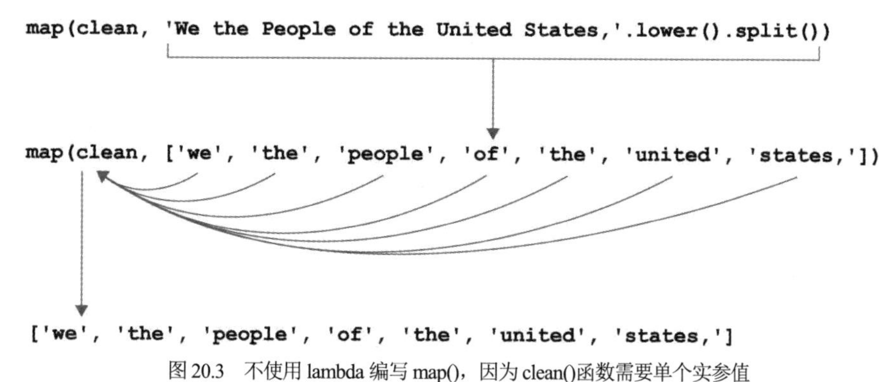

图 20.3　不使用 lambda 编写 map()，因为 clean()函数需要单个实参值

看看如何将 map()方法与代码集成：

```
def main():
    args = get_args()
    random.seed(args.seed)
    words = {}

    for fh in args.file:
        for line in fh:
            for word in map(clean, line.lower().split()):
                words[word] = 1

    print(words)
```

使用 map()把 clean()函数应用到按照空格分隔行的结果。不需要用 lambda，因为 clean()需要单个实参。

如果再次对前面的英语文本运行程序，可以看到“states”被修复：

```
$ ./password.py ../inputs/const.txt
{'we': 1, 'the': 1, 'people': 1, 'of': 1, 'united': 1, 'states': 1, ...}
```

满足该测试的 clean()函数将留给你去写。可以使用列表推导式、filter()，也可以使用正则表达式。自行选择方法，只要函数能通过测试即可。

20.1.3 使用集合

要达成我们的目标，有比 dict 更好的数据结构可供使用。它被称为 set，可以把 set 视为一个唯一的 list，或只是当成 dict 的键。用 set 来记录唯一单词，改写后的代码如下：

```
def main():
    args = get_args()
    random.seed(args.seed)
    words = set()

    for fh in args.file:
        for line in fh:
            for word in map(clean, line.lower().split()):
                words.add(word)

    print(words)
```

使用 set()函数创建一个空集。

使用 set.add()向集合添加一个值。

现在，运行此代码，将看到输出略有不同，Python 展示了一个带有花括号({})的数据结构，这让人想起 dict，但你会注意到，它的内容看起来更像 list(如图 20.4)：

```
$ ./password.py ../inputs/const.txt
{'', 'impartial', 'imposed', 'jared', 'levying', ...}
```

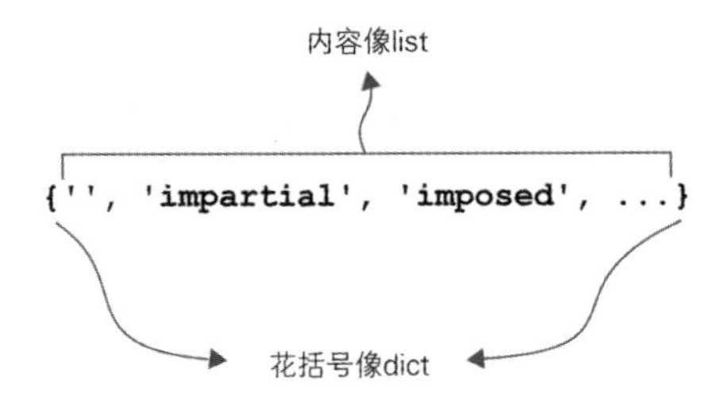

图 20.4 set 看起来像 dict 和 list 混合而成

之所以在这里使用 set，是因为使用 set 可以方便地保存单词的唯一列表，但 set 的功能远比这更强大。例如，可以使用 set.intersection()来找到两个列表间共有的值：

```
>>> nums1 = set(range(1, 10))
>>> nums2 = set(range(5, 15))
>>> nums1.intersection(nums2)
{5, 6, 7, 8, 9}
```

可以在 REPL 或在线文档中阅读 help(set)，来学习能用集合实现的各种神奇功能。

20.1.4 对单词进行过滤

再次观察程序的输出，我们将看到，第一个元素是空字符串：

```
$ ./password.py ../inputs/const.txt
{'', 'impartial', 'imposed', 'jared', 'levying', ...}
```

需要一个办法来滤除不想要的值，比如太短的字符串。第 14 章中接触了 filter()函数，它是一个高阶函数，采用两个实参：

- 一个函数，该函数接收一个元素，且如果该元素应该被保留，则返回 True；如果该元素应该被排除，则返回 False
- 某个“可迭代对象”(iterable)，比如 list 或 map()，产生待过滤元素的序列

在本例中，仅仅接收长度大于或等于--min_word_len 实参，但小于或等于--max_word_len 实参的单词。在 REPL 中，可以使用 lambda 来创建一个匿名函数，该函数接收一个 word，并与上述实参做比较。比较的结果是 True 或 False。只有长度为 3~6 的单词才被接收，因此该比较可以过滤掉太短的、无趣的单词。记住，filter()是惰性函数，因此必须强制使用它，可以使用 REPL 中的 list()函数来查看输出：

```
>>> shorter = ['', 'a', 'an', 'the', 'this']
>>> min_word_len = 3
>>> max_word_len = 6
>>> list(filter(lambda word: min_word_len <= len(word) <= max_word_len, shorter))
['the', 'this']
```

filter()也将过滤较长的单词，这些单词会让密码过于冗长：

```
>>> longer = ['that', 'other', 'egalitarian', 'disequilibrium']
>>> list(filter(lambda word: min_word_len <= len(word) <= max_word_len, longer))
['that', 'other']
```

使用 filter()的一个方法是创建 word_len()函数，它封装了前述的 lambda。注意，在 main()内部定义 word_len()函数是为了创建一个闭包(closure)，因为我想引用 args.min_word_len 和 args.max_word_len 的值。

```
def main():
    args = get_args()
    random.seed(args.seed)
    words = set()

    def word_len(word):
        return args.min_word_len <= len(word) <= args.max_word_len

    for fh in args.file:
        for line in fh:
            for word in filter(word_len, map(clean, line.lower().split())):
                words.add(word)

    print(words)
```

如果给定单词的长度在允许的范围内，则该函数将返回 True。

可以使用 word_len(不带圆括号！)作为传递给 filter()的函数实参。

再运行一次程序，看看会产生什么：

```
$ ./password.py ../inputs/const.txt
{'measures', 'richard', 'deprived', 'equal', ...}
```

用多个输入(例如来自《红字》的所有名词、形容词和动词)试试：

```
$ ./password.py scarlet/*
{'walk', 'lose', 'could', 'law', ...}
```

20.1.5 将单词首字母大写

我们使用 line.lower()函数来让所有输入成为小写，但生成的密码需要每个单词的首字母大写，即单词的第一个字母是大写的，其余字母是小写的。你能想出如何改变该程序来产生如下输出吗？

```
$ ./password.py scarlet/*
{'Dark', 'Sinful', 'Life', 'Native', ...}
```

现在我们有了一个办法，可以处理大量文件并产生由首字母大写单词构成的一个唯一列表，其中去掉了非单词字符，并且过滤掉了太短或太长的单词。仅仅几行代码里就执行了这么多操作！

20.1.6 采样和制作密码

使用 random.sample()函数从 set 中随机选择 --num 数量的单词，用来创建不易破解却容易记忆的密码。之前已经谈到随机种子的重要性，使用随机种子来测试我们的"随机"选择是可复现的。同样重要的是，可供采样的条目(items)总是以相同的方式排序，因而会产生相同的采样选择。如果对 set 使用 sorted()函数，则返回一个已排序的 list，它非常适合与 random.sample()一起使用。

可以把如下代码添加到前面的代码中：

```
words = sorted(words)
print(random.sample(words, args.num_words))
```

现在，把《红字》作为输入运行该程序时，将得到一个单词列表，用这个列表会得到更有趣的密码：

```
$ ./password.py scarlet/*
['Lose', 'Figure', 'Heart', 'Bad']
```

random.sample()的结果是一个 list，可以用空字符串连接该列表，制作成一个新密码：

```
>>> ''.join(random.sample(words, num_words))
'TokenBeholdMarketBegin'
```

需要按照用户指示的数量创建密码，类似于在第 9 章中创建某个数量的嘲讽话。如何做到这一点？

20.1.7 l33t-ify

程序的最后一个部分涉及创建 l33t()函数，它将对打散密码。第一步是，用与 ransom.py 相同的算法转换密码。为此，将创建一个 ransom()函数。unit.py 中，ransom()函数的测试如下：

```
def test_ransom():
    state = random.getstate()
    random.seed(1)
    assert ransom('Money') == 'moNeY'
    assert ransom('Dollars') == 'DOLlaRs'
    random.setstate(state)
```

保存当前的全局状态。

把 random.seed()设置为一个用于测试的已知值。

恢复状态。

请自行创建满足该测试的函数。

注意：可以运行 pytest -xv unit.py 来执行单元测试。该程序将从 password.py 文件导入各种函数来测试。打开 unit.py 并仔细研读，以理解测试是如何发生的。

接下来，根据下面的表替换字符。回顾第 4 章，看看曾经是怎么做到的：

```
a => @
A => 4
O => 0
t => +
E => 3
I => 1
S => 5
```

我写了一个 l33t()函数，它将 ransom()与上文替换项进行组合，然后附加 random.choice (string.punctuation)来添加标点字符。

下面是 test_l33t()函数，可以使用它来引导编写函数。该函数的运行与前面的测试几乎完全相同，因此此处免去注释：

```
def test_l33t():
    state = random.getstate()
    random.seed(1)
    assert l33t('Money') == 'moNeY{'
    assert l33t('Dollars') == 'D0ll4r5`'
    random.setstate(state)
```

20.1.8　整体运行

在不透露结局的前提下，我想说，需要非常小心地对待包含 random 模块的操作的顺序。在给定相同种子的情况下，第一个实现方案会打印与使用--l33t 标志位时不同的密码。下面是用于普通密码的输出：

```
$ ./password.py -s 1 -w 2 sonnets/*
EagerCarcanet
LilyDial
WantTempest
```

我原本预期经过 l33t 处理后，能得到与上面完全相同的密码，只不过是加密的。然而程序产生的是如下密码：

```
$ ./password.py -s 1 -w 2 sonnets/* --l33t
3@G3RC@rC@N3+{
m4dnes5iNcoN5+4n+|
MouTh45s15T4nCe^
```

第一个密码看起来不错，但另外两个是怎么回事？修改代码，以同时打印出原始密码和经过 l33t 处理的密码：

```
$ ./password.py -s 1 -w 2 sonnets/* --l33t
3@G3RC@rC@N3+{ (EagerCarcanet)
```

```
m4dnes5iNcoN5+4n+| (MadnessInconstant)
MouTh45s15T4nCe^ (MouthAssistance)
```

random 模块使用全局状态来做出每个“随机”选择。在第一个实现方案中，在选择第一个密码之后，立即用 l33t()函数修改新密码，从而修改全局状态。因为 l33t()函数也使用 random 函数，所以全局状态被下一个密码更改了。我的解决方案是，首先生成所有密码，然后在必要的情况下使用 l33t()函数改变它们。

以上就是编写程序所需要的所有片段。单元测试可以辅助验证这些函数，集成测试可以确保程序作为一个整体运行。

20.2 解决方案

希望你使用自己的程序来生成密码。请务必与我分享这些密码，尤其是银行账户和最喜欢的购物网站的密码！

```
#!/usr/bin/env python3
"""Password maker, https://xkcd.com/936/"""

import argparse
import random
import re
import string


# --------------------------------------------------
def get_args():
    """Get command-line arguments"""

    parser = argparse.ArgumentParser(
        description='Password maker',
        formatter_class=argparse.ArgumentDefaultsHelpFormatter)

    parser.add_argument('file',
                        metavar='FILE',
                        type=argparse.FileType('rt'),
                        nargs='+',
                        help='Input file(s)')

    parser.add_argument('-n',
                        '--num',
                        metavar='num_passwords',
                        type=int,
                        default=3,
                        help='Number of passwords to generate')

    parser.add_argument('-w',
                        '--num_words',
                        metavar='num_words',
                        type=int,
                        default=4,
                        help='Number of words to use for password')
```

```
    parser.add_argument('-m',
                        '--min_word_len',
                        metavar='minimum',
                        type=int,
                        default=3,
                        help='Minimum word length')

    parser.add_argument('-x',
                        '--max_word_len',
                        metavar='maximum',
                        type=int,
                        default=6,
                        help='Maximum word length')

    parser.add_argument('-s',
                        '--seed',
                        metavar='seed',
                        type=int,
                        help='Random seed')

    parser.add_argument('-l',
                        '--l33t',
                        action='store_true',
                        help='Obfuscate letters')

    return parser.parse_args()
```

遍历每个单词，这些单词以空格区分，是由小写字母组成的行所生成，且使用 clean()函数删除了非单词字符，并按照可接受的长度筛选后得到。

把 random.seed()设置为给定的值或默认的 None，设置为 None 时等同于没有设置种子。

```
# --------------------------------------------------
def main():
    args = get_args()
    random.seed(args.seed)
    words = set()

    def word_len(word):
        return args.min_word_len <= len(word) <= args.max_word_len

    for fh in args.file:
        for line in fh:
            for word in filter(word_len, map(clean, line.lower().split())):
                words.add(word.title())

    words = sorted(words)
    passwords = [
        ''.join(random.sample(words, args.num_words)) for _ in range(args.num)
    ]

    if args.l33t:
        passwords = map(l33t, passwords)
```

创建一个空集，以保存从文本中提取的所有唯一单词。

为 filter()创建一个 word_len()函数，如果该单词的长度在允许的范围内，则返回 True，否则返回 False。

遍历每个打开的文件句柄。

遍历该文件句柄中的每一行文本。

使用 sorted()函数，把单词排序成一个新列表。

将单词首字母大写，然后把该单词添加到该集合。

看看 args.l33t 标志位是否为 True。

使用 map()把所有密码传递到 l33t()函数，从而产生一个新的密码列表。在这里调用 l33t()函数是安全的。如果在列表推导式中使用该函数，则它会更改随机模块的全局状态，从而更改后续的密码。

使用带有取值范围的列表推导式来创建正确数量的密码。由于不需要来自取值范围的实际值，所以可以使用 _ 来忽略该值。

```
    print('\n'.join(passwords))

# --------------------------------------------------
def clean(word):
    """Remove non-word characters from word"""

    return re.sub('[^a-zA-Z]', '', word)

# --------------------------------------------------
def l33t(text):
    """l33t"""

    text = ransom(text)
    xform = str.maketrans({
        'a': '@', 'A': '4', 'O': '0', 't': '+', 'E': '3', 'I': '1', 'S': '5'
    })
    return text.translate(xform) + random.choice(string.punctuation)

# --------------------------------------------------
def ransom(text):
    """Randomly choose an upper or lowercase letter to return"""

    return ''.join(
      map(lambda c: c.upper()if random.choice([0, 1]) else c.lower(), text))


# --------------------------------------------------
if __name__ == '__main__':
   main()
```

打印加入换行符的密码。

定义一个 clean()函数，用于清洁单词。

对于不存在于英语字母表里的任何字符，使用正则表达式来替换成空字符串。

定义一个 l33t()函数，用于加密单词。

使用 ransom()函数对字母随机进行大写。

制作一个翻译表/字典，用于字符替换。

使用 str.translate()函数执行这些替换，并附加一个随机的标点。

定义一个来自第 12 章的 ransom()算法的函数。

返回一个新字符串，该新字符串通过对单词中的每个字母随机地进行大写或小写创建。

20.3 讨论

希望你能体会到这个程序的挑战性和趣味性。get_args()中没有任何新东西，但是，大约一半代码都是在这个函数中的。这恰恰表明，正确地定义和验证程序的输入是多么重要！

现在，来了解一下辅助函数。

20.3.1 清洁文本

使用正则表达式来删除小写和大写英语字符集以外的任何字符：

```
def clean(word):
    """Remove non-word characters from word"""
    return re.sub('[^a-zA-Z]', '', word)
```

re.sub()函数将用第 2 个实参给出的值，来替换在给定文本(第 3 个实参)中匹配模式(第 1 个实参)的文本。

回顾第 18 章，编写字符类[a-zA-Z]来定义 ASCII 表中这两个范围内的字符。然后放置一个补注号(^)作为该类内部的第一个字符，从而否定或补足该类，因此[^a-zA-Z]可以被解读为“任何不匹配 a 到 z 或 A 到 Z 的字符”。

在 REPL 中也许更容易看出它的作用。在下面的示例中，文本“A1b*C!d4”中只留下了字母“AbCd”：

```
>>> import re
>>> re.sub('[^a-zA-Z]', '', 'A1b*C!d4')
'AbCd'
```

如果只想匹配 ASCII 字母，就可以通过寻找 string.ascii_letters 中的成员来实现这个目标：

```
>>> import string
>>> text = 'A1b*C!d4'
>>> [c for c in text if c in string.ascii_letters]
['A', 'b', 'C', 'd']
```

也可以使用 filter()来编写带有 guard(守卫)的列表推导式：

```
>>> list(filter(lambda c: c in string.ascii_letters, text))
['A', 'b', 'C', 'd']
```

对于我来说，这两个非正则表达式版本似乎更费力。而且，如果需要改变该函数，比如数字和几个特定标点，那么正则表达式版本明显更容易编写和维护。

20.3.2　ransom()函数

ransom()函数直接取自第 12 章中的 ransom.py 程序，因此关于它没有太多要说的内容。但是，嘿，看看我们已经做出了多少成果！现在，一整章的构思在一个又长又复杂的程序中化为单行：

```
def ransom(text):
    """Randomly choose an upper or lowercase letter to return"""
    return ''.join(
        map(lambda c: c.upper()if random.choice([0, 1]) else c.lower(), text))
```

用空字符串连接从 map()得到的列表，以创建一个新字符串。

使用 map()来遍历该文本中的每个字符，并基于“抛硬币”(译者注：即随机方法)来选择该字符是大写或小写，其中，使用 random.choice()来选择“真”值(1)或“假”值(0)。

20.3.3　l33t()函数

l33t()函数在 ransom()的基础上构建，然后直接添加第 4 章中的一个文本替换项。我喜欢这个程序的 str.translate()版本，因此这里再次使用它：

```
def l33t(text):
    """l33t"""
    text = ransom(text)
    xform = str.maketrans({
        'a': '@', 'A': '4', 'O': '0', 't': '+', 'E': '3', 'I': '1', 'S': '5'
    })
    return text.translate(xform) + random.choice(string.punctuation)
```

对给定文本随机进行大写化。

用给定的字典制作一个翻译表，该翻译表描述了如何把一个字符修改成另一个字符。任何未列在这个字典的键中的字符将被忽略。

使用 str.translate()方法进行字符替换。使用 random.choice()从 string.punctuation 中选择一个额外的字符，以附加到末尾。

20.3.4 处理文件

为了使用这些函数，需要用输入文件中的所有单词创建一个唯一的集合。编写下面这段代码时，兼顾了性能和风格：

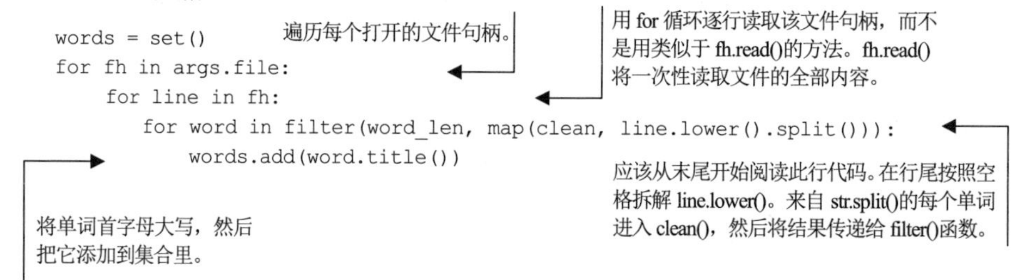

```
words = set()
for fh in args.file:
    for line in fh:
        for word in filter(word_len, map(clean, line.lower().split())):
            words.add(word.title())
```

遍历每个打开的文件句柄。
用 for 循环逐行读取该文件句柄，而不是用类似于 fh.read()的方法。fh.read()将一次性读取文件的全部内容。
应该从末尾开始阅读此行代码。在行尾按照空格拆解 line.lower()。来自 str.split()的每个单词进入 clean()，然后将结果传递给 filter()函数。
将单词首字母大写，然后把它添加到集合里。

图 20.5 展示了程序中第 3 个 for 这一行代码的线图。

① line.lower()将返回 line 的小写版本。

② str.split()方法按照空格分解文本，然后返回单词。

③ 把每个单词都传递给 clean()函数，从而删除任何非英语字母表中的字符。

④ 已清洁的单词被 word_len()函数过滤。

⑤ 得到已经被转化、清洗和过滤的 word。

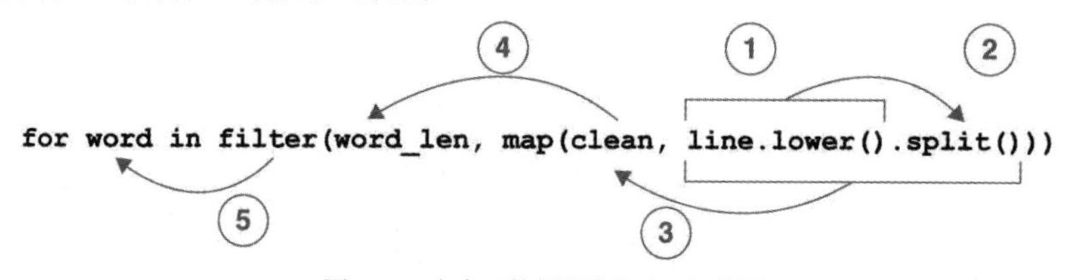

4
1
2
for word in filter(word_len, map(clean, line.lower().split()))
5
3

图 20.5 多个函数的操作次序可视化图

如果不喜欢 map()和 filter()函数，可以这样重写该代码：

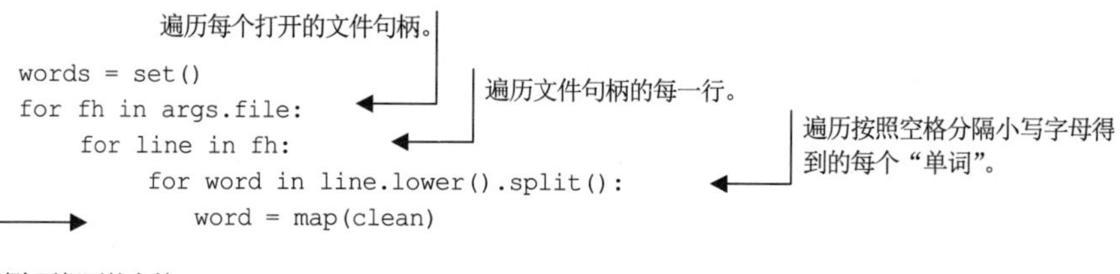

```
words = set()
for fh in args.file:
    for line in fh:
        for word in line.lower().split():
            word = map(clean)
```

遍历每个打开的文件句柄。
遍历文件句柄的每一行。
遍历按照空格分隔小写字母得到的每个“单词”。
删除不想要的字符。

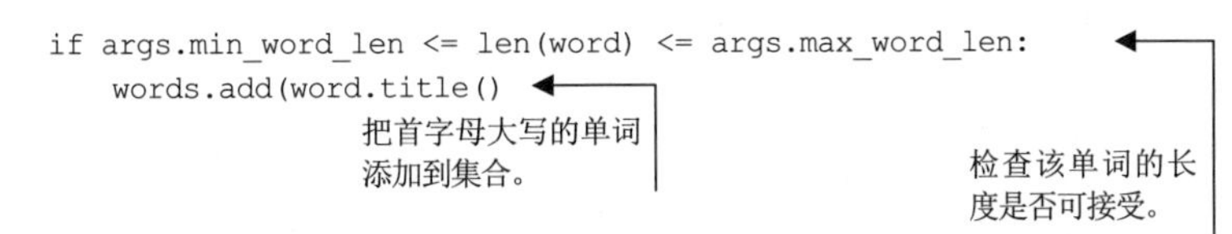

if args.min_word_len <= len(word) <= args.max_word_len:
words.add(word.title())
把首字母大写的单词添加到集合。
检查该单词的长度是否可接受。

无论选择哪种方式处理这些文件，此刻你应该有了一个完整的 set，里面是来自输入文件的所有唯一的、首字母大写的单词。

20.3.5　采样和创建密码

前文提到，对于测试来说，将 words 排序是至关重要的。只有这样做才能验证，我们在做一致的选择。如果只想要随机选择而不关心测试，就不需要担心排序——但你也会因为不测试而成为一个在编程道德上有缺陷的人，所以，断了这个念头吧！将使用 sorted()函数，因为只有这个函数能对 set 进行排序：

```
words = sorted(words)
```

没有 set.sort()函数。集合被 Python 在内部排序。在集合上调用 sorted()将创建一个新的、已排序的列表。

要创建给定数量的密码，最容易的方式可能是使用带有 range()的 for 循环。在解决方案中，使用了 for _ in range(...)，正如在第 9 章中那样，因为不需要知道每次通过该循环的值。下划线(_)表示忽略该值。如果想用 for i in range(...)也可以，但如果某些代码检查器看到你的代码声明了变量 i 但却从不使用它，可能会被警告。这原则上是一个错误，因此最好使用_来表明你故意忽略此值。

编写该代码的第一种方法如下，它会导致前面提到的 bug：纵然使用相同的随机种子，也会得到不同的密码。你能指出哪里会产生该 bug 吗？

遍历 args.num，生成要创建的密码数量。

每个密码都基于对单词的随机采样，选择 args.num_words 中给出的值。random.sample()函数返回一个单词列表，然后用空字符串 str.join()连接这些单词，来创建一个新字符串。

```
for _ in range(args.num):
    password = ''.join(random.sample(words, args.num_words))
    print(l33t(password) if args.l33t else password)
```

如果 args.l33t 标志位为 True，则打印该密码的 l33t 版本；否则，原样打印该密码。这将导致 bug！在这里调用 l33t()修改了随机模块使用的全局状态，因此下次调用 random.sample()时，会得到一个不同的样本。

以下解决方案可以解决生成密码时可能会造成密码变动的顾虑：

使用列表推导式来遍历 range(args.num)，以生成正确数量的密码。

```
passwords = [
    ''.join(random.sample(words, args.num_words)) for _ in range(args.num)
]

if args.l33t:
    passwords = map(l33t, passwords)

print('\n'.join(passwords))
```

如果 args.leet 标志位为 True，则使用 l33t()函数来修改这些密码。

打印加入换行符的密码。

20.4 更进一步

- l33t()函数的替换部分改变了每个可用的字符，这也许会让密码难以记忆。更好的做法是，只修改该密码的 10%，就像在第 10 章的电话练习中改变输入字符串那样。
- 组合你学到的其他代码技能来编写程序。比如歌词生成器，从你最喜欢的乐队歌谱中随机选择几行，像在第 15 章中那样对该文本进行编码，然后像在第 8 章中那样把所有元音改为某一个元音，最后像在第 5 章中那样把它喊出来。

20.5 小结

- set 是一组值的唯一组合。集合可以与其他集合互动，从而创建差集、交集、并集等等。
- 改变使用 random 模块的操作次序可以改变一个程序的输出，因为 random 模块的全局状态可能受干扰。
- 简短的已测试的函数可以被组合起来，用来创建更复杂的可通过测试的程序。本例中，我们把前述练习中的许多理念组合成了简单强大的表达式。

第 21 章

井字棋：探索状态

1983 版的《战争游戏》是我最喜欢的电影之一，由 Matthew Broderick 饰演的主角 David 是一位年轻黑客，他喜欢攻入计算机系统，这些系统下到学校的成绩册系统，上到能够发射洲际弹道导弹的五角大楼服务器系统。电影情节的核心是井字棋(Tic-Tac-Toe)游戏，该游戏简单至极，通常以两个玩家的平局告终。

在电影中，David 结识了人工智能(AI)主体 Joshua，他会玩许多棋类游戏，比如国际象棋。而 David 只愿意与 Joshua 玩“全球热核战争”。最终，David 认识到，Joshua 正在使用模拟的战争游戏欺骗美国军方，从而发起对苏联的核武器先发攻击。基于对相互保证摧毁(MAD)原则的理解，David 要求 Joshua 自己与自己玩井字棋，使他在这个永无胜局的游戏里白费时间。在几百几千轮平局之后，Joshua 得出结论“唯一的胜算是不玩”，此刻 Joshua 终于停止尝试破坏地球，反而建议他们双方来下“一盘好棋”。

我相信你知道井字棋游戏，但仍然简要介绍一下，以防你在童年时期没有与朋友玩过这个游戏。该游戏从三乘三正方形网格开始。有两个玩家，轮流在单元格中标注 X 和 O。当一个玩家标记的任意三个方格形成一线，比如水平线、竖直线或对角线时，他就赢了。通常不可能轻易取胜，因为每个玩家基本都会行棋阻碍对手获胜。

本书的最后两章用于编写井字棋。我们将探索如何对程序状态进行表示和跟踪，由此考虑程序片段如何随时间而变化。例如，从空白棋盘开始，玩家 X 是先手。X 和 O 交替行棋，每一轮行棋之后，棋盘上就有两个单元格被这两个玩家占据。需要持续跟踪行棋及其他行为，以随时掌握该游戏的状态。

回想一下，第 20 章提出了 random 模块的隐藏状态可能会导致问题。在早期探索的解决方案中，如果使用该模块的操作次序不同，产生的结果也会不一致。在本练习中，我们将想办法让游戏的状态(及其变化)明确一致。

在本章中，我们编写一个只玩单回合井字棋的程序；在下一章中，将扩展该程序，实现一个完整的游戏。本章版本的程序将接收一个字符串，以代表游戏期间任意时刻的棋盘状态。默认状态是游戏开始时，任一玩家行棋之前的空白棋盘。该程序可以接受一次行棋，添加到棋盘。它将打印出棋盘的一张图片，并报告在本次行棋之后是否有赢家。

对于本章的程序，需要跟踪至少两个目标的状态：

- 棋盘，识别哪个玩家已经标注了棋盘中的哪个方格
- 赢家，如果有赢家的话

在下一章中，我们将编写一个交互式游戏版本，需要在一个完整的井字棋游戏中从头到尾跟踪和更新更多目标的状态。

在本章中，你将学习以下内容：

- 考虑如何使用像字符串和列表这样的元素来表示程序状态的各个方面；
- 在代码中强制实施游戏规则，例如阻止玩家在已被占据的单元格内落子；
- 使用正则表达式来确认初始棋盘；
- 使用 and 和 or 将布尔值的组合归约到单个值；
- 使用列表的列表来找到获胜棋盘；
- 使用 enumerate()函数来迭代 list 的索引和值。

21.1　编写 tictactoe.py

可以在 21_tictactoe 目录中创建名为 tictactoe.py 的程序。一如既往，建议你使用 new.py 或 template.py 开始该程序。让我们先讨论用于该程序的参数。

棋盘的初始状态将来自-b 或--board 选项，它描述哪些单元格被哪个玩家占据。由于有九个单元格，我们将使用一个九字符长的字符串，它仅仅由字符 X、O 和句号(.)组成，句号表示该单元格是开放的。默认的初始棋盘是一个九个点的字符串。当显示棋盘时，要么显示玩家在单元格中的标记，要么显示该单元格的号码(从 1 到 9)。在该游戏的下一个版本中，玩家将借助这些号码识别单元格，用于行棋。由于默认的棋盘没有赢家，该程序应该打印“No winner”：

```
$ ./tictactoe.py
-------------
| 1 | 2 | 3 |
-------------
| 4 | 5 | 6 |
-------------
| 7 | 8 | 9 |
-------------
No winner.
```

--board 选项描述哪些单元格被哪个玩家占据，该字符串中的各个位置描述了不同的单元格，编号从 1 递增到 9。在字符串 X.O..O..X 中，位置 1 和 9 被“X”占据，位置 3 和 6 被“O”占据(见图 21.1)。

下图是该程序呈现的棋盘网格：

```
$ ./tictactoe.py -b X.O..O..X
-------------
| X | 2 | O |
-------------
| 4 | 5 | O |
-------------
| 7 | 8 | X |
-------------
No winner.
```

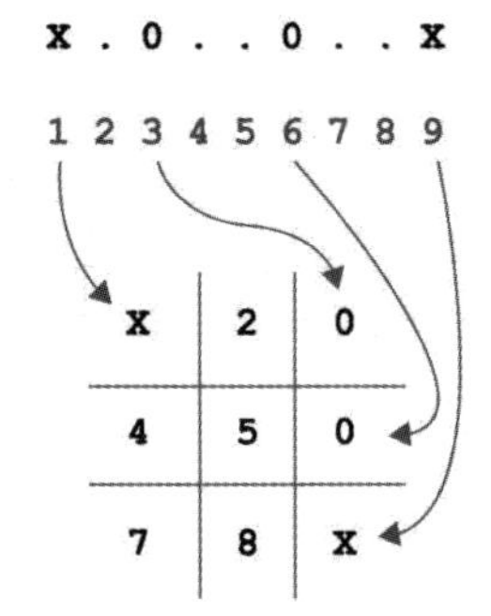

图 21.1　该棋盘的九个字符，描述棋盘的九个单元格

此外，可以通过传递参数修改给定的--board。-c 或--cell 参数选项，取值为 1~9；-p 或--player 参数选项，其值为“X”或“O”。例如，可以把第一个单元格标注为“X”，结果如下：

```
$ ./tictactoe.py --cell 1 --player X
-------------
| X | 2 | 3 |
-------------
| 4 | 5 | 6 |
-------------
| 7 | 8 | 9 |
-------------
No winner.
```

如果有赢家的话，应该兴奋地宣布赢家：

```
$ ./tictactoe.py -b XXXOO....
-------------
| X | X | X |
-------------
| O | O | 6 |
-------------
| 7 | 8 | 9 |
-------------
X has won!
```

一如既往，我们将使用全套测试集来确保程序正常运行。图 21.2 展示了程序的线图。

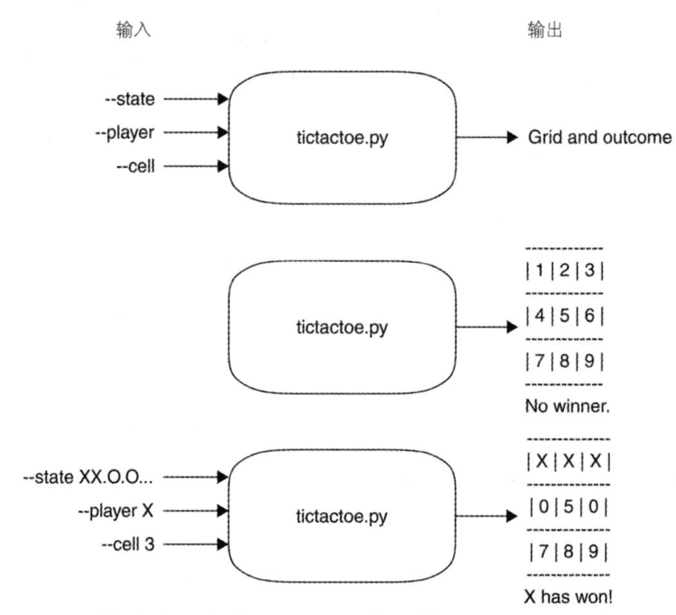

图 21.2 井字棋程序运用棋盘、玩家和单元格玩单个回合。它可以打印棋盘和赢家

21.1.1 验证用户输入

有相当多的输入验证需要完成。--board 需要确保任何实参都恰好是九个字符，并且仅仅由 X、O 和.组成：

```
$ ./tictactoe.py --board XXXOOO..
usage: tictactoe.py [-h] [-b board] [-p player] [-c cell]
tictactoe.py: error: --board "XXXOOO.." must be 9 characters of ., X, O
```

类似地，--player 只能是 X 或 O：

```
$ ./tictactoe.py --player A --cell 1
usage: tictactoe.py [-h] [-b board] [-p player] [-c cell]
tictactoe.py: error: argument -p/--player: \
invalid choice: 'A' (choose from 'X', 'O')
```

且--cell 只能是一个 1 到 9 范围内的整数值：

```
$ ./tictactoe.py --player X --cell 10
usage: tictactoe.py [-h] [-b board] [-p player] [-c cell]
tictactoe.py: error: argument -c/--cell: \
invalid choice: 10 (choose from 1, 2, 3, 4, 5, 6, 7, 8, 9)
```

--player 和--cell 必须一起出现，或者二者都不出现：

```
$ ./tictactoe.py --player X
usage: tictactoe.py [-h] [-b board] [-p player] [-c cell]
tictactoe.py: error: Must provide both --player and --cell
```

最后，如果指定的--cell 已经被 X 或 O 占据，则程序应该报错：

```
$ ./tictactoe.py --player X --cell 1 --board X..O.....
usage: tictactoe.py [-h] [-b board] [-p player] [-c cell]
tictactoe.py: error: --cell "1" already taken
```

建议把所有错误检查放入 get_args()，这样就能使用 parser.error()来抛出错误和停止程序。

21.1.2　更改棋盘

验证后的初始棋盘描述了哪些单元格被哪个玩家占据。可以通过添加--player 和--cell 实参来更改棋盘。不直接传入已经更改的--board 似乎很傻，但编写交互式版本时必须这样做。

如果用 str 值表示 board，比如'XX.O.O..X'，并且需要让单元格 3 改变为(比如)X，你将怎么做？要注意的一件事情是，单元格 3 不是在给定 board 的索引 3 处找到的，因为索引比单元格号码少 1。还有一件事情需要注意，str 是不可变更的。正如第 10 章的电话程序一样，需要想办法修改棋盘值中的字符。

21.1.3　打印棋盘

一旦有了棋盘，就需要用 ASCII 字符对它进行格式化，从而创建一个棋盘网格。建议你创建一个名为 format_board()的函数，采用 board 字符串作为实参，并且返回 str，该 str 使用破折号(-)和竖线(|)来创建一个表。我已经提供了一个 unit.py 文件，它含有针对默认的、未占据的棋盘网格的测试。如下：

```
def test_board_no_board():
    """makes default board"""

    board = """
-------------
| 1 | 2 | 3 |
-------------
| 4 | 5 | 6 |
-------------
| 7 | 8 | 9 |
-------------
""".strip()

  assert format_board('.' * 9) == board
```

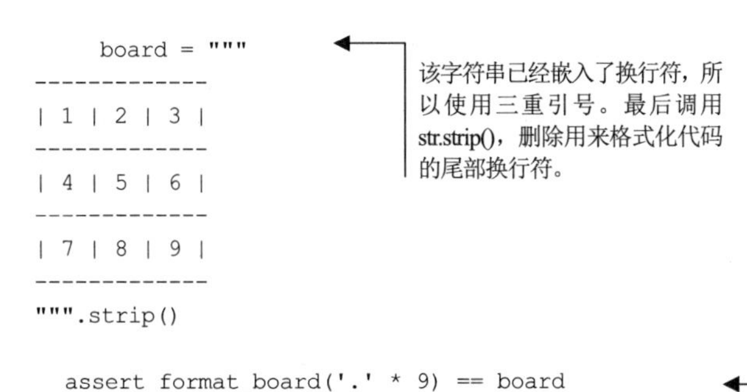

该字符串已经嵌入了换行符，所以使用三重引号。最后调用 str.strip()，删除用来格式化代码的尾部换行符。

如果让一个字符串乘以一个整数值，那么 Python 将把该字符串重复整数值的次数。在这里，创建一个九个点的字符串作为给 format_board()的输入。预期的返回是一个格式化的空棋盘。

现在，试着用其他组合来格式化一个棋盘。这里是我写的另一个测试，喜欢的话可以使用，但也可以写你自己的测试：

```
def test_board_with_board():
    """makes board"""

    board = """
-------------
| 1 | 2 | 3 |
-------------
| O | X | X |
-------------
| 7 | 8 | 9 |
-------------
```

```
""".strip()

    assert format_board('...OXX...') == board
```

给定的棋盘应该第一排和第三排是开放的，而在第二排有“OXX”。

对棋盘的每个可能的组合都进行测试是不现实的。当写测试时，经常需要依赖于抽查代码。在这里，检查空棋盘和一个非空棋盘。据推测，如果该函数能处理这两个实参，它就能处理任何其他实参。

21.1.4 确定赢家

一旦已经验证了输入并打印了棋盘，最后一个任务就是宣布赢家——如果有赢家的话。编写一个名为 find_winner()的函数，如果有赢家，就返回相应的 X 或 O；如果没有赢家，就返回 None。为了测试这一点，我写出了每个可能的获胜棋盘，并用两个玩家的值测试我的函数。欢迎你使用该测试：

```
def test_winning():
    """test winning boards"""

    wins = [('PPP......'), ('...PPP...'), ('......PPP'), ('P..P..P..'),
            ('.P..P..P.'), ('..P..P..P'), ('P...P...P'), ('..P.P.P..')]

    for player in 'XO':
        other_player = 'O' if player == 'X' else 'X'

        for board in wins:
            board = board.replace('P', player)
            dots = [i for i in range(len(board)) if board[i] == '.']
            mut = random.sample(dots, k=2)
            test_board = ''.join([
                other_player if i in mut else board[i]
                for i in range(len(board))
            ])
            assert find_winner(test_board) == player
```

检查 X 和 O 两个玩家。

这是棋盘的一个索引列表，如果这些索引被同一玩家占据，该玩家就赢了。

确定 X 或 O 的对手。

遍历每种获胜组合。

将给定棋盘中的所有 P(指代“player”)值替换为给定的玩家。

找到开放单元格(由点表示)的索引。

随机采样两个开放单元格。我们将改变(mutate)它们，因此称它们为 mut。

更改该棋盘，把这两个选定的 mut 单元格改变为 other_player。

断言，find_winner()将确定该棋盘是否由给定玩家获胜。

我也想避免错误地宣布获胜方，因此写了下面的测试，以确保当没有赢家时返回 None：

```
def test_losing():
    """test losing boards"""

    losing_board = list('XXOO.....')
```

该棋盘无论如何布局都不能获胜，因为每个玩家只有两个标记。

```
    for _ in range(10):
        random.shuffle(losing_board)
        assert find_winner(''.join(losing_board)) is None
```

把该失败棋盘打乱成另一种布局。

断言，该棋盘无论如何布局都不会有赢家。

运行 10 次测试。

如果你选择的函数名称与我相同，那么可以运行 pytest –xv unit.py 来执行我写的单元测试。如果函数名称不同，那么可以创建你自己的单元测试，并放在 tictactoe.py 文件内部，或放在另一个单元文件中。

在打印该棋盘之后，确保根据游戏结局打印"{Winner}has won!"或"No winner"。好啦，快快领命，开始比赛吧！

21.2　解决方案

我们正在循序渐进，迈向下一章完整的交互式的游戏。现在，需要巩固一些单回合游戏的基础知识。对复杂的程序进行迭代是很好的方法，在迭代中，需要尽可能简单地开始，逐渐添加功能，从而构建更复杂的理念。

```
#!/usr/bin/env python3
"""Tic-Tac-Toe"""

import argparse
import re


# --------------------------------------------------
def get_args():
    """Get command-line arguments"""

    parser = argparse.ArgumentParser(
        description='Tic-Tac-Toe',
        formatter_class=argparse.ArgumentDefaultsHelpFormatter)

    parser.add_argument('-b',
                        '--board',
                        help='The state of the board',
                        metavar='board',
                        type=str,
                        default='.' * 9)

    parser.add_argument('-p',
                        '--player',
                        help='Player',
                        choices='XO',
                        metavar='player',
                        type=str,
                        default=None)

    parser.add_argument('-c',
```

--board 将默认为九个点。如果用乘号(*)连接一个字符串值和一个整数(以任何次序)，那么结果是该字符串值重复整数次。因此"'.' * 9"将产生"………"。

--player 必须是 X 或 O，可以用 choices 来验证。

--cell 必须是 1~ 9 范围内的整数，可以用 type=int 和 choices=range(1, 10)来验证，记住，上限(10)不包含在内。

```
                             '--cell',
                             help='Cell 1-9',
                             metavar='cell',
                             type=int,
                             choices=range(1, 10),
                             default=None)

    args = parser.parse_args()

    if any([args.player, args.cell]) and not all([args.player, args.cell]):
        parser.error('Must provide both --player and --cell')

    if not re.search('^[.XO]{9}$', args.board):
        parser.error (f'--board "{args.board}" must be 9 characters of ., X, O')

    if args.player and args.cell and args.board[args.cell - 1] in 'XO':
        parser.error(f'--cell "{args.cell}" already taken')

    return args
```

使用正则表达式来检查--board 恰好由九个有效字符组成。

测试两个实参都出现或都不出现的一个方式是，用 any()和 all()的组合。

如果--player 和--cell 都出现且有效，则验证了棋盘中的该单元格当前没有被占据。

如果 cell 和 player 都为 True，则修改 board。由于这些实参已经在 get_args()中被验证，所以在这里使用它们是安全的。即，不会出现不小心分配超出范围的索引值，因为已经提前检查了该单元格的取值是可接受的。

```
# --------------------------------------------------
def main():
    """Make a jazz noise here"""

    args = get_args()
    board = list(args.board)

    if args.player and args.cell:
        board[args.cell - 1] = args.player

    print(format_board(board))
    winner = find_winner(board)
    print(f'{winner} has won!' if winner else 'No winner.')
```

由于可能需要更改棋盘，最简单的做法是把它转换成一个列表。

由于单元格从 1 开始编号，所以把 cell 的值减 1，来变成 board 中的正确索引。

打印该棋盘。

在棋盘中寻找赢家。

打印该游戏的结局。如果有赢家，则 find_winner()函数返回 X 或 O；如果没有赢家，则返回 None。

定义一个函数来对该棋盘进行格式化。该函数不 print()棋盘，因为这样难以测试。该函数将返回一个能被打印或测试的新字符串值。

```
# --------------------------------------------------
def format_board(board):
    """Format the board"""

    cells = [str(i) if c == '.' else c for i, c in enumerate(board, 1)]
    bar = '-------------'
    cells_tmpl = '| {} | {} | {} |'
    return '\n'.join([
        cells_tmpl.format(*cells[:3]), bar,
        cells_tmpl.format(*cells[3:6]), bar,
        cells_tmpl.format(*cells[6:]), bar
    ])
```

遍历棋盘中的单元格，如果单元格被占据，则打印相应玩家，如果单元格未被占据，则打印单元格的号码。

函数的返回值是一个新字符串，该新字符串是通过在新行上连接网格的所有行来创建的。

定义一个函数，它返回赢家，如果没有赢家，则返回值 None。再提醒一次，该函数不 print()赢家，仅返回一个能被打印或测试的答案。

```
# --------------------------------------------------
def find_winner(board):
```

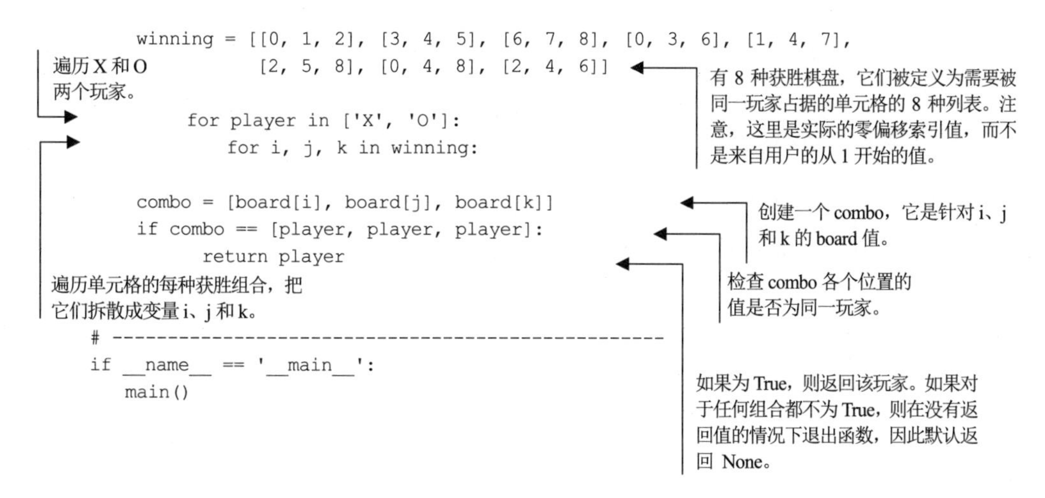
"""Return the winner"""
winning = [[0, 1, 2], [3, 4, 5], [6, 7, 8], [0, 3, 6], [1, 4, 7],
[2, 5, 8], [0, 4, 8], [2, 4, 6]]
for player in ['X', 'O']:
for i, j, k in winning:
combo = [board[i], board[j], board[k]]
if combo == [player, player, player]:
return player
# --
if __name__ == '__main__':
main()
遍历X和O两个玩家。
有8种获胜棋盘，它们被定义为需要被同一玩家占据的单元格的8种列表。注意，这里是实际的零偏移索引值，而不是来自用户的从1开始的值。
创建一个combo，它是针对i、j和k的board值。
检查combo各个位置的值是否为同一玩家。
遍历单元格的每种获胜组合，把它们拆散成变量i、j和k。
如果为True，则返回该玩家。如果对于任何组合都不为True，则在没有返回值的情况下退出函数，因此默认返回None。

21.2.1　验证实参和变更棋盘

大部分验证工作可以使用 argparse 来有效地处理。--player 和--cell 参数选项都可以由 choices 选项处理。值得花一点时间欣赏 any()和 all()在如下代码中的应用：

```
if any([args.player, args.cell]) and not all([args.player, args.cell]):
    parser.error('Must provide both --player and --cell')
```

可以在 REPL 中运用这些函数。any()函数等同于在布尔值之间使用 or：

```
>>> True or False or True
True
```

如果给定的 list 中有任何项目为“真”，那么整个表达式将等于 True：

```
>>> any([True, False, True])
True
```

如果 cell 是非零值，且 player 不是空字符串，则它们都为 True：

```
>>> cell = 1
>>> player = 'X'
>>> any([cell, player])
True
```

all()函数等同于在一个 list 中的所有元素之间使用 and，因此需要所有元素都为 True，整个表达式才为 True：

```
>>> cell and player
'X'
```

为什么上式返回 X？因为它返回的是最后一个“True”值，即 player 值。因此，如果交换实参位置，将得到 cell 值：

```
>>> player and cell
1
```

如果使用 all()，那么将计算这两个值进行“与”操作的结果，并得到 True：

```
>>> all([cell, player])
True
```

尝试找出用户是否仅仅提供了--player 的实参或--cell 的实参二者之一，因为我们要求二者必须共存或都不存。因此，假设 cell 是 None(默认)，player 是 X。这两个值 any()为“True”，则要求成立：

```
>>> cell = None
>>> player = 'X'
>>> any([cell, player])
True
```

但如下情况中，这两个值都为 True 这件事，是不成立的：

```
>>> all([cell, player])
False
```

此时，对上述两个表达式执行 and，返回的是 False：

```
>>> any([cell, player]) and all([cell, player])
False
```

因为这等同于说：

```
>>> True and False
False
```

--board 的默认状态是九个点，可以使用正则表达式来验证它的正确性：

```
>>> board = '.' * 9
>>> import re
>>> re.search('^[.XO]{9}$', board)
<re.Match object; span=(0, 9), match='.........'>
```

正则表达式使用[.XO]创建了一个由点(.)、“X”和“O”组成的字符类。{9}表示必须恰好有 9 个字符，而^和$字符分别把表达式锚定到字符串的开头和末尾(见图 21.3)。

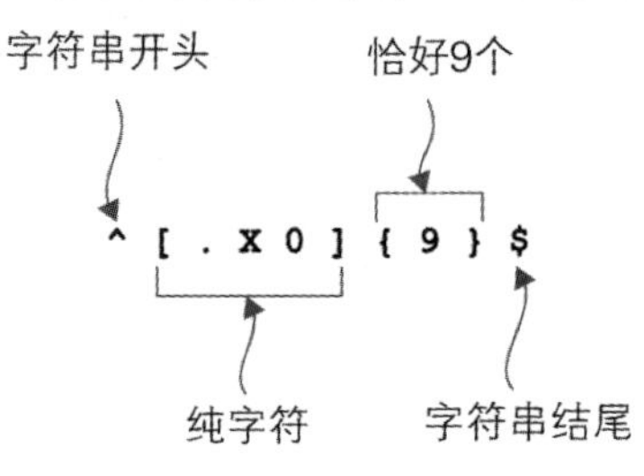

图 21.3　可以使用正则表达式来确切地描述有效的--board

可以再次使用 all()进行手动验证：

- board 的长度是恰好 9 个字符吗？
- 是否其中每个字符都是所允许的字符？

验证的一种写法如下：

```
>>> board = '...XXXOOO'
>>> len(board) == 9 and all([c in '.XO' for c in board])
True
```

all()部分是在检查：

```
>>> [c in '.XO' for c in board]
[True, True, True, True, True, True, True, True, True]
```

由于 board 中的每个字符 c (“cell”)都在所允许的字符集内，所以所有比较都为 True。如果改变这些字符之一，则将出现 False：

```
>>> board = '...XXXOOA'
>>> [c in '.XO' for c in board]
[True, True, True, True, True, True, True, True, False]
```

all()表达式中出现任何 False 值，都将返回 False：

```
>>> all([c in '.XO' for c in board])
False
```

最后一段验证检查设置为--player的--cell是否已经被占据：

```
if args.player and args.cell and args.board[args.cell - 1] in 'XO':
   parser.error(f'--cell "{args.cell}" already taken')
```

由于--cell从 1 而不是 0 开始计数，所以使用它作为索引代入--board实参时，必须减去 1。假设有下面的输入，第一个单元格已经被X占用，现在O想要选择同一个单元格：

```
>>> board = 'X........'
>>> cell = 1
>>> player = 'O'
```

可以询问，board 中位于 cell-1 处的值是否已经被占用：

```
>>> board[cell - 1] in 'XO'
True
```

也可以检查该位置是不是一个点：

```
>>> boards[cell - 1] != '.'
True
```

验证所有输入相当累人，但这是确保该游戏能正常进行的唯一办法。

在 main()函数中，如果既有针对单元格的实参，又有针对玩家的实参，那么可能需要更改该游戏的 board。可以把 board 做成一个 list，因为可能需要按如下方式更改它：

```
if player and cell:
   board[cell - 1] = player
```

21.2.2　对棋盘进行格式化

现在该创建棋盘网格了。创建一个函数，返回一个可经测试的字符串值，而不是直接打印网格。我的版本如下：

```
def format_board(board):
    """Format the board"""

    cells = [str(i) if c == '.' else c for i, c in enumerate(board, start=1)]
    bar = '-------------'
    cells_tmpl = '| {} | {} | {} |'
    return '\n'.join([
        bar,
        cells_tmpl.format(*cells[:3]), bar,
        cells_tmpl.format(*cells[3:6]), bar,
        cells_tmpl.format(*cells[6:]), bar
    ])
```

使用列表推导式，采用 enumerate()函数遍历棋盘的每个位置和字符。因为我喜欢从索引位置 1 而不是 0 开始计数，所以使用了 start=1 选项。如果字符是一个点，那么在该位置打印单元格的号码；否则，打印该字符(X 或 O)。

星号，或称作“splat”(*)，是把由列表切片操作返回的列表扩展成 str.format()函数能使用的值的捷径。

该代码的一个简短写法是用“splat”语法*cell[:3]，如下：

```
return '\n'.join([
    bar,
    cells_tmpl.format(cells[0], cells[1], cells[2]), bar,
    cells_tmpl.format(cells[3], cells[4], cells[5]), bar,
    cells_tmpl.format(cells[6], cells[7], cells[8]), bar
])
```

enumerate()函数返回元组 list，该 list 包含列表中的每个元素的索引和值(见图 21.4)。由于 enumerate()是一个惰性函数，所以必须使用 REPL 中的 list()函数来浏览这些值：

```
>>> board = 'XX.O.O...'
>>> list(enumerate(board))
[(0, 'X'), (1, 'X'), (2, '.'), (3, 'O'), (4, '.'), (5, 'O'), (6, '.'), (7, '.'),
    (8, '.')]
```

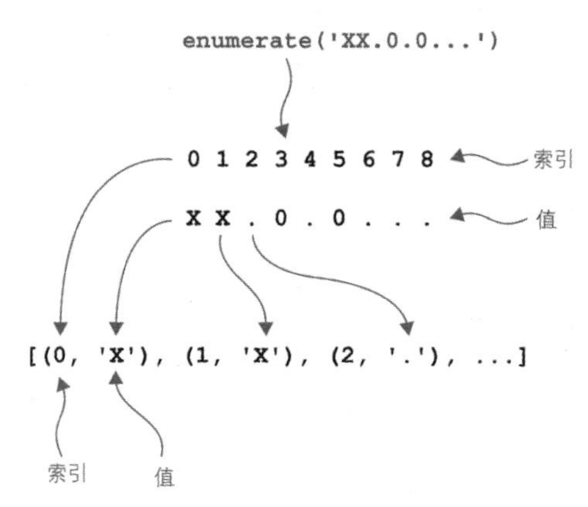

图 21.4　enumerate()函数将返回一系列条目的索引和值。默认初始索引是 0

在这种情况下，一般从 1 开始计数，因此使用 start=1 选项：

```
>>> list(enumerate(board, start=1))
[(1, 'X'), (2, 'X'), (3, '.'), (4, 'O'), (5, '.'), (6, 'O'), (7, '.'), (8, '.'),
     (9, '.')]
```

列表推导式还可以写成 for 循环形式：

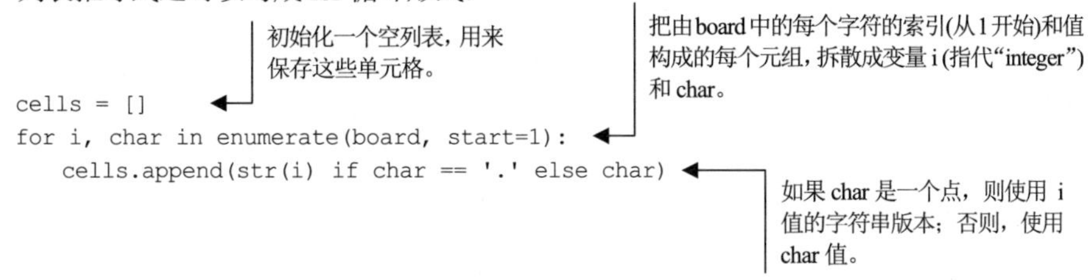

初始化一个空列表，用来保存这些单元格。

cells.append(str(i) if char == '.' else char)
如果 char 是一个点，则使用 i 值的字符串版本；否则，使用 char 值。

图 21.5 展示了 enumerate()如何被拆散成 i 和 char。

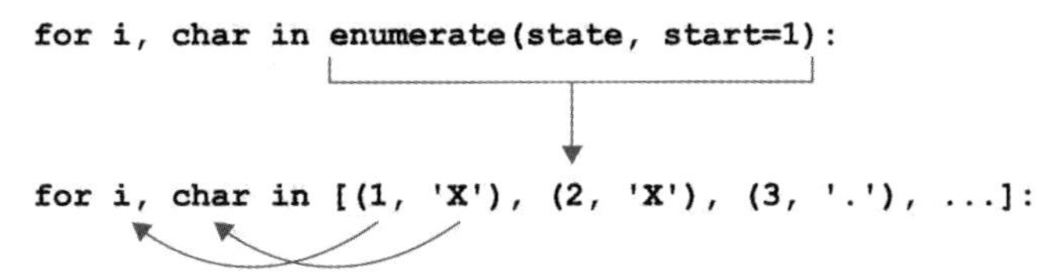

for i, char in enumerate(state, start=1):
for i, char in [(1, 'X'), (2, 'X'), (3, '.'), ...]:

图 21.5　enumerate()返回的由索引和值组成的元组，可以在 for 循环中被赋给两个变量

这个 format_board()版本通过了 unit.py 中的所有测试。

21.2.3　找到赢家

该程序的最后一个主要部分是，确定是否有玩家获胜，也就是玩家有三个标记水平、竖直或对角地放置在一排中。

```
def find_winner(board):
    """Return the winner"""

    winning = [[0, 1, 2], [3, 4, 5], [6, 7, 8], [0, 3, 6], [1, 4, 7],
               [2, 5, 8], [0, 4, 8], [2, 4, 6]]
    for player in ['X', 'O']:
        for i, j, k in winning:
            combo = [board[i], board[j], board[k]]
            if combo == [player, player, player]:
                return player
```

存在 8 个获胜位置(三个水平排、三个竖直排和两个对角线)，因此创建一个列表，其中每个元素也是一个列表，它含有处于获胜布局的三个单元格。

对于“integer”值，通常使用 i 作为变量名，尤其是当该 integer 的生命周期相当短暂时，就像本例。当需要同一范围内的多个相似名称时，使用 j、k、l 等也很常见。你可能更喜欢使用像 cell1、cell2 和 cell3 这样的名称，它们更具描述性，但也更长。单元格值的拆散方式与前面的 enumerate()代码中元组的拆散方式完全相同(见图 21.6)。

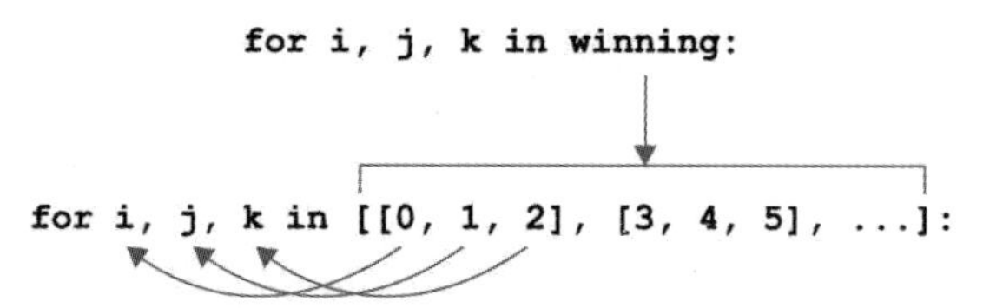

图 21.6 每个三元素列表可以在 for 循环中被拆散成三个变量，与 enumerate()元组的拆散方式一样

代码的剩余部分检查这三个位置是否被同样的字符(X 或 O)占据。有好几种方式可以写这部分代码，但我将分享另一个版本，它使用了 2 个我最喜欢的函数，all()和 map()：

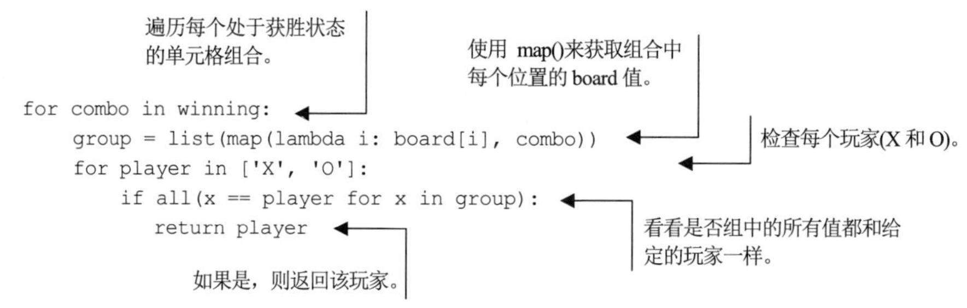

如果函数没有明确的 return，或从不执行 return，在本例中也就是没有赢家的情况，那么 Python 将使用 None 值作为默认的 return。打印该游戏的结局时，将把 None 解释为没有赢家：

```
winner = find_winner(board)
print(f'{winner} has won!' if winner else 'No winner.')
```

上述程序只包含了井字棋的单回合版本。在下一章中，我们将把这些理念扩展成一个交互式版本，它从一个空白棋盘开始，并且动态地请求用户输入。

21.3 更进一步

编写一个游戏，玩一回合类似 Blackjack(21 点)或 War(斗纸牌)的纸牌游戏。

21.4 小结

- 该程序使用一个 str 值来代表具有九个字符的井字棋棋盘，用 X、O 或 . 来代表被占据的或空的单元格。有时把 str 转换成一个 list，以便修改。
- 正则表达式是验证初始棋盘的一个便捷方式。可以声明性地描述，初始棋盘应该是一个恰好九字符长的字符串，仅仅由字符 . 、X 和 O 组成。
- any()函数等同于在多个布尔值之间使用 or。如果这些值之中任何一个为“真”，它就将返回 True。
- all()函数等同于在多个布尔值之间使用 and。只有当这些值之中每一个都为“真”时，它才将返回 True。
- enumerate()函数将针对可迭代对象(比如一个 list)中的每个元素返回列表的索引和值。

第 22 章

井字棋归来：带有类型提示的交互式版本

在本书的最后一个练习中，我们将重现上一章的井字棋游戏。上一章的井字棋游戏仅进行了单回合，它接收初始--board，如果有--player 和--cell 的有效选项，则修改--board。该游戏可以打印整个棋盘和赢家(如果有赢家的话)的信息。我们将用这些理念扩展一个新版本，总是从空白棋盘开始，并且无论多少回合都可以继续，直到产生赢家或平局才结束游戏。

此程序不同于本书中的所有其他程序，因为它不接收命令行实参。该游戏总是以空白“棋盘”开始，并且由 X 玩家先行棋。游戏将使用 input()函数交互式地向每个玩家(X 然后 O)询问下一步行棋。任何无效的行棋(例如选择已被占据的或不存在的单元格)将被拒绝。在每个回合的末尾，如果确定有赢家或平局，该游戏就会停止。

在本章中，你将学习以下内容：

- 使用和退出无限循环；
- 向代码添加类型提示；
- 探索元组、具名元组和类型字典；
- 使用 mypy 分析代码错误，尤其是类型误用。

22.1 编写 itictactoe.py

这是唯一一个本书不提供集成测试的程序。该程序不采用任何实参，因此难以写出与该程序动态交互的测试；也难以展示该程序的线图，因为程序的输出将根据行棋而不同。图 22.1 是该程序的一个近似示意：开始没有输入，然后进行循环，直到确定某个结局，或玩家退出为止。

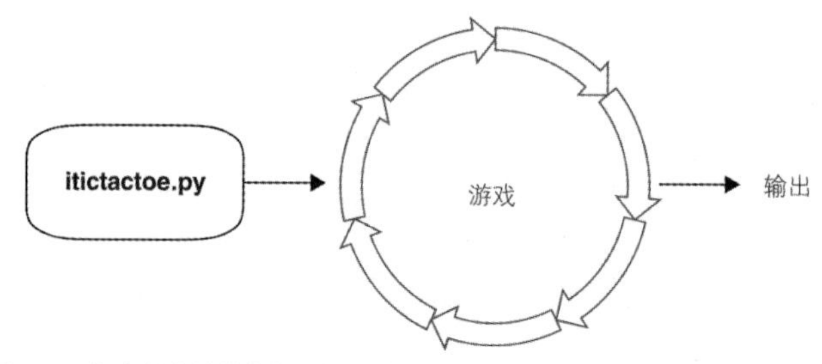

图 22.1 这个版本的井字棋不接收实参，并且将在一个无限循环中进行游戏，直到得出某个结论，比如胜利、平局或弃局

鼓励你先运行 solution1.py 程序玩几轮这个游戏。你可能会最先注意到，该程序清除了屏幕上的所有文本，并且显示一个空棋盘，连同一个 X 玩家行棋的提示符。输入 1 并按 Enter 键：

```
-------------
| 1 | 2 | 3 |
-------------
| 4 | 5 | 6 |
-------------
| 7 | 8 | 9 |
-------------
Player X, what is your move? [q to quit]: 1
```

然后你将看到，单元格 1 现在被 X 占据，并且玩家切换到 O：

```
-------------
| X | 2 | 3 |
-------------
| 4 | 5 | 6 |
-------------
| 7 | 8 | 9 |
-------------
Player O, what is your move? [q to quit]:
```

如果再次选择 1，则会被告知这个单元格已经被占据了：

```
-------------
| X | 2 | 3 |
-------------
| 4 | 5 | 6 |
-------------
| 7 | 8 | 9 |
-------------
Cell “1” already taken
Player O, what is your move? [q to quit]:
```

注意，现在玩家仍然是 O，因为上一步行棋无效。如果输入某个不能被转换成整数的值，也会发生同样的情况：

```
-------------
| X | 2 | 3 |
-------------
| 4 | 5 | 6 |
```

```
-------------
| 7 | 8 | 9 |
-------------
Invalid cell "biscuit", please use 1-9
Player O, what is your move? [q to quit]:
```

或者，如果输入一个超出范围的整数：

```
-------------
| X | 2 | 3 |
-------------
| 4 | 5 | 6 |
-------------
| 7 | 8 | 9 |
-------------
Invalid cell "10", please use 1-9
Player O, what is your move? [q to quit]:
```

你应该能够重用许多来自第 21 章版本的思路，来验证用户输入。

如果在游戏中实现了一排三个棋子属于同一玩家，程序将打印获胜棋盘并宣布赢家：

```
-------------
| X | O | 3 |
-------------
| 4 | X | 6 |
-------------
| 7 | O | X |
-------------
X has won!
```

22.1.1　元组对话

在这一版本中，我们将编写一个交互式游戏，它始终从空棋盘开始，可以进行多回合游戏，直到产生赢家或平局。在上一个版本中，“状态”的概念仅存在于棋盘中，即描述哪些玩家在哪些单元格中。这个版本要求在游戏状态中跟踪更多变量：

- 该棋盘的单元格，比如..XO..X.O
- 当前玩家(X 或 O)
- 任何错误，例如，玩家输入一个已被占据或不存在的单元格，或一个不能被转换成数字的值
- 用户是否期望提前退出该游戏
- 该游戏是否为平局，即该网格的所有单元格都被占据但没有赢家的情况
- 产生赢家(如果有赢家的话)，然后结束该游戏

不需要完全按照本书示例的方式写程序，但你会发现自己需要持续跟踪许多目标。有一种名为 dict 的数据结构可以自然地完成这些目标，但我想介绍一个新的数据结构，名为“具名元组”(named tuple)。它与 Python 的类型提示协作得很好，而类型提示将在我的解决方案中占据显著地位。

我们已经在多个练习中遇到过元组。在之前那些练习中，类似 match.groups()的函数在某些情况下返回元组，例如，当正则表达式含有圆括号时(比如在第 14 章和第 17 章中)，当使用 zip 来组合两个列表时(比如在第 19 章中)，或当使用 enumerate()来获取索引值列表和来自 list 的元素时。元组是一个不可变的 list，我们将探索该不可变更性如何防止狡猾的 bug 被引入程序。

每当把逗号放在两个值之间时，就创建了一个元组：

```
>>> cell, player
(1, 'X')
```

常见的是，用圆括号括住两个值，让元组更显眼：

```
>>> (cell, player)
(1, 'X')
```

可以把元组赋给一个名为 state 的变量：

```
>>> state = (cell, player)
>>> type(state)
<class 'tuple'>
```

使用 list 索引可以查找元组字段：

```
>>> state[0]
1
>>> state[1]
'X'
```

不同于 list，不能改变元组内部的任何值：

```
>>> state[1] = 'O'
Traceback (most recent call last):
  File "<stdin>", line 1, in <module>
TypeError: 'tuple' object does not support item assignment
```

要想记住第一个位置是 cell，而第二个位置是 player 并不容易，当添加所有其他字段时情况将变得更糟。可以转而使用一个 dict，从而使用字符串来访问 state 的值。但字典是可变的，也容易拼错键名。

22.1.2 具名元组

可以把不可变更元组的安全性与具名字段(named fields)相结合，我们将用 namedtuple()函数实现这一点。首先，必须从 collections 模块导入该函数：

```
>>> from collections import namedtuple
```

namedtuple()函数允许我们描述一个新 class。比方说，我们想创建一个描述 State 概念的类。类是共同代表某个构想的一组变量、数据以及函数。例如，Python 语言本身有 str 类，它代表“字符序列”这个构想，该字符序列可以被包含在某个 len 的变量中，并且可以用 str.upper()转换成大写，可以用 for 循环迭代，等等。所有这些构想都被组织进 str 类，可以使用 help(str)来阅读 REPL 中关于该类的文档。

我们传递给 namedtuple()的第一个实参是类名，第二个实参是该类中字段名的一个 list。一般将类名首字母大写：

```
>>> State = namedtuple('State', ['cell', 'player'])
```

我们刚刚创建了一个新类型，名为 State！

```
>>> type(State)
<class 'type'>
```

正如可以使用 list()函数来创建一个 list 类型，现在也可以使用 State()函数来创建 State 类型的一个具名元组，元组中有两个具名字段，cell 和 player：

```
>>> state = State(1, 'X')
>>> type(state)
<class '__main__.State'>
```

仍然可以用索引值来访问这些字段，比如 list 或 tuple 方式：

```
>>> state[0]
1
>>> state[1]
'X'
```

但也可以使用它们的名称，这显然更好。注意，名称末尾不加圆括号，因为我们是在访问字段，而不是调用方法：

```
>>> state.cell
1
>>> state.player
'X'
```

因为 state 是一个 tuple，所以一旦被创建，就不能改变它的值：

```
>>> state.cell = 1
Traceback (most recent call last):
  File "<stdin>", line 1, in <module>
AttributeError: can't set attribute
```

在许多情况下，不能改变值实际上是好事。一旦程序启动，改变数据值通常相当危险。当想要一个不能被意外修改的列表型或字典型结构时，就应该使用元组或具名元组。

然而还存在一个问题：没有什么能阻止我们用次序错乱和类型错误的字段对 state 进行实例化(cell 应该是 int，而 player 应该是 str)！

```
>>> state2 = State('O', 2)
>>> state2
State(cell='O', player=2)
```

为了避免这个问题，应该使用字段名，使得它们的次序不再重要：

```
>>> state2 = State(player='O', cell=2)
>>> state2
State(cell=2, player='O')
```

现在你有了一个数据结构，它看起来像 dict，但具有元组的不可变更性！

22.1.3 添加类型提示

现在仍然存在一个大问题：无法防止我们给本应是 int 的 cell 分配 str，反过来对于 player 和 int 也一样：

```
>>> state3 = State(player=3, cell='X')
>>> state3
State(cell='X', player=3)
```

从 Python 3.6 开始，typing 模块允许添加类型提示(type hints)来为变量描述数据类型。阅读 PEP 484 (www.python.org/dev/peps/pep-0484/)可以获取更多信息，但基础概念是，可以使用 typing 模块为变量描述正确的类型，并且为函数描述类型签名。

使用来自 typing 模块的 NamedTuple 类作为基础类，改进 State 类。首先需要从 typing 模块导入需要的类，例如 NamedTuple、List 和 Optional，Optional 描述了一个类型，它可以是 None 或某个其他类(比如 str)：

```
from typing import List, NamedTuple, Optional
```

现在可以指定一个 State 类，它带有具名字段、类型和默认值，以代表该游戏的初始状态，此时棋盘是空的(全都是点)，并且玩家 X 先行棋。注意，此处把 board 存储成字符 list 而不是一个 str：

```
class State(NamedTuple):
    board: List[str] = list('.' * 9)
    player: str = 'X'
    quit: bool = False
    draw: bool = False
    error: Optional[str] = None
    winner: Optional[str] = None
```

可以使用 State()函数创建一个新值，将该值设置成初始状态：

```
>>> state = State()
>>> state.board
['.', '.', '.', '.', '.', '.', '.', '.', '.']
>>> state.player
'X'
```

通过提供字段名和值，可以覆盖任何默认值。例如，通过指定 player='O'，可以从玩家 O 开始游戏。未指定的字段将使用默认值：

```
>>> state = State(player='O')
>>> state.board
['.', '.', '.', '.', '.', '.', '.', '.', '.']
>>> state.player
'O'
```

如果误拼了某字段名，比如把 player 拼成了 playre，就会触发异常：

```
>>> state = State(playre='O')
Traceback (most recent call last):
  File "<stdin>", line 1, in <module>
TypeError: __new__() got an unexpected keyword argument 'playre'
```

22.1.4　用 Mypy 进行类型验证

虽然以上这些想法都很好，但如果赋给予了不正确的类型，Python 也不会生成运行错误。例如，为 quit 赋一个 str 值'True'，而不是 bool 值 True，不会发生任何错误：

```
>>> state = State(quit='True')
>>> state.quit
'True'
```

在使用像 Mypy 这样的程序来检查代码时，将体现出类型提示的优势。把所有这些代码放入一个在资料库中名为 typehints.py 的小型程序：

```
#!/usr/bin/env python3
""" Demonstrating type hints """

from typing import List, NamedTuple, Optional

class State(NamedTuple):
    board: List[str] = list('.' * 9)
    player: str = 'X'
    quit: bool = False
    draw: bool = False
    error: Optional[str] = None
    winner: Optional[str] = None


state = State(quit='False')

print(state)
```

quit 被定义为 bool，这意味着它应该只接收 True 和 False 值。

此处给 quit 赋予 str 值'True'而不是 bool 值 True，这是一个很容易犯的错误，尤其是在大型的程序中。如果能捕捉到这个类型的错误，我们会很高兴的！

该程序将正常执行，没有报错：

```
$ ./typehints.py
State(board=['.', '.', '.', '.', '.', '.', '.', '.', '.'], player='X', \
quit='False', draw=False, error=None, winner=None)
```

但 Mypy 程序将报错：

```
$ mypy typehints.py
typehints.py:16: error: Argument "quit" to "State" has incompatible type
     "str"; expected "bool"
Found 1 error in 1 file (checked 1 source file)
```

如果更正该程序如下：

```
#!/usr/bin/env python3
""" Demonstrating type hints """

from typing import List, NamedTuple, Optional


class State(NamedTuple):
```

```
    board: List[str] = list('.' * 9)
    player: str = 'X'
    quit: bool = False
    draw: bool = False
    error: Optional[str] = None
    winner: Optional[str] = None

state = State(quit=True)

print(state)
```

再次注意 quit 是 bool 值。

需要赋给 quit 一个实际的 bool 值，从而通过 Mypy。

现在可以通过 Mypy 了：

```
$ mypy typehints2.py
Success: no issues found in 1 source file
```

22.1.5 更新不可变的结构

如果说使用 NamedTuples 的好处之一是它们的不可变性，那么使用具名元组该如何持续跟踪程序的变化？考虑初始状态，一个空棋盘，玩家 X 先行棋：

```
>>> state = State()
```

如果 X 占据了单元格 1，则需要把 board 改变成 X........，并且把 player 改变成 O。不能直接修改 state：

```
>>> state.board=list('X........')
Traceback (most recent call last):
  File "<stdin>", line 1, in <module>
AttributeError: can't set attribute
```

可以使用 State()函数创建一个新值，以覆盖现有的 state。也就是说，由于不能改变 state 变量内部的任何东西，作为替代，可以把 state 指向一个全新的值。第 8 章的第二个解决方案使用了类似的做法，那时需要改变同样在 Python 中也是不可变的 str 值。

为了完成这件事，可以复制所有尚未改变的当前值，并且把它们与已改变的值组合：

```
>>> state = State(board=list('X........'), player='O', quit=state.quit, \
    draw=state.draw, error=state.error, winner=state.winner)
```

然而，namedtuple._replace()方法提供了一个更加简单的方式。只要提供的值被改变了，就生成一个新的 State：

```
>>> state = state._replace(board=list('X........'), player='O')
```

用来自 state._replace()的返回值覆盖 state 变量，就像用新值覆盖字符串变量那样：

```
>>> state
State(board=['X', '.', '.', '.', '.', '.', '.', '.', '.'], player='O', \
     quit=False, draw=False, error=None, winner=None)
```

这显然比列出所有字段更方便，因为我们只需要指定已经改变的字段。这种方法可以防止意外修改任何其他字段，并且避免忘记或误拼字段，或者把任何字段设置成错误的类型。

22.1.6 向函数定义添加类型提示

现在，让我们看看如何向函数定义添加类型提示。例如，通过添加 board: List[str]，可以修改 format_board()函数，以表示它接收一个名为 board 的参数，且 board 是一个字符串值列表。此外，该函数返回一个 str 值，因此可以在 def 的冒号前添加 -> str 来表示这一点，如图 22.2 所示。

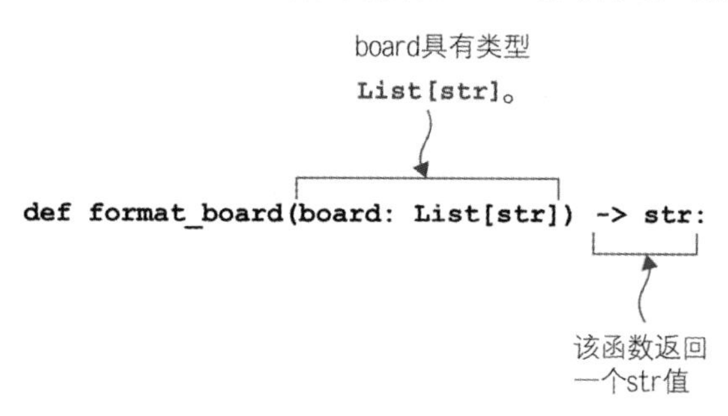

图 22.2　添加类型提示，以描述参数类型以及返回值

main()的注释表明函数返回 None 值，如图 22.3 所示。

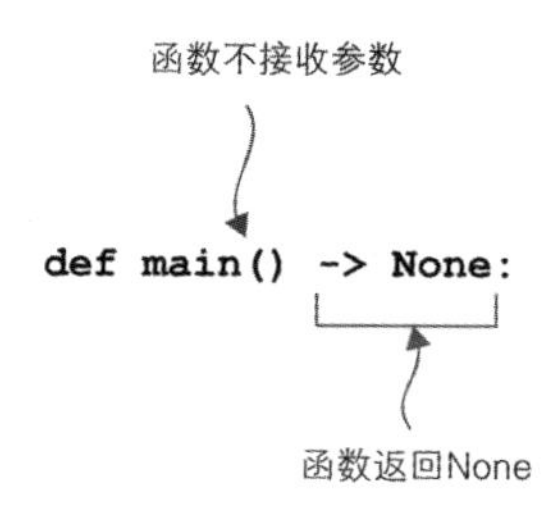

图 22.3　main()函数不接收参数，并返回 None

最厉害的是，可以定义一个函数，它采用类型 State 的值，并且使用 Mypy 检查这种类型的值是否被实际传递(见图 22.4)。

试试我的游戏版本，然后自己编写一个具有类似表现的版本。看看本书展示的交互式解决方案，在其中包含数据不可变性和类型安全性理念。

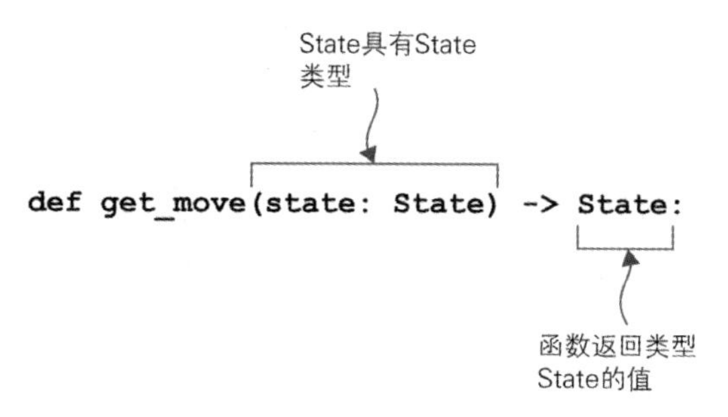

图 22.4　可以在类型提示中使用定制类型。这个函数采用并返回类型 State 的值

22.2 解决方案

这是最后一个程序！希望上一章中的较简单版本会给你一些思路。类型提示和单元测试有起到作用吗？

```
#!/usr/bin/env python3
""" Interactive Tic-Tac-Toe using NamedTuple """

from typing import List, NamedTuple, Optional


class State(NamedTuple):
        board: List[str] = list('.' * 9)
        player: str = 'X'
        quit: bool = False
        draw: bool = False
        error: Optional[str] = None
        winner: Optional[str] = None

# --------------------------------------------------
def main()-> None:
    """Make a jazz noise here"""

    state = State()

    while True:
        print("\033[H\033[J")
        print(format_board(state.board))

        if state.error:
            print(state.error)
        elif state.winner:
            print(f'{state.winner} has won!')
            break

        state = get_move(state)
    if state.quit:
        print('You lose, loser!')
        break
    elif state.draw:
        print("All right, we'll call it a draw.")
        break


# --------------------------------------------------
def get_move(state: State) -> State:
    """Get the player's move"""
```

从类型模块导入需要的类。

声明一个基于 NamedTuple 类的类。针对这个类能保存的值，定义字段名、类型和默认值。

启动一个无限循环。当满足停止条件时，可以退出该循环。

打印一个特殊序列，它被大多数终端解释为清屏命令。

把初始状态实例化为一个空棋盘，并且把第一个玩家实例化为 X。

打印棋盘的当前状态。

打印任何错误，例如用户未选择有效单元格。

如果有赢家，则宣布赢家并退出该循环。

从玩家处获取下一步行棋。get_move()函数接收一个 State 类型，也返回一个 State 类型。每次通过该循环，都覆盖现有的状态变量。

如果该游戏已经形成僵局，即其中所有单元格都被占据但没有产生赢家，则宣布平局并退出循环。

如果用户决定提前退出该游戏，则嘲讽他们，然后退出该循环。

定义一个 get_move()函数，它接收并返回一个 State 类型。

从该状态复制玩家，因为函数主体中将屡次使用到它。

使用 input()函数向玩家询问下一步行棋。提示玩家如何提前退出游戏，使他们不必使用 Ctrl+C 来中断该程序。

```
    player = state.player
    cell = input(f'Player {player}, what is your move? [q to quit]: ')
```

如果是，则把该状态的退出值替换成 True，并带着新状态返回。注意，不修改状态中的其他值。

首先检查用户是否想退出。

```
    if cell == 'q':
     return state._replace(quit=True)

    if not (cell.isdigit()and int(cell) in range(1, 10)):
       return state._replace(error=f'Invalid cell "{cell}", please use 1-9')
```

检查用户输入的值是否能使用 str.isdigit()转换成数字，以及该值的整数版本是否在有效范围内。

```
    cell_num = int(cell)
    if state.board[cell_num - 1] in 'XO':
       return state._replace(error=f'Cell "{cell}" already taken')

    board = state.board
    board[cell_num - 1] = player
    return state._replace(board=board,
                          player='O' if player == 'X' else 'X',
                          winner=find_winner(board),
                          draw='.' not in board,
                          error=None)
```

返回一个新状态值，包含新棋盘值、当前玩家(切换到另一玩家)，以及是否有赢家或平局。

看看棋盘所指示的单元格是否开放。

使用该单元格值，以当前玩家更新该棋盘。

在验证了该单元格是一个有效的整数值之后，把它转换成整数。

复制当前棋盘，因为我们需要修改它，而 state.board 是不可变更的。

如果否，则返回带有错误的已更新状态。注意，当前状态和玩家保持不变，以便同一玩家能用同一棋盘重玩，直到他们提供有效输入。

如果否，则返回带有错误的已更新状态。再次注意，该状态的其他东西都不变，使得我们能用同一玩家和状态重玩该回合。

```
# --------------------------------------------------
def format_board(board: List[str]) -> str:
    """Format the board"""

    cells = [str(i) if c == '.' else c for i, c in enumerate(board, 1)]
    bar = '-------------'
    cells_tmpl = '| {} | {} | {} |'
    return '\n'.join([
        bar,
        cells_tmpl.format(*cells[:3]), bar,
        cells_tmpl.format(*cells[3:6]), bar,
        cells_tmpl.format(*cells[6:]), bar
    ])
```

相对于这个函数之前的版本，仅有的改变是添加了类型提示。该函数接收字符串值列表(当前棋盘)，并返回已格式化的棋盘状态网格。

该函数也与之前相同，但带有类型提示。该函数把棋盘作为一个字符串列表来接收，并返回一个可选的字符串值，这意味着它也可以返回 None。

```
# --------------------------------------------------
def find_winner(board: List[str]) -> Optional[str]:
    """Return the winner"""
```

```
    winning = [[0, 1, 2], [3, 4, 5], [6, 7, 8], [0, 3, 6], [1, 4, 7],
               [2, 5, 8], [0, 4, 8], [2, 4, 6]]

    for player in ['X', 'O']:
        for i, j, k in winning:
            combo = [board[i], board[j], board[k]]
            if combo == [player, player, player]:
                return player

        return None


# --------------------------------------------------
if __name__ == '__main__':
    main()
```

22.2.1　使用 TypedDict 的版本

Python 3.8 新包含了 TypedDict 类，它看起来与 NamedTuple 非常相似。看看使用它作为基类会如何改变程序的各个部分。一个关键区别是，你(尚)不能为这些字段设置默认值：

```
#!/usr/bin/env python3
""" Interactive Tic-Tac-Toe using TypedDict """

from typing import List, Optional, TypedDict

class State(TypedDict):
            board: str
            player: str
            quit: bool
            draw: bool
            error: Optional[str]
            winner: Optional[str]
```

导入 TypedDict 而不是 NamedTuple。

State 以 TypedDict 为基类。

当实例化一个新 state 时，需要设置初始值：

```
def main()-> None:
    """Make a jazz noise here"""

    state = State(board='.' * 9,
                  player='X',
                  quit=False,
                  draw=False,
                  error=None,
                  winner=None)
```

语法上，相比用字典访问 state['board']，我更偏爱使用带有具名元组的 state.board：

```
while True:
    print("\033[H\033[J")
    print(format_board(state['board']))

    if state['error']:
       print(state['error'])
```

```
    elif state['winner']:
        print(f"{state['winner']} has won!")
        break

    state = get_move(state)

    if state['quit']:
        print('You lose, loser!')
        break
    elif state['draw']:
        print('No winner.')
        break
```

除了访问字段的便捷性，我还偏爱 NamedTuple 的只读性，胜过可变的 TypedDict。注意，在 get_move()函数中改变 state 的方式：

```
def get_move(state: State) -> State:
    """Get the player's move"""

    player = state['player']
    cell = input(f'Player {player}, what is your move? [q to quit]: ')

    if cell == 'q':
        state['quit'] = True
        return state

    if not (cell.isdigit()and int(cell) in range(1, 10)):
        state['error'] = f'Invalid cell "{cell}", please use 1-9'
        return state

    cell_num = int(cell)
    if state['board'][cell_num - 1] in 'XO':
    state['error'] = f'Cell "{cell}" already taken'
    return state

  board = list(state['board'])
  board[cell_num - 1] = player

  return State(
    board=''.join(board),
    player='O' if player == 'X' else 'X',
    winner=find_winner(board),
    draw='.' not in board,
    error=None,
    quit=False,
  )
```

这里直接修改 TypedDict，而 NamedTuple 版本使用 state._replace()来返回一个全新的状态值。

还可以在这里直接修改状态。你可能更喜欢这个办法。

我认为，NamedTuple 具有比 TypedDict 版本更好的语法、默认值和不可变更性，所以我更喜欢 NamedTuple。无论选择哪一个，我更希望传授的经验是，我们应该尽量明确该程序的“状态”，以及它何时且如何变化。

22.2.2 思考状态

“程序状态”这个概念指的是，程序可以记住变量随时间的变化。在上一章中，程序接收一个给定的--board，并且接收可能会更改棋盘值的--cell 和--player。然后，该游戏打印棋盘的表示。在本章的交互式版本中，棋盘总是从一个空网格开始，且随每个回合的改变而变化，我们把这个行为建模为一个无限循环。

在这样的程序中，程序员常常使用全局变量，它们在该程序顶部、在所有函数定义之外声明，从而在整个程序中全局可见。尽管全局变量很常见，却不被认为是一种最佳做法，通常会劝你绝不要使用全局变量，除非别无他法。相反，建议你坚持使用小型函数接收所有必需值并返回单一类型的值。也建议你使用像类型元组、具名元组这样的数据结构来表示程序状态，并警惕状态的变化。

22.3 更进一步

- 纳入更尖刻的嘲讽话。也许引入莎士比亚式生成器，如第 9 章的练习？
- 编写一个新版本，它允许用户在不退出或重启程序的情况下开始新游戏。
- 编写一个其他游戏，比如 Hangman(译者注：猜字游戏)。

22.4 小结

- 类型提示允许注释变量以及函数形参，并且带着类型返回值。
- Python 本身将在运行时忽略类型提示，但 Mypy 可以(甚至在代码运行之前)通过类型提示来找到代码中的错误。
- NamedTuple 的行为有点像字典，也有点像对象(object)，但保留了元组的不可变更性。
- NamedTuple 和 TypedDict 都允许你创建崭新的类型，该类型带有特定字段和类型，可以用作自己创建的函数的类型提示。
- 程序使用 NamedTuple 创建了一个复杂的数据结构，用来表示程序的状态。该状态包含许多变量，例如当前棋盘、当前玩家、任何错误、赢家等等，每个变量都是使用类型提示来描述的。
- 虽然难以为交互式程序写集成测试，但仍可以把一个程序分解成一些小型函数(例如 format_board()或 get_winner())，为它们编写单元测试并运行。

后记

好啦，这就是本书的所有内容。我们经历了漫长的旅程，从第 2 章的瞭望哨程序，到第 22 章的交互式井字棋游戏(纳入基于具名元组的定制类，并使用类型提示)。希望现在你能看到，用 Python 的字符串、列表、元组、字典、集合和函数可以做多少事情。尤其希望你已经被我说服，应该始终编写：

- 灵活的程序，实现方法是采用命令行实参；
- 文档化的程序，实现方法是使用像 argparse 这样的工具来解析实参并产生 usage 语句；
- 测试过的程序，实现方法是为函数写单元测试并为程序整体写集成测试。

使用你的程序的人们将感激你告诉他们如何使用该程序以及如何修改其行为。他们也将感激你在验证该程序的正确性时所花费的时间。不过，说实话，从今往后几个月，最有可能使用和修改你的程序的人将是你自己。我听说，“文档是给未来自己的一封情书”。你在创造程序时投入的所有努力，将会被你在回顾代码时深深感激。

既然你已经完成了所有练习，并明白了如何使用我写的测试，就试着接受我的挑战，回到开头读一读 test.py 程序。如果打算采用测试驱动开发，或许会发现能从这些程序中习得许多理念和技巧。

此外，每章还包括关于如何扩展所提出的理念和练习的一些建议。回顾并思考如何使用在本书后期学到的理念，以改善或扩展早期的程序。一些概要如下：

- 第 2 章(瞭望哨)——添加一个选项，从像“Hello”“Hola”“Salut”和“Ciao”等一系列问候语中随机选择一个(除了“Hello”以外的)问候语。
- 第 3 章(去野餐)——允许程序采取一个或多个选项，并将这些选项纳入输出，在输出中每个条目都搭配正确的冠词，并用牛津逗号连接。
- 第 7 章(Gashlycrumb)——从古腾堡项目下载 Ambrose Bierce 所著的 *The Devil's Dictionary*。写一个程序，查找文本中出现的单词的定义。
- 第 16 章(扰码器)——使用已扰码的文本作为加密消息的基础。强制已扰码的单词转化为大写，删除所有标点和空格，然后对文本进行格式化，形成如下格式：五个字符的“单词”后面跟一个空格，每行不超过五个“单词”。填塞结尾，使得最后一行完全被文本充满。你能读懂输出吗？
- new.py——我第一次写程序来创建新程序，是在我还是个 Perl 新手黑客时。我的 new-pl 程序会添加一句随机引文，该引文来自威廉·布莱克的诗(是的，真的——我也经历过沉迷勃朗特姐妹和狄金森的阶段)。更改你的 new.py 版本，添加一句随机引文或笑话，或者以某种方式为你的程序定制引文或笑话。

希望你在编写这些程序时体会到与我创造和传授它们时同样多的乐趣。希望你能意识到，现在有了几十个程序和测试供你从中学习理念和功能，从而创造更多程序。

祝你在编码冒险中一路顺利！

附录

使用 argparse

把正确的数据放入程序是一项非常繁琐的苦差事。无论是验证来自用户的实参，还是在用户提供无效输入时生成有价值的错误消息，都会因采用 argparse 模块而变得更容易。argparse 就像程序的“门卫”，只允许正确类型的值进入程序。让本书中的程序正常运行的关键首先就是用 argparse 正确地定义实参。

INTS
ONLY

例如，第 1 章讨论了一个非常灵活的程序，它能把温暖的问候语扩展到一个可选的具名实体上，例如“World”或“Universe”：

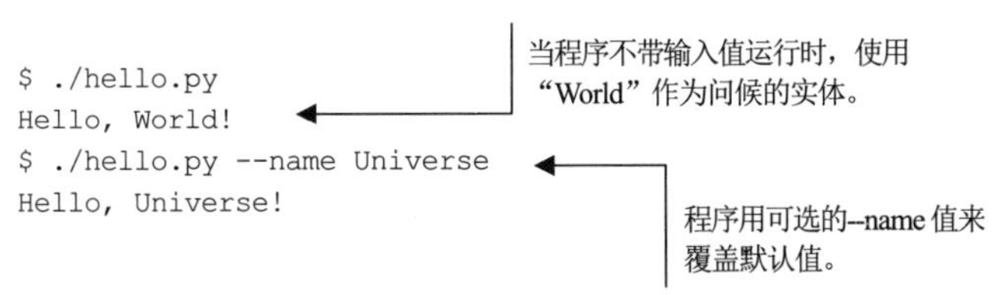
$ ./hello.py
Hello, World!
$ ./hello.py --name Universe
Hello, Universe!
当程序不带输入值运行时，使用“World”作为问候的实体。
程序用可选的--name 值来覆盖默认值。

该程序将用帮助文档响应-h 和--help 标志位：

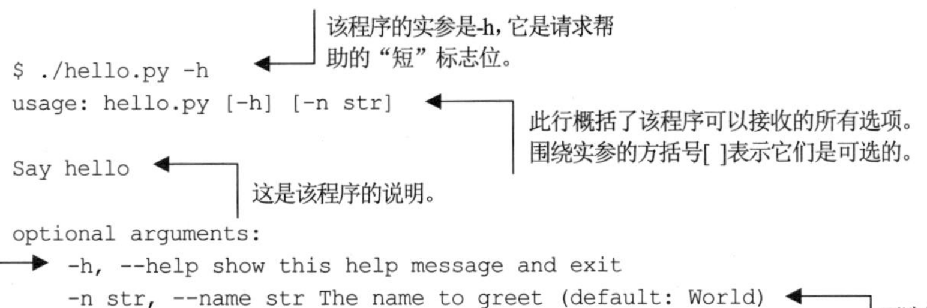
$ ./hello.py -h
usage: hello.py [-h] [-n str]
Say hello
optional arguments:
-h, --help show this help message and exit
-n str, --name str The name to greet (default: World)
该程序的实参是-h，它是请求帮助的“短”标志位。
此行概括了该程序可以接收的所有选项。围绕实参的方括号[ ]表示它们是可选的。
这是该程序的说明。
可以使用“短”名称-h 或“长”名称--help 向该程序请求关于程序运行方式的帮助。
可选的“name”参数也具有短名称-n 和长名称--name。

以上内容可以由 hello.py 程序中仅仅两行代码实现：

解析器对实参进行解析。如果用户提供未知的实参或错误数量的实参，程序将停止使用并说明。

```
parser = argparse.ArgumentParser(description='Say hello')
parser.add_argument('-n', '--name', default='World', help='Name to greet')
```

此程序的唯一实参是可选的--name 值。

注意：不需要定义-h 或--help 标志位。它们是由 argparse 自动生成的。事实上，绝不要试图用其他值代替它们，因为它们几乎是大多数用户已知的通用选项。

argparse 模块帮助定义用于实参的解析器并生成帮助消息，从而节省大量时间，并让程序看起来专业。本书中的每个程序都是基于不同输入来测试的，所以，看完本书你将真正理解如何使用 argparse 模块。建议你阅读 argparse 文档(https://docs.python.org/3/library/argparse.html)。

现在，让我们进一步深入挖掘 argparse 模块可以做什么。在此附录中，你将：

- 学习如何使用 argparse 来处理位置参数、选项和标志位
- 为选项设置默认值
- 使用 type 来强制用户提供数字或文件一类的值
- 使用 choices 来限制选项的值

F.1 实参的类型

命令行实参可以分成如下几类：

- 位置实参(Positional arguments)——含义由它们的次序和数量决定。例如，某个程序可能需要以文件名作为第一实参，以输出目录作为第二实参。位置实参通常是必需的(即，不是可选的)实参。让位置实参成为可选是很困难的——如何写一个程序，让它接收两个或三个实参，其中第二和第三实参是独立且可选的？在第 1 章中的 hello.py 的第一个版本中，将要问候的名字作为位置实参提供。
- 具名选项(Named options)——大多数命令行程序会定义一个短名称，如-n(一个破折号和单个字符)和一个长名称，如--name(两个破折号和一个单词)，后跟某个值，比如 hello.py 程序中的名字。具名选项允许以任何次序提供实参，它们的位置无关紧要。对于不要求用户必须提供的值(毕竟它们是选项)，可以把它们作为具名选项。为选项提供合理的默认值是有意义的。当把 hello.py 的必选位置实参 name 改成可选的--name 实参时，我们使用“World”作为默认值，使得无论有没有来自用户的输入，该程序都能运行。注意，一些其他语言，比如 Java，可能会用单个破折号定义长名称，比如-jar。
- 标志位(Flags)——一个布尔值，比如“是”/“否”或 True/False，乍看像具名选项，但在名称之后没有值，例如，用于开启调试的-d 或--debug 标志位。通常，该标志位的出现表示针对该实参的 True 值，该标志位不在则意味着 False，因此--debug 表示开启调试，而没有--debug 意味着调试是关闭的。

F.2　使用模板开始编写程序

要想记住使用 argparse 定义参数的所有语法并不容易，因此我构建了一个方法，让你从模板开始写新程序，该模板包含 argparse 以及让程序更容易阅读和运行的一些其他结构。

开始新程序的另一个方式是使用 new.py 程序。在资料库的顶层目录下，执行如下命令：

```
$ bin/new.py foo.py
```

或者，也可以复制模板：

```
$ cp template/template.py foo.py
```

无论如何创建，所得到的程序都是相同的，并且程序中具有一些示例，演示如何声明上一节中概述的每个实参类型。此外，可以使用 argparse 来验证输入，例如，确保一个实参是数字而另一个实参是文件。

让我们看看新程序是如何生成帮助的：

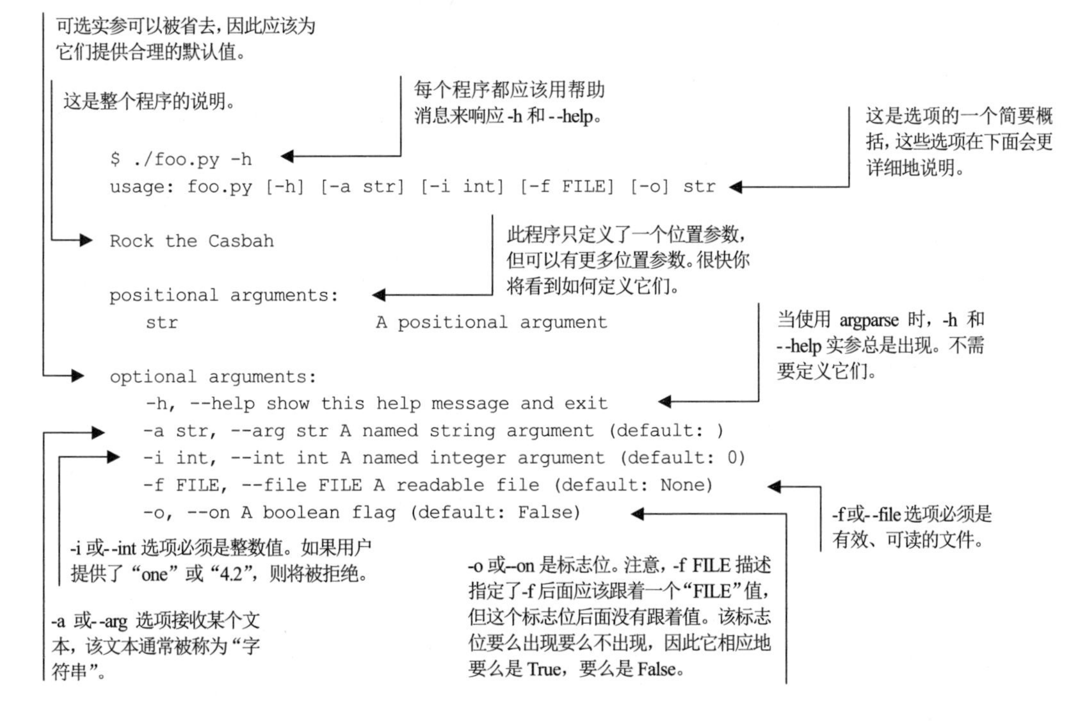

F.3　使用 argparse

生成前述使用说明的代码在一个名为 get_args()的函数中，该函数如下：

```
def get_args():
   """Get command-line arguments"""
```

```
    parser = argparse.ArgumentParser(
        description='Rock the Casbah',
        formatter_class=argparse.ArgumentDefaultsHelpFormatter)

    parser.add_argument('positional',
                        metavar='str',
                        help='A positional argument')

    parser.add_argument('-a',
                        '--arg',
                        help='A named string argument',
                        metavar='str',
                        type=str,
                        default='')

    parser.add_argument('-i',
                        '--int',
                        help='A named integer argument',
                        metavar='int',
                        type=int,
                        default=0)

    parser.add_argument('-f',
                        '--file',
                        help='A readable file',
                        metavar='FILE',
                        type=argparse.FileType('r'),
                        default=None)

    parser.add_argument('-o',
                        '--on',
                        help='A boolean flag',
                        action='store_true')

    return parser.parse_args()
```

欢迎把这段代码放在任何你喜欢的程序里，但实参的定义和验证有时会相当长。我喜欢把这段代码分离出来，放在一个名为 get_args()的函数里，并且总是在程序中首先定义这个函数。从而，在阅读源代码时能立即看到它。

get_args()函数的定义如下：

```
def get_args():
"""Get command-line arguments"""
```

def 关键字定义了一个新函数，传递给该函数的实参列在圆括号中。即使 get_args()函数不接收实参，这些圆括号仍是必需的。

函数 def 之后的三重引号行是“文档字符串”(docstring)，它的作用有点像函数的文档。文档字符串不是必需的，却是良好的编码规范，如果省去它们，Pylint 会发出警告。

F.3.1 创建解析器

下面的代码片段创建了一个 parser(解析器)，用来处理来自命令行的实参。“解析”在这里意味着从实参提供的部分文本的次序和语法中派生出某个含义：

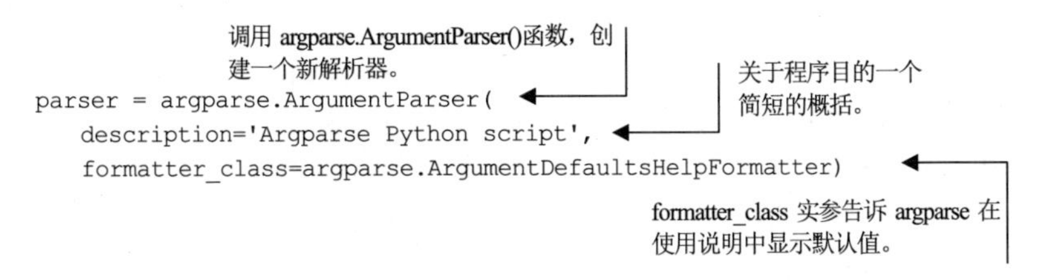

你应该阅读 argparse 的文档，看看能用来定义 parser 或参数的所有其他选项。在 REPL 中，可以从 help(argparse)开始，或者可以在互联网上查找该文档(https://docs.python.org/3/library/argparse.html)。

F.3.2　创建位置参数

下面的代码行将创建一个新的位置参数：

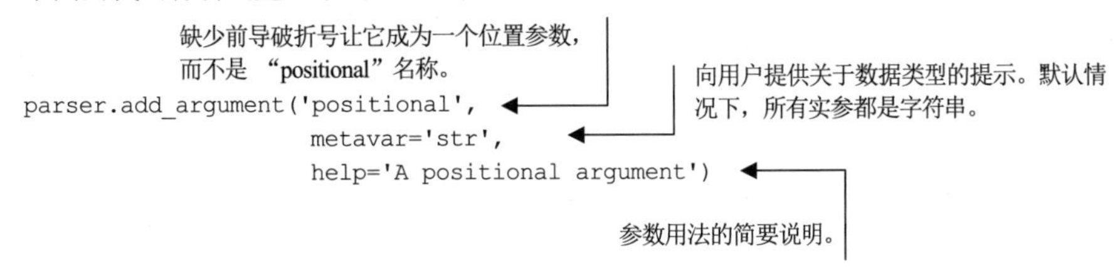

记住，该参数是位置参数并非因为名称是“positional”。这个名称只是提醒你，该参数确实是一个位置参数。argparse 把字符串“positional”解释为一个位置参数，是因为该名称前面没有任何破折号。

F.3.3　创建可选的字符串参数

下面的行创建了一个可选参数，具有一个短名称-a 和一个长名称--arg。它是一个 str，默认值为''(空字符串)。

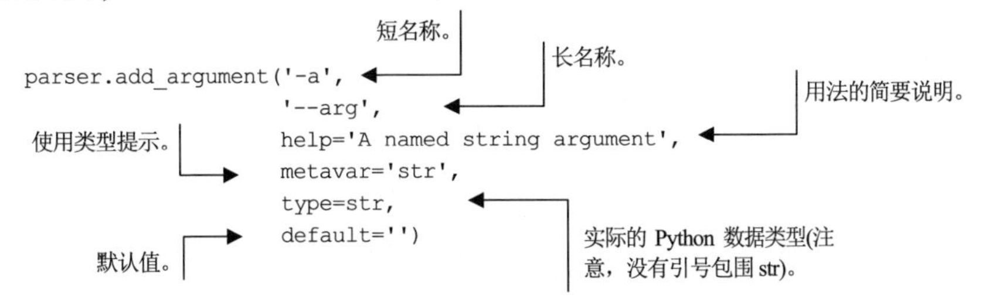

注意：可以在程序中省去短名称或长名称，但建议同时提供二者的形式。本书中的大多数测试将同时使用短选项名称和长选项名称来测试程序。

如果想让该参数成为必需的、具名的参数，则要删除 default，并添加 required=True。

F.3.4 创建可选的数字参数

下面的代码行创建了一个名为-i 或--int 的选项，它接收一个默认值为 0 的 int(整数)。如果用户提供了任何不能被解释为整数的东西，那么 argparse 模块将停止处理这些实参，并将打印一个错误消息和一个简短的使用说明。

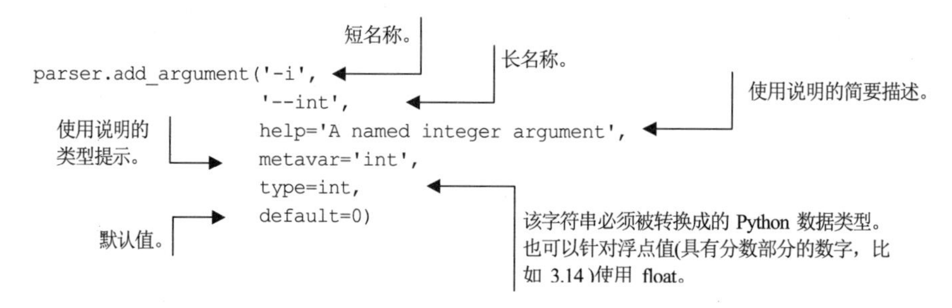

以这个方式定义数字实参的一大原因是，argparse 将把输入转换成正确的类型。来自命令行的所有值都是字符串，该程序的任务是把每个值转换成一个实际数值。如果告诉 argparse 该选项应该是 type=int，那么向 parser 请求该值时，它将已经被转换成一个实际 int 值。

如果用户提供的值不能被转换成 int，则该值将被拒绝。注意，也可以使用 type=float 来接收输入并把它转换成浮点值。这样可以节省大量时间和精力。

F.3.5 创建可选的文件参数

下面的代码行创建了一个名为-f 或--file 的选项，它将只接收有效、可读的文件。仅凭这个实参就可以赚回了买这本书的钱了，因为它将节省验证用户输入的大量时间。注意，几乎每个把文件作为输入的练习都有一些传递无效文件实参的测试，以确保程序可以正确地拒绝它们。

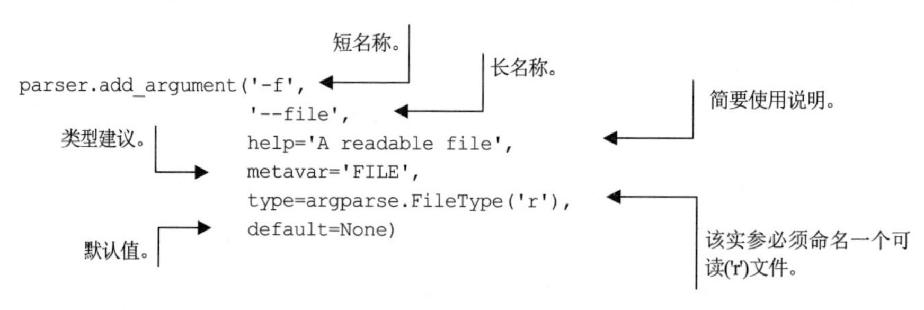

运行程序的人需要提供文件的位置。例如，如果在资料库的顶层目录创建了 foo.py 程序，那么该位置应有一个 README.md 文件。可以用它作为程序的输入，它会作为一个有效实参被接收：

```
$ ./foo.py -f README.md foo
str_arg = ""
int_arg = "0"
file_arg = "README.md"
flag_arg = "False"
positional = "foo"
```

如果提供了一个冒牌的--file 实参，比如“blargh”，那么将得到一个错误消息：

```
$ ./foo.py -f blargh foo
usage: foo.py [-h] [-a str] [-i int] [-f FILE] [-o] str
foo.py: error: argument -f/--file: can't open 'blargh': \
[Errno 2] No such file or directory: 'blargh'
```

F.3.6　创建标志位选项

标志位选项稍有不同，因为它不是像字符串或整数这样的值。标志位要么出现，要么不出现，它们通常表示某个概念是 True 或 False。

前面提到了-h 和--help 标志位，它们后面没有跟着任何值。它们要么出现，此情况下程序应该打印“usage”语句，要么不出现，此情况下程序不打印“usage”语句。对于本书中的所有练习，当标志位出现时表示 True 值，否则表示 False 值，可以使用 action='store_true'来表示。

例如，new.py 演示了一个名为-o 或--on 的标志位示例：

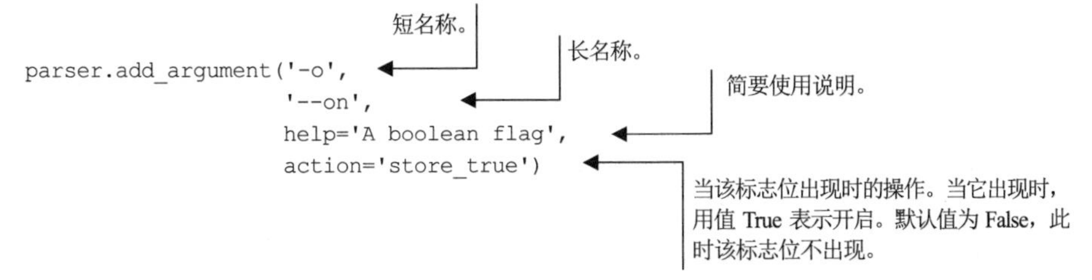

当标志位出现时并不总应该被解释为 True。相反，也可以使用 action='store_false'，此情况下，当标志位出现时 on 表示 False，而默认值将是 True。当标志位出现时，也可以存储一个或多个常数值。

阅读 argparse 文档，了解定义这个参数的各种方式。在本书中，将只使用标志位来“开启”某个行为。

F.3.7　从 get_args 返回

get_args()中的最终语句是 return，它返回 parser 对象解析实参的结果。也就是说，调用 get_args()的代码将得到如下表达式的结果：

```
return parser.parse_args()
```

这个表达式可能会因为 argparse 发现用户提供了无效实参而失败，例如，当它需要 float 时，用户提供了字符串值，或者提供了拼写错误的文件名。如果解析成功，将能够从程序内部访问用户提供的所有值。

此外，这些实参的值将属于指定的类型。也就是说，如果指定--int 实参为 int，那么，当请求 args.int 时，它将总是 int。如果定义一个文件实参，将得到一个打开文件句柄。这一点似乎并不显眼，但它能带来巨大的帮助。

参考前面生成的 foo.py，将看到，main()函数调用 get_args()，因此来自 get_args()的 return 回到

main()。可以从 main()访问刚刚使用位置参数的名称，或可选参数的长名称定义的所有值：

```
def main():
    args = get_args()
    str_arg = args.arg
    int_arg = args.int
    file_arg = args.file
    flag_arg = args.on
    pos_arg = args.positional
```

F.4 使用 argparse 的示例

通过学习如何有效地使用 argparse 来验证程序的实参，可以满足本书中的许多程序测试。我认为，命令行是程序的边界，需要审慎对待引入程序的东西。你应该能够预见并抵御每个错误的实参。[1]第 1 章中的 hello.py 程序是一个关于单个位置实参以及单个可选实参的示例。让我们看看更多关于如何使用 argparse 的示例。

F.4.1 单个位置实参

下面是第 1 章的 hello.py 程序的第一个版本，它需要单个实参，以指定要问候的名字：

```
#!/usr/bin/env python3
"""A single positional argument"""

import argparse


# --------------------------------------------------
def get_args():
    """Get command-line arguments"""

    parser = argparse.ArgumentParser(
        description='A single positional argument',
        formatter_class=argparse.ArgumentDefaultsHelpFormatter)

    parser.add_argument('name', metavar='name', help='The name to greet')

    return parser.parse_args()


# --------------------------------------------------
def main():
    """Make a jazz noise here"""

    args = get_args()
    print('Hello, ' + args.name + '!')
```

该名称参数不以破折号开始，因此它是一个位置参数。帮助说明中将出现 metavar，让用户知道该实参应该是什么。

无论作为程序的第一个位置实参给程序提供的是什么，都将在 args.name 中获得。

1 我总是想到那个为每个输入项输入“fart”(放屁)的小孩。

```
# --------------------------------------------------
if __name__ == '__main__':
    main()
```

如果向程序提供的恰好不是实参，那么程序将不打印“Hello”行。如果什么都没提供，那么该程序将打印一个简短的使用说明，描述激活该程序的正确方式：

```
$ ./one_arg.py
usage: one_arg.py [-h] name
one_arg.py: error: the following arguments are required: name
```

如果提供不止一个实参，那么程序将再次报错。在这里，“Emily”和“Bronte”是两个实参，因为在命令行中，空格会分隔实参。该程序会因为得到没有定义的第二个实参而报错：

```
$ ./one_arg.py Emily Bronte
usage: one_arg.py [-h] name
one_arg.py: error: unrecognized arguments: Bronte
```

只有恰好提供一个实参时，程序才会运行：

```
$ ./one_arg.py "Emily Bronte"
Hello, Emily Bronte!
```

尽管把 argparse 用于如此简单的程序似乎是大材小用，该程序却展示出，argparse 能做相当多的实参错误检查和验证工作。

F.4.2　两个不同的位置实参

想象你想要两个不同的位置实参，比如要订货的物品颜色和尺寸。颜色应该是 str 值，尺寸应该是 int 值。当按位置定义这些实参时，你以什么次序声明它们，用户就必须以该次序提供它们。在这里，我们首先定义 color，然后定义 size：

```
#!/usr/bin/env python3
"""Two positional arguments"""

import argparse


# --------------------------------------------------
def get_args():
    """get args"""

    parser = argparse.ArgumentParser(
        description='Two positional arguments',
        formatter_class=argparse.ArgumentDefaultsHelpFormatter)

    parser.add_argument('color',
                        metavar='color',
                        type=str,
                        help='The color of the garment')

    parser.add_argument('size',
                        metavar='size',
```

这将是这些位置实参之中的第一个，因为它首先被定义。注意，metavar 已经被设置为“color”而非“str”，因为“color”更能形容我们预期的字符串，即描述服装“颜色”的字符串。

这将是位置实参之中的第二个。在这里 metavar='size'，它可能是一个数字，比如 4，或者是一个字符串，比如“small”，因此它仍是不确定的。

```
                         type=int,
                         help='The size of the garment')

    return parser.parse_args()


# --------------------------------------------------
def main():
    """main"""

    args = get_args()
    print('color =', args.color)
    print('size =', args.size)


# --------------------------------------------------
if __name__ == '__main__':
   main()
```

“color”实参通过颜色参数的名称被访问。

“size”实参通过尺寸参数的名称被访问。

此外，用户必须提供恰好两个位置实参。如果不输入实参，则会触发一个简短的使用说明：

```
$ ./two_args.py
usage: two_args.py [-h] color size
two_args.py: error: the following arguments are required: color, size
```

只输入一个实参也不能完成任务。程序将告知“size”缺失：

```
$ ./two_args.py blue
usage: two_args.py [-h] color size
two_args.py: error: the following arguments are required: size
```

如果提供两个字符串，比如“blue”用于颜色，而“small”用于尺寸，那么该尺寸值将被拒绝，因为尺寸值需要是整数值：


```
$ ./two_args.py blue small
usage: two_args.py [-h] color size
two_args.py: error: argument size: invalid int value: 'small'
```

如果提供两个实参，且第二个实参可以被解释为 int，则一切可以顺利进行：

```
$ ./two_args.py blue 4
color = blue
size = 4
```

记住，来自命令行的所有实参都是字符串。命令行不要求像 Python 那样，有引号围绕 blue 或 4 来让它们成为字符串。在命令行上，一切都是字符串，所有实参都将作为字符串传递给 Python。

当告诉 argparse 第二实参需要是 int 时，argparse 将试图把字符串 '4' 转换成整数 4。如果提供 4.1，也将被拒绝：

```
$ ./two_args.py blue 4.1
usage: two_args.py [-h] str int
two_args.py: error: argument int: invalid int value: '4.1'
```

位置实参要求用户记住这些实参的正确次序。如果错误地对调了 str 和 int 实参，那么 argparse 将检测到无效值：

```
$ ./two_args.py 4 blue
usage: two_args.py [-h] COLOR SIZE
two_args.py: error: argument SIZE: invalid int
value: 'blue'
```

然而，想象用两个字符串或两个数字代表的两种值(比如汽车的品牌和型号或者人的身高和体重)的情况。如何检测到这些实参被对调？

一般而言，我创建的程序只会采用恰好一个位置实参，或者采用代表同种事物的一个或多个位置实参(比如要处理的一个文件列表)。

F.4.3　使用 choice 选项限制值

在前述的示例中，没有阻止用户提供两个整数：

```
$ ./two_args.py 1 2
color = 1
size = 2
```

这里，1 是一个字符串。它可能看起来像一个数字，但实际上是字符'1'。它是一个有效的字符串值，因此程序接收了它。

我们的程序也会接收 -4 作为“size”，这显然不是一个有效尺寸：

```
$ ./two_args.py blue -4
color = blue
size = -4
```

如何确保用户提供了有效的 color 和 size 呢？比方说，我们只供应原色衬衫。那么可以使用 choices 选项来传入一个有效值的 list。

在下面的示例中，我们把颜色限制为“red”“yellow”或“blue”。此外，可以使用 range(1, 11) 来生成一个从 1 到 10 的数字列表(11 不包含在内！)作为衬衫的有效尺寸：

```
#!/usr/bin/env python3
"""Choices"""

import argparse


# --------------------------------------------------
def get_args():
    """get args"""

    parser = argparse.ArgumentParser(
        description='Choices',
        formatter_class=argparse.ArgumentDefaultsHelpFormatter)
```

```
    parser.add_argument('color',
                        metavar='str',
                        help='Color',
                        choices=['red', 'yellow', 'blue'])

    parser.add_argument('size',
                        metavar='size',
                        type=int,
                        choices=range(1, 11),
                        help='The size of the garment')

    return parser.parse_args()


# --------------------------------------------------
def main():
    """main"""

    args = get_args()
    print('color =', args.color)
    print('size =', args.size)
# --------------------------------------------------
if __name__ == '__main__':
    main()
```

choices 选项接收一个值的列表。如果用户没能提供这些值之一，argparse 将停止该程序。

用户必须从数字 1~10 中选择，否则 argparse 将停止并报错。

如果程序进行到这一步，我们将知道 args.color 肯定是这些值之一，且 args.size 是 1~10 范围内的一个整数值。除非这两个实参都是有效的，否则程序绝不会运行到这一步。

argparse 将拒绝未出现在该列表中的值，并向用户显示有效的选择。此外，无值将被拒绝：

```
$ ./choices.py
usage: choices.py [-h] color size
choices.py: error: the following arguments are required: color, size
```

如果提供“purple”，它将被拒绝，因为它不在已定义的 choices 中。由 argparse 产生的错误消息将告诉用户出现问题的原因(“invalid choice”)，并列出可接受的颜色：

```
$ ./choices.py purple 1
usage: choices.py [-h] color size
choices.py: error: argument color: \
invalid choice: 'purple' (choose from 'red', 'yellow', 'blue')
```

类似地，如果提供一个负的 size 实参：

```
$ ./choices.py red -1
usage: choices.py [-h] color size
choices.py: error: argument size: \
```

```
invalid choice: -1 (choose from 1, 2, 3, 4, 5, 6, 7, 8, 9, 10)
```

只有这两个实参都有效时，程序才能继续运行：

```
$ ./choices.py red 4
color = red
size = 4
```

有相当多的错误检查和反馈，是不必写出来的。最好的代码是不写代码！

F.4.4　两个同类位置实参

如果写一个把两个数字相加的程序，可以把这两个数字定义为两个位置实参，比如 number1 和 number2。但是，由于它们是同类型的实参(将相加的两个数字)，所以，更有意义的做法是使用 nargs 选项来告诉 argparse，你想要两个数字：

```
#!/usr/bin/env python3
"""nargs=2"""

import argparse


# --------------------------------------------------
def get_args():
    """get args"""

    parser = argparse.ArgumentParser(
        description='nargs=2',
        formatter_class=argparse.ArgumentDefaultsHelpFormatter)

    parser.add_argument('numbers',
                        metavar='int',
                        nargs=2,
                        type=int,
                        help='Numbers')

    return parser.parse_args()


# --------------------------------------------------
def main():
    """main"""

    args = get_args()
    n1, n2 = args.numbers
    print(f'{n1} + {n2} = {n1 + n2}')


# --------------------------------------------------
if __name__ == '__main__':
    main()
```

nargs=2 将要求必须有两个值。

每个值必须作为整数值可解析，否则程序将报错。

由于定义了正好两个数值，所以能把它们复制到两个变量中。

因为它们是实际的 int 值，所以+的结果将是数值的相加，而不是字符串的连接。

帮助里指出了我们想要两个数字：

```
$ ./nargs2.py
usage: nargs2.py [-h] int int
nargs2.py: error: the following arguments are required: int
```

当提供两个有效的整数值时，会得到它们的和：

```
$ ./nargs2.py 3 5
3 + 5 = 8
```

注意，argparse 将把 n1 和 n2 值转换成实际的整数值。如果把 type=int 改成 type=str，那么该程序将打印 35 而不是 8，因为 Python 中的+操作符既能把数值相加又能把字符串相连！

```
>>> 3 + 5
8
>>> '3' + '5'
'35'
```

F.4.5 一个或多个同类位置实参

可以把两个数字求和的程序扩展成一个对不限个数的数字求和的程序。当想要一或多个某类实参时，可以使用 nargs='+'：

```
#!/usr/bin/env python3
"""nargs=+"""

import argparse


# --------------------------------------------------
def get_args():
    """get args"""

    parser = argparse.ArgumentParser(
        description='nargs=+',
        formatter_class=argparse.ArgumentDefaultsHelpFormatter)

    parser.add_argument('numbers',
                        metavar='int',
                        nargs='+',
                        type=int,
                        help='Numbers')

    return parser.parse_args()


# --------------------------------------------------
def main():
    """main"""

    args = get_args()
```

+将让 nargs 接收一个或多个值。

int 意味着所有这些值都必须是整数值。

```
    numbers = args.numbers

    print('{} = {}'.format(' + '.join(map(str, numbers)), sum(numbers)))


# --------------------------------------------------
if __name__ == '__main__':
    main()
```

numbers 将是一个列表，该列表具有至少一个元素。

如果不理解此行，不要着急。看完本书你就会理解的。

注意，这将意味着args.numbers是一个list。即使用户提供了仅仅一个实参，args.numbers也将是含有一个值的list：

```
$ ./nargs+.py 5
5 = 5
$ ./nargs+.py 1 2 3 4
1 + 2 + 3 + 4 = 10
```

也可以使用 nargs='*'来表示零或多个某类实参，而 nargs='?'表示零或一个某类实参。

F.4.6　文件实参

至此，你已经了解了如何指定某个实参的 type 的方法，比如 str(这是默认的)、int 或 float。也有许多练习要求以文件作为输入，为此可以使用 argparse.FileType('r')这个 type 来表示实参必须是一个可读的('r'部分)文件。

另外，如果想要求该文件是文本(而不是二进制文件)，就添加一个't'。这些选项将在阅读第 5 章之后显得更有意义。

下面是命令 cat -n 在 Python 中的实现方案，其中 cat 表示连接一个可读文本文件，-n 代表对输出行编号：

```
#!/usr/bin/env python3
"""Python version of `cat -n`"""

import argparse


# --------------------------------------------------
def get_args():
    """Get command-line arguments"""

    parser = argparse.ArgumentParser(
        description='Python version of `cat -n`',
        formatter_class=argparse.ArgumentDefaultsHelpFormatter)

    parser.add_argument('file',
                        metavar='FILE',
                        type=argparse.FileType('rt'),
                        help='Input file')

    return parser.parse_args()
```

如果实参没有命名一个有效的可读文本文件，则将被拒绝。

```
# --------------------------------------------------
def main():
    """Make a jazz noise here"""

    args = get_args()

    for i, line in enumerate(args.file, start=1):
        print(f'{i:6} {line}', end='')


# --------------------------------------------------
if __name__ == '__main__':
    main():
```

args.file 的值是一个能直接读取的打开的文件句柄。此外，如果不理解此代码，不要着急。各章中都将谈到关于文件句柄的内容。

当把一个实参定义为 type=int 时，得到的是一个实际的 int 值。在这里，把 file 实参定义为一个 FileType，因此得到的是一个打开的文件句柄。如果已经把 file 实参定义为一个字符串，那么必须手动检查它是否是一个文件，然后使用 open()来获取文件句柄：

```
#!/usr/bin/env python3
"""Python version of `cat -n`, manually checking file argument"""

import argparse
import os

# --------------------------------------------------
def get_args():
    """Get command-line arguments"""

    parser = argparse.ArgumentParser(
        description='Python version of `cat -n`',
        formatter_class=argparse.ArgumentDefaultsHelpFormatter)

    parser.add_argument('file', metavar='str', type=str, help='Input file')

    args = parser.parse_args()

    if not os.path.isfile(args.file):
        parser.error(f'"{args.file}" is not a file')

    args.file = open(args.file)

    return args


# --------------------------------------------------
def main():
    """Make a jazz noise here"""

    args = get_args()

    for i, line in enumerate(args.file, start=1):
        print(f'{i:6} {line}', end='')
```

截取实参。

检查该文件实参是否不是一个文件。

打印一个错误消息，并带着非零值退出程序。

用一个打开的文件句柄替换该文件。

```
# --------------------------------------------------
if __name__ == '__main__':
    main()
```

如果有了 FileType 定义，就不必写这段代码。

也可以使用 argparse.FileType('w')来表示想要一个能被打开并写入('w')的文件的名称。可以传递附加的实参，以指定如何打开该文件，比如 encoding。更多信息详见文档。

F.4.7 手动检查实参

在从 get_args()得到 return 之前，也可以手动验证实参。例如，可以定义--int 应该是一个 int，但如何要求它必须在 1 与 10 之间呢？

一个相当简单的办法是手动检查该值。如果有问题，可以使用 parser.error()函数来停止程序的执行，打印错误消息以及简短的使用说明，然后带着错误值退出：

```
#!/usr/bin/env python3
"""Manually check an argument"""

import argparse


# --------------------------------------------------
def get_args():
    """Get command-line arguments"""

    parser = argparse.ArgumentParser(
        description='Manually check an argument',
        formatter_class=argparse.ArgumentDefaultsHelpFormatter)

    parser.add_argument('-v',
                        '--val',
                        help='Integer value between 1 and 10',
                        metavar='int',
                        type=int,
                        default=5)

    args = parser.parse_args()
    if not 1 <= args.val <= 10:
        parser.error(f'--val "{args.val}" must be between 1 and 10')

    return args

# --------------------------------------------------
def main():
    """Make a jazz noise here"""

    args = get_args()
    print(f'val = "{args.val}"')
```

解析实参。

检查 args.int 值是否不在 1 与 10 之间。

使用错误消息调用 parser.error()。该错误消息和简要的使用说明将显示给用户，且程序将立即带着非零值退出以表示有错误。

如果运行到这里，则说明一切顺利，程序将继续正常运行。

```
# --------------------------------------------------
if __name__ == '__main__':
    main()
```

如果提供一个正常的--val，则一切顺利：

```
$ ./manual.py -v 7
val = "7"
```

如果用 20 这样的值运行该程序，则会得到一个错误消息：

```
$ ./manual.py -v 20
usage: manual.py [-h] [-v int]
manual.py: error: --val "20" must be between 1 and 10
```

虽然在这里无法判断，但 parser.error()也会导致该程序以非零状态退出。在命令行世界中，退出状态为 0 表示“零错误”，因此任何不是 0 的东西都将被认为是错误。你可能尚未意识到这有多么绝妙，但相信我，这确实很绝妙。

F.4.8 自动帮助

当使用 argparse 来定义一个程序的参数时，-h 和--help 标志位将被预留，用于生成帮助文档。这些标志位不需要由你添加，也不允许用于其他目的。

该文档就像一扇进入程序的大门。门是进入建筑物和汽车等空间的途径。你可曾遇到过一扇搞不懂如何打开的门？你可曾遇到过一扇把手明显被设计为“拉”却贴着“推”标志的门？DonNorman 所著的 *TheDesignof Everyday Things* (Basic Books，2013)使用术语“affordances”来形容物体呈现给我们的界面本身是否体现了它们的使用方法。

程序的使用说明就像门的把手，它应该让用户确切地知道如何使用程序。当遇到一个从未使用过的程序时，我要么不带任何实参运行它，要么带着-h 或--help 运行它。我期待看到一些使用说明。不然，就只能打开源代码去研究如何让该程序运行以及如何更改它，这真是一个不可接受的方式！

当用 new.py foo.py 创建一个新程序时，将生成如下帮助：

```
$ ./foo.py -h
usage: foo.py [-h] [-a str] [-i int] [-f FILE] [-o] str

Rock the Casbah

positional arguments:
  str                   A positional argument

optional arguments:
  -h, --help            show this help message and exit
  -a str, --arg str     A named string argument (default: )
  -i int, --int int     A named integer argument (default: 0)
  -f FILE, --file FILE  A readable file (default: None)
  -o, --on              A boolean flag (default: False)
```

不必写一行代码，你就能拥有：

- 一个可执行的 Python 程序
- 多种命令行实参
- 标准且实用的帮助消息

这就是通往程序的“门把手”，而且你无须写一行代码就能得到它！

F.5　小结

- 位置参数通常是必需的参数。如果有两个或更多个代表不同概念的位置参数，那么最好让它们成为具名选项。
- 可选参数可以被命名，比如--file fox.txt，其中 fox.txt 是用于--file 选项的值。建议始终为选项定义了默认值。
- argparse 可以强制转换许多实参类型，包括数字(比如 int 和 float)，甚至文件。
- 像--help 这样的标志位不具有关联值。(通常)如果它们出现，则是 True；如果它们不出现，则是 False。
- -h 和--help 标志位被 argparse 预留使用。如果使用 argparse，则程序将通过使用说明自动响应这些标志位。